国家出版基金项目
NATIONAL PUBLICATION FOUNDATION

脑计划出版工程：
类脑计算与类脑智能研究前沿系列
总主编：张 钹

数据智能研究前沿

徐宗本 姚 新 编著

上海交通大學出版社
SHANGHAI JIAO TONG UNIVERSITY PRESS

内容提要

数据智能是以数据为中心、以"感-知-用"为模式的人工智能,也可以说是以数据获取、加工、处理、分析、应用为智能特征的人工智能。数据智能包括智能感知、智能认知(机器学习)、智能控制/智能决策等方面,是近代人工智能研究最为活跃、应用最为普遍的部分。本分册主要从深度生成模型、生成式对抗网络、模型驱动深度学习、自步-课程学习、强化学习、迁移学习及演化智能方面进行阐述,涵盖标准算法及精选的应用案例,总结了近年来数据智能研究的最新发展与成果。

图书在版编目(CIP)数据

数据智能研究前沿/徐宗本,姚新编著. —上海:
上海交通大学出版社, 2019(2021 重印)
(脑计划出版工程:类脑计算与类脑智能研究前沿系列)
ISBN 978-7-313-22841-3

Ⅰ. ①数… Ⅱ. ①徐… ②姚… Ⅲ. ①数据处理-研究 Ⅳ. ①TP274

中国版本图书馆 CIP 数据核字(2020)第 017123 号

数据智能研究前沿
SHUJU ZHINENG YANJIU QIANYAN

编　　著:徐宗本　姚　新
出版发行:上海交通大学出版社
地　　址:上海市番禺路 951 号
邮政编码:200030
电　　话:021-64071208
印　　制:苏州市越洋印刷有限公司
经　　销:全国新华书店
开　　本:710 mm×1000 mm　1/16
印　　张:26.5
字　　数:469 千字
版　　次:2019 年 12 月第 1 版
印　　次:2021 年 5 月第 2 次印刷
书　　号:ISBN 978-7-313-22841-3
定　　价:188.00 元

类脑计算与类脑智能研究前沿系列
丛书编委会

序

人工智能(artificial intelligence, AI)自 1956 年诞生以来,其 60 多年的发展历史可划分为两代,即第一代的符号主义与第二代的连接主义(或称亚符号主义)。两代人工智能几乎同时起步,符号主义到 20 世纪 80 年代之前一直主导着人工智能的发展,而连接主义从 20 世纪 90 年代开始才逐步发展起来,到 21 世纪初进入高潮。两代人工智能的发展都深受脑科学的影响,第一代人工智能基于知识驱动的方法,以美国认知心理学家 A. 纽厄尔(A. Newell)和 H. A. 西蒙(H. A. Simon)等人提出的模拟人类大脑的符号模型为基础,即基于物理符号系统假设。这种系统包括: ① 一组任意的符号集,一组操作符号的规则集;② 这些操作是纯语法(syntax)的,即只涉及符号的形式,而不涉及语义,操作的内容包括符号的组合和重组;③ 这些语法具有系统性的语义解释,即其所指向的对象和所描述的事态。第二代人工智能基于数据驱动的方法,以 1958 年 F. 罗森布拉特(F. Rosenblatt)按照连接主义的思路建立的人工神经网络(ANN)的雏形——感知机(perceptron)为基础。而感知机的灵感来自两个方面,一是 1943 年美国神经学家 W. S. 麦卡洛克(W. S. McCulloch)和数学家 W. H. 皮茨(W. H. Pitts)提出的神经元数学模型——"阈值逻辑"线路,它将神经元的输入转换成离散值,通常称为 M-P 模型;二是 1949 年美国神经学家 D. O. 赫布(D. O. Hebb)提出的 Hebb 学习律,即"同时发放的神经元连接在一起"。可见,人工智能的发展与不同学科的相互交叉融合密不可分,特别是与认知心理学、神经科学与数学的结合。这两种方法如今都遇到了发展的瓶颈:第一代基于知识驱动的人工智能,遇到不确定知识与常识表示以及不确定性推理的困难,导致其应用范围受到极大的限制;第二代人工智能基于深度学习的数据驱动方法,虽然在模式识别和大数据处理上取得了显著的成效,但也存在不可解释和鲁棒性差等诸多缺陷。为了克服第一、二代人工智能存在的问题,亟须建立新的可解释和鲁棒性好的第三代人工智能理论,发展安全、可信、可靠和可扩展的人工智能方法,以推动人工智能的创新应用。如何发展第三代人工智能,其中一个重要的方向是从学科交叉,特别是与脑科学结合的角度去思考。"脑计划出版工程:类脑计算与类脑智能研究前沿系列”丛书从跨学科的角度总结与分析了人工智能的发展历程以及所取得的成果，这套丛书不仅可以帮助读者了解人工智能和脑科学发展的最新进展，还可以从中看清人工智能今后的发展道路。

人工智能一直沿着脑启发（brain-inspired）的道路发展至今，今后随着脑科学研究的深入，两者的结合将会向更深和更广的方向进一步发展。本套丛书共7卷，《脑影像与脑图谱研究前沿》一书对脑科学研究的最新进展做了详细介绍，其中既包含单个神经元和脑神经网络的研究成果，还涉及这些研究成果对人工智能的可能启发与影响；《脑-计算机交互研究前沿》主要介绍了如何通过读取特定脑神经活动，构建认知模型获取用户逻辑意图与精神状态，从而建立脑与外部设备间的直接通路，搭建闭环神经反馈系统。这两卷图书均以介绍脑科学研究成果及其应用为主要内容；《自然语言处理研究前沿》《视觉信息处理研究前沿》《听觉信息处理研究前沿》分别介绍了在脑启发下人工智能在自然语言处理、视觉与听觉信息处理上取得的进展。《自然语言处理研究前沿》主要介绍了知识驱动和数据驱动两种方法在自然语言处理研究中取得的进展以及这两种方法各自存在的优缺点，从中可以看出今后的发展方向是这两种方法的相互融合，也就是我们倡导的第三代人工智能的发展方向；视觉信息和听觉信息处理受第二代数据驱动方法的影响很深，深度学习方法的提出最初是基于神经科学的启发。在其发展过程中，它一方面引入新的数学工具，如概率统计、变分法以及各种优化方法等，不断提高其计算效率；另一方面也不断借鉴大脑的工作机理，改进深度学习的性能。比如，加拿大计算机科学家 G. 欣顿（G. Hinton）提出在神经网络训练中使用的 Dropout 方法，与大脑信息传递过程中存在的大量随机失效现象完全一致。在视觉信息和听觉信息处理中，在原前向人工神经网络的基础上，将脑神经网络的某些特性，如反馈连接、横向连接、稀疏发放、多模态处理、注意机制与记忆等机制引入，用以提高网络学习的性能，有关这方面的工作也在努力探索之中，《视觉信息处理研究前沿》与《听觉信息处理研究前沿》对这些内容做了详细介绍；《数据智能研究前沿》一书介绍了除深度学习以外的其他机器学习方法，如深度生成模型、生成对抗网络、自步-课程学习、强化学习、迁移学习和演化智能等。事实表明，在人工智能的发展道路上，不仅要尽可能地借鉴大脑的工作机制，还需要充分发挥计算机算法与算力的优势，两者相互配合，共同推动人工智能的发展。

《类脑计算研究前沿》一书讨论了类脑（brain-like）计算及其硬件实现。脑启发下的计算强调智能行为（外部表现）上的相似性，而类脑计算强调与大脑在工作机理和结构上的一致性。这两种研究范式体现了两种不同的哲学观，前者为心灵主义(mentalism),后者为行为主义(behaviorism)。心灵主义者认为只有具有相同结构与工作机理的系统才可能产生相同的行为,主张全面而细致地模拟大脑神经网络的工作机理,比如脉冲神经网络、计算与存储一体化的结构等。这种主张有一定的根据,但它的困难在于,由于我们对大脑的结构和工作机理了解得很少,这条道路自然存在许多不确定性,需要进一步去探索。行为主义者认为,从行为上模拟人类智能的优点是:“行为”是可观察和可测量的,模拟的结果完全可以验证。但是,由于计算机与大脑在硬件结构和工作原理上均存在巨大的差别,表面行为的模拟是否可行? 能实现到何种程度? 这都存在很大的不确定性。总之,这两条道路都需要深入探索,我们最后达到的人工智能也许与人类的智能不完全相同,其中某些功能可能超过人类, 而另一些功能却不如人类,这恰恰是我们所期望的结果,即人类的智能与人工智能做到了互补,从而可以建立起“人机和谐,共同合作”的社会。

“脑计划出版工程: 类脑计算与类脑智能前沿系列”丛书是一套高质量的学术专著,作者都是各个相关领域的一线专家。丛书的内容反映了人工智能在脑科学、计算机科学与数学结合和交叉发展中取得的最新成果,其中大部分是作者本人及其团队所做的贡献。本丛书可以作为人工智能及其相关领域的专家、工程技术人员、教师和学生的参考图书。

张　钹
清华大学人工智能研究院

人工智能、数据智能与数据科学

徐宗本

本书是有关数据智能近年发展若干热点方向的综述性介绍。为什么定义为数据智能而不是人工智能、机器学习或其他？数据智能是不是就是人工智能，或者就是近年热门的数据科学？我们首先对这些问题进行概念性讨论。

1. 人工智能与数据智能

人工智能(artificial intelligence，AI)，按照麦卡锡、明斯基、纽维尔、西蒙等科学家于1956年在美国达特茅斯学院讨论会时所确定的，是研究如何用机器模拟人的智能，或者说是有关用机器模拟人的智能来解决问题的理论、方法与技术[1]。这一定义现在被理解为狭义人工智能。广义地说，人工智能包括生物智能生成机理(脑科学)、智能的行为描述与度量(认知科学)、智能的计算机模拟与应用(狭义人工智能)等方面。本书限定人工智能指其中的第三方面，即"人工智能是机器制造出来的智能"。

随着人工智能的发展，人们不满足于仅实现这样看似狭义的企图。通用人工智能与专用人工智能的概念便被提出[2]。所谓通用人工智能(general AI)是指具备人类同等智慧或超越人类智慧，能表现正常人类所具有的所有智能行为的人工智能；而专用人工智能(specified AI)只处理特定问题，不一定具有人类完整的认知能力，甚至完全不要求具有人类的认知能力，只要表现得像有一定智慧就可以了。当前关于人工智能研究和已取得的成就大多仍属于专用人工智能范畴(如DeepMind，AlphaGo等)，通用人工智能取得的成果甚少，其研究仍举步维艰。

在人工智能的探索中，人们发现并没有一个统一原理或范式能指导所有研究。有关人工智能的研究及其实现途径从一开始就充满着争论。例如，应该从心理学层面还是神经机制层面模拟智能？智能行为能否用简单的原则(如逻辑或优化)来描述？智能是否可以使用高级符号来表达(如词和语法)？是否需要用"子符号"来处理？在这些争论中，人工智能研究逐渐形成了三个大的流派。

(1) 符号主义学派，又称逻辑学派。这一部分学者认为"人的认知基元是符号，认知过程即符号操作过程"；人和计算机都是物理符号系统，可以用计算机来模拟人的智能行为；人工智能的核心是知识表示、知识推理和知识运用。这一学派的代表人物是西蒙(1975 年图灵奖、1978 年诺贝尔经济学奖获得者)和纽维尔。该学派衍生出后来的机器证明、自动机、模糊逻辑、专家系统、知识库等研究领域。

(2) 联结主义学派，又称仿生学派或生理学派。其认为人的思维基元是神经元，而不是符号处理过程；人脑不同于电脑原理：神经网络及神经网络间的连接机制和学习算法是核心。该学派的代表人物是麦卡洛克和皮茨。该学派衍生出人工神经网络、认知科学、类脑计算等研究领域。

(3) 行为主义学派，又称进化主义或控制论学派。其认为智能取决于感知和行动；主张将机器对环境作用后的响应或反馈作为原型实现人工智能；认为人工智能可以像人类智能一样通过进化、学习来逐渐提高和增强。其代表人物为布鲁克斯。该学派衍生出演化计算、多智能体等研究领域。

人工智能的三大流派及其发展如图 1 所示。

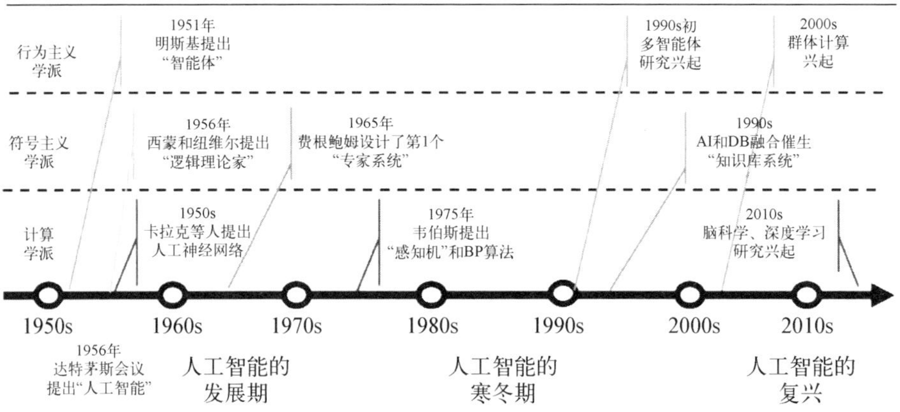

图 1　人工智能的三大流派及其发展

人工智能发展历经了符号推理(1956—1976)、统计学习(1976—2006)和深度学习(2006 至今)3 个阶段[2]。人工智能的第 1 个阶段是符号主义学派盛行期，一些重大的成就都是基于符号推理或手工知识的。这个时期的一些重大进展包括：

(1) 定理证明(theorem proving)。20 世纪 50 年代中期,纽维尔和西蒙[3]共同开发了世界上第 1 个人工智能程序——“逻辑专家”,该程序能对数学定理自动证明,并成功证明了《数学原理》中的 38 个定理。1962 年,他们进一步改进该程序,并最终完成了对《数学原理》全书 52 个定理的机器证明。这是用计算机模拟人类智能的第 1 个成功的范例。这一成功激励了大批后续研究,例如,“四色定理”是数学的一个著名猜想,它自 1852 年提出后一直无人从理论上给出解答。直到 1976 年 6 月,哈肯在伊利诺伊用两台计算机,用时 1 200 h,通过 100 亿次判断,给出了其计算机证明,因此轰动世界。在这方面,吴文俊院士在中国开辟了“数学机器化”方向,并形成了“吴方法”,该方向的后续研究仍在继续。

(2) 问题求解器(problem solver)。20 世纪 60 年代开始,纽维尔等[4]开始研究不依赖于具体领域的通用解题程序以模仿人类进行问题求解,首次开发出“像人一样思考”的程序。1971 年,斯坦福大学的费克斯和尼尔逊[5]共同开发了“自动规划器”的程序 STRIPS。STRIPS 的基本思想是,只要将所有〈前提条件〉下的〈行动〉和〈结果〉事先描述好,就可以完成相应的行动计划。他们将 STRIPS 与搜索树结合来制订机器人的行动计划,取得了很大成功。

(3) 专家系统(expert system)。将领域专家的知识人工整理出来,使其成为能够输入计算机的一系列规则,让计算机基于这些规则自动推理(即对规则的“含义”进行分析),去解决专门领域问题。这样的技术称为专家系统。专家系统首先是针对专门应用的;其次必须由人类定义知识结构,由机器负责推理和探索知识的细节。因此专家系统是典型的“手工知识+自动推理”模式,也是“人机协同”模式。这个时期出现了大量优秀的专家系统。例如,1968 年由斯坦福大学费根鲍姆等[6]领导完成的世界第 1 个专家系统 DENDRAL,可用于推断化学分子结构;由斯坦福大学肖特利菲(Shortliffe)等[7]于 20 世纪 70 年代历时 6 年完成的专家系统 MYCIN,能够帮助医生对血液感染患者进行诊断和处置,使正确处方的概率达到 69%。专家系统至今仍被认为是一个相对成熟和可靠的人工智能技术。例如,在 1991 年海湾战争中,美国就成功地使用专家系统来做后勤规划和运输日程安排。

这些符号主义学派的人工智能成果有可解释性(interpretability)等突出优点,代表了计算机对人类“推理能力”模拟的重大成就。但是,受本体论(知识的边界在哪,可描述吗?)、框架问题(“有用的”知识的边界在哪?)、符号接地问题(表示符号能否与对应的语义对应起来?)等困扰,这类技术受到质疑。再加之,领域知识手工获取存在实际困难、计算机难处理知识间的矛盾和不一致性、维护庞大的知识库耗时耗力等难以克服的瓶颈,专家系统不仅难开发,而且也难用于解决复杂知识工程问题。这就是为什么从第 2 个阶段开始，以数据为基础、以学习为特征的连接主义作品——人工神经网络粉墨登场，并逐渐雄霸天下。

如果说人工智能发展的第 1 个阶段是处于“手工知识”浪潮，那么我们可以观测到，人工智能发展的后两个阶段（至少到第 3 个阶段中期）是处于“统计学习”浪潮。在这个浪潮下，解决一切问题不再基于逻辑而是基于数据，不再基于知识推理而是基于模型计算；在这个浪潮下，学习成为模拟智能的主要方式，学习能力成为智能模拟的主要对象。此时，统计学是模型搭建与分析的最重要基础工具。

在这个浪潮下，人工智能的最重大成就是支撑向量机、人工神经网络和深度学习。万普尼克和科尔特斯等人[8]于 1995 年提出的支持向量机（support vector machine，SVM）基于坚实的统计学基础，即统计学习理论（statistical learning theory），开创了用核函数变换将原空间非线性问题化归到高维空间中的线性问题，而又回到原空间计算的“核技巧”和有良好性能的通用“分类器”“回归器”。SVM 仍是当今使用普遍和推广最多的机器学习算法之一。

人工神经网络（artificial neural network，ANN）虽然有很长的研究历史，但在“统计学习”浪潮中被广泛用作基本模型后，才真正得以“复苏”。ANN 模仿人类脑神经回路，将神经元细胞建模为计算单元，将神经元层层联结或广泛互连来构成一个万能学习机器。ANN 能够使用“误差反向传播（error back-propagation，BP）”技术并依据给定数据集来训练。换言之，从训练数据中学习到其最优的连接参数。这样训练过的 ANN 能高精度地预测/预报新的数据。深度学习是层数更多的人工神经网络方法。浅层 ANN 通常很难有强的特征表示能力，从而其应用效果仍有赖于人为对数据特征的选择；与此不同的是，深层 ANN 有优异的特征表示能力，从而使深度学习能够成功地应用而无须人为提取特征。这种优异的自表示能力使得深度学习成为人工智能应用的新宠儿。深度学习一直是人工智能第 3 个阶段至今的研究核心，成果极其丰富。

然而，值得注意的是，同处“统计学习”浪潮下的人工智能第 2 个阶段与第 3 个阶段有着怎样的区别呢？它们之间的一个显著差异是，第 2 个阶段使用浅层 ANN，所以问题的特征表示仍需手工完成；而到了第 3 个阶段，人们开始主要使用深度神经网络，无须人工去完成特征选择。因此，ANN 在第 2 个阶段尚能够应用统计学去分析，这是因为浅层 ANN 模型相对简单，例如，对于一个隐层网络，$y=N(x)=G(\boldsymbol{W}^{\mathrm{T}}\boldsymbol{x}+b)$；而在第 3 个阶段，统计学便变得无能为力了，这是因为深层 ANN（例如 k 层）的模型表示为

$$y=N(x)=f_k(f_{k-1}(f_{k-2}(\cdots(f_1(x))\cdots)))$$

其中

$$f_i(x)=G_i(\boldsymbol{W}_i^{\mathrm{T}}\boldsymbol{x}+b_i),\ i=1,\ 2,\ \cdots,\ k$$

分析这样高度复杂的非线性模型，至今仍是统计学乃至数学所面临的巨大挑战。所以，人工智能第 2 个阶段与第 3 个阶段的又一差别是：前者有强的数学基础，而后者仍无数学基础。这是徐冠华院士发问“人工智能如此之热，有多少数学家加入其中了？”之真实缘由。

当然，在人工智能发展的第 3 个阶段，不是仅仅只使用 ANN 模型，各种各样的混合模型（如 AlphaGo Zero、生成对抗、深度强化）也被广泛使用；除了传统的有监督、无监督、半监督学习范式等，各种各样不同的机器学习范式也被广泛采用（如主动学习、自监督学习、迁移学习、持续学习等）；不是仅仅只研究机器学习，各种各样其他的智能模拟也被广泛研究（如类脑智能、群体智能、混合增强智能等）。所有这些新的特征预示着新的 AI 浪潮正在形成。

新一轮浪潮在哪？按照杨学军院士的判断，这一新的浪潮是“适应环境（contextual adaptation）”的浪潮[9]。这一新的浪潮应是在克服现有深度学习只适用于封闭静态环境、鲁棒性差（统计意义上表现优秀，但存在个体性低级错误）、解释性不强和依赖应用大量训练数据（如，手写体字母识别就需要 50 000 甚至 100 000 的训练数据）等缺陷基础上，着力发展对开放动态环境可用的、稳健的、可解释的、自适应的 AI 技术。美国国防部高级研究计划局（DARPA）于 2017 年启动的终生学习机（L2M）项目正反映了这种趋势。

终生学习机（L2M）涉及两个关键技术领域[10]：终身学习系统和终身学习自然原则。前者要求系统可以持续从过程经验中学习，可以将所学知识应用于新情况，可以不断扩展自身的能力并提高可靠性；而后者期望关注生物智能的学习机制，重点关注自然界生物如何学习并获得自适应能力，以及研究生物学习原理及技术能否用于机器系统并实际应用。

这些大致反映了在“适应环境”浪潮中人们的主要关注点，也应该是人工智能的下一个突破口。本文作者带领团队所提出并开展的机器学习自动化也是这一浪潮下的一个标志性项目[11]。不同于各大公司推出的旨在方便用户挑选模型和参数的 AutoML，该项目旨在解决当今机器学习/深度学习的“人工化”和“难用于开放动态环境”等 6 个方面的问题，因而被称之为 Auto^6ML 计划。

Auto^6ML 希望解决当今机器学习存在的如下 6 个方面的限制：在数据/样本层面，依赖大量、高质量标注的样本，而应用中只有少量（小数据）或标注不全、不准的大样本(乱数据);在模型/算法层面,需要事先选定模型且指定学习算法;在任务/环境层面,任务必须确定,一个任务对应一个模型/一个算法,不能自适应于开放环境下的动态任务。因此,有针对性的 Auto^{6}ML 希望达到如下“6 个自”的目标:在数据/样本层面,数据自生成、数据自选择;在模型/算法层面,模型自构建、算法自设计;在任务/环境层面,任务自切换、环境自适应。

总起来说,人工智能研究已经经历了“手工知识”和“统计学习”两次浪潮,现正进入“适应环境”浪潮。第 1 次浪潮以符号推理/知识库运用为特征,知识需要人工提取,对少数特定领域的知识推理能力强、感知能力弱;第 2 次浪潮以基于数据/机器学习为特征,ANN 广泛使用,知识自动获取,对特定(非结构化)领域感知和学习能力强,但抽象和推理能力差;第 3 次浪潮会以自动学习/持续学习/适应环境为特征,不会仅仅是前两次浪潮能力的简单叠加,将会具备强的自适应能力,抽象能力也会大幅提升。

人工智能的发展和应用展现了一个共有模式:感-知-用。感,即借助各种传感设备感知与问题相关的环境(收集现实世界数据);知,即利用算法对问题相关数据进行分析,解译其中所蕴含的结构、模式和规律,形成有利于问题解决的各种信息;用,即将算法分析结果与问题背景知识结合,形成问题解决方案并实施。这种“感-知-用”模式的核心是数据,即如何收集数据、如何分析数据、如何将数据转换成信息,以及如何将信息转化成决策。这种基于数据形成智能决策解决问题的人工智能技术称为数据智能。

数据智能中的“感”通常也称为智能感知,“知”称为智能认知,“用”则称为智能控制或智能决策。因此,数据智能是以数据为基础、基于数据处理与分析的人工智能。从第 2 次浪潮至今,人工智能研究与应用的主体大都聚焦在数据智能方面。

2. 数据智能与机器学习

机器学习概念最早由在 IBM 波基普西实验室工作的 Samuel[12] 于 1959 年提出。他为 IBM 商用机开发的国际跳棋(Checkers)游戏成为世界上第 1 个机器学习的成功案例。机器学习强调研究并构建一类算法,使其能够从数据中学习并对未见数据的属性做出预测。这样做使机器学习克服了传统严格的静态程序指令,使程序能基于输入的样例来进行决策。随着人工智能研究从以“推理”为重点,到以“知识”为重点,再到以“学习”为重点发展,机器学习已成为实现数据智能的最主要途径。

机器学习与计算统计学紧密相关。按照 Jordan[13] 的说法，机器学习从方法论、原理到理论工具都在统计学中能找到很长的发展史。他甚至建议用“数据科学”来统称这两个领域。Breiman[14] 将统计模型范式分为两类：数据模型和算法模型。其中算法模型则与机器学习（如随机森林）非常类似。与此同时，一些统计学家采纳了机器学习领域发展的方法，并合并这两个领域而称之为统计学习[15]。

机器学习也与计算机学科中的数据挖掘密切相关，甚至它们常常采用完全相同的术语与方法。然而，从一般意义上讲，机器学习更专注从训练数据中学习已知属性特征来完成预测，而数据挖掘则专注于发现数据中未知的属性特征。一方面，数据挖掘直接应用机器学习方法；另一方面，机器学习也常常利用数据挖掘方法来作为“无监督学习”或者预处理步骤以改进学习精度。

机器学习模拟人类的学习方式工作，分别或同时采用无监督、有监督和半监督方式处理数据，而学习通过解决与数据关联的一些典型任务来实现，如聚类、分类、回归、密度估计、降维、排序等。

1）无监督学习

无监督学习目的是学习无标注数据的统计规律和潜在结构。模型既可以对现有数据进行分析，也可以对新的数据进行预测。现有数据可用作训练数据集 $Train=\{x_i\}$，其中 $\{x_i\}$ 为样本，其目的是学习一个输入变量 X 和隐变量 Z 之间的映射关系 $Z=f(X)$。因为无监督学习需要机器自行在数据中发现规律，缺乏指导，所以通常需要大的数据量来支持学习。无监督学习的最常见应用是聚类分析和数据降维。

聚类分析是按相似性将不同数据聚合分类而判定新数据类属关系的分析任务。此时，隐变量 Z 代表数据的类属，无监督主要体现在既不知道样本的类属标记，也没有预先定义类属性，更不知道究竟应该有多少类。聚类是高等生物最基本的认知功能，但聚类分析却是一个至今并没有完全解决的认知模拟问题。因此，人们也常常在应用中假设类别数预先给定的前提下来应用无监督学习。聚类方法按 f 的性质可分为硬聚类和软聚类两类：硬聚类对每个样本只产生一个类别，而软聚类对每个样本输出属于多个不同类别的可能性。

数据降维是将数据从高维表示转换到低维表示而保持原有某些重要特征的数据分析任务。数据降维的本质是特征提取，即学习数据的本质低维特征及其表示。在这一应用中，隐变量 Z 表示数据的低维表示，f 表示从高维空间到低维空间的一个投影或映射，无监督不仅体现在样本的低维表示未知，也体现在未知低维空间的维度。如同聚类分析，人们也常在应用中通过限定需降维到低维空间的维度来简化应用。自学习（self-supervised learning）是通过人为设置任务而将无监督学习问题转化为有监督学习问题的学习范式。

2）有监督学习

有监督学习的目的是从一组有标注的数据中学习数据中潜在的输入-输出关系。这里的标注数据指给定了“标签”的样本，或者说既有数据特征 x_i 又有对应输出 y_i 的样本，这样的成对样本构成有监督学习的训练数据集 $Train=\{(x_i, y_i)\}$。其目的则是从训练数据集 $Train$ 中学习一个输入变量 X 到输出变量 Y 之间的映射关系模型 $Y=f(X)$，使得该模型不仅对训练样本 x_i 的预测 $f(x_i)$ 与标注 y_i 足够接近，而且对于新样本 x，它所产生的预测 $f(x)$ 也足够好。根据输出 Y 的不同，有监督学习完成分类和回归两类不同的任务，两者的区别仅在于：前者 Y 在一个有限的离散空间中取值，而后者 Y 允许取值在一个连续空间。分类（classification）即模式识别，旨在从已知经验中对未见对象的类别作指认；回归（regression）是对寻找连续变量情形下输入-输出定量关系任务的总称，常用于对变量间因果关系的刻画。分类和回归都是预测/预报的基础。在分类应用中，类别的个数是已知的（不同于聚类）；而在回归应用中，相应变量 Y 的取值范围通常是事先界定的。在这两种情况下，模型总是要求在所给定的样本对 $\{(x_i, y_i)\}$ 引导（监督）下获得，因此都是数学上相对容易建模的问题。

有监督学习的数学模型如下：假定 $\mathfrak{I}=\{f_\theta: \theta \in \Sigma\}$ 是一个以 θ 为参量的假设空间（备选函数族），$l: X \times Y \to \mathbf{R}$ 是一个损失度量，$Train=\{(x_i, y_i)\}$ 是训练数据集，则有监督学习问题可建模为如下最优化问题

$$
\begin{aligned}
f^* &= \arg \min_{f_\theta \in \mathfrak{I}} E_{Train}[l(f_\theta(x), y)] \\
&= \arg \min_{f_\theta \in \mathfrak{I}} \sum_{i=1}^{m} l(f_\theta(x_i), y_i)
\end{aligned}
$$

为了评价所获得的模型对未知数据（训练集之外的数据）的预测性能，一般会使用测试数据集 $Test=\{(x_i, y_i)\}$ 来对模型进行评估。因此在有监督学习框架下存在着两个误差：训练误差 L_{train} 和测试误差 L_{test}。训练误差 L_{train} 度量模型在训练数据集上与所给标注的差异性，而测试误差 L_{test} 度量模型在测试数据集上与标注的差异性。在训练过程中，我们不仅期望模型在训练数据上预测与标注一致，同时还希望模型在测试数据上预测与标注也一致。模型在未知数据上的预测能力称为泛化能力（generalization ability）。训练误差和测试误差并不总是一致的。提高模型复杂度（增大假设空间容量）往往能够使训练误差更

小，但未必能保证测试误差同步变小。这种随着训练误差变小测试误差反而增大的现象称为过拟合(over-fitting)。在训练过程中，学习系统所面临的最大挑战是如何选择合适的模型以避免过拟合。避免过拟合的一个常用数学方法是使用正则化(regularization)，即用如下正则化学习问题代替求解原有监督学习问题：

$$f^* = \arg\min_{f_\theta \in \mathfrak{I}} \{E_{Train}[l(f_\theta(x), y)] + \lambda p(f_\theta)\}$$

其中 $p(\cdot)$ 是适当选择的正则化函数，λ 是正则化参数。

3) 半监督学习

半监督学习是无监督学习与有监督学习相结合的一种学习方法。半监督学习的训练数据集既包含有标注的数据 $Label = \{(x_i, y_i)\}$，也包含无标记的数据 $Unlabel = \{x_j\}$。换言之，$Train = Label \cup Unlabel$，而且常常在数量上 $|Label| \ll |Unlabel|$。注意到，在很多实际问题中，由于数据的标注代价甚高(如在生物学中，对某种蛋白质的结构分析或者功能标注可能会花上生物学家很多年的工作)，抑或根本不可能(如一些故障数据)，常常只能得到少量的带标注数据而容易获得大量的无标注数据，因此半监督学习具有很强的针对性和实用性。在半监督学习中，最重要的科学问题是如何用好、用活无标记数据？由于无标记数据量上的优势常常使得数据所在的流形结构能得以刻画，利用无标记数据能有效限定模型搜索时的参数空间，从而提高仅使用有标记样本学习的精度。出于对数据分布结构的考虑，半监督学习通常基于"聚类假设/流形假设"，即假定相似/相邻的样本具有相同的标签，因此可以通过聚类或近邻延拓方法得到无标注训练数据的相似标注(伪标注)。半监督学习根据测试数据可以分为归纳学习和直推学习两大类。在归纳学习(inductive learning)中，测试数据和训练数据不相交，即训练数据中的无标注数据 $Unlabel = \{x_j\}$ 只用于模型训练而不参与测试；而直推学习(transductive learning)将训练数据中的无标注数据同时作为测试数据的一部分，即将对训练数据中无标注数据的标注过程与测试过程相统一。

4) 集成学习(ensemble learning)

集成学习是使用一系列学习器进行学习，并使用某种规则把各个学习结果进行整合从而获得比单个学习器更好的学习效果的一种机器学习方法。单个学习器往往无法学好所有的数据样本，或不具备足够强的泛化能力，而集成学习把若干个学习器集成起来，通过对多个学习器的结果进行某种组合来决定最终的结果，从而取得比单个学习器更好的性能。典型的集成学习方法有套袋法

(bagging)和提升法(boosting)。

5) 强化学习(reinforcement learning)

强化学习是智能体通过与(可能未知的)环境不断交互而形成解决问题最优策略的学习范式。强化学习与标准的有监督学习有着显著的不同：强化学习不依赖使用输入/输出来督导学习，也不按某个事先确定好的规则来校正智能体行为，而是基于环境行动和基于长期预期收益最大化来改进行为。强化学习更专注于在线规划，致力于在探索未知领域和遵从现有知识之间找到平衡，通过不断试错来完成学习。

强化学习最早受心理学中的行为主义理论启发，即有机体如何在环境给予的奖励或惩罚的刺激下，逐步形成对刺激的预期，从而产生能获得最大利益的惯性行为。该方法普适性很强，在运筹学、博弈论、控制论、仿真优化、多主体学习、群体智能、统计学、遗传算法等许多领域都有相关研究。例如：在运筹学和控制理论研究的语境下，强化学习称为近似动态学习(approximate dynamic programming，ADP)；在经济学和博弈论中，强化学习用来解释在有限理性的条件下如何达到平衡等。

在强化学习中，智能体实时感知所处环境的状态和返回的奖励，据此进行决策和学习(即根据环境的不同状态做出不同的动作，并根据环境返回的奖励来调整策略)。环境是智能体外部的所有事物与条件(要求可描述)，其状态会随着智能体的动作而改变，同时反馈给智能体相应的奖励。智能体与环境的这种交互通常形式化为马尔可夫决策过程(Markov decision process，MDP)。

形式化地，强化学习任务对应了一个 4 元组 $\langle S, A, P, R\rangle$，其中 S 为状态空间，它包含智能体可能感知的所有环境状态；A 为动作空间，包含了智能体在每个环境状态下可能采取动作集合；$P: S\times A\times S \to \mathbf{R}$ 为环境转移概率，表示在某个状态下执行了某个动作并转移到另一个状态的概率；$R: S\times A\times S \to \mathbf{R}$ 指定了奖励，表示在某个环境状态下执行了某个动作并转移到另一个状态时，环境所反馈给智能体的奖励值。由此，智能体与环境的交互过程可形式化为：在某个时间步 t，智能体感知到了当前的环境状态 s_t，并从动作空间 A 中选择了动作 a_t 来执行；环境接收到智能体的动作后，给智能体反馈一个奖励 r_t，并将自己状态调整到新的状态 s_{t+1}，等待智能体做出新的决策。在这样的整个交互过程中，智能体的目标是寻找能使长期累积奖励最大化的策略。常用的长期累积奖励计算方式有“T 步累积奖励”$E\left[\frac{1}{T}\sum_{t=1}^{T} r_t\right]$ 和“γ 折扣累积奖励”$E\left[\frac{1}{T}\sum_{t=0}^{+\infty}\gamma^t r_{t+1}\right]$，其中 E 表示期望。

根据建模对象不同，强化学习可分为基于值函数（Q-value）和基于策略函数（policy）两大类方法。基于值函数的方法建模状态-动作值函数 $Q^{\pi}(s, a)$。该函数表示从状态 s 出发、执行动作 a 之后，执行策略 π 所能得到的期望总奖励。此类方法包括动态规划方法、蒙特卡罗方法、时序差分学习方法等[16]。基于策略函数的方法建模策略函数 $\pi(a \mid s)$，该函数表示从状态 s 出发执行动作 a 的概率。求解策略函数 π 通常使用策略梯度法（policy gradient）。

总的来说，强化学习更接近生物学习的本质，具有很好的可解释性，可以应对多种复杂的场景。目前强化学习在棋类游戏、广告推荐、投资组合、无人驾驶等领域都有着重要的应用。

机器学习还有着其他不同的范式，如课程学习（curriculum learning）[17]、元学习（meta learning）[18]等。在应用中，多种不同的学习范式可能会被集成使用，在追求机器学习自动化的今天，这样的趋势也是再自然不过的事了。

机器学习 60 年的发展已经形成了一大批非常有效和实用的算法。这些算法已经和正在支撑人工智能在各个领域广泛应用。但从数据智能的“感-知-用”模式来看，机器学习还主要解决的是数据认知问题；尽管机器学习是数据智能的最核心方面，但其显然并不是数据智能的全部。

3. 数据智能、大数据技术与数据科学

数据智能理应包括智能感知、智能控制或智能决策。而数据智能又是以数据为中心的，更具体地，是以数据获取、加工、处理、分析、应用为智能特征的人工智能。因而，数据智能与大数据技术、数据科学产生必然而紧密的联系。

数据是物理世界、人类社会活动的数字化记录，是以编码形式存在的信息载体。随着新一代信息技术的发展，人类社会进入了大数据时代。信息技术革命与经济社会活动的交融时时刻刻产生海量复杂数据，它们是现实世界的片段记录，是蕴含碎片化信息的原始资料。大数据正是对这种“大而复杂”数据集的统称。这里的“大”不仅指数据集所含数据量之大，更指这样的数据集已蕴含从量变到质变的跃升。换言之，数据是如此之大而全面，已使“只从这些碎片化数据中就能读懂数据背后的故事”变得可能。“复杂”除指数据集的海量性之外，通常还指数据的异构性、时变性、分布性、关联性和价值稀疏性等复杂特征。

大数据具有大价值。大数据的最大价值是为数字经济和基于数据的科学发现、社会治理提供了基础。特别地，它提供社会科学方法论，形成科学研究新范

式,形成高新科技新领域,成为社会进步的新引擎,深刻改变人类的思维、生产和生活方式,推动社会变革和进步[19-21]。大数据的价值主要通过大数据技术来实现。大数据技术是最底层的信息技术,它刻画了新一代信息技术中机器与机器、机器与人、人与人之间的信息交互内容特征,与网络化技术一样,它是构成现代信息技术的最基础技术。

数据从采集、汇聚、传输、存储、加工、分析到应用形成一条完整的数据链,伴随这一数据链的是从数据到信息、从信息到知识、从知识到决策这样的一个数据价值增值过程。带数据价值增值过程的数据链称为一条数据价值链。换言之,数据价值链是促进数据向知识转化并使其价值不断提升的过程。如图 2 所示,数据价值链的主要环节包括数据采集/汇聚、数据存储/治理、数据处理/计算、数据分析和数据应用。

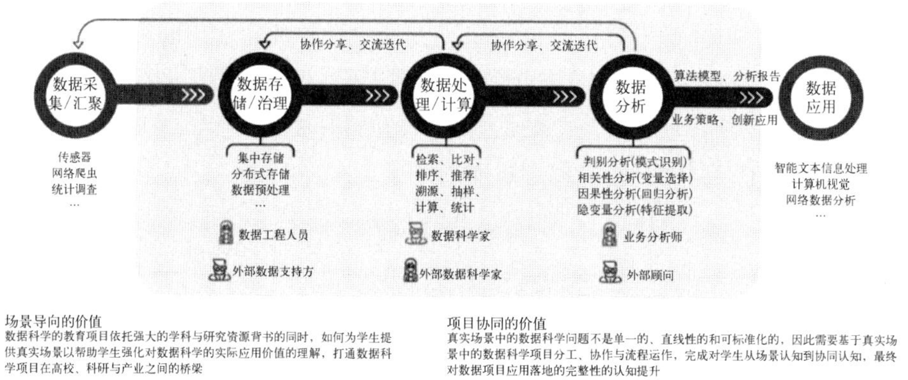

图 2　数据价值链

很显然,大数据技术即是实现上述数据价值链的技术。为大数据技术提供理论基础、分析方法、实现途径的方法学即是数据科学。更严格地说,数据科学是有关数据价值链实现过程的基础理论与方法学[22]。它运用建模、分析、计算和学习杂糅的方法研究从数据到信息、从信息到知识、从知识到决策的转换,并实现对现实世界的认知与操控。

根据上述定义并参考数据价值链,我们现在很容易厘清数据智能、大数据技术与数据科学之间的关系。

1) 数据智能与大数据技术

数据智能与大数据技术很难而且应该不加以区分。然而,如果一定要区分的话,数据智能可能更强调与领域知识的结合,如,与自然语言处理、计算机视觉、机器人、自动驾驶、竞技游戏等技术的结合,更聚焦数据价值链的后端;大数据技术更关注如何从现实世界中获取/汇聚数据，更强调数据的存储和计算，更强调数据价值链的前端。当然，对于完成数据价值链中段的数据分析和处理，无论是前者还是后者，都视作其最重要的组成部分了(这一部分的主体就是机器学习)。有趣的是，单就大数据技术而言，似乎很难将大数据与智能发生直接联系，但仔细分析不难理解：大数据技术的核心促进实现从数据到信息、从信息到知识、从知识到决策的转换，而信息需要从数据中挖掘，知识需要从信息中萃取。无论是挖掘还是萃取，都离不开人的“悟”，这就是智能了；大数据技术中的“悟”是基于数据的，是通过学习这一“精髓”来实现的，这就是数据智能。学习本质上就是通过“感-知-用”解决问题的途径，就是“用数据研究科学”的第四科学范式。

2) 数据智能与数据科学

数据智能与数据科学都是以数据为基础的，但数据科学是一个远比数据智能更为宏大的科学体系，它将数据智能作为其中的一部分。除此之外，数据科学也包含统计学和计算机科学的近代融合发展。

事实上，我们知道，统计学是“研究数据的科学”，也是“让数据变得有用”的学科。它的主要内涵是研究如何收集、分析、解释和描述数据[23]。由此可以看到，统计学与数据科学在研究对象、研究目标、应用范式等方面几乎是完全一致的，特别是机器学习的几乎所有方法都能在统计学里找到根源或对应物。统计学的发展已形成了自身独有的“以概率论为基础”，以“数据→模型→分析→检验”为流程的研究方法论，更是形成了“大样本性质”“假设检验”等鲜明的理论分析特色。因此，统计学是数据科学发展的一个原型，它为数据科学研究提供了一套可行、独具特色的科学方法论。

计算机科学是数据科学的重要基础和工具。计算机科学本身“是有关计算工具的科学”(软硬件部分)和“有关算法的科学”(理论和应用部分)。“有关计算工具的科学”提供各学科开展计算研究所必需的计算机系统、编程语言、执行环境和软件平台，是数据科学的必备工具；“有关算法的科学”则为科学研究提供算法设计、算法分析、算法优化的原理与技术，是数据科学的理论基础之一。一般来说，算法和数据是两个垂直的研究对象，因此计算机科学和数据科学本身也是垂直的两个研究领域。数据科学更多地需要借助于“计算工具和算法的科学”来帮助、解决、实现“数据的科学”。然而，当计算机科学直面“科学计算为主”到“数据处理为主”转变时，它与数据科学的关系便变得密不可分了。一方面，数据科学的大数据处理呼唤计算机科学提供 I/O 代价更小，甚至存算一体的新型计算架构，计算环境和计算服务；另一方面，数据科学的大数据算法设计与分析更期望计算机科学能提供全新的计算理论(如可计算理论与算法复杂性理论[24])支持。在这一目标下，计算机科学与数据科学便走到一起。特别地，当涉及有关大数据计算理论、大数据处理算法、大数据分析算法、大数据计算基础算法等大数据计算研究与应用时，这两个学科就完全重合了。

3）大数据与数据科学

数据科学旨在为数据的高效获取、存储、计算、分析及应用提供科学的理论基础与可靠的技术体系。作为信息资产，大数据的价值需要运用全新的处理思维和解译技术来实现，因而数据科学正是大数据发展所必需的，正所谓“大数据催生了数据科学，而数据科学承载了大数据的未来”[22]。数据科学奠定了大数据科学基础，形成了大数据分析处理核心技术，蕴含着大数据价值实现的有效途径。就大数据而言，数据科学意味着新的原理、新的理论、新的技术、新的方法，是实现大数据价值的新途径与问题解决方案。

作为大数据方法，数据科学的海量处理能力（特别是分布式处理能力、流式处理能力、并行计算能力、边缘计算能力等）使得大数据的量变到质变过程得以完成；其融合分析与处理能力（特别是基于虚拟集成与区块链相结合的互操作技术、基于最优传输的异构数据综合与转换技术等）使得大数据的关联聚合得以实现；其理论可证明的正确性（theoretically provable correctness，TPC）、可解释、可泛化、可并行、可扩展的分析算法使得大数据分析成为可能。所有这些说明：数据科学能够支撑大数据原理的实现，从而赋能大数据，使其转化为现实生产力，产生大价值。

数据智能是以数据为中心、以“感-知-用”为模式的人工智能，也可以说，是以数据获取、加工、处理、分析、应用为智能特征的人工智能。数据智能包括智能感知、智能认知（机器学习）、智能控制/智能决策等方面，是近代人工智能研究最为活跃、应用最为普遍的部分。数据智能的基础是大数据，只有大数据才能促使数据产生智能。从这个意义上理解，数据智能与大数据技术等价，尽管前者更聚焦数据价值链的后端，而后者更强调数据价值链的前端和存储计算。比数据智能更为宏大的科学体系是数据科学。它是有关数据价值链实现过程的基础理论与方法学。大数据催生了数据科学，而数据科学承载了大数据的未来。数据科学将奠定大数据科学基础，形成大数据分析处理核心技术，蕴含大数据价值实现的有效途径。

参考文献

[1] Russell S J, Norvig P. Artificial intelligence: a modern approach[M]. 3rd ed. New Jersey: Pearson Education, 2010.

[2] 谭铁牛. 人工智能的历史、现状和未来[J]. 智慧中国，2019(Z1): 87 - 91.

[3] Newell A, Simon H A. The logic theory machine[J]. IRE Transactions on Information Theory, 1956, 2(3): 61-79.
[4] Ernst G, Newell A. GPS: a case study in generality and problem solving[M]. New York: Academic Press, 1969.
[5] Fikes R, Nilsson N. STRIPS: a new approach to the application of theorem proving to problem solving[J]. Artificial Intelligence, 1971, 2 (3/4): 189-208.
[6] Buchanan B, Feigenbaum E, Lederberg J. Heuristic DENDRAL — a program for generating explanatory hypotheses in organic chemistry[C]//International Conference on System Sciences. Hawaii: [s. n.], 1968.
[7] Shortliffe E H. Mycin: a knowledge-based computer program applied to infectious diseases[C]//Proceedings of Annual Symposium on Computer Application in Medical Care. [s. l.]: [s. n.], 1977.
[8] Vapnik V, Guyon I, Hastie T. Support vector machines[J]. Mach. Learn, 1995, 20(3): 273-297.
[9] 杨学军.智能简史[C]//人工智能前沿技术论坛.长沙:[s. n.],2017.
[10] Launchbury J. A DARPA perspective on artificial intelligence[EB/OL]. (2017-02-15)[2020-10-12]. https: //www. youtube. com/watch? time_continue=5&v=-O01G3tSYpU.
[11] 徐宗本.机器学习自动化:通向通用人工智能的必备步骤[C]//第三届中国(广东)人工智能高峰论坛.广州:[s. n.],2020.
[12] Samuel A L. Some studies in machine learning using the game of checkers[J]. IBM Journal of Research and Development, 1959, 3(3): 210-229.
[13] Jordan M I. Statistics and machine learning[EB/OL]. (2014-10-01)[2020-10-12]. https: //www. reddit. com/.
[14] Breiman L. Statistical modeling: the two cultures (with comments and a rejoinder by the author)[J]. Statistical Science, 2001, 16(3): 199-231.
[15] James G, Witten D, Hastie T, et al. An Introduction to Statistical Learning[M]. New York: Springer,2013.
[16] Sutton R S, Barto A G. Reinforcement learning: an introduction. 2nd ed. Cambridge: MIT press, 2018.
[17] Bengio Y, Louradour J, Collobert R, et al. Curriculum learning[C]//International Conference on Machine Learning. [s. l.]: [s. n.], 2009.
[18] Finn C, Abbeel P, Levine S. Model-agnostic meta-learning for fast adaptation of deep networks [C]//Proceedings of the 34th International Conference on Machine Learning. Sydney: [s. n.], 2017.
[19] 徐宗本.用好大数据须有大智慧——准确把握、科学应对大数据带来的机遇和挑战

[J]. 中国科技奖励,2016(4): 27－29.

[20] 徐宗本."数字化、网络化、智能化"新一代信息技术的聚焦点[J]. 科学中国人,2019(7): 36－37.

[21] 徐宗本,张宏云. 让大数据创造大价值[J]. 人民周刊,2018(15): 68－69.

[22] 徐宗本,唐年胜,程学旗. 数据科学-它的内涵、方法、意义与发展[M]. 北京: 科学出版社,2020.

[23] Donoho D. 50 years of data science[J]. Journal of Computational and Graphical Statistics, 2017, 26(4): 745－766.

[24] 张立昂. 可计算性与计算复杂性导引. 2 版. 北京: 北京大学出版社,2004.

目　　录

深度生成模型

朱　军

朱军，清华大学信息科学技术学院计算机科学与技术系，电子邮箱：dcszj@mail. tsinghua. edu. cn

1.1 引言

随着数据规模的增加以及数据类型的丰富，如何有效分析大规模数据成为很多行业应用的关键。机器学习[1]为从数据中发现隐含规律提供了强有力的工具，受到广泛的关注和应用。一般认为，机器学习方法可以分为判别式(discriminative)和生成式(generative)两种。前者直接学习从输入数据到输出的映射函数或条件概率模型，典型代表包括支持向量机[2]、深度卷积神经网络[3]、逻辑回归(logistic regression)、条件随机场[4]等。与判别式的机器学习方法不同，生成式的机器学习方法对数据进行显式建模，一般表示为一个概率模型。这种选择使得生成模型具有更广泛的能力——既可以在有监督学习任务中通过推断实现判别式的预测，也可以实现更多的任务，比如无监督学习、缺失数据补全等，典型的代表包括朴素贝叶斯[5]、话题模型[6]、深度信念网络[7]等。

随着深度学习在很多任务上的进展，如何有效利用深度神经网络的强大拟合能力成为生成模型的一个重要研究方向。这种具有多层次隐含结构的生成模型称为深度生成模型(deep generative model，DGM)。深度生成模型有两种主要的定义方式：一种方式是传统的多层次贝叶斯的思路，一般表示为一个贝叶斯网络；另一种方式是利用深度神经网络的强大拟合能力，从数据中学习随机变量之间的参数化函数变换。这种模型具有很强的表达能力，能够刻画复杂数据的分布；但是相应地，它们的概率推断和参数学习也面临着新的挑战。近年来，随着推断和学习算法的进步，深度生成模型取得了显著进展，一些之前很难学习的深度模型现在可以学习了。深度生成模型已广泛用于图像生成[8]、多模态学习[9]、缺失数据图像补全[10]、半监督学习[11]等任务。近期也开源了一些优秀的概率编程库，例如“珠算”(Zhusuan)深度概率编程库①，有效支持深度生成模型的开发和实践。模型、算法和编程库的进步也极大地促进了深度生成模型的应用。

本章对深度生成模型的基本概况和近期进展进行介绍，包括模型定义、推断和学习算法、“珠算”深度概率编程库，以及典型应用，并且对未来的发展方向展开讨论。

① GitHub 网址：https://github.com/thu-ml/zhusuan/.

1.2 模型定义

在本节,我们首先介绍生成模型的基本概念,然后介绍两种常见的构造深度生成模型的方法。

1.2.1 生成模型基本概念

我们用 $\boldsymbol{x}$ 表示输入数据中可观察到的所有变量,例如文本中的所有单词、图像中的所有像素值。生成模型定义了一个概率分布 $p(\boldsymbol{x};\theta)$ 来刻画数据 $\boldsymbol{x}$ 的特性,其中 θ 是模型的参数。概率分布的选择是根据数据的特性来决定的。比如在常见的语言模型(language model)[12]中,每个文档 $\boldsymbol{x}$ 是一个离散的词袋向量,相应的 $p(\boldsymbol{x};\theta)$ 是一个多项式分布,描述每个单词在一个文档中出现的概率;对于连续的数据,$p(\boldsymbol{x};\theta)$ 一般选择为高斯分布或更广义的指数族分布(exponential family distribution)。给定一个训练数据集 $\mathcal{D}=\{\boldsymbol{x}_i\}_{i=1}^N$,模型参数可以通过常用的最大似然估计获得:

$$\theta^*=\arg\max_{\boldsymbol{\theta}}\log p(\mathcal{D};\theta)$$

其中 $\log p(\mathcal{D};\theta)=\sum_{i=1}^N\log p(\boldsymbol{x}_i;\theta)$。在下文中,我们用 $\mathcal{L}(\theta)$ 表示对数似然函数。

在很多情况下,数据中存在未知的变量,它们的取值在训练集中是不知道的,这些变量统称为隐变量。相应地,具有隐变量的模型也称为隐变量模型(latent variable model)。一个典型的例子是混合模型(mixture model):对于具有 K 个成分(component)的混合模型,我们用 $z\in\{1,2,\cdots,K\}$ 变量表示数据 $\boldsymbol{x}$ 对应的成分——z 在训练集 $\mathcal{D}$ 中是未知的。我们的生成模型定义了一个包括所有变量的联合分布 $p(z,\boldsymbol{x};\theta)$,通常写成 $p(z;\theta)p(\boldsymbol{x}\mid z;\theta)$,其中 $p(z;\theta)$ 称为先验分布,$p(\boldsymbol{x}\mid z;\theta)$ 为给定隐变量的似然函数。在给定一个具体的观察数据 $\boldsymbol{x}$ 的情况下,我们通常对后验分布 $p(z\mid\boldsymbol{x};\theta)$ 感兴趣,这是因为它揭示了一个特定的数据隐含特性,例如,在混合模型中,这个后验分布表示数据 $\boldsymbol{x}$ 属于 K 个成分的概率分布值——$p(z=k\mid\boldsymbol{x};\theta)$ 越大,意味着 $\boldsymbol{x}$ 越可能是从第 k 个成分生成的。我们把获得后验分布的过程称为后验推断(posterior inference)。

隐变量模型具有很强的表达能力,同时,可以通过后验推断揭示数据背后隐含的规律(或者称为隐含结构)。但是,这种模型的参数学习也相应地变得困难。以最大似然估计为例,同样给定训练集 $\mathcal{D}$, 这时的目标函数为

$$\mathcal{L}(\theta)=\log p(\mathcal{D};\theta)=\sum_{i=1}^{N}\log\int_{z}p(z,\boldsymbol{x}_i;\theta)\mathrm{d}z$$

其中,我们需要对隐变量 z 进行积分运算——在 z 为离散变量时,积分运算退化为加和运算。一般情况下,最大似然估计是比较困难的。最常用的是期望最大化(expectation-maximization,EM)算法[13]。广义上说,EM 算法是变分方法(variational method)[14]的一种,它的基本流程是引入一个变分后验分布 $q(z\mid\boldsymbol{x};\phi)$,其中 ϕ 是未知参数,并且使用 Jensen 不等式获得一个对数似然函数的变分下界(evidence lower-bound,ELBO):

$$\mathcal{L}(\theta)=\sum_{i=1}^{N}\log\int_{z}p(z,\boldsymbol{x}_i;\theta)\geqslant\sum_{i=1}^{N}E_q[\log p(z,\boldsymbol{x}_i;\theta)-\log q(z\mid\boldsymbol{x}_i;\phi)]\triangleq\hat{\mathcal{L}}(\theta,\phi)\tag{1-1}$$

通过对变分下界寻优,我们同时获得最优的参数估计以及最优的变分后验分布——对真实后验分布的一种近似。这种基本框架广泛用于隐变量模型的后验推断和参数估计,例如受限玻尔兹曼机模型[15]、话题模型[16]等。

为了处理大规模的数据,EM 算法可广泛扩展,包括随机 EM 算法[25]、分布式 EM 算法[17]等。

1.2.2 基于层次化贝叶斯的建模

上述的混合模型、受限玻尔兹曼机等隐变量模型一般认为是浅层模型——只具有一层的隐变量。随着深度神经网络的进展,研究者提出了一些更好的算法,能够有效地训练具有多层隐变量模型。相应地,具有多层隐变量的生成模型也受到越来越多的关注。但是,具有多层隐变量的生成模型在概率统计和机器学习中存在已久。一种典型的构造方式是层次化贝叶斯(hierarchical Bayesian)建模[18],图 1-1 展示了经典的话题模型(latent dirichlet allocation, LDA)[6]的结构。这里输入的每个数据 $\boldsymbol{x}$ 是一个用词向量表示的文本,模型假设有 K 个话题,每个话题 k 是在所有单词上的一个概率分布 β_k。模型定义了一个层次化的生成文本的过程:

(1) 采样 K 个话题:$\beta_k\sim Dir(\eta)$。

(2) 对每个文档 d,采样一个话题分布 $\theta_d\sim Dir(\alpha)$:

a. 对文档 d 中的每个单词 n,采样一个话题 $Z_{d,n}\sim Multi(\theta_d)$;

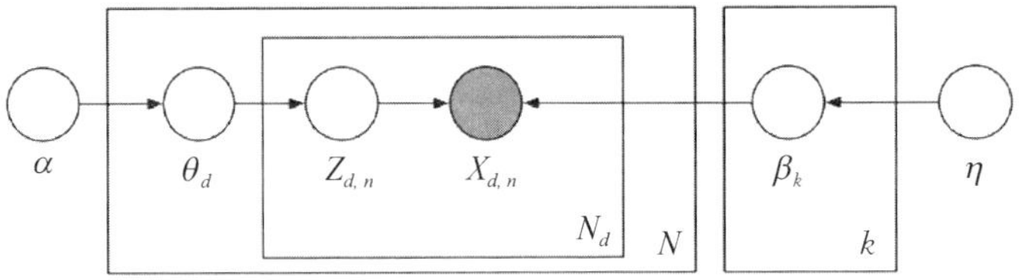

注：矩形框表示内部同样的结构重复若干份，其右下角的数字表示重复的次数

图 1-1　话题模型：一个层次化隐变量模型

b. 生成单词 $X_{d,n} \sim Multi(\beta_{Z_{d,n}})$。

其中，$Dir(\cdot)$ 表示一个狄利克雷分布；$Multi(\cdot)$ 表示一个多项式分布；$Z_{d,n} \in \{1, 2, \cdots, K\}$ 表示某个具体的话题。这里 α 和 η 可以当作超参数，或者也可以假设服从某个先验分布。

从这个例子可以看出，LDA 模型具有多层的隐变量 $\{\theta_d, Z_{d,n}, \beta_k\}$，而且这些隐变量之间可通过一个概率图模型[19]描述它们之间的依赖关系，比较常见的是贝叶斯网络。这种模型的生成过程比较直观。对于 LDA 模型，上述过程定义了一个联合分布：

$$p(\theta, \beta, Z, X; \alpha, \eta) = \prod_{k=1}^{K} p(\beta_k; \eta) \prod_{d=1}^{N} p(\theta_d; \alpha) \prod_{n=1}^{N_d} p(Z_{d,n} \mid \theta_d) p(X_{d,n} \mid Z_{d,n}, \beta)$$

LDA 模型可以从大规模数据中学习话题，分析每个文档甚至每个单词的话题分布，因此得到广泛研究和应用。关于 LDA 模型的学习和推断，研究者提出了很多性能良好的算法，例如缓存高效的分布式 WarpLDA 算法[20]、面向 GPU 硬件高效的 SaberLDA 算法[21]。

1.2.3　基于深度神经网络的建模

基于层次贝叶斯的构造方法虽然灵活——可以根据需要选择模型的深度和宽度，但是，随机变量之间的依赖关系通常比较简单，可用常见的概率分布来描述，比如描述离散变量的多项式分布、描述连续变量的高斯分布等。近年来，深度神经网络已广泛用于生成模型，刻画变量之间的复杂连接关系，极大地提高了深度生成模型的灵活性。

具体来说，概率论中有一个基本的事实，当一个简单分布的随机变量 x（如均匀分布或标准高斯分布）经过一个函数 $y = f(x)$ 变换之后，可以得到一个复

杂分布的变量 y。当函数 $f(\cdot)$ 是可逆函数时，y 变量的分布可以解析表达，具体为 $p(y)=\left|\frac{\mathrm{d}x}{\mathrm{d}y}\right|p(x)$。这种基本事实可以进一步扩展，基于神经网络强大的函数拟合能力，我们可以用一个深度神经网络刻画变换函数 $f(\cdot)$，并且函数中的未知参数可以通过训练获得。这种基于数据驱动的学习变换函数的方式给深度生成模型带来很多好处。图 1-2(a)展示了这样一个基本的思路，图 1-2(b)展示了一个具体的例子，其中，简单变量 z 服从标准高斯分布，每一个 z 的采样都经过两层全连接的神经网络（参数为 θ）变换，该神经网络的 4 个输出神经元的值用来定义数据分布，在这里我们假设数据中的两个维度 x_1 和 x_2 是独立的，分别服从高斯分布 $p(x_i \mid z;\theta)=\mathcal{N}(\mu_i,\sigma_i^2)$，$i=1, 2$。值得注意的是，这里的均值和方差都是随机变量 z 的函数，不同的 z 值得到不同的均值和方差。由于 z 是随机的、有无穷多个取值，即使在同样的神经网络下（即网络结构和参数 θ 固定），这个简单模型相当于无穷多个高斯分布的混合，因此，能够拟合复杂的分布。

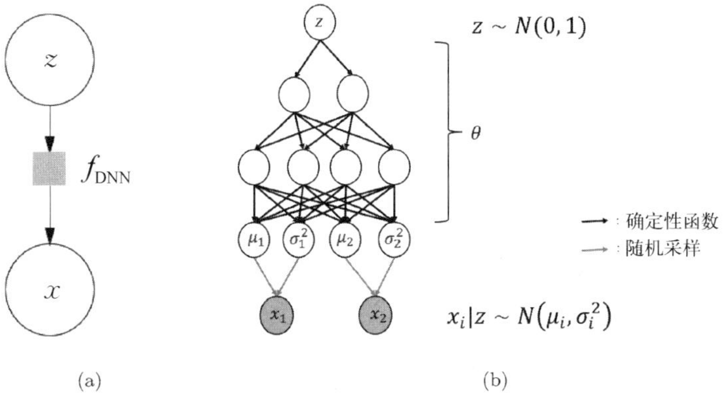

图 1-2 深度生成模型

(a) 基于神经网络的深度生成模型示意图 (b) 标准高斯分布的随机变量 z 通过一个两层的 MLP，输出神经元的值为数据 x_1 和 x_2 的高斯分布的均值和方差

上述模型显式定义了生成数据的概率分布 $p(\boldsymbol{x} \mid z;\theta)$，因此，可以使用最大似然估计来学习未知参数（详见下节）。虽然概率分布的选择比较灵活，我们还可以进一步去掉这部分的假设，直接用一个随机过程定义深度生成模型。具体的模型思路如图 1-2(a)所示，简单随机变量 $\boldsymbol{z}$ 通过一个函数变换直接定义了变量 $\boldsymbol{x}=f(\boldsymbol{z};\theta)$，其中 $f(\cdot)$ 为变换函数。这里，我们可以使用深度神经网络来定义 $f(\cdot)$，由于神经网络的强大拟合能力，变量 $\boldsymbol{x}$ 的分布可以非常灵活，但与此

同时，我们往往不能显式地写出 $\boldsymbol{x}$ 的概率密度函数。这种模型称为隐式深度生成模型(implicit deep generative model)，如对抗生成网络(GAN)[22]等。通过这个隐式的生成过程，我们可以采样变量 $\boldsymbol{z}$ 来获得变量 $\boldsymbol{x}$ 的样本集合 $\boldsymbol{x}_i = f(\boldsymbol{z}_i; \theta)$, $\boldsymbol{z}_i \sim p(\boldsymbol{z})$。对于隐式深度生成模型，最大似然估计不能直接应用，因此需要其他的参数学习算法，具体介绍如下节。

1.3 学习方法

如上所述，有两种主要的深度生成模型：一种是具有显式的、描述数据生成的概率分布函数，另一种是没有显式的、描述数据生成的概率分布函数。对于这两种模型，其参数估计的方法有一些差别。下面将分别介绍 3 类主要的参数估计的方法。这里，我们同样用 $\mathcal{D} = \{\boldsymbol{x}_1, \boldsymbol{x}_2, \cdots, \boldsymbol{x}_N\}$ 表示具有 N 个样本的训练数据集。

1.3.1 最大似然估计

对于具有显式的数据生成概率函数的深度生成模型，我们可以用最大似然估计来学习模型参数，即 $\theta^* = \arg\max_{\boldsymbol{\theta}} \mathcal{L}(\theta)$。如前所述，这里主要的挑战在于模型中具有隐变量 $\boldsymbol{z}$。因此，变分方法成为最常用的一类方法。如式(1-1)所示，要实现一个变分学习算法，我们首先需要定义一个合适的变分后验分布 $q(\boldsymbol{z} \mid \boldsymbol{x}_i; \phi)$。对于传统的浅层模型，变分后验分布的定义一般选择具有较好解析形式的分布，比如高斯分布或者更广义的指数族分布等。但是，对于深度生成模型，简单的变分后验分布很难刻画模型中存在的复杂函数变换，也不能很好地逼近真实的模型后验分布 $p(\boldsymbol{z} \mid \boldsymbol{x}_i; \theta)$。为此，需要引入更加灵活的变分后验分布。

这方面的突破性进展是变分自编码器(variational auto-encoder, VAE)[23]。它的基本思路是构造另外一个深度生成模型来刻画变分后验分布 $q(\boldsymbol{z} \mid \boldsymbol{x}_i; \phi)$。以图 1-2(b)中的模型为例，一种较好的定义方式如图 1-3(a)所示：可观察的输入变量 $\boldsymbol{x}$ 通过一个两层的全连接 MLP 网络，两个输出神经元的值分别定义为隐变量 $\boldsymbol{z}$ 的高斯分布均值和方差：

$$q(\boldsymbol{z} \mid \boldsymbol{x}_i; \phi) = \mathcal{N}(\mu(\boldsymbol{x}_i; \phi), \sigma^2(\boldsymbol{x}_i; \phi)) \tag{1-2}$$

这种定义有两个好处：① 神经网络可以描述非线性变换；② 固定网络的参数

ϕ,给定不同的 $\boldsymbol{x}_i$ 会得到不同的高斯分布(均值与方差不同)。这种通过共享同一个网络的方式可以减少参数的个数。这种用于定义变分后验分布的网络称为推断网络(inference network)或者识别网络(recognition network)。将生成网络与推断网络放在一起,其结构类似一个自编码器,如图 1-3(b)所示,其中左边的推断网络为编码器,右边的生成网络为解码器。这里的区别在于编码和解码的过程都是随机的,因此被称为变分自编码器(VAE)。

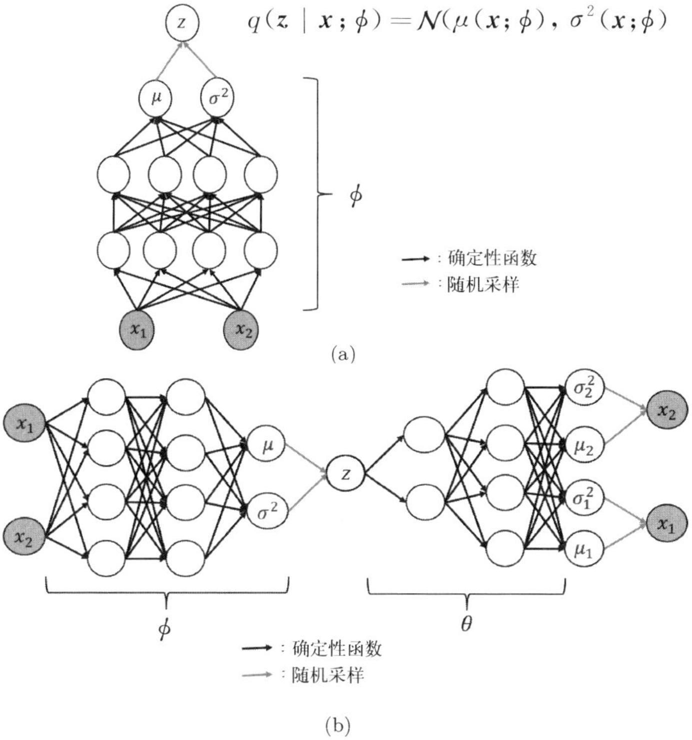

图 1-3 变分自编码器

(a) 基于深度生成模型的变分分布示意图 (b) VAE 的基本架构示意图

有了上述定义的变分后验分布,我们需要对变分下界 $\hat{\mathcal{L}}(\theta,\phi)$[如式(1-1)]进行数值优化。目前,最有效的方法是随机梯度下降。首先,我们需要计算变分下界的值。由于模型和变分后验分布的复杂性,我们需要用蒙特卡洛方法构造一个无偏的近似估计。我们用一个特定样本 $\boldsymbol{x}$ 为例,其对应的变分下界的估计为

$$\hat{\mathcal{L}}(\theta,\phi;\boldsymbol{x})\approx\frac{1}{L}\sum_{k=1}^{L}\left[\log p(\boldsymbol{z}^{(k)},\boldsymbol{x};\theta)-\log q(\boldsymbol{z}^{(k)}\mid\boldsymbol{x};\phi)\right]$$

$$z^{(k)} \sim q(z \mid x;\ \phi) \tag{1-3}$$

这种估计比较直接,但是存在一个问题——如何计算参数 ϕ 的梯度。参数 ϕ 出现在变分后验分布中,因此变量 z 是 ϕ 的一个函数。但是当我们从变分后验分布 q 中采样之后,获得的是变量 z 的一些具体取值,比如{0.5, −0.1, 0.3, …, 1.0}。在这种情况下,我们没办法应用反向传播(back - propagation, BP)计算梯度 $\partial_\phi \hat{\mathcal{L}}(\theta, \phi; x)$,这是因为 $\partial_\phi z^{(k)} = 0$,如图 1 - 4(a)所示。

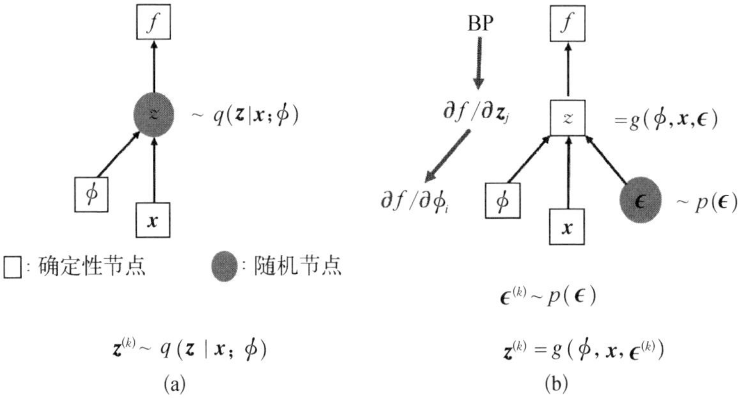

图 1 - 4 重 参 数 化

(a) 直接用蒙特卡洛方法采样(变量 z 的取值固定,不能进行反向传播梯度) (b) 采用重参数化技巧(ϵ 是简单分布的随机变量,z 变成一个确定的函数,因此可以用反向传播计算梯度)

为了克服上述困难,一种有效的方法是利用概率论中的重参数化(re-parametrization),即一个复杂分布 $q(z \mid x;\ \phi)$ 可以通过一个简单分布和函数变换获得。假设 $\epsilon \sim p(\epsilon)$ 是一个简单分布的随机变量,比如均匀分布或者标准高斯分布,我们可以通过一个函数变换得到 z 的分布:$z = g(\phi, x, \epsilon)$。如果我们首先对 ϵ 采样多次,再对每个 $\epsilon^{(k)}$ 做函数变换得到相应的 $z^{(k)}$,这样就获得了变量 z 的样本,用于蒙特卡洛估计。如图 1 - 4(b)所示,由于随机变量变成了 ϵ,变量 z 是一个确定的函数。我们可以通过链式法则(即 BP)计算任意函数 f 对 ϕ 的梯度:$\partial_\phi f = \partial_z f \partial \phi_z$。以上述高斯分布为例,我们可以选择 ϵ 为标准高斯分布,函数 g 对应的是一个简单的线性函数:$g(\phi, x, \epsilon) = \mu(x, \phi) + \sigma(x, \phi)\epsilon$。这样,我们要计算的梯度为

$$\partial\phi\hat{\mathcal{L}}(\theta, \phi, x) = E_{p(\epsilon)}[\partial_\phi \log p(g(x, \epsilon, \phi), x;\ \theta) \\ - \partial_\phi \log q(g(x, \epsilon, \phi) \mid x;\ \phi)] \tag{1-4}$$

这里的期望运算可以通过蒙特卡洛估计来无偏逼近。

有了上述计算梯度的方法,我们可以用随机梯度下降算法对参数 (θ, ϕ) 进行优化。基本的算法如算法 1-1 所示。在"珠算"概率编程库中,基本的 VAE、利用卷积网络的 VAE 以及用于半监督学习的 VAE 都有具体的实现,读者可以动手实践。

算法 1-1 VAE 随机梯度下降算法

输入: 训练数据集 $\mathcal{D}$, 一个 x 对应 z 采样个数 l
输出: 模型参数 θ 与变分近似网络参数 ϕ
初始化模型参数 θ 与变分近似网络参数 ϕ
While 判断收敛条件未达成 **do**:
　　随机从训练数据集 $\mathcal{D}$ 中采样一小批次样本 $\{\boldsymbol{x}^i\}_{i=1}^m$
　　随机从先验分布 $p(\boldsymbol{\epsilon})$ 中采样一小批次样本 $\{\boldsymbol{\epsilon}^i = \{\boldsymbol{\epsilon}^{ij}\}_{j=1}^l\}_{i=1}^m$
　　计算如下梯度并用来更新参数 θ, ϕ:

$$\nabla_{\phi, \theta} \frac{1}{m} \frac{1}{l} \sum_{i=1}^{m} \sum_{j=1}^{l} [\log p(g(\boldsymbol{x}^i, \boldsymbol{\epsilon}^{ij}), \boldsymbol{x}^i) - \log q(g(\boldsymbol{x}^i, \boldsymbol{\epsilon}^{ij}) \mid \boldsymbol{x}^i)] \tag{1-5}$$

End while

1.3.2 对抗式生成网络

对抗式生成网络(generative adversarial network, GAN)[22]是一种对隐式深度生成模型的参数进行估计的方法。从数据生成的角度而言,其取得了当前最优的结果,因此,近年此估计方法获得了广泛的关注。

对抗式生成网络的基本思想是将学习过程模拟成一场对抗式的两人游戏,如图 1-5 所示。游戏中一方是生成器 G,另一方是一个判别器 D。其中,G 即我们所关心的生成模型,用以生成样本,D 用来判断一个样本 $\boldsymbol{x}$ 是否来自数据真实分布。模型的训练过程即 G 与 D 的不断升级: G 不断地提升去生成与真实数据尽量相似的图片以"欺骗"D 使得其分辨不出 G 生成的样本与真实样本的区别; D 不断地提升自己的判别力,用以区分真实数据与 G 生成的样本。

具体而言,生成器 $G(\boldsymbol{z}, \theta_g)$ 是一个如 1.2.3 节中所述的隐式深度生成网络,如图 1-5(a)所示; 判别器 $D(\boldsymbol{x}, \theta_d)$ 是一个分类器,将真实数据与 G 生成的数据进行区分,通常在此也用深度网络建模。如果将真实数据标注为类别"1",将 G 生成的数据标注成类别"0",我们构造了一个有标注的训练集,如图 1-5(b)所示。实际上,判别器 D 就是一个二分类的神经网络,其输入是一个样本 $\boldsymbol{x}$,输出是一个数字,表示 $\boldsymbol{x}$ 是真实数据而不是 G 生成的概率。自然地,我们

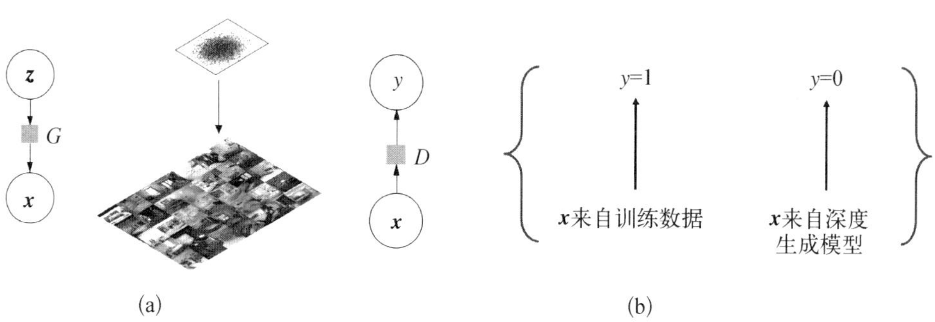

图 1-5 对抗式生成网络(GAN)双方图示

(a) 生成器 G(隐式变量 z 通过任意复杂的网络结构前向传播得到样本 $\boldsymbol{x}$) (b) 判别器 D(其输入是一个样本 $\boldsymbol{x}$,输出是其是否是真实数据)

要训练 D 使得其尽量满足:

$$D(\boldsymbol{x})=\begin{cases}1, & x \text{ 是真实数据} \\ 0, & x \text{ 是由 } G \text{ 生成}\end{cases} \tag{1-6}$$

与此同时,在给定 D 的情况下,我们需要训练 G 使得 $D(G(z))$ 尽量大,从而达到"以假乱真","欺骗"判别器的目的。于是,D 和 G 之间的相互学习构成了一个极小-极大游戏(minimax game) $V(G, D)$:

$$\min_{D} \max_{D} V(G, D)=E_{x\sim p_{\text{data}}(\boldsymbol{x})}[\log D(\boldsymbol{x})]+E_{z\sim p(z)}[\log(1-D(G(z)))] \tag{1-7}$$

从该目标函数中我们能够看出来,对于判别器 D,实际上是在最大化有标注训练数据的最大似然,也即最小化交叉熵损失函数。

上述极小-极大游戏式(1-7)在理论上有良好的性质,我们将其总结如下:

定理 1.1 假设网络 G 和 D 具有无限的表达能力,对于固定的 G,最优的判别器 D 为

$$D_G^*(\boldsymbol{x})=\frac{p_{\text{data}}(\boldsymbol{x})}{p_{\text{data}}(\boldsymbol{x})+p_g(\boldsymbol{x})} \tag{1-8}$$

记 $C(G)=\max\limits_{D} V(G, D)$,则 $C(G)$ 的最小值在当且仅当 $p_{\text{data}}=p_g$ 处达到。此时 $C(G)=-\ln 4$。

在实际应用中,我们可以采用随机梯度下降的方法来迭代更新 G 与 D。对

于当前 G,我们更新 D 使得其有一定能力能够识别出由 G 生成的样本;之后对此 D,我们相应地升级 G,具体算法流程如算法 1-2 所示。在实践中,标准的 GAN 网络通常也存在一些问题,例如训练过程不稳定,会丢掉一些模式等,为此,有很多后续工作提出了性能更优的 GAN 模型,包括使用沃瑟斯坦因度量的 WGAN[24]、利用控制理论理解和稳定 GAN 的训练过程[25]等。

算法 1-2 GAN 随机梯度下降更新规则

输入: 训练数据集 $\mathcal{D}$, 迭代更新频率 k

输出: 网络 G, D 的参数 θ_g, θ_d

For 训练迭代总次数 **do**

For k 次迭代 **do**:

随机从先验 $p_g(z)$ 中采样一小批次样本 $\{z^i\}_{i=1}^m$

随机从数据集 $\mathcal{D}$ 中采集一小批次样本 $\{x^i\}_{i=1}^m$

计算下述梯度并且用其更新判别器 D:

$$\nabla_{\theta_d} \frac{1}{m} \sum_{i=1}^{m} [\log D(x^i) + \log(1 - D(G(z^i)))] \tag{1-9}$$

End for

随机从先验 $p_g(z)$ 中采样一小批次样本 $\{z^i\}_{i=1}^m$

计算下述梯度并且用其更新生成网络 G:

$$\nabla_{\theta_g} \frac{1}{m} \sum_{i=1}^{m} \log[1 - D(G(z^i))] \tag{1-10}$$

End for

1.3.3 矩匹配深度生成模型

矩匹配(moment matching)是隐式深度生成模型的另外一种参数估计方法。本节介绍相应的原理和算法。

1. 基本概念

矩匹配方法(moment-matching method)是统计学的一个重要研究领域,受到了广泛的关注与研究。最早的矩匹配思想可以追溯到 1887 年,起源于证明中心极限定理(central limit theorem)[26],而其在统计学中的最初研究出现于 1894 年[27]。矩匹配方法的核心思想是寻求模型参数与样本各阶矩统计量之间的关系,进而通过这种关系反向求解从而恢复出模型的参数。具体而言,假设模型 $\mathcal{M}(\theta_1, \theta_2, \cdots, \theta_K)$ 由 K 个参数决定,并且随机变量 $X \sim \mathcal{M}$,通常而言,X 的前 K 阶矩统计量是模型参数的方程:

$$\begin{cases} m_1 = E[W] = f_1(\theta_1, \theta_2, \cdots, \theta_K) \\ m_2 = E[W^2] = f_2(\theta_1, \theta_2, \cdots, \theta_K) \\ \vdots \\ m_k = E[W^k] = f_k(\theta_1, \theta_2, \cdots, \theta_K) \\ \vdots \\ m_K = E[W^K] = f_K(\theta_1, \theta_2, \cdots, \theta_K) \end{cases} \tag{1-11}$$

在给定样本 $\mathcal{D}=\{x_i\}_{i=1}^N$ 的条件下，上述各阶矩 m_k 可以通过样本给出无偏的估计 $\hat{m}_k=\frac{1}{N}\sum_{i=1}^N \boldsymbol{x}_i^k$。进而，真实模型的参数 $\{\theta_k\}_{k=1}^K$ 的估计 $\{\hat{\theta}_k\}_{k=1}^K$ 可以通过如下方程的解给出：

$$\begin{cases} \hat{m}_1 = f_1(\hat{\theta}_1, \hat{\theta}_2, \cdots, \hat{\theta}_K) \\ \hat{m}_2 = f_2(\hat{\theta}_1, \hat{\theta}_2, \cdots, \hat{\theta}_K) \\ \vdots \\ \hat{m}_k = f_k(\hat{\theta}_1, \hat{\theta}_2, \cdots, \hat{\theta}_K) \\ \vdots \\ \hat{m}_K = f_K(\hat{\theta}_1, \hat{\theta}_2, \cdots, \hat{\theta}_K) \end{cases} \tag{1-12}$$

一个简单的例子是对于正态分布 $N(\mu, \sigma^2)$，假设有其独立同分布样本 $\mathcal{D}=\{x_i\}_{i=1}^N$，那么这个分布的参数 μ 和 σ 可以由估计 $\hat{\mu}=\frac{1}{N}\sum_{i=1}^N x_i$ 以及 $\hat{\sigma}^2=\frac{1}{N}(x_i-\hat{\mu})^2$ 给出。可以证明，上述估计是一致[28]的(consistent)。通常而言，在非常弱的条件限制下，如果给定足够数量的样本，矩匹配方法就可以在理论上以任意精度恢复出模型的参数。

矩匹配方法的思想简单清晰，具有很强的实用性，因此，如何将传统统计学中的矩匹配方法扩展到广泛的机器学习场景中一直是人们研究的一项重点内容。

对于深度生成模型，我们的目的是寻找一组模型参数，使得生成样本的统计量和真实数据的统计量相同，即

$$m(G)=m(p_{\text{data}}(\boldsymbol{x})) \tag{1-13}$$

式中 $G=f(\boldsymbol{z}, \theta)$ 是如上述所示的隐式深度生成模型，p_{data} 是数据的真实分布，而 m 是我们关心的样本(或者分布)的统计量。通常而言，我们只能使用来自真实数据分布的样本，并且在有限的参数空间中进行寻优。因此，可能寻找不

到完美的 θ 使得式(1-13)恰好成立。在实际中,我们往往关心如下问题:

$$\theta^* = \arg\min_{\theta \in \Omega} \| m(\mathcal{D}_G) - m(\mathcal{D}) \|_L \tag{1-14}$$

式中 Ω 是参数 θ 的可行域, $\mathcal{D}_G$ 是由生成器 G 产生的样本集合, $\mathcal{D}$ 是真实数据的集合, L 是统计量之间的某种度量。

2. 矩匹配深度生成模型

如上所述,对于简单的高斯分布 $\mathcal{N}(\mu, \Sigma)$,其参数的最优估计可以由一阶矩与二阶矩完全确定。而对于一般的复杂分布 p,有限个统计量并不能够完全捕捉到任意两个概率之间的差别。因此,我们往往借助于核函数(kernel function)的能力,将数据映射到某个无限维的空间中,并在其中寻找统计量之间的关系。

具体而言,我们将数据映射到某个再生核希尔伯特空间(RKHS)中。所谓在空间 $\mathcal{X}$ 上的 RKHS $\mathcal{F}$,是一种特殊的希尔伯特空间(Hilbert space),其中每一个元素都是一个映射 $f: \mathcal{X} \rightarrow \mathbf{R}$。在其中有一个核函数 k 使得内积 $\langle \cdot, \cdot \rangle_{\mathcal{F}}$ 满足再生性质: $\langle f(\cdot), k(\boldsymbol{x}, \cdot) \rangle_{\mathcal{F}} = f(\boldsymbol{x})$,通常我们称 $\phi(\boldsymbol{x}) := k(\boldsymbol{x}, \cdot)$ 为 $\boldsymbol{x}$ 的特征映射(feature mapping),其作用是将原始数据 $\boldsymbol{x}$ 映射成 $\mathcal{F}$ 中的一个点,从而使其具有无限维度。有了以上定义,我们可以将概率分布进行 RKHS 中的嵌入。具体地,我们对特征映射求期望定义:

$$\mu_X := E_X[\phi(X)] = \int_{\Omega} \phi(X) \mathrm{d}P(x) \tag{1-15}$$

理论分析表明,只要概率 P 满足 $E_X[k(X, X)] < \infty$,那么 μ_X 一定是 RKHS $\mathcal{F}$ 中的一个点。

仔细观察可以得知,式(1-15)中的嵌入实际上是对特征映射后的结果求一阶矩。在并非苛刻的条件下,此一阶矩在能力上已经足够将任意两个概率区分开来,我们将其总结为如下定理。

定理 1.2 假设 RKHS $\mathcal{F}$ 是普适的(universal),其定义在紧致的度量空间 $\mathcal{X}$ 中,并且与之对应的核函数 $k(\cdot, \cdot)$ 连续。对于两个概率分布 p、q,其 RKHS 上的嵌入分别为 μ_p 和 μ_q,那么 $\| \mu_p - \mu_q \|_{\mathcal{F}} = 0$ 当且仅当 $p = q$。

上述嵌入之后的度量也可以理解为在原空间 $\mathcal{X}$ 中计算了无限个统计量差值的上界。这种方法称为最大矩匹配准则(maximum mean discrepancy, MMD)[29]或者是统计学中的双样本检测(two-sample test)。具体而言,对于概率分布 p_X、p_Y,MMD 定义了如下差值:

$$\mathrm{MMD}[\mathcal{K}, p_X, p_Y] := \sup_{f \in \mathcal{K}} (E_X[f(X)] - E_Y[f(Y)]) \tag{1-16}$$

式中 $\mathcal{K}$ 是一族选定的映射。当我们选取 $\mathcal{K}$ 是上述 RKHS $\mathcal{F}$ 中的一个单位球时，我们能够得到

$$\text{MMD}[\mathcal{K},\ p,\ q] = \|\mu_p - \mu_q\|_{\mathcal{F}}^2 \tag{1-17}$$

在实际应用中，我们通过经验数据的估计来计算式(1-17)。

既然概率的 RKHS $\mathcal{F}$ 映射足以区分任意概率，那么一个自然的训练方法即寻找参数 θ 使得模型 G 产生的分布 p_G 与真实分布 p_{data} 相同，算法可以通过标准的梯度下降训练。这种方法称为生成式矩匹配网络(generative moment matching network, GMMN)[30]。在具体的应用中，GMMN 网络结构如图 1-6(a)所示，其是一个多层的深度网络，在模型的生成器所表示的概率 p_G 建模方式上，其首先从一个均匀分布的先验中采样 $\boldsymbol{z} \sim p(\boldsymbol{z})$，之后 $\boldsymbol{z}$ 通过网络的层层传播得到样本 $\boldsymbol{x}$。在训练过程中，算法从 p_G 中采样 $\mathcal{D}'_X = \{x'_i\}_{i=1}^M$，以及有真实数据样本 $\{\boldsymbol{x}_1,\ \boldsymbol{x}_2,\ \cdots,\ \boldsymbol{x}_N\}$，于是算法可以估计其有限样本目标函数：

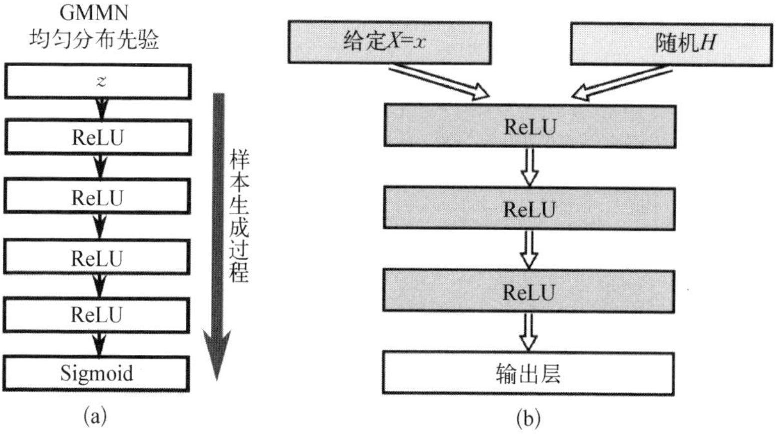

图 1-6 矩匹配深度生成模型

(a) 生成式矩匹配网络结构示意图 (b) 条件生成式矩匹配网络结构示意图

$$\begin{aligned}\hat{\mathcal{L}}_{\text{MMD}}^2 &= \left\| \frac{1}{N}\sum_{i=1}^{N}\phi(\boldsymbol{x}_i) - \frac{1}{M}\sum_{j=1}^{M}\phi(\boldsymbol{x}'_j) \right\|_{\mathcal{F}}^2 \\ &= \frac{1}{N^2}\sum_{i=1}^{N}\sum_{j=1}^{N}k(\boldsymbol{x}_i,\ \boldsymbol{x}_j) + \frac{1}{M^2}\sum_{i=1}^{M}\sum_{j=1}^{M}k(\boldsymbol{x}'_i,\ \boldsymbol{x}'_j) - \\ &\quad \frac{1}{NM}\sum_{i=1}^{N}\sum_{j=1}^{M}k(\boldsymbol{x}_i,\ \boldsymbol{x}'_j)\end{aligned} \tag{1-18}$$

上述经验估计可以用梯度反向传播算法进行有效的训练。对于样本量大的

情况，GMMN 采用随机小批次梯度下降算法(stochastic gradient descent with mini-batches)，其每次采集真实样本中的一个小批次，并利用 G 生成一个小批次，用这两个小批次来估计样本的核嵌入统计量。其算法流程如算法 1-3 所示。

算法 1-3 GMMN 的随机梯度下降训练方法

输入： 训练数据集 $\mathcal{D}=\{\boldsymbol{x}_i\}_{i=1}^N$
输出： 学习到的网络参数 θ
随机均匀将训练数据集 $\mathcal{D}$ 分割成小批次
While 未收敛 **do**：
  采样一小批次训练样本 X^d
  用网络生成一批样本 X^s
  对于 X^d 和 X^s，计算 $\frac{\partial \hat{\mathcal{L}}_{\mathrm{MMD}}}{\partial\theta}$
  应用梯度更新网络参数 θ
End while

3. 条件矩匹配深度生成模型

上述概率的 RKHS 嵌入使得我们可以将比较两个概率的问题转化为比较 RKHS 中两个点的问题，从而间接优化模型参数 θ。容易看到，上述方法只适应于最简单的无监督信息的生成模式。在本节中，我们介绍将其扩展到有监督信息的条件生成以及其参数估计方法。

我们继续沿用 RKHS 嵌入的叙述角度。对于条件概率 $p(Y \mid X)$，在一定的正则条件要求下，每一个固定的 $X=\boldsymbol{x}$，我们都有嵌入 $\mu_{Y|\boldsymbol{x}}:=E_{Y|\boldsymbol{x}}[\phi(Y)]=\int_\Omega \phi(y)\mathrm{d}P(y \mid \boldsymbol{x})$。因此，条件概率的嵌入并非是 RKHS $\mathcal{G}$ 中的一个点，而是由每个条件变量 X 所确定的一族点的集合。

更正式的说法是，我们寻求的条件概率嵌入是在寻找一个满足如下条件的算子 $\boldsymbol{C}_{Y|X}$：

$$(1)\ \mu_{Y|\boldsymbol{x}}=\boldsymbol{C}_{Y|X}\phi(\boldsymbol{x});\ (2)\ E_{Y|\boldsymbol{x}}[g(Y) \mid \boldsymbol{x}]=\langle g, \mu_{Y|\boldsymbol{x}}\rangle_{\mathcal{G}} \tag{1-19}$$

式中 $\mathcal{G}$ 是 Y 对应的 RKHS。

上述算子是 RKHS $\mathcal{F}$ 与 $\mathcal{G}$ 之间的映射，其满足了对于 $\mathcal{G}$ 中映射再生的性质。有研究者发现[31]，在一定条件下，满足上述条件的算子是存在的，我们将其总结如下。

定理 1.3 假设 $E_{Y|X}[g(Y) \mid X]\in\mathcal{F}$，那么算子 $\boldsymbol{C}_{Y|X}:=\boldsymbol{C}_{YX}\boldsymbol{C}_{XX}^{-1}$ 满足性质(1) 和性质(2)。其中 $\boldsymbol{C}_{YX}:\mathcal{F}\to\mathcal{G}$ 是交叉协方差算子(cross covariance operator)：

$$\boldsymbol{C}_{YX}:=E_{YX}[\phi(Y)\otimes\phi(X)]-\mu_Y\otimes\mu_X \tag{1-20}$$

对于两个条件概率 $P_{Y|X}$ 和 $P_{Z|X}$，自然地，如果有 $\boldsymbol{C}_{Y|X}=\boldsymbol{C}_{Z|X}$，那么对于任意固定的 $X=\boldsymbol{x}$，有 $P_{Y|\boldsymbol{x}}=P_{Z|\boldsymbol{x}}$。此时我们可以说两个条件概率在此意义下是相同的。在一定条件要求下，上述命题反之也是成立的。因此，判断两个条件概率是否相同，我们可以转化为判断两个条件概率嵌入所得到的算子是否相同。

具体而言，有研究者将此判断准则称为条件极大矩匹配准则(conditional maximum mean discrepancy，CMMD)，其定义如下：

$$\mathcal{L}_{\mathrm{CMMD}}^{2}=\|\boldsymbol{C}_{Y|X}=\boldsymbol{C}_{Z|X}\|_{\mathcal{F}\otimes\mathcal{G}}^{2} \tag{1-21}$$

同样地，在实际中我们得到的是对 $\mathcal{L}_{\mathrm{CMMD}}$ 的经验估计。运用核技巧，我们可以将其转换为有限维的矩阵运算：

$$\begin{aligned}\hat{\mathcal{L}}_{\mathrm{CMMD}}^{2}&=\|\hat{\boldsymbol{C}}_{Y|X}^{d}-\hat{\boldsymbol{C}}_{Y|X}^{s}\|_{\mathcal{F}\otimes\mathcal{G}}^{2}\\&=\|\Phi_{d}(K_{d}+\lambda I)^{-1}\boldsymbol{\gamma}_{d}^{\mathrm{T}}-\Phi_{s}(K_{s}+\lambda I)^{-1}\boldsymbol{\gamma}_{s}^{\mathrm{T}}\|_{\mathcal{F}\otimes\mathcal{G}}^{2}\\&=\mathrm{tr}[K_{d}(K_{d}+\lambda I)^{-1}L_{d}(K_{d}+\lambda I)^{-1}]+\\&\quad\ \mathrm{tr}[K_{s}(K_{s}+\lambda I)^{-1}L_{s}(K_{s}+\lambda I)^{-1}]-\\&\quad\ 2\mathrm{tr}[K_{sd}(K_{d}+\lambda I)^{-1}L_{ds}(K_{s}+\lambda I)^{-1}]\end{aligned} \tag{1-22}$$

式中，上标 s 和 d 分别表示两个数据集；$\boldsymbol{\Phi}_{d}:=(\phi(\boldsymbol{y}_{1}^{d}),\ \phi(\boldsymbol{y}_{2}^{d}),\ \cdots,\ \phi(\boldsymbol{y}_{N}^{d})$；$\boldsymbol{\gamma}_{d}:=(\phi(\boldsymbol{x}_{1}^{d}),\ \phi(\boldsymbol{x}_{2}^{d}),\ \cdots,\ \phi(\boldsymbol{x}_{N}^{d}))$ 是特征映射；$\boldsymbol{\Phi}_{s}$ 和 $\boldsymbol{\gamma}_{s}$ 在数据集 $\mathcal{D}_{s}$ 上定义类似；$\boldsymbol{K}_{d}=\boldsymbol{\gamma}_{d}^{\mathrm{T}}\boldsymbol{\gamma}_{d}$，$\boldsymbol{K}_{s}=\boldsymbol{\gamma}_{s}^{\mathrm{T}}\boldsymbol{\gamma}_{s}$，$\boldsymbol{L}_{d}=\boldsymbol{\Phi}_{d}^{\mathrm{T}}\boldsymbol{\Phi}_{d}$，$\boldsymbol{L}_{s}=\boldsymbol{\Phi}_{s}^{\mathrm{T}}\boldsymbol{\Phi}_{s}$，$\boldsymbol{K}_{sd}=\boldsymbol{\gamma}_{s}^{\mathrm{T}}\boldsymbol{\gamma}_{d}$，$\boldsymbol{L}_{ds}=\boldsymbol{\Phi}_{d}^{\mathrm{T}}\boldsymbol{\Phi}_{s}$。

类似于非条件概率参数估计的方式，我们可以直接将 $\hat{\mathcal{L}}_{\mathrm{CMMD}}$ 作为网络损失函数，此模型称为条件生成式矩匹配网络(conditional generative moment matching network，CGMMN)。此模型可以采用简单的随机梯度下降算法进行优化，相应算法总结如下[32]：

算法 1-4 CGMMN 的随机梯度下降算法

输入： 训练数据集 $\mathcal{D}=(\boldsymbol{x}_{i},\ \boldsymbol{y}_{i})_{i=1}^{N}$
输出： 学习到的网络参数 θ
随机均匀将训练数据集 $\mathcal{D}$ 分割成小批次
While 未收敛 **do**：
  采样一小批次训练样本 $(X,\ Y)^{d}$
  用网络生成一批样本 $(X,\ Y)^{s}$
  对于 $(X,\ Y)^{d}$ 和 $(X,\ Y)^{s}$，计算 $\frac{\partial\hat{\mathcal{L}}_{\mathrm{CMMD}}}{\partial\theta}$
  应用梯度更新网络参数 θ
End while

1.4 “珠算”概率编程库

前面我们介绍了深度生成模型的基本定义和学习方法。可以看到,一个最主要的挑战是学习过程往往涉及隐变量分布的推断(inference),而这又是基于模型的推断问题中最难处理的部分,往往需要使用近似贝叶斯推断算法。尽管这些年来,以变分推断(variational inference)和马尔可夫链蒙特卡洛(Markov chain Monte Carlo,MCMC)为代表的近似贝叶斯推断算法已经有了很大的进展[33],这些算法依旧要求使用者具有极强的贝叶斯理论基础,对于普通开发者而言仍然很难上手。即使是在概率机器学习领域探索已久的研究者,也仍然需要在这些程序的编写和调试中花费大量的时间。由于模型的随机性,程序的输出结果往往存在不确定性,这使得程序实现一个概率模型往往容易出错并且难以检查。

这里我们介绍“珠算”,一个基于 python 语言的概率编程(probabilistic programming)框架。利用这个框架,用户可以很快地进行深度生成模型的设计和学习。“珠算”是基于 Tensorflow[34] 开发的,利用它的计算图能使建模过程变得灵活且直观。与现有的深度学习框架不同,“珠算”主要是为了贝叶斯推断而设计,同时又考虑到研究者和工程师们对现有深度学习框架的熟悉程度,采用了一种与之类似的灵活架构和接口设计。得益于这样的设计,“珠算”在实用性和模型重用性上都超过了现有的其他概率编程库[35, 36]。接下来我们分小节介绍珠算支持的功能,并辅以一些前述提到的深度生成模型的实现样例。

1.4.1 模型构建

在“珠算”中,基于概率图模型的贝叶斯网络是主要的建模语言。根据贝叶斯网络的结构特点,“珠算”设计了对应的编程原语。这些原语非常直观易懂,阅读起来可以与模型的贝叶斯网络图示一一对应。

具体地,由于概率程序定义的是模型而不是过程[37],它们被实现为函数。与许多现有语言的风格不同,“珠算”框架在定义模型时避免显式采样和观测行为。更确切地说,“珠算”中的模型定义代码可以没有显式的采样(sample)或观测(observe)语句[38]。相反,框架通过懒惰的执行机制鼓励基于模型的思考,这使得模型定义就像读取相应的概率图模型一样直观,如例 1 所示。

例 1(贝叶斯逻辑回归) 贝叶斯逻辑回归(Bayesian logistic regression, BLR)的生成过程写为

$$\begin{aligned} &\boldsymbol{w} \sim N(\mathbf{0}, \alpha^2 \boldsymbol{I}), \\ &y_i \sim Bernoulli(\sigma(\boldsymbol{w}^{\mathrm{T}} \boldsymbol{x}_i)), \quad i=1, 2, \cdots, N \end{aligned} \tag{1-23}$$

式中 $\boldsymbol{w}$、$\boldsymbol{x}_i \in \mathbf{R}^D$, $y_i \in \{0, 1\}$,$\sigma(\cdot)$ 是 Sigmoid 函数。图 1-7 中显示了概率图模型和对应的概率程序。注意,程序中数据点是批量处理的。

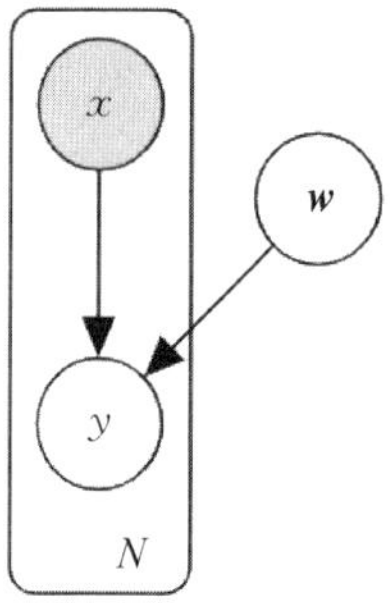

(a)

```
import zhusuan as zs
import tensorflow as tf

@zs.meta_bayesian_net(scope="blr")
def build_blr(x, alpha, D):
    bn = zs.BayesianNet()
    w = bn.normal('w', mean=tf.zeros([D]),
                  std=alpha, group_ndims=1)
    y_logit = tf.reduce_sum(
        tf.expand_dims(w, 0)*x, axis=1)
    bn.bernoulli('y', y_logit)
    return bn
```

(b)

图 1-7 贝叶斯逻辑回归

(a) 概率图模型 (b) 概率程序

在此示例中,确定性变换部分是简单的线性模型 ($\boldsymbol{w}^{\mathrm{T}}\boldsymbol{x}$),由 Tensorflow 操作 tf. expand_dims, tf. reduce_sum, tf. multiply(*)实现输入 ($\boldsymbol{x}_i$, $i=1, 2, \cdots, N$) 的批量处理。两个随机变量 y 和 $\boldsymbol{w}$ 由 bn. bernoulli 和 bn. normal 创建,分别表示它们由伯努利(Bernoulli)分布和正态分布定义。group_ndims 参数表示 $\boldsymbol{w}$ 的最后一个维度被视为一组,其概率值是一起计算的。

注意,模型定义是由 zs. meta_bayesian_net 装饰的函数。接下来将看到,这正是在建模时避免显式采样和观测的方法。

模型类:从概念上讲,每个 BayesianNet 实例都对应一个概率程序的执行轨迹(execution trace)[39],其中所有随机变量的状态已经确定,即我们知道对哪个变量进行了采样,以及哪些变量已经被观测到了。

可以将观测值作为参数传递 BayesianNet 对象的构造函数:

bn=zs. BayesianNet(observed={'w': w_obs})

例如,考虑图 1-7 中没有装饰器的相同代码,调用该函数将返回一个 BayesianNet 对象:

```
>>> bn = build_blr(x, alpha, D)
>>> print(bn)
<zhusuan.framework.bn.BayesianNet object at ...
```

返回的 BayesianNet 实例会将所有随机变量的值设置为它们对应分布的样本，这是因为在构建 BayesianNet 对象时没有传入任何观测值。然而，由于使用 zs.meta_bayesian_net 装饰器，情况发生了变化。由 zs.meta_bayesian_net 装饰的函数将返回一个 MetaBayesianNet 实例而不是 BayesianNet 实例：

```
>>> meta_bn = build_blr(x, alpha, D)
>>> print(meta_bn)
<zhusuan.framework.meta_bn.MetaBayesianNet object at ...
```

直观上讲，一个 MetaBayesianNet 实例在概念上与一个概率图模型是等效的。其中的所有随机变量具有不确定的状态，这意味着它们可以取样或观察。在框架内部，MetaBayesianNet 由 BayesianNet 实例的延迟构造实现。两个概念之间的关系如图 1-8 所示。

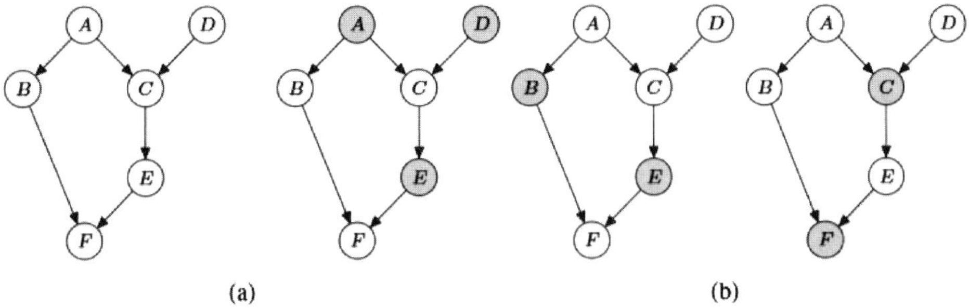

图 1-8 模型类和模型重用的关系

(a) 一个具有多个随机变量的贝叶斯网络 (b) 部分随机变量被观测(灰色标识)之后对应的贝叶斯网络

模型重用：如前所述，MetaBayesianNet 可以允许不同的观察值配置。这是通过其观测方法实现的。

我们可以将观测值作为命名参数传入该方法，它将返回对应的 BayesianNet 实例，例如：

```
>>> bn = meta_bn.observe(w=w_obs)
>>> print(bn)
<zhusuan.framework.bn.BayesianNet object at ...
```

这使得用户更容易处理大量随机节点的状态变化。更重要的是，这样的模型抽象形式给自动推断系统提供了统一的交互界面。

可以看到，以上的概率程序由 Tensorflow 的原语和 BayesianNet 的成员方法组合得到。“珠算”支持以下两类用于在贝叶斯网络中构造节点的原语：

（1）确定性节点。用户可以使用任意的 Tensorflow 操作（operation）定义确定性节点。这包括各种算术运算符（如 tf. add，tf. tensordot，tf. matrix_inverse）、神经网络层（如 tf. layers. fully_connected，tf. layers. conv2d），以及程序控制流（如 tf. while_loop，tf. cond）。在 Tensorflow 计算图中，将操作的输出命名为张量（tensor）。与 PyMC3[35]不同，“珠算”未在张量上添加更高级别的抽象，而是直接将它们视为贝叶斯网络中的确定性节点。我们将看到其他原语可以直接与张量一起很好地工作。

（2）随机节点。随机节点是通过调用 BayesianNet 实例的成员函数来构造的。这意味着在构造随机节点时，它的状态已根据该 BayesianNet 对象相应的执行轨迹确定。返回的节点是一个 StochasticTensor 对象，该对象继承了大多数张量的行为。它们可以被直接送入 Tensorflow 操作。在与张量进行计算时，这些对象可以根据它们在目前执行轨迹中的取值（样本或观测值）自动转换为张量。框架已经支持的概率分布包括正态分布、拉普拉斯（Laplace）分布、伯努利分布、离散（categorical）分布、伽马（Gamma）分布、贝塔（Beta）分布、泊松（Poisson）分布、二项式（binomial）分布、狄利克雷（Dirichlet）分布等，以及一些最近被提出的重要分布变体，如 Gumbel-Softmax[40，41]。

一个 BayesianNet 的实例将跟踪其中构建的所有命名节点，并提供查询的功能。查询选项包括该节点当前状态的取值和局部概率。

例 2（变分自编码器）　变分自编码器（variational autoencoder，VAE）[23]是结合概率模型和神经网络的优点而设计的模型，在机器学习中得到了广泛的使用。下面我们使用 VAE 建模二值化 MNIST 手写数字的生成过程：

$$
\begin{aligned}
\boldsymbol{z} &= N(\mathbf{0},\ \boldsymbol{I}) \\
\boldsymbol{x}_{\text{logits}} &= f_{\text{DNN}}(\boldsymbol{z}) \\
\boldsymbol{x} &\sim Bernoulli(\sigma(\boldsymbol{x}_{\text{logits}}))
\end{aligned}
\tag{1-24}
$$

式中 $\boldsymbol{z} \in \mathbf{R}^{D}$，$\boldsymbol{x} \in \mathbf{R}^{784}$，$\sigma$ 是 Sigmoid 函数。

该生成过程展示了绝大多数深度生成模型的思路。它始于简单分布（如标准高斯分布）中采样的隐含表示 $\boldsymbol{z}$，然后将该表示送入用于模拟高维数据生成过程的深度神经网络 f_{DNN}。最后，将一些噪声添加到输出中以获得数据（如这里

的图片 $\boldsymbol{x}$）的似然函数。对于二值化 MNIST，观测噪声选择为伯努利分布，其均值参数由神经网络的输出定义。因为“珠算”是建立在 Tensorflow 之上，它完全支持各种类型的深度神经网络，实现 VAE 非常简单直观，如图 1－9 所示，其概率程序与上述生成式过程基本上是一一对应的。

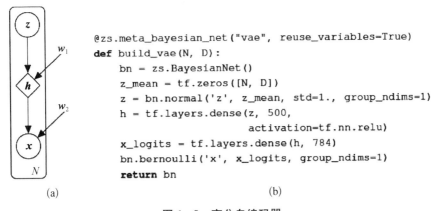

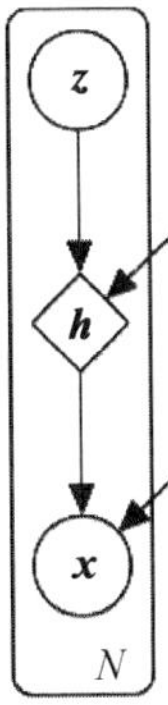

(a)

```
@zs.meta_bayesian_net("vae", reuse_variables=True)
def build_vae(N, D):
    bn = zs.BayesianNet()
    z_mean = tf.zeros([N, D])
    z = bn.normal('z', z_mean, std=1., group_ndims=1)
    h = tf.layers.dense(z, 500,
                        activation=tf.nn.relu)
    x_logits = tf.layers.dense(h, 784)
    bn.bernoulli('x', x_logits, group_ndims=1)
    return bn
```

(b)

图 1－9 变分自编码器

(a) 概率图模型 (b) 概率程序

例 3（Sigmoid 信念网络） Sigmoid 信念网络（sigmoid belief network, SBN）是有向离散隐变量模型，它与前向神经网络（feedforward neural network）和玻尔兹曼机（Boltzmann machine）[42] 有着紧密联系。近年来，深度神经网络的回归为这个旧模型带来了新的活力。实际上，深度学习的最早工作，即著名的深度信念网络（DBN），就是无限层的权值捆绑（tied-weight）的 SBN。一个 L 层的 SBN 的生成过程为

$$
\begin{gathered}
\boldsymbol{z}^{(L)} \sim Bernoulli(\sigma(\theta^{(L)})), \\
\boldsymbol{z}^{(\ell-1)} \sim Bernoulli(\sigma(\boldsymbol{w}^{(\ell)\mathrm{T}}\boldsymbol{z}^{(\ell)})), \quad \ell = L, L-1, \cdots, 1 \qquad (1-25) \\
\boldsymbol{x} = \boldsymbol{z}^{(0)}
\end{gathered}
$$

式中 $\theta^{(L)}$ 是顶层变量分布的参数，$\boldsymbol{w}$ 是网络权值，$\boldsymbol{z}$ 和 $\boldsymbol{x}$ 分别是隐变量和观测值。根据定义，我们可以看到 SBN 是具有多层随机节点的模型。图 1－10 展示了一个两层 SBN($L=2$) 的概率图模型和概率程序。

更多的深度生成模型的例子可以在“珠算”的白皮书[43] 以及在线的教程①中找到。

① https://zhusuan.readthedocs.io/en/latest/.

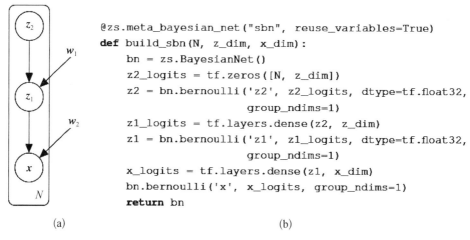

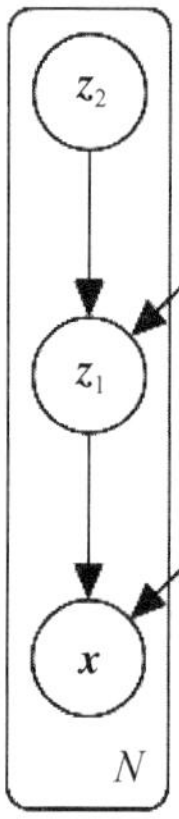

(a)

```
@zs.meta_bayesian_net("sbn", reuse_variables=True)
def build_sbn(N, z_dim, x_dim):
    bn = zs.BayesianNet()
    z2_logits = tf.zeros([N, z_dim])
    z2 = bn.bernoulli('z2', z2_logits, dtype=tf.float32,
                      group_ndims=1)
    z1_logits = tf.layers.dense(z2, z_dim)
    z1 = bn.bernoulli('z1', z1_logits, dtype=tf.float32,
                      group_ndims=1)
    x_logits = tf.layers.dense(z1, x_dim)
    bn.bernoulli('x', x_logits, group_ndims=1)
    return bn
```

(b)

图 1-10 两层 SBN($L=2$)的概率图模型和概率程序

(a) 概率图模型 (b) 概率程序

1.4.2 推断和学习算法

之前我们已经提到,深度生成模型编程中最困难的部分不是模型的编写,而是贝叶斯推断算法的实现,这往往是模型学习中不可或缺的一步。近些年来,随着深度生成模型的快速发展,研究者提出了很多新的推断和学习算法,并且已经广泛使用。这些算法大多是基于梯度下降,能够用分批次(mini-batch)的方法处理大量数据,而且不需要针对特定的模型进行设计。这些特点使得它们很容易抽象成通用的基础库。然而由于它们出现的时间比较近,目前只有极少的编程库提供了较好的支持。"珠算"在这方面做了尝试,试图将这些新的算法和传统推断算法整合,以一种深度学习风格的接口呈现出来。具体来说,"珠算"中的推断算法大多具有类似深度学习中(随机)梯度优化算法的接口。这样做的好处是使得它们大多具有可编程的特性,这既方便了用户的灵活配置,也增强了算法的适用性,能适用的模型范围较先前的概率编程库更广泛。下面我们简要地介绍一下"珠算"中提供的推断和学习算法,涵盖了最主要的变分推断算法和蒙特卡洛算法。

1. 变分推断算法

如前所述,变分推断(VI)算法主要由两部分组成:第一是变分后验的构造,第二是变分目标的优化。除 Edward[36] 等少数最近的编程库,概率编程系统中典型的 VI 实现主要局限于简单的变分后验。例如,Stan 概率编程系统[44] 中实现的 ADVI 算法[45]仅使用高斯变分后验。相比之下,“珠算”支持利用贝叶斯网络的语言建立灵活的变分后验。这使得用户可以通过编程指定变分后验的设计以取得最佳近似效果,前面在 VAE 模型的定义中已经看到了,后面会具体展示如何在“珠算”中实现。

在优化方面,近年来有许多基于梯度(一般为梯度的某种估计)的变分推断算法取得了成功[23, 46-48]。这些方法的区别主要在于它们的变分目标和梯度估计器不同。为了使变分推断的实现更加自动化,“珠算”将它们整合为一系列的损失函数,从而为不同的梯度估计器提供一个统一的界面。这意味着直接计算这些损失函数的梯度等价于利用其对应的梯度估计器。表 1-1 总结了当前“珠算”支持的变分推断算法,并将它们按照优化目标分组。可以看到,目前支持 3 种变分目标函数:对数似然下界(ELBO)、重要性加权目标[46]和 KL(p, q),其中 p 和 q 分别表示真实后验和变分后验。

表 1-1 “珠算”支持的变分推断算法

目标函数	梯度估计器	支持的隐变量类型	zs. variational 模块中的实现
对数似然下界	重参数化技巧 (SGVB)[23]	(1) 连续且可重参数化 (2) 离散变量的 Gumbel-Softmax 松弛	elbo(). sgvb
	策略梯度 (REINFORCE)[47,49]	所有类型	elbo(). reinforce
重要性采样下界	重参数化技巧 (IWAE)[46]	(1) 连续且可重参数化 (2) 离散变量的 Gumbel-Softmax 松弛	iw_objective(). sgvb
	蒙特卡洛目标函数 (VIMCO)[48]	所有类型	iw_objective(). vimco
KL($p \parallel q$)	自适应重要性采样 (RWS)[50]	所有类型	klpq(). importance

例 4(贝叶斯逻辑回归,续) 考虑根据下述步骤将变分推断算法应用于例 1 中的贝叶斯逻辑回归模型。

(1) 定义变分后验。$\boldsymbol{w}$ 的真实后验是难以计算的,且应该在各个维度上具有相关性。在这里,我们按照惯例进行平均场(mean field)假设,即令变分后验是各维独立的:$q(\boldsymbol{w})=\prod_{d=1}^{D} q(\boldsymbol{w}_d)$,其中 D 是权重的维度。使用各维独立的正态分布作为变分后验的代码，如下：

```
@zs.reuse_variables(scope="variational")
def build_variational(D):
    bn = zs.BayesianNet()
    w_mean = tf.Variable(tf.zeros([D]))
    w_logstd = tf.Variable(tf.zeros([D]))
    bn.normal('w', w_mean, logstd=w_logstd, group_ndims=1)
    return bn
```

(2) 调用 ELBO 作为目标，传入概率模型的实例、观测到的数据以及变分后验。

```
meta_bn = build_blr(x, alpha, D)
variational = build_variational(D)
lower_bound = zs.variational.elbo(
    meta_bn,
    observed={'y': y},
    variational=variational)
```

(3) 选择要使用的梯度估计器，该成员函数会返回需要优化的代理损失。因为 $\boldsymbol{w}$ 是连续的并且可以重参数化为 $\boldsymbol{w}=\sigma_w\boldsymbol{\epsilon}+\mu_w$，其中 μ_w 和 σ_w 是正态分布的均值和标准偏差，$\boldsymbol{\epsilon}$ 是各维独立的标准正态随机变量，我们选择 SGVB 梯度估计器(各个估计器的适用范围见表 1-1)。由于计算的代理损失是针对一批数据，需要取平均值：

```
cost = tf.reduce_mean(elbo.sgvb())
```

(4) 调用 Tensorflow 优化器对代理损失运行梯度下降。如前所述，这一步实际上是通过 SGVB 梯度估计器优化 ELBO 目标。此外，还可以获取 ELBO 值进行验证。

```
optimizer = tf.train.AdamOptimizer(learning_rate=0.001)
infer_op = optimizer.minimize(cost)
with tf.Session() as sess:
    for i in range(iters):
        _, elbo_value = sess.run([infer_op, elbo])
```

上面是使用平均场变分后验的非常简单的示例，而如前所述，可以使用“珠算”构建非常灵活的变分后验。在下面的示例中，我们将看到如何利用神经网络进行均摊推断(amortized inference)。

例 5(变分自编码器,续) 考虑例 2 中的 VAE 模型。与 BLR 模型相比,关键区别在于 VAE 的隐变量 z 是局部变量,而在 BLR 中 $\boldsymbol{w}$ 是全局隐变量。由于局部变量的数量随观测值个数呈线性增长,为它们每一个都拟合一个单独的变分后验代价很大。在这里,均摊推断的想法变得有用。具体来说,可以将 $\boldsymbol{x}$ 作为输入的神经网络来生成对应隐变量 z 的变分后验。该网络在 VAE 中通常称为编码器(encoder)、识别网络(recognition network)或推断网络(inference network)。相应的代码如图 1-11 所示。

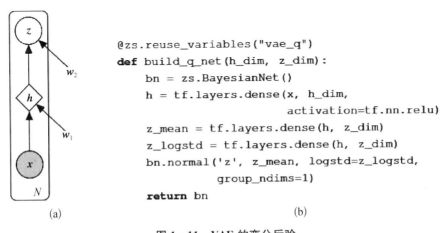

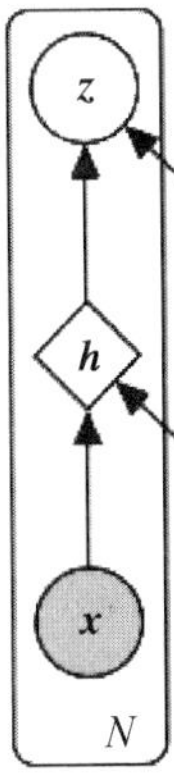

(a)

```
@zs.reuse_variables("vae_q")
def build_q_net(h_dim, z_dim):
    bn = zs.BayesianNet()
    h = tf.layers.dense(x, h_dim,
                        activation=tf.nn.relu)
    z_mean = tf.layers.dense(h, z_dim)
    z_logstd = tf.layers.dense(h, z_dim)
    bn.normal('z', z_mean, logstd=z_logstd,
              group_ndims=1)
    return bn
```

(b)

图 1-11 VAE 的变分后验

(a) 概率图模型 (b) 概率程序

设计好变分分布后,可以按照前述步骤完成推断过程。需要注意,因为 z 的变分分布是高斯型的,可以继续使用 SGVB 梯度估计器来优化 ELBO。此处省略这些步骤,这是因为它们与前面的示例非常相似。

类似地,读者可以构造 Sigmoid 信念网络或其他深度生成模型的变分推断算法。与 VAE 不同的是,这里需要处理离散变量。在"珠算"中,已经实现了良好性能的离散变量的处理方法,包括 Gumbel-Softmax 松弛以及适用于离散隐变量的梯度估计器,例如 VIMCO 估计器等。

2. 蒙特卡洛算法

与变分推断算法不同,蒙特卡洛算法[51]是通过从模型中采样来估计特定分布的性质,也可以用来做贝叶斯推断。目前"珠算"提供了重要性采样(importance sampling)[52]和马尔可夫链蒙特卡洛(MCMC)[53]算法的支持。对于重要性采样,其中首要的一步是选择一个与变分推断中的变分后验类似的建议分布(proposal distribution),"珠算"支持在重要性采样中使用可编程的建议分布。

哈密尔顿蒙特卡洛(Hamiltonian Monte Carlo)算法[54]是一种 MCMC 算法,是在高维空间中进行后验推断的极为高效的算法,在深度生成模型中也有很多应用。比如可以将其应用在蒙特卡洛期望最大化(Monte-Carlo expectation maximization)算法[55]中进行深度生成模型的最大似然估计[56]。尽管哈密顿蒙特卡洛算法非常重要,但是目前实际应用仍然较少。这是因为该算法需要模拟一个力学系统,这涉及很多专业概念,对普通开发者而言很难正确地运用。已有的概率编程库一部分不能支持深度生成模型,另一部分实现较为低效。“珠算”中的哈密顿蒙特卡洛算法,支持在 CPU 或 GPU 上同时模拟多条采样链,也提供了自动调整超参数的选项,并且以与 Tensorflow 中梯度优化器同样的接口设计提供给用户,如图 1-12 所示。

```
z = tf.Variable(0.)

hmc = zs.HMC(step_size=1e-3,
             n_leapfrogs=10)

sample_op, hmc_info = hmc.sample(
    meta_bn,
    observed={'x': x},
    latent={'z': z})

with tf.Session() as sess:
    for i in range(iters):
        _ = sess.run(sample_op)
```

(a)

```
z = tf.Variable(0.)

optimizer = tf.train.AdamOptimizer(
    learning_rate=1e-3)

optimize_op = optimizer.minimize(
    cost(z))

with tf.Session() as sess:
    for i in range(iters):
        _ = sess.run(optimize_op)
```

(b)

图 1-12 对比“珠算”中的 HMC 和 Tensorflow 优化器

(a) 使用“珠算”中的 HMC (b) 使用 Tensorflow 优化器

1.5 典型应用

深度生成模型在生成图片、视频、音频等,处理缺失数据、半监督学习(semisupervised learning)、风格迁移(style transfer)、跨域适配(domain adaptation)、强化学习(imitation learning)等任务上均取得了显著的效果。

1.5.1 生成高质量的图片、视频、音频

随着算法、算力与网络结构的优化,近年来深度生成网络,尤其是基于 GAN 结构的网络在高质量图片、视频、音频等生成任务中均取得了令人瞩目的结果。

这里我们分别介绍相应的代表性任务以及成果。

1. 图像增强

深度生成模型可以用来做图片增强如超分辨率(super-resolution)生成。超分辨率生成是指对低分辨率(如 256×256)的图片补充细节，提升至更高的分辨率(如 512 × 512)[57]。通过 GAN 的方式来进行超分辨率生成，取得了视觉上精细显示的结果，如图 1-13 所示。后续的 EsrGAN[58]通过改良网络结构，在众多图片生成中得到了肉眼无法辨别的效果。

图 1-13 超分辨生成

从左至右：双三次插值，对抗式生成网络，原始高清图片[57]

2. 高分辨率图片生成

深度生成模型在提出的初期仅能生成手写数字，例如 MNIST[59]数据集等一类简单的样本，曾一度被诟病并怀疑深度生成模型是否能够真正地生成高清的现实图片。但是随着算力与网络结构的提升与改良，当前先进的深度生成模型网络已经能够生成高质量的高分辨率(如 1 024 × 1 024)图片。其中的典型工作是 Nvidia 公司的 StyleGAN[60]以及 Google 公司的 BigGAN[61]。图 1-14 中展示了 StyleGAN 生成的人脸，可以看到，模型能够生成极为细致的结构。

3. 跨模态生成

深度生成模型还可以做跨模态生成。例如给定一段描述文字，生成指定场景的图片。代表性的研究是[62]，它首先从描述性文字中提取特征，然后将此特征作为条件变量生成图片，利用 GAN 结构训练一个输入为图片与文字描述特征、输出为生成的图片是否符合文字描述特征的判别器，模型的

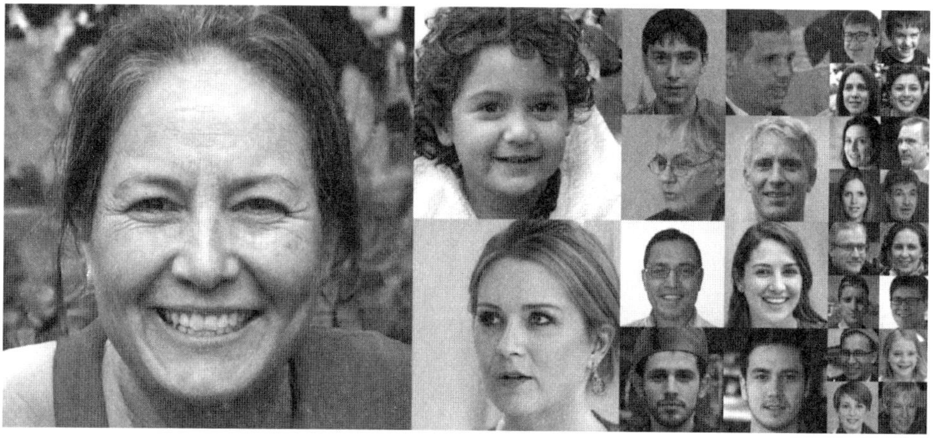

图 1-14 StyleGAN 生成的人脸[60]

生成结果如图 1-15 所示。再例如给定文字生成音频[63]，通过深度生成网络对一系列条件概率进行建模，能够根据给定的文本信息生成当前质量最佳的音频序列。

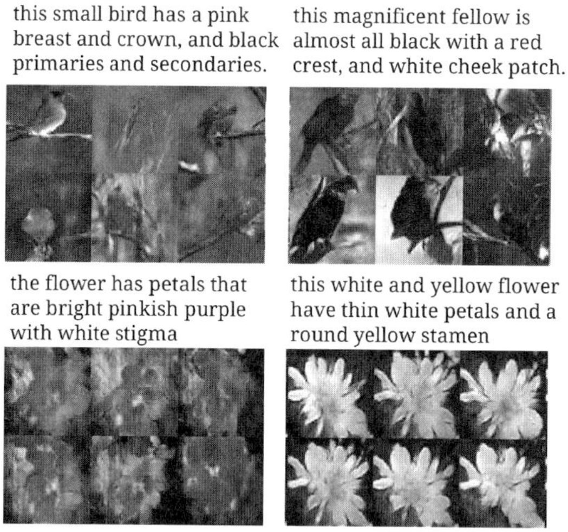

图 1-15 给定文字描述生成的图片示例[62]

4. 短视频生成

视频的生成任务要明显地难于图片生成，但是最近的一些研究进展也表明深度生成模型有潜力生成高质量的视频。对于短视频，在给定一段视频预测未来几帧的任务中，文献[64]中采用 DVD-GAN 结构，能够在较高的分辨率(256 × 256)下生成具有一定合理性的视频，如图 1-16 所示。

图 1-16　DVD-GAN 生成视频样本[64]

1.5.2　半监督学习

半监督学习是指在给定很少的有标注数据（$(\boldsymbol{x}, y) \sim p(\boldsymbol{x}, y)$）和大量的无标注数据（$\boldsymbol{x} \sim p(\boldsymbol{x})$）的情况下的学习任务。基于深度生成模型的半监督学习主要通过利用大量的无标注数据学习数据的分布 $p(\boldsymbol{x})$，帮助学习类别变量 y 的条件分布 $p(y \mid \boldsymbol{x})$，提升分类器的泛化能力，同时也可以利用非常少量的标注数据学到条件化的生成 $p(\boldsymbol{x} \mid y, \boldsymbol{z})$。典型的深度生成模型均可扩展到半监督的任务，包括半监督的 VAE 模型[65]和半监督的对抗生成网络[66, 67]。

与基于 VAE 的模型相比，基于 GAN 的模型可以生成更清晰真实的自然场景图片，从而更好地帮助提升半监督分类性能。其中具有代表性的是把判别器 D 和分类器 C 统一起来，D 从判断真假数据的判别器变成 $K+1$ 类的分类器，其中 K 是类别 y 的数目，多出的一类代表生成的“假”数据[67]。对于有标注数据，优化分类器的分类损失；对于无标注数据，因为其属于 K 类中的某一类，所以最大化无标注数据的前 K 类概率之和；对于生成的数据，最大化其为第 $K+1$ 类的概率。生成器 G 的目标是使得生成的数据和真实数据有相同统计量，即特征匹配（feature matching）：

$$\| E_{\boldsymbol{x} \sim p_u(\boldsymbol{x})} f(\boldsymbol{x}) - E_{z \sim p(z)} f(G(z)) \|_2^2, \tag{1-26}$$

式中 $f(\boldsymbol{x})$ 表示判别器的中间层输出。

Triple GAN[66]则是把判别器 D 和分类器 C 分开，构造了 3 个玩家——分类器 C、生成器 G 和判别器 D 之间的博弈。分类器 C 接收样本 $\boldsymbol{x} \sim p(\boldsymbol{x})$，输出类别 $y \sim p_c(y \mid \boldsymbol{x})$，其联合分布 $p_c(\boldsymbol{x}, y) = p(\boldsymbol{x}) p_c(y \mid \boldsymbol{x})$。生成器 G 接受采样

样本 $y \sim p(y)$，输出生成的数据 $\boldsymbol{x} \sim p_g(\boldsymbol{x} \mid y)$，其联合分布 $p_g(\boldsymbol{x}, y) = p(y)p_g(\boldsymbol{x} \mid y)$。判别器 D 接受一组 $(\boldsymbol{x}, y)$ 判断真假，认为来自标注数据分布 $p_l(\boldsymbol{x}, y)$ 为真，来自模型分布 $p_c(\boldsymbol{x}, y)$ 和 $p_g(\boldsymbol{x}, y)$ 为假。Triple GAN 在理论上有唯一的全局最优解，且取得了很好的分类效果和图片的条件化生成。

1.5.3 风格迁移

风格迁移(style transfer)是广义迁移学习(transfer learning)的一个重要分支，后者是指将在一个领域(domain)内学习到的知识迁移应用到另一个领域。深度生成模型在迁移学习，尤其是图片风格迁移(image style transfer)应用场景取得了令人瞩目的效果。图片风格迁移是指通过将一张内容图片(content image)与风格图片(style image)混合，生成一张新的图片，使得新的图片在内容上与内容图片一致，在风格上与风格图片一致。

这其中的代表性工作[68]如图 1-17 所示，通过给定不同的风格，可以生成风格迥异、但是内容一致的高质量图片。该工作[68]通过深度卷积神经网络来分别提取内容图片与风格图片的特征并缓存。在生成合成图片的时候，从白噪声开始，通过不断地调整白噪声，使得它通过神经网络提取的特征与之前内容图片以及风格图片缓存特征的加权平均一致。

注：左上图为原图，其余图为给定不同的风格生成的图片

图 1-17 图片风格迁移[68]

CycleGAN[69]采用了对抗生成网络 GAN 的思想，提出了循环损失(cycle loss)函数，使得在一些需要图片进行两两配对生成的任务中，即使不提供配对

的训练样本也能进行有效训练的算法。如图 1-18 所示，CycleGAN 可以对任意两幅配对图片进行高质量的风格转化。

图 1-18 CycleGAN 配对图片风格迁移[69]

风格迁移同样能够生成不同风格的视频。类似图片，通过对视频中截取的帧进行逐帧的风格迁移来实现整体的视频风格迁移。由于视频具有时空连续性，所以在训练过程中，需要引入一些额外的损失函数来维护这种连续性，使得生成的视频在视觉风格上更为稳定。例如文献[70]提出的时态约束，从图 1-19 中可以看到，新的约束使得每帧转化后的风格具有一致性。

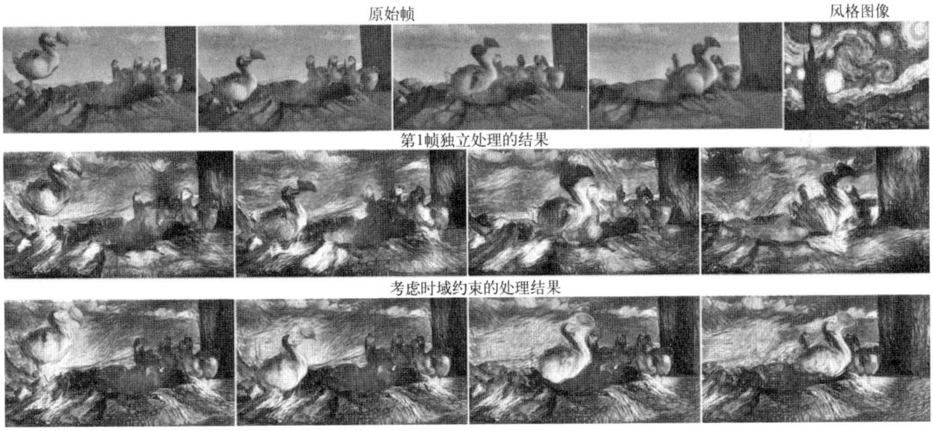

图 1-19 视频风格迁移[70]

深度生成模型在图片与视频风格转化问题上的成功应用也带来了一些问题，例如著名的深度伪造(deep-fake)问题，其通过将图片或者视频中的人脸替换为给定的其他人，达到了以假乱真的效果，这对计算机网络安全等领域提出了新的挑战。如何检测以及对抗这种以假乱真的问题催生出了对抗攻防等新的研究领域[71]。

1.5.4 强化学习

生成模型可以用在强化学习中做强化学习(imitation learning)[72]。模仿学习是指在一些强化学习的任务中,由于不能够明确地定义奖励值(reward),智能体(agent)只能通过模仿一系列的专家轨迹(expert demonstration)来学习最佳策略(policy)的方法。传统的做法大体可以分为两类,分别为行为克隆(behavioral cloning)与逆强化学习(inverse reinforcement learning)。前者是一个有监督的学习问题,将专家轨迹映射到模型的策略函数当中,使得模型的策略输出与专家轨迹尽量接近;而后者首先通过专家轨迹反向地对奖励值进行建模,然后再根据估计的奖励值进行正向的策略学习。对抗式深度生成模型给模仿学习提供了一种新的思路,其通过交互训练一个表示策略的轨迹生成器以及一个判别器,最终使得判别器在具有强判别能力的条件下不能区分来自生成器以及专家轨迹的样本,即生成器表示的策略与专家轨迹背后的策略是相同的。

这种方法的代表性工作是 GAIL[73]。假设有专家轨迹 $\tau_E \sim \pi_E$,GAIL 用两个神经网络 P 与 D 来分别对策略 π_θ 以及判别器进行建模。前者可以通过一系列经典的强化学习算法例如 TRPO[74]进行参数更新,而后者是 GAN 中判别器的典型形式,可以通过梯度下降算法进行更新:

$$E_{r_i}[\nabla_w \log(D_w(r_i))] + E_{r_E}[\nabla_w \log(1 - D_w(r_E))], \qquad (1-27)$$

式中 w 是判别器 D 的参数。GAIL 以及其多智能体[75]、不完全专家演示[76]场景下的变种等已成功地应用到一系列诸如 3D 人体控制等复杂的机械控制场景中,具有当前模型最先进的性能表现。

1.6 总结与展望

本章介绍了深度生成模型的基本原理、典型模型示例、学习和推断算法、“珠算”概率编程库以及典型应用。深度生成模型融合了概率建模和深度神经网络的优点,适合复杂数据的建模和推断,广泛用于无监督学习、半监督学习、持续学习等复杂场景,并取得一定进展。同时,“珠算”等深度概率编程库的进展为相关的模型和算法进展提供了一个直观易用的实现方法,为进一步的研究和工业应用提供了便利。

深度生成模型的很多方面仍然在不断发展中,值得进一步关注和研究。首先,发展更加高效准确的推断和学习算法是当前非常活跃的一个领域,重点包括变分推断算法和蒙特卡洛算法,特别是发展一些理论上具有良好性质、实际运行比较高效的算法。其次,将深度生成模型用于解决富有挑战性的学习问题也是一个值得重点研究的方向,重点包括小样本学习、持续学习、对抗鲁棒学习等。最后,概率编程库仍然值得进一步优化和完善,包括更加直观易用的编程接口、更加高效的实现以及与特定硬件平台的融合等。

相关工作受到国家自然科学基金委重点国际合作项目支持。博士生石佳欣、任勇、罗宇岑等贡献了文中的一些关键内容。

参考文献

[1] Christopher M B. Pattern recognition and machine learning [M]. Berlin: Springer, 2006.

[2] Suykens J A K, Vandewalle J. Least squares support vector machine classifiers [J]. Neural Processing Letters, 1999, 9(3): 293 - 300.

[3] LeCun Y, Bengio Y, et al. Convolutional networks for images, speech, and time series[J]. The Handbook of Brain Theory and Neural Networks, 1995, 3361(10): 1995.

[4] John Lafferty, Andrew McCallum, Fernando Pereira. Conditional random fields: probabilistic models for segmenting and labeling sequence data [C]//International Conference on Machine Learning. [s. l.]: [s. n.], 2001.

[5] Lewis D D. Naive (Bayes) at forty: the independence assumption in information retrieval[C]//European Conference on Machine Learning. Berlin: Springer, 1998.

[6] Blei D M, Ng A Y, Jordan M I. Latent dirichlet allocation[J]. Journal of Machine Learning Research, 2003, 3: 993 - 1022.

[7] Honglak Lee, Roger Grosse, Rajesh Ranganath, et al. Convolutional deep belief networks for scalable unsupervised learning of hierarchical representations[C]//Proceedings of the 26th Annual International Conference on Machine Learning. [s. l.]: [s. n.], 2009.

[8] Denton E L, Chintala S, Fergus R, et al. Deep generative image models using a Laplacian pyramid of adversarial networks[C]//Advances in Neural Information Processing Systems (NeurIPS). [s. l.]: [s. n.], 2015.

[9] Srivastava N, Salakhutdinov R R. Multimodal learning with deep Boltzmann machines[C]//Advances in Neural Information Processing Systems (NeurIPS). [s. l.]: [s. n.], 2012.

[10] Duan Y J, Lv Y S, Liu Y L, et al. An efficient realization of deep learning for traffic data imputation[J]. Transportation Research Part C: Emerging Technologies, 2016,

72: 168 - 181.

[11] Li C X, Zhu J, Shi T L, et al. Max-margin deep generative models[C]//Advances in Neural Information Processing Systems (NeurIPS). [s. l.]: [s. n.], 2015.

[12] Bengio Y, Ducharme R, Vincent P, et al. A neural probabilistic language model [J]. Journal of Machine Learning Research, 2003, 3: 1137 - 1155.

[13] Moon T K. The expectation-maximization algorithm[J]. IEEE Signal Processing Magazine, 1996, 13(6): 47 - 60.

[14] Wainwright M J, Jordan M I, et al. Graphical models, exponential families, and variational inference[J]. Foundations and Trends® in Machine Learning, 2008, 1(1/2): 1 - 305.

[15] Salakhutdinov R, Hinton G. Deep Boltzmann machines[C]//Artificial Intelligence and Statistics. [s. l.]: [s. n.], 2009.

[16] Chen J F, Zhu J, Teh Y W, et al. Stochastic expectation maximization with variance reduction[C]//Advances in Neural Information Processing Systems (NeurIPS). [s. l.]: [s. n.], 2018.

[17] Nowak R D. Distributed EM algorithms for density estimation and clustering in sensor networks[J]. IEEE Transactions on Signal Processing, 2003, 51(8): 2245 - 2253.

[18] Lee T S, Mumford D. Hierarchical bayesian inference in the visual cortex[J]. JOSA A, 2003, 20(7): 1434 - 1448.

[19] Koller D, Friedman N. Probabilistic graphical models: principles and techniques [M]. Cambridge: MIT press, 2009.

[20] Chen J F, Li K W, Zhu J, et al. Warplda: a cache efficient o (1) algorithm for latent dirichlet allocation [C]//International Conference on Very Large Data Bases (VLDB). [s. l.]: [s. n.], 2016.

[21] Li K W, Chen J F, Chen W G, et al. SaberLDA: sparsity-aware learning of topic models on GPUs [C]//Architectural Support for Programming Languages and Operating Systems (ASPLOS). [s. l.]: [s. n.], 2017.

[22] Goodfellow I, Pouget-Abadie J, Mirza M, et al. Generative adversarial nets[C]// Advances in Neural Information Processing Systems. [s. l.]: [s. n.], 2014.

[23] Kingma D P, Max Welling. Auto-encoding variational bayes[EB/OL]. [2019 - 12 - 25]. http://arxiv. org/abs/1312. 6114.

[24] Martin A, Soumith C, Léon B. Wasserstein generative adversarial networks[C]// International Conference on Machine Learning. [s. l.]: [s. n.], 2017.

[25] Xu K, Li C X, Wei H S, et al. Understanding and stabilizing GANs' training dynamics with control theory[EB/OL]. [2019 - 12 - 25]. http://arxiv. org/abs/1909. 13188.

[26] Chebyshev P. On two theorems concerning probability. [s. l.]: [s. n.], 1887.

[27] Pearson K. Contributions to the mathematical theory of evolution[J]. Philosophical Transactions of the Royal Society of London, 1894.

[28] Lindsay B G, Basak P. Multivariate normal mixtures: a fast consistent method of moments[J]. Journal of the American Statistical Association, 1993, 88(422): 468 - 476.

[29] Gretton A, Borgwardt K M, Rasch M J, et al. A kernel two-sample test[J]. Journal of Machine Learning Research, 2012, 13: 723 - 773.

[30] Li Y J, Swersky K, Zemel R. Generative moment matching networks[C]// International Conference on Machine Learning. [s. l.]: [s. n.], 2015.

[31] Song L, Huang J, Smola A, et al. Hilbert space embeddings of conditional distributions with applications to dynamical systems[C]//Proceedings of the 26th Annual International Conference on Machine Learning. [s. l.]: [s. n.], 2009.

[32] Ren Y, Zhu J, Li J L, et al. Conditional generative moment-matching networks[C]// Advances in Neural Information Processing Systems. [s. l.]: [s. n.], 2016.

[33] Zhu J, Chen J F, Hu W B, et al. Big learning with Bayesian methods[J]. National Science Review, 2017, 4: 627 - 651.

[34] Martín A, Paul B, Chen J N, et al. Tensorflow: a system for large-scale machine learning[C]//12th {USENIX} Symposium on Operating Systems Design and Implementation ({OSDI} 16), 2016.

[35] Salvatier J, Wiecki T V, Fonnesbeck C. Probabilistic programming in python using PYMC3[J]. PeerJ Computer Science, 2016, 2: e55.

[36] Tran D, Kucukelbir A, Dieng A B, et al. Edward: a library for probabilistic modeling, inference, and criticism[EB/OL]. [2019 - 12 - 25]. http://arxiv.org/abs/1610.09787.

[37] Goodman N D, Mansinghka V K, Roy D, et al. Church: a language for generative models[C]//Conference on Uncertainty in Artificial Intelligence. [s. l.]: [s. n.], 2008.

[38] van de Meent J W, Paige B, Yang H, et al. An introduction to probabilistic programming[EB/OL]. [2019 - 12 - 25]. http://arxiv.org/abs/1809.10756.

[39] Rainforth T W G. Automating inference, learning, and design using probabilistic programming[D]. Oxford: University of Oxford, 2017.

[40] Jang E, Gu S X, Poole B. Categorical reparameterization with gumbel-softmax[EB/OL]. [2019 - 12 - 25]. http://arxiv.org/abs/1611.01144.

[41] Maddison C J, Mnih A, Teh Y W. The concrete distribution: a continuous relaxation of discrete random variables[EB/OL]. [2019 - 12 - 25]. http://arxiv.org/abs/

1611.00712.

[42] Neal R M. Connectionist learning of belief networks[J]. Artificial Intelligence, 1992, 56(1): 71 - 113.

[43] Shi J X, Chen J X , Zhu J, et al. ZhuSuan: a library for Bayesian deep learning[EB/OL]. [2019 - 12 - 25]. http://arxiv.org/abs/1709.05870.

[44] Carpenter B, Gelman A, Hoffman M, et al. Stan: A probabilistic programming language[J]. Journal of Statistical Software, 2017, 76(1): 1 - 32.

[45] Kucukelbir A, Tran D, Ranganath R, et al. Automatic differentiation variational inference[J]. Journal of Machine Learning Research, 2017, 18(14): 1 - 45.

[46] Burda Y, Grosse R, Salakhutdinov R. Importance weighted autoencoders [EB/OL]. [2019 - 12 - 25]. http://arxiv.org/abs/1509.00519.

[47] Mnih A, Gregor K. Neural variational inference and learning in belief networks[C]//Proceedings of the 31st International Conference on Machine Learning. [s. l.]: [s. n.], 2014.

[48] Mnih A, Rezende D J. Variational inference for Monte Carlo objectives[EB/OL]. [2019 - 12 - 25]. http://arxiv.org/abs/1602.06725.

[49] Williams R J. Simple statistical gradient-following algorithms for connectionist reinforcement learning[J]. Machine Learning, 1992, 8(3/4): 229 - 256.

[50] Bornschein J, Bengio Y. Reweighted wake-sleep[EB/OL]. [2019 - 12 - 25]. http://arxiv.org/abs/1406.2751.

[51] Robert C P, Casella G. Monte Carlo statistical methods (Springer Texts in Statistics)[M]. New York: Springer, 2005.

[52] Glynn P W, Iglehart D L. Importance sampling for stochastic simulations[J]. Management Science, 1989, 35(11): 1367 - 1392.

[53] Geyer C J. Practical Markov chain monte carlo[J]. Statistical Science, 1992, 473 - 483.

[54] Neal R M, MCMC using Hamiltonian dynamics[EB/OL]. [2019 - 12 - 25]. http://arxiv.org/abs/1206.1901.

[55] Wei G C G, Tanner M A. A Monte Carlo implementation of the EM algorithm and the poor man's data augmentation algorithms[J]. Journal of the American statistical Association, 1990, 85(411): 699 - 704.

[56] Hoffman M D. Learning deep latent Gaussian models with Markov chain Monte Carlo [C]//Proceedings of the 34th International Conference on Machine Learning. [s. l.]: [s. n.], 2017.

[57] Ledig C, Theis L, Huszár F, et al. Photo-realistic single image super-resolution using a generative adversarial network[EB/OL]. [2019 - 12 - 25]. http://arxiv.org/abs/

1609. 04802.

[58] Wang X T, Yu K, Wu S X, et al. ESRGAN: enhanced super-resolution generative adversarial networks[C]//Proceedings of the European Conference on Computer Vision (ECCV). [s. l.]: [s. n.], 2018.

[59] LeCun Y, Bottou L, Bengio Y, et al. Gradient-based learning applied to document recognition[C]//Proceedings of the IEEE. New York: IEEE, 1998.

[60] Karras T, Laine S, Aila T. A style-based generator architecture for generative adversarial networks[C]//Proceedings of the IEEE Conference on Computer Vision and Pattern Recognition. [s. l.]: [s. n.], 2019.

[61] Andrew Brock, Jeff Donahue, Karen Simonyan. Large scale gan training for high fidelity natural image synthesis [C]//The International Conference on Learning Representations (ICLR). [s. l.]: [s. n.], 2019.

[62] Reed S, Akata Z, Yan X X, et al. Generative adversarial text to image synthesis[C]// International Conference on Machine Learning. [s. l.]: [s. n.], 2016.

[63] van den Oord A, Dieleman S, Zen H, et al. Wavenet: a generative model for raw audio[EB/OL]. [2019-12-25]. http://arxiv. org/abs/1609. 03499.

[64] Clark A, Donahue J, Simonyan K. Adversarial video generation on complex datasets [EB/OL]. [2019-12-25]. http://arxiv. org/abs/1907. 06571.

[65] Kingma D P, Mohamed S, Rezende D J, et al. Semi-supervised learning with deep generative models[C]//Advances in Neural Information Processing Systems. [s. l.]: [s. n.], 2014.

[66] Li C X, Xu K, Zhu J, et al. Triple generative adversarial nets[C]//Advances in Neural Information Processing Systems. [s. l.]: [s. n.], 2017.

[67] Salimans T, Goodfellow I, Zaremba W, et al. Improved techniques for training GANs [C]//Advances in Neural Information Processing Systems. [s. l.]: [s. n.], 2016.

[68] Gatys L A, Ecker A S, Bethge M. Image style transfer using convolutional neural networks[C]//Proceedings of the IEEE Conference on Computer Vision and Pattern Recognition. [s. l.]: [s. n.], 2016.

[69] Zhu J Y, Park T, Isola P, et al. Unpaired image-to-image translation using cycle-consistent adversarial networks[C]//Proceedings of the IEEE International Conference on Computer Vision. [s. l.]: [s. n.], 2017.

[70] Ruder M, Dosovitskiy A, Brox T. Artistic style transfer for videos[C]//German Conference on Pattern Recognition. New York: Springer, 2016.

[71] Dong Y P, Liao F Z, Pang T Y, et al. Boosting adversarial attacks with momentum [C]//Proceedings of the IEEE Conference on Computer Vision and Pattern Recognition. [s. l.]: [s. n.], 2018.

[72] Sokolov A. Introduction into imitation learning. 2018.
[73] Ho J, Ermon S. Generative adversarial imitation learning[C]//Advances in Neural Information Processing Systems. [s. l.]: [s. n.], 2016.
[74] Schulman J, Levine S, Abbeel P, et al. Trust region policy optimization[C]// International Conference on Machine Learning. [s. l.]: [s. n.], 2015.
[75] Song J M, Ren H Y, Sadigh D, et al. Multi-agent generative adversarial imitation learning[C]//Advances in Neural Information Processing Systems. [s. l.]: [s. n.], 2018.
[76] Wu Y H, Charoenphakdee N, Bao H, et al. Imitation learning from imperfect demonstration[EB/OL]. [2019-12-25]. http://arxiv.org/abs/1901.09387.

2 生成式对抗网络

王飞跃　戴星原　严　岚　李小双

王飞跃，中国科学院自动化研究所，电子邮箱：feiyue. wang@ia. ac. cn
戴星原，中国科学院自动化研究所，电子邮箱：daixingyuan 2015@ia. ac. cn
严岚，中国科学院自动化研究所，电子邮箱：yanlan2017@ia. ac. cn
李小双，中国科学院自动化研究所，电子邮箱：lixiaoshuang2017@ia. ac. cn

2.1 引言

近年来，人工智能领域，特别是机器学习方面的研究取得了长足的进步[1]。得益于计算能力的提高、信息化工具的普及以及数据量的积累，人工智能研究的迫切性和可行性都大为提高。以 Google 等为代表的 IT 企业，利用其掌握的海量数据资源，结合新的硬件结构和人工智能算法，实现了一系列新突破和新应用，并获得了可观的收益。这些企业获得的成功进一步带动了机器学习的研究热度，使得人工智能的研究进入了一个新的高潮。

在此次的人工智能浪潮中，以统计机器学习、深度学习为代表的机器学习方法是主要的研究方向之一。相比符号主义的研究方法，基于机器学习的人工智能系统降低了对人类知识的依赖，转而使用统计的方法从数据中直接习得知识。机器学习理论是一次重要的范式革命，使人工智能领域的研究重点从算法设计转向了特征工程与优化方法。

一般而言，依据数据集是否有标记，机器学习任务可分为有监督学习（又称预测性学习，即数据集有标记）和无监督学习（又称描述性学习，即数据集无标记）[2]。随着数据收集手段、算力和算法的不断发展，在诸多有监督学习任务中，图像识别[3-4]、语音识别[5-6]、机器翻译[7-8]、机器学习方法，特别是深度学习方法，目前都取得了最好的成绩。

然而，有监督学习需要人为给数据加入标签。这会带来两个问题：一是数据集采集后需要大量人力、物力进行标注，使大规模数据集的构建十分困难；二是对于许多学习任务，如数据生成、策略学习等，人为标注的方法较为困难甚至不可行。研究者普遍认为，如何让机器从未经处理的、无标签类别的数据中直接进行无监督学习，将是 AI 领域下一步要着重解决的问题。

在无监督学习的任务中，生成模型是最为关键的技术之一。生成模型是指一个可以通过观察已有的样本学习其分布并生成类似样本的模型。深度学习的研究者在领域发展的早期就极为关注无监督学习的问题，基于神经网络的生成模型对神经网络的再次复兴起到极大的作用。在计算资源不够丰富时，研究者提出了深度信念网络（deep belief network，DBN）[9]、深度玻尔兹曼机（deep Boltzmann machine，DBM）[10]等网络结构，这些网络将受限玻尔兹曼机（restricted Boltzmann machine，RBM）[11]、自编码器（autoencoder，AE）[12]等生成模型作为一种特征学习器，通过逐层预训练的方式加速神经网络的训练[13]。

然而，早期的生成模型往往不能很好地泛化生成结果。随着深度学习的进一步发展，研究者提出了一系列新的模型。生成式对抗网络（generative adversarial network，GAN）是生成模型中最新，也是目前最为成功的一项技术，由 Goodfellow 等[14]在 2014 年第一次提出。

GAN 的主要思想是设置一个零和博弈，通过两个玩家的对抗实现学习。博弈中的一名玩家称为生成器，它的主要工作是生成样本，并尽量使得其看上去与训练样本一致。另外一名玩家称为判别器，它的任务是准确判断输入样本是否属于真实的训练样本。一个常见的比喻是将这两个网络想象成伪钞制造者与侦查者。GAN 的训练过程类似于伪钞制造者尽可能提高伪钞制作水平以骗过侦查者，而侦查者则不断提高鉴别能力以识别伪钞。随着 GAN 的不断训练，伪钞制造者和侦查者的能力都会不断提高[15]。

GAN 在生成逼真图像的性能上超过了其他的方法，其一经提出便引起了极大关注。尤为重要的是，GAN 不仅可作为一种性能极佳的生成模型，其所启发的对抗学习思想更渗透到深度学习领域的方方面面，催生了一系列新的研究方向和应用[16]。

2.2 生成式对抗网络概况

生成式对抗网络（GAN）是在深度生成模型的基础上发展而来，但又与以往的模型有显著区别。本节将介绍 GAN 的提出背景、基本概念、相对于其他生成模型的优势以及面临的挑战。

2.2.1 GAN 提出的背景

1. *深度学习*

深度学习是机器学习的一种实现方法。相比于一般的机器学习方法，深度学习最主要的优势是不依赖专门的特征工程。研究者认为，人工设计的特征描述子往往过早地丢掉有用信息，而深度学习直接从数据中学习到与任务相关的特征表示，比人工设计特征更加有效[17]。

深度学习使用多层神经网络（multilayer neural network，MNN）[18]对数据进行表征学习。相比于传统的神经网络方法，深度学习主要在四方面进行了突破：

（1）使用了卷积神经网络（convolutional neural network，CNN）[19-20]、递归神经网络（recurrent/recursive neural network，RNN）[21-23]等特殊设计的网络结

构，这些新的网络结构大大加强了神经网络的建模能力。

(2) 使用了整流线性单元(rectified linear unit，ReLU)[24]、Dropout[25]、Adam[26]等新的激活函数、正则方法和优化算法，这些新的训练技术有效提高了神经网络的收敛速度，使得大规模的神经网络训练成为可能。

(3) 使用了图形处理器(graphics processing unit，GPU)[27-28]、现场可编程逻辑门阵列(field-programmable gate array，FPGA)[29]、应用定制电路(application-specific integrated circuit，ASIC)[30]以及分布式系统[31]等新的计算设备和计算系统，这些设备和系统使得神经网络的训练时间大大缩短，从而具有实际部署的可能性。

(4) 形成了较为完善的开源社区，出现了 Theano[32]、Torch[33-34]、Tensorflow[35]等被广泛使用的算法库，开源社区的发展降低了深度学习的应用门槛，提高了该领域新发现的可重复性，吸引了越来越多的研究者加入该研究行列。

深度学习在模型、算法、设备和系统以及开源社区四方面的突破改变了过去神经网络优化困难、应用受限、计算缓慢、认可度不高的问题，使得其影响力不断扩大。目前，深度学习已成为人工智能研究中的一种主流方法。深度学习在有监督学习任务，尤其是在图像识别[36]任务上的突破令人瞩目。

2. 深度生成模型

无监督学习具有重要的研究和应用价值。其一是有标记的数据较为稀缺，或是数据的标注与所希望研究的问题不直接相关，此时必须使用无监督或半监督学习的方法[37]。其二是高层次的表征学习有助于其他任务的学习，可以帮助模型避免陷入局部最优点，或是添加一定的限制使得模型泛化能力提高[38]。其三是在一些强化学习的场景下，我们无法得知模型未来任务的具体形式，而仅知道这些任务与环境有较为确定性的关系。若能使智能体(agent)具有对环境的预测能力，则能有效提高智能体的表现水平[39]。最后，对于一些问题我们希望有多样化的答案而不仅仅是返回一个确定性的答案[38, 40]。深度学习在有监督学习中取得了突破性的进展，然而在无监督学习方面尚未获得同样的成功。

生成模型是无监督学习的核心任务之一。虽然深度学习在早期研究中使用了自编码器、受限玻尔兹曼机等一系列生成模型，但这些模型往往会出现过拟合现象，不能很好地泛化以生成多样性样本。

为了解决这一问题，研究者提出了通过随机操作的反向传播(back-propagation through random operation)[41]方法。通过加入额外的、独立于模型的随机输入 z，我们可以将确定性的神经网络 $f(x)$ 转化为具有随机性的神经网络 $f(x, z)$，并使用反向传播算法进行训练。这一方法可以提高生成模型输出样本的多样性。根据具体的实现形式，通过随机操作的反向传播方法通常称为重参数化技巧（reparameterization trick）、随机反向传播（stochastic back-propagation）或扰动分析（perturbation analysis）[41]。

基于重参数化技巧的变分自编码器（variational auto-encoder，VAE）[42]是其中的一种实现形式。如图 2－1 所示，在 VAE 中，假设生成样本 x 为高斯分布，即

$$\hat{x}=f(x),\ x\sim N(\mu,\ \sigma^2) \tag{2-1}$$

若将某一随机变量直接输入网络中，由于此时 $\hat{x}$ 与输入 x 的关系不唯一，网络可能出现优化困难的问题。我们可以设置随机变量 $z\sim N(0,\ 1)$，并构建编码器网络 $\mu=g_1(x)$，$\sigma=g_2(x)$，则原网络转化为

$$\hat{x}=f(\mu+\sigma z) \tag{2-2}$$

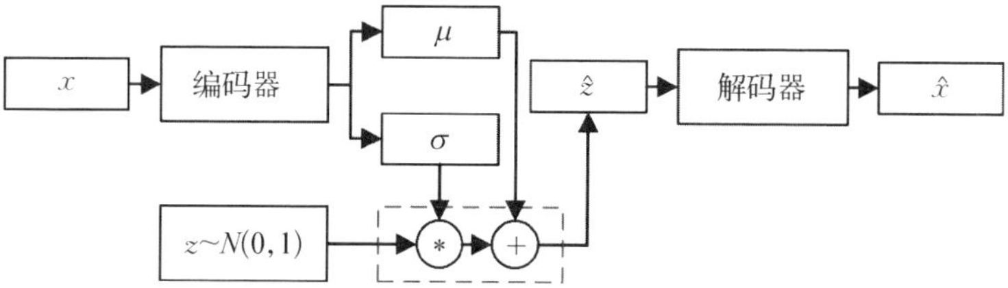

图 2－1　变分自编码器的结构

通过反向传播算法，网络可以获得更好的均值与标准差估计，不断提高生成模型的生成效果。在 VAE 中，这一方法称为重参数化技巧。

通过随机操作的反向传播方法使得深度生成模型生成复杂多样性样本成为可能，如何使生成样本在具备多样性的同时保持原样本的模式特征成为主要的研究问题。

2.2.2 GAN 的基本概念

GAN 由 Goodfellow 等[14]在 2014 年提出，其核心思想来源于博弈论的纳什均衡。它设定参与游戏的双方分别为生成器（generator）和判别器（discriminator），生成器的任务是尽量去学习真实的数据分布，而判别器的任务是尽量正确判别输入数据是来自真实数据还是来自生成器。为了取得游戏胜利，这两位游戏参与者需要不断优化，各自提高自己的生成能力和判别能力，这个学习优化过程就是寻找两者之间的纳什均衡。

与其他生成模型相比，GAN 的显著不同在于，该方法不直接以数据分布和

模型分布的差异为目标函数，而是采用对抗的方式，先通过判别器学习差异，再引导生成器去缩小这种差异。生成器 G 的输入为隐变量 z，参数为 θ，判别器 D 的输入为样本数据 x 或是生成样本 $\tilde{x}=G(z)$，参数为 φ。GAN 的结构如图 2-2 所示。

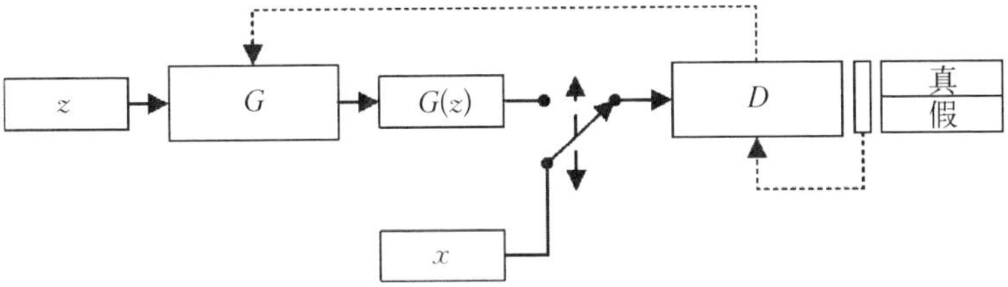

图 2-2 生成式对抗网络的结构

GAN 中的生成器与判别器可视作博弈中的两个玩家。两个玩家有各自的损失函数 $J^{(G)}(\boldsymbol{\theta}, \boldsymbol{\varphi})$ 和 $J^{(D)}(\boldsymbol{\theta}, \boldsymbol{\varphi})$，在训练过程中生成器和判别器会更新各自的参数以极小化损失。GAN 的训练实质是寻找零和博弈的一个纳什均衡解，即寻找一对参数 $(\boldsymbol{\theta}, \boldsymbol{\varphi})$ 使得 $\boldsymbol{\theta}$ 是 $J^{(G)}$ 的一个极小值点，同时 $\boldsymbol{\varphi}$ 是 $J^{(D)}$ 的一个极小值点。两个玩家的损失函数都依赖于对方的参数，但是却不能更新对方的参数，这与一般的优化问题有很大的不同。

在 GAN 的原始论文中，Goodfellow 等[14]将判别器的损失函数定义为一个标准二分类问题的交叉熵。真实样本对应的标签为 1，生成样本对应的标签为 0。$J^{(D)}$ 的形式为

$$J^{(D)}(\boldsymbol{\theta}, \boldsymbol{\varphi}) = -\frac{1}{2}\underbrace{E_{x\sim p_{\text{data}}}[\ln D(\boldsymbol{x})]}_{\text{真实样本损失}} - \frac{1}{2}\underbrace{E_{x\sim p_z}[\ln D(G(z))]}_{\text{生成样本损失}} \tag{2-3}$$

生成器的损失函数根据博弈形式的不同而有所区别。对于最简单的零和博弈，生成器的损失即为判别器所得：

$$J^{(G)} = -J^{(D)} \tag{2-4}$$

在这一设定下，我们可以认为 GAN 的关键在于优化一个关于判别器的值函数：

$$V(\boldsymbol{\theta}, \boldsymbol{\varphi}) = -J^{(D)}(\boldsymbol{\theta}, \boldsymbol{\varphi}) \tag{2-5}$$

此时，GAN 的训练可以看作一个极小极大(min-max)优化过程：

$$\theta^{(G)*} = \arg\min_{\boldsymbol{\theta}}\max_{\boldsymbol{\varphi}} V(\boldsymbol{\theta}, \boldsymbol{\varphi}) \tag{2-6}$$

2.2.3 GAN 的优势

相比以往的生成模型，GAN 模型具有以下几点明显的优势。

首先，GAN 生成的图像（见图 2-3）较 VAE、PixelCNN[43]等生成模型更为清晰且逼真[44]，甚至人眼都很难辨别 GAN 生成图像的真伪。同时，GAN 的应用范围更广，除了图像生成，GAN 在图像翻译和图像修复等领域均能达到最佳性能指标。

图 2-3 GAN 生成的图像[45]

其次，GAN 模型的设计非常灵活，并且不需要过多假设。研究者可以使用任意形式的神经网络作为生成器和判别器，而不需要限制模型的函数形式。并且，GAN 对数据的分布不做显性限制，从而避免了人工设计模型分布的需要。与 VAE 相比，GAN 没有考虑变分下界，从而不会引入确定性偏差。如果 GAN 判别器训练良好，那么生成器可以完美学习到训练样本的分布。而 VAE 通过优化对数似然的变分下界引入了确定性偏差，这可能是 VAE 生成样本模糊的原因之一。

再次，GAN 能够一次性生成完整样本，而不需要像 PixelCNN 按顺序生成样本的各个元素，或是像玻尔兹曼机通过马尔可夫链采样迭代生成最终样本。因此相比于后两种方法，GAN 具有更快的生成速度以及更少的资源消耗。

最后，GAN 数据生成的复杂度与维度线性相关，对于较大维度的样本生成，其仅需增加神经网络的输出维度，不会像传统模型一样面临计算量指数增长的问题。

2.2.4 GAN 面临的挑战

阻碍原始 GAN 发展的首要问题是不收敛问题。对于有明确目标函数的深度学习问题，一般可以使用基于梯度下降的优化算法加以训练。GAN 的训练与这类问题不同，其目的是要找到一个纳什均衡点。由于一名玩家沿梯度下降的更新过程可能导致另一名玩家的误差上升，在两者行为可能彼此抵消的情况下，目前没有理论分析证明 GAN 总可以达到一个纳什均衡点。在实践中，生成式对抗网络通常会产生振荡，这意味着网络在生成各种模式的样本之间徘徊，从而无法达到某种均衡。一种常见的问题是 GAN 将若干不同的输入映射到相同的输出点，如生成器输出了包含相同颜色和纹理的多幅图片，这种非收敛情形称为模式坍塌(model collapse)，又称 Helvetica scenario。

其次，原始 GAN 只能用于生成连续数据，无法生成离散数据(如自然语言)。从直观上理解，由于生成器每次更新后的输出是之前的输出加判别器回传的梯度，其输出必须是连续可微的。更进一步地，有研究者指出，由于原始 GAN 论文使用了 Jensen-Shannon(JS)散度 JSD($P_r \| P_g$)(P_r 代表真实样本分布，P_g 代表生成样本分布)来衡量生成样本的度量标准[46]，即使使用词的分布或嵌入(embedding)等连续的表示方法也无法生成很好的离散数据。

最后，相比于其他生成模型，GAN 的评价问题更加困难。与 VAE 不同，GAN 的输入仅有随机数据，无法使用平均绝对误差(mean absolute error，MAE)等重构指标进行衡量。一般而言，除了通过人类测试员对生成样本进行评价外，研究者还使用初始分数(Inception score，IS)[47]、Fréchet 初始距离(Fréchet inception distance，FID)[48-49]等方法评价生成图像，使用双语评估替换(bilingual evaluation understudy，BLEU)分数评判机器翻译质量[50]。由于这种方式可以自动进行大规模的评估与展示，研究者往往主要关注这些自动化评价指标的提升。然而，有研究指出，评价分数上的提升更可能来自计算资源和调参技巧上的改进，而非算法上的突破[51]。此外，对于图像生成任务而言，基于概率估计的评价方法与视觉评价方法相互独立，一个具有更高评价分数的模型并不能必然地产出更高质量的样本[52]。在实际中，研究者需要根据具体目的去选择合适的评价指标。

2.2.5 小结

GAN 是一种以无监督方式学习数据分布的深度生成模型，它引入了对抗的思想，极大提升了生成样本的质量，并在很多研究领域做到目前最佳性能。然而，GAN 的训练过程仍然存在不稳定、难以收敛、模式坍塌等问题。为了解决这些问题，研究者从多个方面加以解决，主要包括设计新的神经网络结构、使用不同的损失函数、添加正则化及归一化约束、提出 GAN 的训练技巧及优化方法。这些改进能够在一定程度上提升 GAN 训练的稳定性，并提高样本的生成质量。在后续章节中，我们将依次从上述角度介绍 GAN 的变体。其次，我们还会介绍 GAN 的评价指标，这些指标主要从定性和定量的角度来衡量 GAN 生成样本的质量。之后，我们将介绍 GAN 在计算机视觉、自然语言处理、智能语音等领域的应用，这些案例反映出 GAN 广阔的研究及应用价值。最后，我们将对 GAN 的发展进行总结与展望。

2.3 GAN 的网络结构

GAN 的网络结构能够直接影响数据的生成质量，精心设计的网络结构可以提升训练的稳定性，从而生成更加真实的数据样本。另外，GAN 的网络结构设计具有很大的灵活性，研究人员根据具体需求设计了不同的网络结构，极大扩展了 GAN 的应用范围。

本节我们将主要介绍 GAN 的 3 种改进的网络结构，分别为深度卷积生成式对抗网络（deep convolutional GAN，DCGAN）、条件生成式对抗网络（conditional GAN，CGAN）及信息最大化生成式对抗网络（information maximization GAN，InfoGAN）。DCGAN 将全卷积网络作为生成器和判别器的基本结构，并引入批归一化等技巧，这些改进极大提升了模型训练的稳定性，使模型在图像生成任务中取得了很好的效果。CGAN 在生成器和判别器的输入端添加条件变量，使用额外信息指导数据的生成过程，从而生成符合条件要求的数据。InfoGAN 在 CGAN 的基础上，通过引入生成器输入端部分变量和输出之间的互信息，使得模型能够根据输入变量的变化生成不同形态或风格的样本，这不仅免去了使用标注数据的必要性，还使 GAN 的行为具有一定的可解释性。

2.3.1 DCGAN

1. 模型结构

DCGAN[53]是 GAN 发展早期比较典型的一类改进。卷积神经网络（convolutional neural network，CNN）是图像处理任务中常用的一种网络结构，可以自动提取图像的特征[54]。DCGAN 将原始 GAN[13]生成器中的全连接层用反卷积（deconvolution）层[55]代替，在图像生成的任务中取得了很好的效果，其参数设置如图 2-4 所示。此后，在使用 GAN 进行图像生成任务时，默认的网络结构一般都与 DCGAN 的设置类似。

DCGAN 的核心贡献是基于 CNN 架构进行的三项改进。

第一项改进是使用全卷积网络[56]代替确定性空间池化函数。DCGAN 的

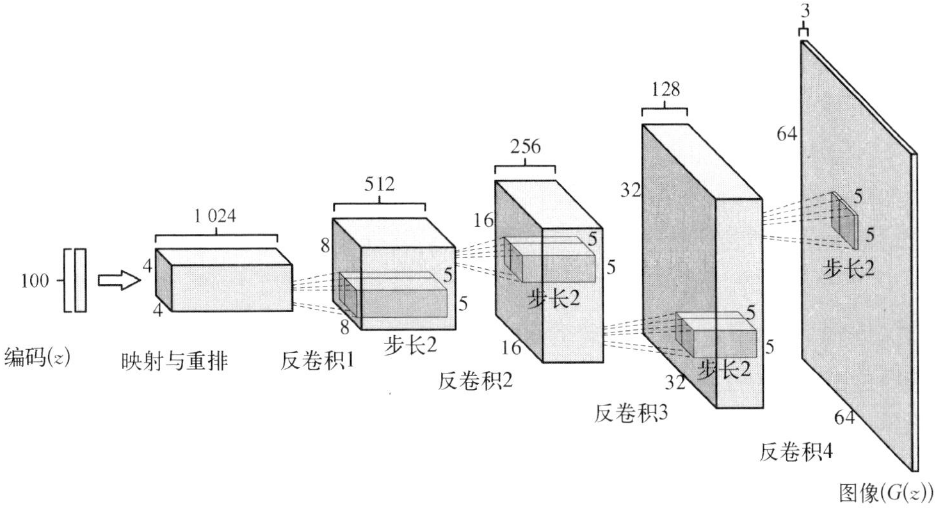

图 2-4 DCGAN 的生成器网络结构

生成器使用反卷积学习自身空间上采样，判别器使用跨步卷积学习自身空间下采样。

第二项改进是移除隐层中的全连接结构。这方面最典型的例子就是全局平均池化技术，这种技术已经应用于最先进的图像分类模型[57]。DCGAN 的研究者发现全局平均池化增加了模型的稳定性，但却降低了收敛速度。一种折中且有效的方法是将最高卷积特征分别直接连接到生成器的输入和判别器的输出。

第三项改进是批处理标准化[58]，即通过对每个单元的输入进行归一化，使其均值和方差均为零，从而稳定学习。这有助于处理由较差的初始化引起的训练问题，并有助于在更深层次的模型中实现梯度流。事实证明，这对深层生成器的训练非常关键，可以防止生成器将所有样本压缩到一个点，这是会导致模式坍塌。然而，将批处理标准化直接应用于所有层会导致样本振荡和模型失稳。避免这种情况的方法是不对生成器输出层和判别器输入层应用批处理标准化。

此外，DCGAN 还使用了一些小技巧。由于使用有界激活可使模型更快地学习，并覆盖训练分布的色彩空间，所以 DCGAN 在生成器中采用 ReLU 激活函数，但其输出层采用 Tanh 激活函数。在判别器中为防止梯度稀疏，可使用 LeakReLU 激活函数，而不是 ReLU 激活函数。

2. 生成效果

评价无监督表示学习(unsupervised representation learning)算法质量的一

种常用方法是将其作为特征提取器应用于有监督数据集，并评价在这些特征之上拟合的线性模型的性能。

将 DCGAN 作为 CIFAR-10 数据集上做分类任务的特征提取器。为了评估 DCGAN 学习到的、用于监督任务表示的质量，DCGAN 研究者在 Imagenet-1k[59] 数据集上进行了训练，使用来自判别器的所有层的卷积特征，最大限度地汇聚每个层的表示来生成一个 4×4 空间网格；然后将这些特征平面化并串联起来形成一个 28 672 维的向量，并在其上训练一个正则化的线性 L2-SVM 分类器。其精度达到了 82.8%，超过了所有基于 k 均值的方法。值得注意的是，与基于 k 均值的方法相比，判别器的特征映射(feature map)要少得多(最高层为 512)，但由于有多个 4×4 的网络层，所以产生了更大的特征向量总量。此外，由于 DCGAN 从未在 CIFAR-10 上进行过训练，所以本试验也证明了所学特征的领域鲁棒性。

DCGAN 研究者做了一系列研究和可视化网络内部要素的试验。第一个试验是了解隐空间的情况。如果在隐空间中游走会使图像生成的语义变化(如添加和删除对象)，那么我们可以推断模型已经学会了相关和有趣的表示。该试验结果如图 2-5 所示。

以往的研究工作已经证明，在大型图像数据集上对 CNN 进行有监督的训练可以产生非常强大的学习特征[60]。在大型图像数据集上训练的无监督 DCGAN 可以学习有趣的特征层次结构。如图 2-6 所示，利用 Springenberg 等[61]提出的引导反向传播方法进行可视化，可以看到判别器学习到的特征在卧室的典型部分(如床和窗户)被激活。而随机初始化网络对相同图片的特征响应并没有显著的语义信息。

在词汇表征学习研究中，Mikolov 等[62]提出简单的算术运算能够在表征空间中呈现出丰富的线性结构。一个典型的例子表明，向量(“国王”)－向量(“男人”)＋向量(“女人”)产生的向量，其最近邻向量是向量(“皇后”)。DCGAN 也具有类似性质，其在隐空间也可以线性建模。假设隐空间中 3 个向量 z_1、z_2、z_3 经过生成器映射，得到的图像分别是戴眼镜的男人、不戴眼镜的男人以及不戴眼镜的女人，则隐变量 $z = z_1 - z_2 + z_3$ 经过生成器生成图像为戴眼镜的女人。

DCGAN 极大提升了 GAN 的图像生成质量，并且实现了隐空间的富线性结构。它不仅可以用来做一些有趣的事情，如给人脸戴眼镜，而且为隐空间矢量运算的研究提供了思路，这种方法能够大大减少复杂图像建模所需的数据量。

注：第 1 行：隐空间 Z 中 9 个随机点之间的插值显示，学习到的空间具有平滑的过渡，空间中的每个图像看上去都像是卧室。第 6 行：一个没有窗户的房间慢慢地变成了一个有大窗户的房间。第 10 行：一个电视慢慢地变成了一扇窗户

图 2－5 DCGAN 基于隐空间中连续采样点生成的连续图像变换结果[52]

2.3.2 CGAN

1. 模型结构

目前，GAN 在网络结构方面的改进主要通过添加额外信息或者对隐变量进行特殊处理来实现。研究人员发现使用半监督的方式，如添加图像分类标签的方法，会极大地提高 GAN 生成样本的质量[47]。这可能是因为添加了图像分类标签等信息，GAN 会更关注阐释样本相关的统计特征，并忽略不太相关的局部

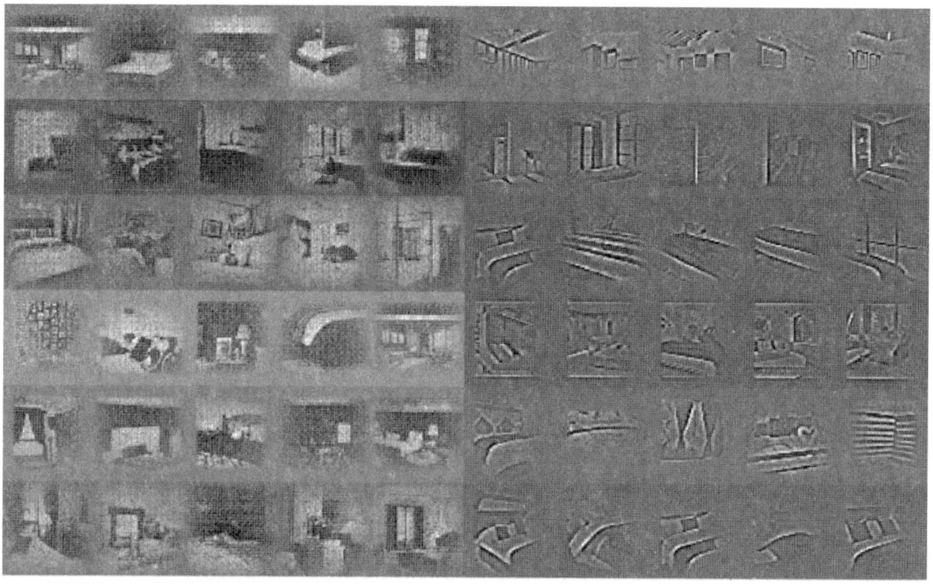

图 2-6 未训练网络(左侧 5 列)和已训练判别器网络(右侧 5 列)的特征响应的引导反向传播可视化结果(在已训练网络中,特征响应在床目标上;而在未训练网络中,特征响应在随机的、没有区分度的目标上)[52]

特征。

基于这种猜想,条件生成式对抗网络(CGAN)[63]提出了一种带条件约束的 GAN,在生成器 G 和判别器 D 的建模中均引入条件变量 $\boldsymbol{c}$,使用额外信息对模型增加条件以指导数据的生成过程。CGAN 的结构如图 2-7 所示。

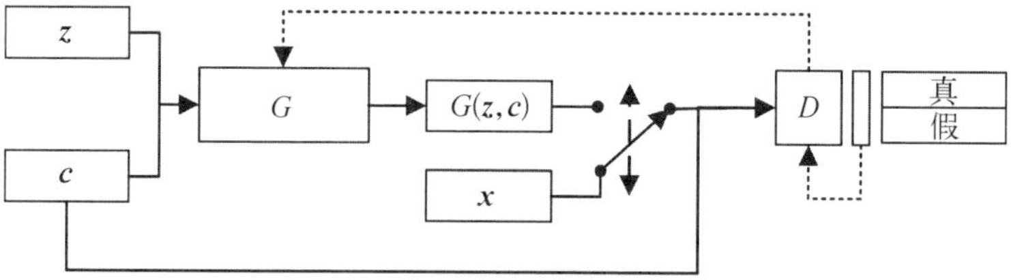

图 2-7 CGAN 的结构

CGAN 中的条件变量 $\boldsymbol{c}$ 一般为含有特定语义信息的已知条件,如样本的标签。生成器接收噪声 $\boldsymbol{z}$ 和条件变量 $\boldsymbol{c}$,生成样本 $G(\boldsymbol{z}, \boldsymbol{c})$ 和相同条件变量 $\boldsymbol{c}$ 控制下的真实样本一起用于训练判别器。相应地,CGAN 的目标函数为

$$\max_D V(D, G) = E_x[\ln D(\boldsymbol{x} \mid \boldsymbol{c})] + E_z[\ln(1 - D(G(\boldsymbol{z}, \boldsymbol{c})))] \quad (2-7)$$

CGAN 是对原始 GAN 的扩展，生成器和判别器都增加额外信息 $\boldsymbol{c}$ 以作为条件约束，$\boldsymbol{c}$ 可以是任意信息，例如类别信息或者其他模态的数据。

2. 生成效果

CGAN 直接通过在网络输入中加入条件变量 $\boldsymbol{c}$ 便可达到输出特定类别样本的目的。CGAN 在 MNIST 数据集上的生成结果如图 2－8 所示，可以看出，生成的图像还存在很多缺陷，譬如图像边缘模糊、生成的图像分辨率太低等。但是它为后续研究者提出的 CycleGAN[64] 和 StarGAN[65] 开拓了道路，这两个模型在转换图像风格时对属性特征的处理方法均受 CGAN 启发。

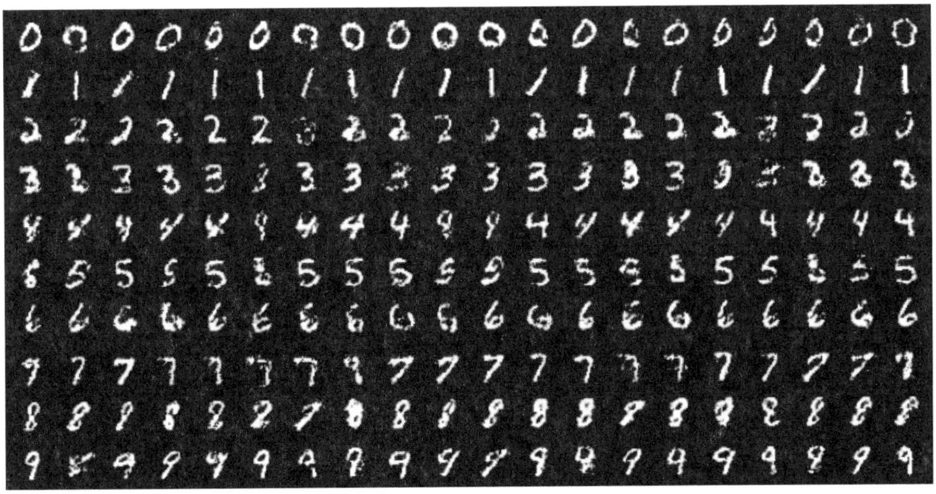

图 2－8　CGAN 在 MNIST 数据集上的生成结果[63]

2.3.3　InfoGAN

1. 模型结构

InfoGAN[66] 发展了 CGAN 的思想。通过引入互信息量，InfoGAN 不仅免去了使用标注数据的必要性，还使得 GAN 的行为具有了一定的可解释性。InfoGAN 的结构如图 2－9 所示。

InfoGAN 的生成器与 CGAN 类似，其输入同时接收噪声 $\boldsymbol{z}$ 和服从特定分布的隐变量 $\boldsymbol{c}$。与 CGAN 不同的是，InfoGAN 的输入隐变量并非已知信息，其含义需要在训练过程中去发现。判别器会输出与原始 GAN 类似的判断，同时 InfoGAN 还有一个额外的解码器 Q，用于输出解码后的条件变量 $Q(\boldsymbol{c} \mid \boldsymbol{x})$。$Q(\boldsymbol{c} \mid \boldsymbol{x})$ 也是一个判别模型网络，即给定输入样本 $\boldsymbol{x}$，判别对应的类别（$\boldsymbol{c}$ 对应

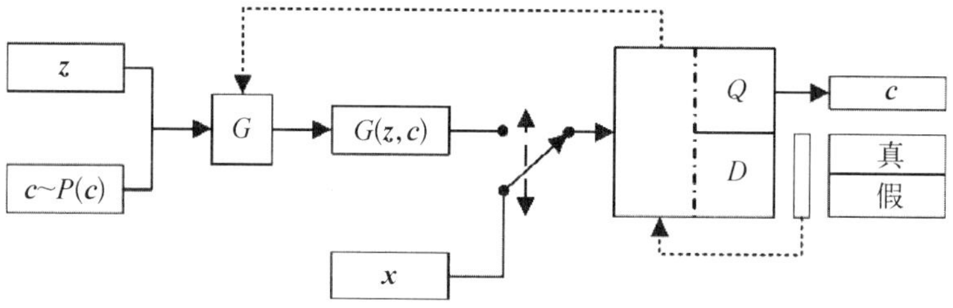

图 2-9 InfoGAN 的结构

类别标签)。在具体的实现中,Q 和 D 共用了所有的卷积层,并只在最后增加了一个全连接层来输出 $Q(\boldsymbol{c} \mid \boldsymbol{x})$,因此 InfoGAN 并没有比原始 GAN 增加太多计算量。

InfoGAN 的目标函数为原始 GAN 的目标函数加上条件变量与生成样本间的互信息,即

$$\min_{G} \max_{D} V(D, G) - \lambda I(\boldsymbol{c}, G(\boldsymbol{z}, \boldsymbol{c})) \tag{2-8}$$

式中,第二项为互信息量约束:

$$I(\boldsymbol{c}, G(\boldsymbol{z}, \boldsymbol{c})) = E_{\boldsymbol{c} \sim P(\boldsymbol{c}), \boldsymbol{x} \sim G(\boldsymbol{z}, \boldsymbol{c})}[\ln Q(\boldsymbol{c} \mid \boldsymbol{x}) + H(\boldsymbol{c})] \tag{2-9}$$

λ 是该约束项的超参数。互信息量约束使得输入的隐变量 $\boldsymbol{c}$ 对生成数据的解释性越来越强。为了优化式(2-8)的目标函数,InfoGAN 采取了近似方法。由于求互信息 I 需要涉及分布 $P(\boldsymbol{c} \mid \boldsymbol{x})$,而该分布很难求,所以可通过使用下界替代互信息 I 来进行简化。这种方法参考了变分信息最大化(variational information maximization)[67]。简化之后的函数 I 不再需要使用 $P(\boldsymbol{c} \mid \boldsymbol{x})$,而是使用一个下界函数 $Q(\boldsymbol{c} \mid \boldsymbol{x})$ 来进行替代:

$$I(\boldsymbol{c}, G(\boldsymbol{z}, \boldsymbol{c})) \geqslant E_{\boldsymbol{c} \sim P(\boldsymbol{c}), \boldsymbol{x} \sim G(\boldsymbol{z}, \boldsymbol{c})}[\ln Q(\boldsymbol{c} \mid \boldsymbol{x}) + H(\boldsymbol{c})]$$

而 $Q(\boldsymbol{c} \mid \boldsymbol{x})$ 本质上是对 $P(\boldsymbol{c} \mid \boldsymbol{x})$ 的一种下界拟合,可通过神经网络实现。

2. 生成效果

InfoGAN 可以通过调整隐变量实现生成数字倾斜角度的改变、人脸三维模型的旋转等操作。如图 2-10 所示,离散编码 c_1 捕获形状的剧烈变化。改变 c_1 可以生成不同的数字。事实上,即使只训练 InfoGAN,没有任何标签,c_1 也可以作为一个分类器,通过将 c_1 中的每个类别与一个数字类型进行匹配,在对 MNIST 数字进行分类时可达到 5%的错误率。在图 2-10(a)的第 2 行,我们可以看到一个数字 7 被错分类为数字 9。这种错误是由数字 7 和数字 9 的形状较

为接近而引起的。连续编码 c_2 和 c_3 捕捉连续变化的风格：c_2 控制数字的旋转，c_3 控制数字的宽度。值得注意的是，在这两种情况下，生成器并不只是拉伸或旋转数字，而是调整其他细节，如厚度或笔触样式，以确保生成的图像是自然的外观。由此可以看出，InfoGAN 不仅能够很好地学习数据之间的类型差别，也能够很好地学习数据本身的一些易于区分的特点，而且生成模型对这些特点有很好的泛化能力。

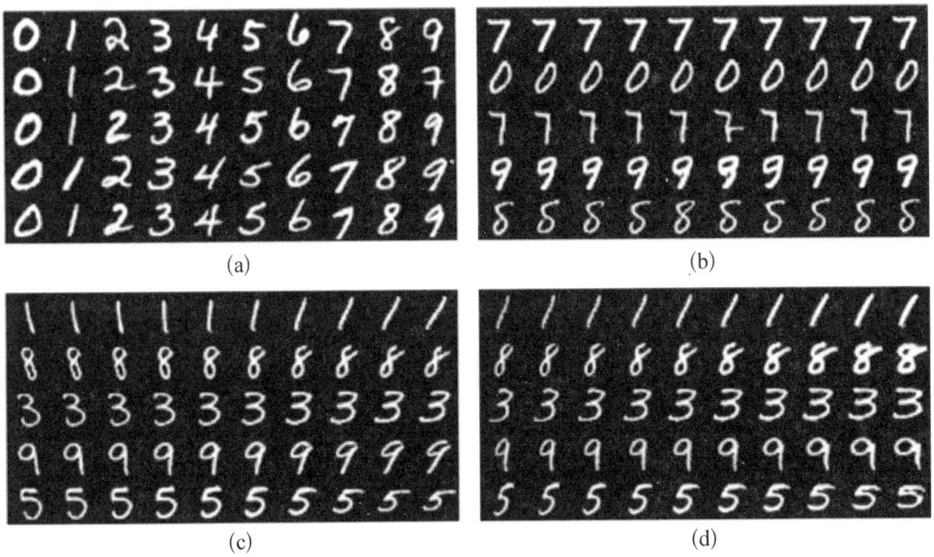

图 2-10 在 MNIST 上操作隐编码[66]

(a) 在 InfoGAN 中改变 c_1(数字种类) (b) 在常规 GAN 中改变 c_1(没有明确的含义)
(c) 在 InfoGAN 中改变 c_2 从 −2 到 2(旋转) (d) 在 InfoGAN 中改变 c_3 从 −2 到 2(宽度)

2.3.4 其他网络结构

本节介绍的 3 种典型的 GAN 模型为 GAN 网络结构的发展奠定了基础，后续一部分对 GAN 网络结构的研究工作沿用了其中的思想。此外，研究人员还提出其他一些网络结构，比如将 VAE 与 GAN 结合，或是采用集成学习方法训练多个 GAN 模型。我们将在本小节综述一些典型的 GAN 网络结构。

在基于 DCGAN 框架改进的模型中，比较有代表性的工作是英伟达公司提出一种渐进增大的 GAN 模型，该模型从低分辨率开始，在训练过程中逐渐增大生成器和判别器，添加新的可处理更高分辨率细节的网络层，提高了训练的稳定性，最终生成高质量的图像[68]。这项工作首次实现了 1 024×1 024 像素的人脸图像生成。

在基于 CGAN 框架的研究中，AC - GAN[69] 以及半监督 GAN[70] 是其中的代表性工作。在 AC - GAN 中，研究者构建了一种采用标签条件的 GAN 结构，通过使判别器额外判断数据类别，保证了相同类别数据的一致性，从而在不同类别标签下均能够生成高质量图像。半监督 GAN 与 AC - GAN 的不同之处在于，前者生成器的输入端没有类别标签，并且对生成数据只判断真伪而不进行分类。在半监督 GAN 中，生成数据的假标签看作是真实数据类别标签之外的一个标签，判别器对输入数据进行分类，即判别真实数据的类别标签及生成数据。这种判别既包含分类模型的监督学习成分，又包含对抗模型的无监督学习成分，最终训练出的模型能够生成数据并判别数据类别。由半监督 GAN 模型衍生出的基于 GAN 的半监督学习在小样本数据集中能够取得很高的分类精度，并且目前已成为 GAN 研究中的一个主要方向。

VAE - GAN[71] 将变分自编码器与 GAN 结合，其结构如图 2 - 11 所示。

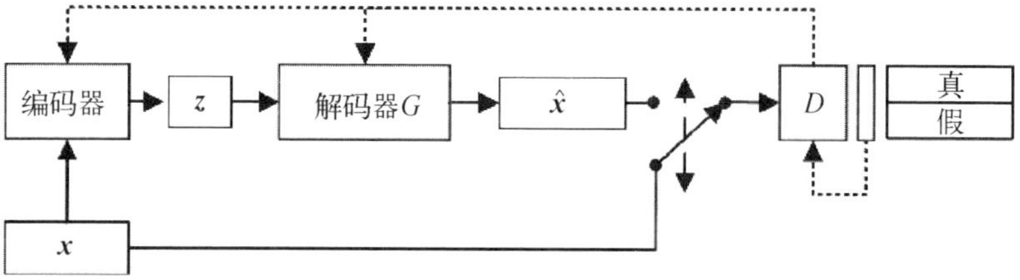

图 2 - 11 VAE - GAN 的结构

该类模型同时训练 GAN 模型和 VAE 模型，其目标函数由 VAE 的先验约束、VAE 的重构误差和 GAN 的对抗误差 3 部分组成。通过 AE + GAN 的设计模式，该类方法可以提供具有更丰富信息的隐变量以提高生成质量。通过设计不同的自编码器目标函数，研究者还提出了 Denoise - GAN[72]、Plug & Play GAN[73]、α - GAN[74] 等模型变体。该类模型可以获得较高清晰度的生成图像，并在 3D 模型的生成工作中得到较好应用[75]。

此外，研究者还将集成思想引入 GAN，集成的网络结构使 GAN 的训练过程更稳定，并提升了生成样本的质量及多样性。集成学习（ensemble learning）是通过构建并结合多个学习器来完成学习任务的一种方法[76-77]，一般分为两类：一类是提升（boosting）方法，通过调整样本权重、级联网络等方法将弱学习器提升为强学习器；另一类则是使用多个同类学习器对数据的不同子集进行学习，再将学习结果通过某种方式整合（bagging）起来。

基于提升思想的集成方法可以大致分为两类。

一类工作为同构网络合并，其中的典型模型是 AdaGAN[78]。该方法通过与

AdaBoost 类似的算法依次训练 T 个生成器模型。在第 t 步训练过程中，前一次未能成功生成的模式会被加大权重。每次训练后输出的模型为 $G_t=(1-\beta_t)G_{t-1}+\beta_t G_t^c$，其中 β_t 为一给定的超参数。训练结束后得到一系列生成模型 $G_1, G_2, \cdots, G_T$ 及其相应权重 $\alpha_1, \alpha_2, \cdots, \alpha_T$，$\sum_{i=0}^{T}\alpha_i=1$。最终的生成模型为

$$G=\sum_{i=0}^{T}\alpha_i G_i \tag{2-10}$$

另一类工作的主要方法为网络叠加。该方法的主要模式是串联多个 GAN，将上层生成器的输出作为隐变量输入下层生成器。StackGAN[79] 是其中较为典型的工作。如图 2-12 所示，该模型的生成器由多个子模型串联构成，每级生成器 G_i 接收上一级生成器的输出 $\hat{\boldsymbol{h}}_{i+1}$ 及一个随机变量 $\boldsymbol{z}_i$ 并作为输入。在训练时中间层的输出 $\boldsymbol{h}_i$ 和生成器的中间输出一起训练。该类工作的另一种常见方式则是通过叠加不同分辨率的生成器网络来实现。以 LAP-GAN[80] 为例，其先用低分辨率的样本生成低分辨率的图像，再将生成的低分辨率图像作为下一阶段输入的一部分，与对应的高分辨率样本一起生成对应的高分辨率图像，每一个阶段的生成器都对应一个判别器，判断该阶段图像是生成的还是真实的。

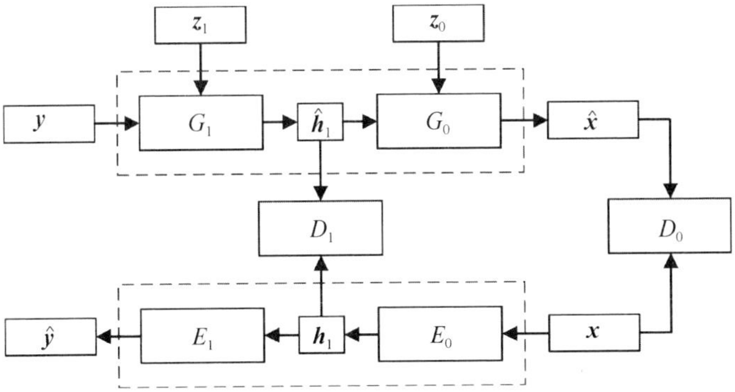

图 2-12 StackGAN 的结构

基于整合思想的集成方法主要针对模式坍塌这一 GAN 训练中最常见的不收敛情况，通过使用多个网络，每个网络针对不同的模式进行训练，之后再将这些网络的输出进行整合。这类模型中较为典型的是 CoGAN[81] 与 MAD-GAN[82]。两者均通过集成多个共享部分权值的生成器以实现生成多样性样本的目的。两者的区别主要在于，CoGAN 使用了与生成器同样数量的判别器，而 MAD-GAN 使用了多输出的单判别器，通过判别目标函数和基于相似性的竞

争性目标函数来引导生成器。相较于基于提升思想的集成方法，基于整合思想的 GAN 集成方法并没有在一般性的任务中取得显著效果。但由于基于整合思想的集成方法较为直接，其在个性化任务中能以较小的代价获得较大的提升。

2.4 GAN 的损失函数

如何合理选择损失函数是深度学习一个至关重要的问题。一个好的损失函数需要在刻画任务本质的同时，提供良好的数值优化特性。在 GAN 的训练过程中损失函数设计的主要目标是有效地定义可区分性，并使得博弈过程可解[83-84]。

在 GAN 最初的研究中，Goodfellow 等[13]将分类误差作为真实样本分布与生成样本分布相近度的度量，并提出两种形式的损失函数：极小极大(minimax)损失以及非饱和损失。极小极大损失将 GAN 的训练看作零和博弈的过程，生成器和判别器采用极小极大博弈对同一个值函数进行优化。使用该损失函数进行训练，当判别器为最优判别器时，生成器的损失函数等价于真实样本分布与生成样本分布之间的 JS 散度。然而，当真实分布与生成分布的重叠区域可忽略时，JS 散度为一常数，此时生成器的获得梯度为 0，无法进一步学习[45]。非饱和损失解决了最优判别器下生成器梯度消失的问题，但该损失等价于优化一个不合理的距离度量，这将导致模型训练时梯度不稳定以及模式坍塌[85]。为了解决这些问题，研究者提出一些损失函数的改进方法，这些工作的重点在于使损失函数具有平滑、稳定且不会消失的梯度。

本节我们将介绍几种 GAN 损失函数，其中最小二乘生成式对抗网络(least squares generative adversarial network，LSGAN)将皮尔森卡方散度(Pearson χ^2 divergence)作为生成样本分布与真实样本分布的距离度量；Wasserstein GAN(WGAN)和带有梯度惩罚项的 WGAN(Wasserstein GAN with gradient penalty，WGAN-GP)将 Wasserstein 距离作为两个分布的距离度量；基于能量的生成式对抗网络(energy-based GAN，EBGAN)使用自编码器作为判别器，采用重构误差判别生成样本与真实样本；边界平衡生成式对抗网络(boundary equilibrium GAN，BEGAN)借鉴了 EBGAN 中自编码器的结构，近似衡量真假样本分布的 Wasserstein 距离；相对生成式对抗网络(relativistic GAN，RGAN)基于给定的真实样本，估计这些样本相比于随机生成样本、更真实的概率。这些方法均从理论上证明相对于原始 GAN，新的损失函数将使模型的训练过程更稳定。然而，在谷歌大脑(Google Brain)2017 年发表的一篇论文中，研究人员通过试验测试了 LSGAN、WGAN、WGAN－GP、BEGAN 等几种 GAN 变体的性能，发现并没有一种改进模型的生成效果始终优于原始 GAN[86]。这说明完美的理论推导可能不一定得到实验验证，GAN 的生成效果仍然在很大程度上取决于模型的参数。不过这些改进的模型也为 GAN 的后续研究提供了新的思路，如何设计一个更好的损失函数来完美解决 GAN 训练过程不稳定以及模式坍塌的问题，仍有待进一步探索。

2.4.1 LSGAN

Sigmoid 交叉熵损失函数会导致使用位于决策边界正确一侧但远离真实数据的假样本更新生成器 G 时产生梯度消失的问题。为了解决这个问题，Mao 等[87]提出了最小二乘生成式对抗性网络（LSGAN）。LSGAN 的主要思想就是在判别器 D 中使用更加平滑和非饱和（non-saturating）梯度的损失函数。LSGAN 能够生成更接近真实数据的样本。考虑到 D 网络的目标是分辨两类样本，如果将生成样本和真实样本分别编码为 a 和 b，那么采用平方误差作为目标函数，判别器 D 的目标函数定义如下：

$$\min_D V_{\text{LSGAN}}(D)=\frac{1}{2}E_{\boldsymbol{x}\sim p_{\text{data}}(\boldsymbol{x})}[(D(\boldsymbol{x})-b)^2]+\frac{1}{2}E_{\boldsymbol{z}\sim p_{\boldsymbol{z}}(\boldsymbol{z})}[(D(G(\boldsymbol{z}))-a)^2] \tag{2-11}$$

G 的目标函数将编码 a 换成编码 c，这个编码表示 D 将 G 生成的样本当成真实样本：

$$\min_G V_{\text{LSGAN}}(G)=\frac{1}{2}E_{\boldsymbol{z}\sim p_{\boldsymbol{z}}(\boldsymbol{z})}[(D(G(\boldsymbol{z}))-c)^2] \tag{2-12}$$

在式(2－11)中，我们选择 $b=1$(1 代表真实数据)，$a=0$(0 代表伪造数据)；在式(2－12)中，设置 $c=1$(1 代表我们希望欺骗判别器 D)。但是这种设定并不唯一。LSGAN 研究者还提供了一些降低上述损失的方法，即如果 $b-c=1$ 并且 $b-a=2$，那么降低上述损失就等价于最小化皮尔森卡方散度。因此，选择 $a=-1$、$b=1$ 和 $c=0$ 也是同样有效的。

2.4.2 WGAN

原始 GAN 存在许多问题，它非常依赖生成器和判别器的结构设计，需要精心调节超参数才能够得到稳定的训练过程，而且没有一种指标来量化训练的进度。为了解决原始 GAN 的种种不足，研究人员提出了 Wasserstein GAN

(WGAN)[88]。WGAN 最大的贡献在于用 Wasserstein-1 距离(又称 Earth-Mover 距离,EM 距离)代替原始 GAN 中的 JS 散度并将其作为真实分布与生成分布相近度的度量,从而缓解了 GAN 难以训练的问题。

WGAN 假设判别器函数服从利普希茨(Lipschitz)连续,它对一个连续函数 $f(x)$ 施加了限制,要求存在常数 $K \geqslant 0$,使得定义域内任意两个元素 a 和 b 都满足

$$| f(a) - f(b) | \leqslant K | a - b | \tag{2-13}$$

式中,使不等式成立的最小 K 值称为 Lipschitz 常数。Lipschitz 连续约束限制了函数 $f(x)$ 的最大局部变动幅度,使其对函数参数及输入的扰动具有较强的鲁棒性。

WGAN 使用的 EM 距离 $W(P_r, P_g)$ 定义如下:

$$W(P_r, P_g) = \inf_{\gamma \sim \Gamma(P_r, P_g)} E_{(x^r, x^g)}[\| \boldsymbol{x}^r - \boldsymbol{x}^g \|] \tag{2-14}$$

式中,$E_{(x^r, x^g) \sim \gamma}[\| \boldsymbol{x}^r - \boldsymbol{x}^g \|]$ 表示在真实样本与生成样本的联合分布 γ 下样本对距离的期望值。直观上,可将其理解为在联合分布 γ 下,将真实分布变换为生成分布所需“消耗”。

由于取下界的操作无法直接求解,根据 Kantorovich-Rubinstein 对偶性[89],Wasserstein-1 距离可转化为如下的形式:

$$W(P_r, P_g) = \frac{1}{K} \sup_{\| f \|_L \leqslant K} \underset{x^r \sim P_r}{E}[f(\boldsymbol{x}^r)] - \underset{x^g \sim P_g}{E}[f(\boldsymbol{x}^g)] \tag{2-15}$$

式中,$f(\cdot)$ 为满足 Lipschitz 连续约束条件的函数。我们可以使用神经网络对 $f(\cdot)$ 进行拟合,因此 WGAN 的目标函数为

$$\min_G \max_C \underset{x^r \sim P_r}{E}[D(\boldsymbol{x}^r)] - \underset{x^g \sim P_g}{E}[D(\boldsymbol{x}^g)] \tag{2-16}$$

式中,判别器函数 D 需要满足 Lipschitz 连续约束条件。WGAN 采用权值裁剪方式以保证 Lipschitz 连续约束,权值裁剪将判别器网络权值限制在某个区间 $[-c, c]$,其中 $c > 0$。具体实现为每更新完一次判别器参数后,就检查判别器所有参数绝对值是否超出阈值 c,如果超出就将参数重置到 $[-c, c]$。权值裁剪保证了判别器网络输出对输入的导数将不会超过某个范围,因此网络局部变动幅度不会超过某一常数,从而使得 Lipschitz 连续约束条件得以保证。

在 WGAN 中,判别器(也称为评价网络 C)的目的是逼近 P_r 与 P_g 的 Wasserstein-1 距离,生成器的目的则是最小化两者的 Wasserstein-1 距离。WGAN 的结构如图 2-13 所示。

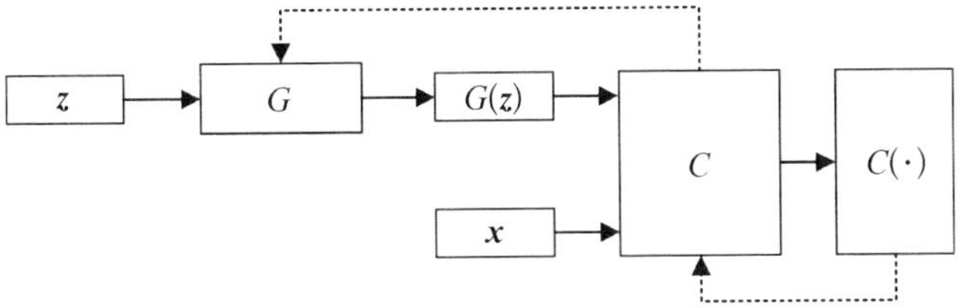

图 2－13 WGAN 的结构

具体训练过程见算法 2－1。

算法 2－1 WGAN

输入: α -学习率
c -裁剪参数
m -批大小
n_{critic} -生成器迭代一次,判别器的迭代次数
w_0 -判别器初始参数
θ_0 -生成器初始参数

过程:

while θ 未收敛 **do**
  for $t=0, 1, \cdots, n_{\text{critic}}$ **do**
    从真实数据中采样一个批次 $\{x^{(i)}\}_{i=1}^{m} \sim P_r$
    从先验样本中采样一个批次 $\{z^{(i)}\}_{i=1}^{m} \sim p(z)$
    $g_w \leftarrow \nabla_w \left[\frac{1}{m}\sum_{i=1}^{m} f_w(x^{(i)}) - \frac{1}{m}\sum_{i=1}^{m} f_w(g_\theta(z^{(i)}))\right]$
    $w \leftarrow w + \alpha \cdot RMSProp\ (w, g_w)$
    $w \leftarrow clip(w, -c, c)$
  end for
  从先验样本中采样一个批次 $\{z^{(i)}\}_{i=1}^{m} \sim p(z)$
  $g_\theta \leftarrow -\nabla_\theta \frac{1}{m}\sum_{i=1}^{m} f_w(g_\theta(z^{(i)}))$
  $\theta \leftarrow \theta - \alpha \cdot RMSProp\ (\theta, g_\theta)$
end while

WGAN 在生成效果上虽然没有飞跃的进步,但其巨大的意义在于使 GAN 的实用性大大提升,这主要体现为以下方面:

(1) 不需要精心平衡判别器和生成器的能力,且效果更稳健,不依赖于过于精心设计的结构。

(2) 缓解了模式坍塌现象,确保生成数据的多样性。

(3) 给出了一个可以定量描述并跟踪训练效果的数值。

2.4.3 WGAN-GP

原始 WGAN 采用权值裁剪方式，在训练过程中通过保证判别器所有参数有界，使得判别器对输入样本的扰动有较强的鲁棒性，从而间接实现了 Lipschitz 限制。然而这种实现机制存在诸多问题。第一，判别器损失希望最大化真假样本的判别分数之差，而权值裁剪独立限制了网络权值的取值范围，这会使得训练过程中网络权值趋向于取值区间上下界。试验证明，若 WGAN 通过权值裁剪将网络权值限制在 $[-c, c]$，则训练之后最终网络权值往往会集中分布在靠近 c 和 $-c$ 的区域。在这种情况下，近似二值编码的判别器倾向于学习一个简单的映射函数，而并没有充分利用自身建模能力准确建模 Wasserstein 距离度量，从而造成生成数据分布不能趋向真实数据分布的情况。第二，权值裁剪容易导致梯度消失或梯度爆炸。这是因为判别器是一个多层网络，较小或较大的裁剪阈值经过多层反向传播会产生指数衰减或爆炸，只有精心设置的阈值才能使生成器获得较好的回传梯度，然而实际应用中这个平衡区域可能很小，从而给调参工作带来困难。

为了解决权值裁剪带来的问题，研究人员提出 WGAN-GP，通过梯度惩罚的方式保证 Lipschitz 连续约束[90]，从而进一步提高了 WGAN 训练的稳定性，这种方法在多种网络结构上均可实现收敛。

Lipschitz 连续约束要求在整个样本空间 X 上，判别器函数 $D(x)$ 梯度的 L_p 范数不大于有限常数 K：

$$\| \nabla_{\boldsymbol{x}} D(\boldsymbol{x}) \|_p \leqslant K, \ \forall \boldsymbol{x} \in X \tag{2-17}$$

这与式(2-13)等价。

为了限制判别器函数以满足 Lipschitz 连续约束，可在原损失函数中添加一个额外的正则项使得判别器的梯度范数不超过 K 或分布在 K 附近。若设置 $K=1$，则判别器新的损失函数为

$$\begin{aligned} L(D) = & -E_{\boldsymbol{x}\sim P_r}[D(\boldsymbol{x})] + E_{\boldsymbol{x}\sim P_g}[D(\boldsymbol{x})] + \\ & \lambda E_{\boldsymbol{x}\sim X}[\| \nabla_{\boldsymbol{x}} D(\boldsymbol{x}) \|_p - 1]^2 \end{aligned} \tag{2-18}$$

式中右边第三项需要在整个样本空间 X 采样，然而如果样本维度过高，那么样本量将非常巨大，从而造成维数灾难问题。一种解决方式是仅在真实样本分布区域、生成样本分布区域及其中间区域进行采样。具体来说，随机采样一个真实样本 $\boldsymbol{x}_r \sim P_r$，一个生成样本 $\boldsymbol{x}_g \sim P_g$，以及一个服从均匀分布 $U(0, 1)$ 的随机数 $\epsilon \sim U(0, 1)$，然后在 $\boldsymbol{x}_r$ 及 $\boldsymbol{x}_g$ 之间进行线性插值采样，可得

$$\hat{\boldsymbol{x}}=\epsilon\boldsymbol{x}_r+(1-\epsilon)\boldsymbol{x}_g \tag{2-19}$$

将 $\hat{\boldsymbol{x}}$ 满足的分布记为 $P_{\hat{x}}$，则最终可得 WGAN - GP 判别器的损失函数：

$$L(D)=-E_{\boldsymbol{x}\sim P_r}[D(\boldsymbol{x})]+E_{\boldsymbol{x}\sim P_g}[D(\boldsymbol{x})]+\lambda E_{\boldsymbol{x}\sim P_{\hat{x}}}[\|\nabla_{\boldsymbol{x}}D(\boldsymbol{x})\|_p-1]^2 \tag{2-20}$$

对比 WGAN 与 WGAN - GP 可以发现，虽然 WGAN 使用的权值裁剪对整个样本空间有效，但是由于其间接限制了判别器的梯度范数，将导致梯度消失或者梯度爆炸；而 WGAN - GP 使用的梯度惩罚虽然只对真假样本分布区域及其中间的过渡区域生效，但是由于其直接将判别器函数的梯度范数限制在 1 附近，所以梯度有较强的可控性，并且容易调整到合适的尺度。总之，基于梯度惩罚的 WGAN - GP 相比于基于权值裁剪的 WGAN 有更好的特性。

WGAN - GP 解决了原始 GAN 模型的诸多问题，虽然在一些图像生成任务中 WGAN - GP 的表现仍然不如 DCGAN 模型[90]，但是由于 WGAN - GP 不存在平衡判别器与生成器的问题，所以其在训练过程中会比 DCGAN 更稳定。并且 WGAN - GP 也是第一个在 101 层残差网络上实现稳定训练的 GAN 模型。WGAN - GP 生成的卧室图片如图 2 - 14 所示。

另外，WGAN - GP 是第一个实现有效文本生成的 GAN 模型。通常文本生成依赖于一个预训练的语言模型，或是利用已有的标签数据提供指导信息，而 WGAN - GP 无须任何指导信息就能够生成英文字符序列(见图 2 - 15)。

2.4.4 EBGAN

除了使用 Lipschitz 连续约束假设对样本分布进行约束，还可以使用非概率形式作为度量的 GAN 结构，较为典型的是基于能量的 GAN(EBGAN)[91]。EBGAN 将判别器 D 视为一个能量函数，该函数赋予真实样本较低的能量，而赋予生成样本较高的能量。其结构如图 2 - 16 所示。

EBGAN 将一个自编码器(包含编码器 *Encoder* 和解码器 *Decoder*)作为判别网络，并将自编码器的重构误差作为样本的能量，即

$$D(\boldsymbol{x})=\|Decoder(Encoder(\boldsymbol{x}))-\boldsymbol{x}\| \tag{2-21}$$

相应的损失函数为

$$J^{(D)}=D(\boldsymbol{x})+[m-D(G(\boldsymbol{z}))]^+ \tag{2-22}$$

$$J(G)=D(G(\boldsymbol{z})) \tag{2-23}$$

图 2-14　WGAN-GP 生成的卧室图片[90]

式中，$[\cdot]^{+}=\max(0,\ \cdot)$；$m$ 为一个预定义的边界（margin），主要作用在于避免判别器过强从而导致生成器无法获得有用的信息，该参数也可以通过自适应的方式学习[92]。

为了使得生成的样本具有更好的多样性，EBGAN 还提出了一种约束方法，称为远离项（pulling-away term，PT），其形式为

$$f_{\mathrm{PT}}(\boldsymbol{S})=\frac{1}{N(N-1)}\sum_{i}\sum_{j\neq i}\left(\frac{\boldsymbol{S}_i^{\mathrm{T}}\boldsymbol{S}_j}{\|\boldsymbol{S}_i\|\ \|\boldsymbol{S}_j\|}\right)^2 \tag{2-24}$$

式中，$\boldsymbol{S}$ 为判别器中编码层的输出。通过增大 PT 值，EBGAN 可以有效地提升生成样本的多样性。EBGAN 为理解 GAN 提供了一种全新的视角。

WGAN-GP	
Busino game camperate spent odea	Solice Norkedin pring in since
In the bankaway of smarling the	ThiS record (31.) UBS) and Ch
SingersMay , who kill that imvic	It was not the annuas were plogr
Keray Pents of the same Reagun D	This will be us , the ect of DAN
Manging include a tudancs shat "	These leaded as most-worsd p2 a0
His Zuith Dudget , the Denmbern	The time I paid0a South Cubry i
In during the Uitational questio	Dour Fraps higs it was these del
Divos from The ' noth ronkies of	This year out howneed allowed lo
She like Monday , of macunsuer S	Kaulna Seto consficutes to repor
The investor used ty the present	A can teal , he was schoon news
A papees are cointry congress oo	In th 200. Pesish picriers rega
A few year inom the group that s	Konney Panice rimimber the teami
He said this syenn said they wan	The new centuct cut Denester of
As a world 1 88 ,for Autouries	The near , had been one injostie
Foand , th Word people car , Il	The incestion to week to shorted
High of the upseader homing pull	The company the high product of
The guipe is worly move dogsfor	20 - The time of accomplete , wh
The 1874 incidested he could be	John WVuderenson seqiivic spends
The allo tooks to security and c	A ceetens in indestredly the Wat
原始GAN	
dddddddddddddddddddddddddddddddd	dddddddddddddddddddddddddddddddd
dddddddddddddddddddddddddddddddd	dddddddddddddddddddddddddddddddd

图 2-15 WGAN-GP 和原始 GAN 生成的文本[90]

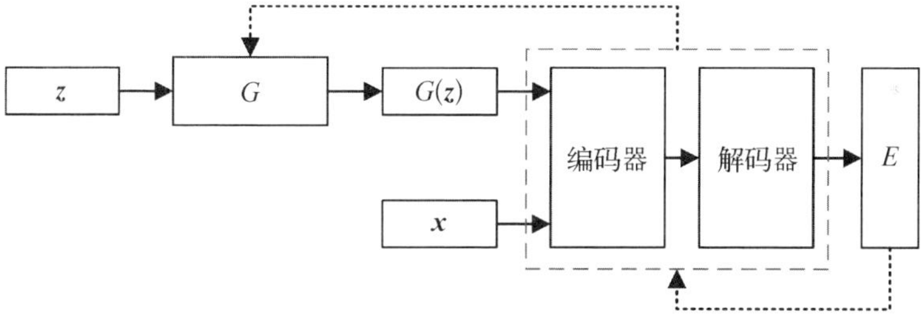

图 2-16 EBGAN 的结构

2.4.5 BEGAN

之前的GAN以及其变体都是希望生成器 G 生成的数据分布尽可能接近真实数据的分布，从这一点出发，研究者们设计了各种损失函数以令 G 的生成数据分布逼近真实数据分布。而 Berthelot 等[93]研究发现，每个像素的重构误差实际上是独立同分布的，并且都是(近似)正态分布。根据中心极限定理，整个图像的重构误差也将服从相同的正态分布。据此，他们提出了边界平衡生成式对抗网络(boundary equilibrium GAN，BEGAN)，让生成图像的重构误差分布逼近真实图像的重构误差分布；而传统 GAN 的做法是让生成图像的分布逼近真实图像的分布。

与 EBGAN 类似，BEGAN 采用自编码器构建判别器，自编码器的损失函数采用 L_1 或 L_2 损失：

$$L(\boldsymbol{v}) = \| \boldsymbol{v} - D(\boldsymbol{v}) \|^{\eta},\ \eta \in \{1,\ 2\} \tag{2-25}$$

式中：$\boldsymbol{v}$ 表示输入样本。令 u_1 和 u_2 分别表示自编码器重构真实样本和生成样本的损失的分布，m_1 和 m_2 表示各自的均值，$\prod(\boldsymbol{u}_1,\ \boldsymbol{u}_2)$ 表示 $\boldsymbol{u}_1$ 和 $\boldsymbol{u}_2$ 的联合分布，那么用 Wasserstein－1 距离可确定这两个分布的距离：

$$W(\boldsymbol{u}_1,\ \boldsymbol{u}_2) = \inf_{\gamma \sim \prod(\boldsymbol{u}_1,\ \boldsymbol{u}_2)} E_{(\boldsymbol{x}_1,\ \boldsymbol{x}_2)}[\| \boldsymbol{x}_1 - \boldsymbol{x}_2 \|] \tag{2-26}$$

由 Jensen 不等式可以得到 $W(\boldsymbol{u}_1,\ \boldsymbol{u}_2)$ 的下界：

$$\inf E[\| \boldsymbol{x}_1 - \boldsymbol{x}_2 \|] \geqslant \inf \| E[\boldsymbol{x}_1 - \boldsymbol{x}_2] \| = \| m_1 - m_2 \| \tag{2-27}$$

与 WGAN 相比，这里不使用 Kantorovich－Rubinstei 对偶原理[89]，因此不需要 Lipschitz 连续约束。判别器的目标是拉大两个分布之间的距离，也就是最大化式(2－27)。令 $\boldsymbol{u}_1$ 表示损失函数 $L(\boldsymbol{x})$ 的分布，其中 $\boldsymbol{x}$ 是真实样本。令 $\boldsymbol{u}_2$ 表示损失函数 $L(G(z))$ 的分布。由于 m_1 和 m_2 都是正整数，因此最大化 $\| m_1 - m_2 \|$ 的解只有两种：

$$\begin{cases} W(\boldsymbol{u}_1,\ \boldsymbol{u}_2) \geqslant m_1 - m_2 \\ m_1 \to \infty \\ m_2 \to 0 \end{cases} \text{或} \begin{cases} W(\boldsymbol{u}_1,\ \boldsymbol{u}_2) \geqslant m_2 - m_1 \\ m_1 \to 0 \\ m_2 \to \infty \end{cases}$$

根据生成器与判别器的目标，不难确定第二组解更合理。它一方面会拉大两个分布的距离，另一方面还能降低真实样本的重构误差（ m_1 代表真实样本重构误差，越小越好）。生成器可以通过最小化 m_2 来缩小两个分布的差异。因此生成器和判别器损失函数可以表示为

$$L_D = L(\boldsymbol{x}) - L(G(\boldsymbol{z}))$$

$$L_G = -L_D$$

在训练中，生成器和判别器不易平衡，判别器很容易压倒另一方。考虑到这种情况，BEGAN 引入了均衡的概念。当生成器和判别器的损失满足 $E_{\boldsymbol{x}}(L(\boldsymbol{x})) = E_{\boldsymbol{z}}(L(G(\boldsymbol{z})))$ 时，俩者均衡，此时，判别器分辨出真假样本的概率是相同的。BEGAN 还引入了一个超参数 $\boldsymbol{\gamma}$：

$$\gamma = \frac{E_z(L(G(\boldsymbol{z})))}{E_x(L(\boldsymbol{x}))} \tag{2-28}$$

这个超参数的取值范围为[0, 1]。当 $\boldsymbol{\gamma}$ 较小时，判别器致力于最小化真实样本的重构误差，而对生成样本的关注相对较少。这将导致生成样本的多样性降低。超参数 $\boldsymbol{\gamma}$ 也称为多样性比率(diversity ratio)，它控制生成样本的多样性。从而BEGAN 的损失函数可以表示为

$$\begin{cases} L_D = L(\boldsymbol{x}) - k_t \cdot L(G(\boldsymbol{z})) \\ L_G = L(G(\boldsymbol{z})) \\ k_{t+1} = k_t + \lambda_k(\gamma L(\boldsymbol{x}) - L(G(\boldsymbol{z}))) \end{cases} \tag{2-29}$$

式中：$k_t \in [0, 1]$ 且初始化 $k_0 = 0$；λ_k 是k 的比例增益，即 k 的学习率。这里使用比例控制论（proportional control theory）来保持均衡 $E_z(L(G(\boldsymbol{z}))) = \gamma E_x(L(\boldsymbol{x}))$。实质上，这可以被认为是一种闭环反馈控制，在每一次迭代中调整 k_t 以维持 $E_z(L(G(\boldsymbol{z}))) = \gamma E_x(L(\boldsymbol{x}))$。

相比传统的 GAN，BEGAN 不需要交替训练判别器和生成器，或者预训练判别器。它借鉴了 EBGAN 和 WGAN 各自的优点，针对 GAN 训练难、生成多样性样本控制难、判别器平衡和生成器收敛难等问题，提出了改善方法。使用简单的模型结构，在标准的训练步骤下取得了令人惊羡的效果。

2.4.6 RGAN

在原始生成式对抗网络(SGAN)中，判别器负责估计输入数据是真实数据的概率，根据该数值，我们再训练生成器以提高伪数据是真实数据的概率。如果判别器达到最佳状态，SGAN 的损失函数就会近似于 JS 散度[94]。

SGAN 有两种生成损失函数变体：饱和损失函数和非饱和损失函数。实践证明，前者非常不稳定，而后者则稳定得多[94]。研究人员证明，在某些条件下，如果能够将真假数据完美地分类，那么饱和损失函数的梯度为 0，而非饱和损失函数的梯度不为 0，且不稳定[46]。在实践中，这意味着 SGAN 判别器的训练效果通常不佳；否则梯度就会消失，训练也随之停止。这一问题在高维设定中会更加明显(如高分辨率图像及具有较高表达能力的判别器架构)，这是因为在这种设定下，实现训练集完美分类的自由度更高。

为了提升 SGAN 的训练稳定性，许多 GAN 变体选择使用不同的损失函数及非分类器的判别器，例如前面小节中介绍的 LSGAN 和 WGAN。其中大部分GAN 变体是基于积分概率度量(integral probability metric, IPM)的，例如

WGAN 和 WGAN - GP。在基于 IPM 的 GAN 中，判别器是实值的，并被限制在一类特定的函数中，以免增长过快；这是一种正则化形式，防止判别器 D 变得过强，从而将真假数据完美分类。此外，研究人员发现基于 IPM 的 GAN 判别器可以经过多次迭代训练而不造成梯度消失，且 IPM 限制在不基于 IPM 的 GAN 中同样有益。

尽管这表明某些 IPM 限制会提高 GAN 的稳定性，但这并不能解释为什么 IPM 所提供的稳定性通常比 GAN 中的其他度量/散度提供的稳定性更高（如 SGAN 的 JS 散度）。Jolicoeur-Martineau[95]研究发现，不基于 IPM 的 GAN 缺失一个关键元素，即一个相对判别器，而基于 IPM 的 GAN 拥有该判别器。研究结果表明，为了使 GAN 接近散度最小化，并根据小批量样本中有一半为假这一先验知识产生合理的预测，相对判别器是必要的。由此，Jolicoeur-Martineau 提出了相对 GAN (RGAN)，且 RGAN 中判别器估计给定真实数据相对于随机假数据更加真实的概率。

考虑由 $a[C(\boldsymbol{x}_r)-C(\boldsymbol{x}_f)]$ 定义的任意判别器，其中 a 为激活函数，它因为输入 $C(\boldsymbol{x}_r)-C(\boldsymbol{x}_f)$ 而变得具有相对性。这意味着大多数 GAN 都可以添加一个相对判别器。组成的这类新模型就称为 RGAN。

大多数 GAN 可以形式化为

$$\begin{aligned}L_D^{\mathrm{GAN}}&=E_{\boldsymbol{x}_r\sim P}[f_1(C(\boldsymbol{x}_r))]+E_{\boldsymbol{x}_f\sim Q}[f_2(C(\boldsymbol{x}_f))]\\L_G^{\mathrm{GAN}}&=E_{\boldsymbol{x}_r\sim P}[g_1(C(\boldsymbol{x}_r))]+E_{\boldsymbol{x}_f\sim Q}[g_2(C(\boldsymbol{x}_f))]\end{aligned}\tag{2-30}$$

式中，函数 f_1、f_2、g_1、g_2 的输入和输出均为标量；P 表示真实数据分布（$\boldsymbol{x}_r$ 为真实数据）；Q 表示假数据分布（$\boldsymbol{x}_f$ 为假数据）。如果我们使用相对判别器，那么 RGAN 可以形式化为

$$\begin{aligned}L_D^{\mathrm{RGAN}}=&E_{(\boldsymbol{x}_r,\,\boldsymbol{x}_f)\sim(P,\,Q)}[f_1(C(\boldsymbol{x}_r)-C(\boldsymbol{x}_f))]+\\&E_{(\boldsymbol{x}_r,\,\boldsymbol{x}_f)\sim(P,\,Q)}[f_2(C(\boldsymbol{x}_r)-C(\boldsymbol{x}_f))]\\L_G^{\mathrm{RGAN}}=&E_{(\boldsymbol{x}_r,\,\boldsymbol{x}_f)\sim(P,\,Q)}[g_1(C(\boldsymbol{x}_r)-C(\boldsymbol{x}_f))]+\\&E_{(\boldsymbol{x}_r,\,\boldsymbol{x}_f)\sim(P,\,Q)}[g_2(C(\boldsymbol{x}_r)-C(\boldsymbol{x}_f))]\end{aligned}\tag{2-31}$$

基于 IPM 的 GAN 代表了 RGAN 的特例，其中 $f_1(y)=g_2(y)=-y$，$f_2(y)=g_1(y)=y$。重要的是，g_1 一般在 GAN 中是忽略的，因为它的梯度为 0，且不受生成器的影响。然而在 RGAN 中，g_1 受到了假数据的影响，所以也受到了生成器的影响。因此 g_1 一般有非零的梯度且需要在生成器损失中指定。这意味着在大多数 RGAN（除了基于 IPM 的 GAN，因为它们使用恒等函数）中，

我们需要训练生成器以最小化预期的总体损失函数，而不仅仅只是它的一半。

Jolicoeur-Martineau[95]在 RGAN 的基础上还提出了一个变体——相对均值 GAN(RaGAN)。在该变体中，判别器估计给定真实数据相对于随机假数据更加真实的平均概率。试验发现，与非相对 GAN 相比，RGAN 和 RaGAN 生成的数据样本更稳定且质量更高。与 WGAN－GP 相比，带有梯度惩罚的标准 RaGAN 生成的数据质量更高，同时每个生成器的更新还只要求单个判别器更新，这将达到当前最优性能的时间降低到原来的 1/4。RaGAN 还能从非常小的样本($N=2\,011$)生成高分辨率的图像(256×256)，而 GAN 与 LSGAN 都不能。此外，这些图像的真实性也显著优于 WGAN－GP 和带谱归一化的 GAN 所生成的图像。

2.5 GAN 的正则化方法

判别器的设计是影响 GAN 训练的一个重要因素。原始 GAN 假设判别网络具有无限建模能力，可对任意样本分布进行判别。然而在 GAN 的训练过程中，判别器对高维空间下真实数据与生成数据密度比的估计往往不准确且不稳定，而生成器也很难完全学习目标分布的多模态结构。另外当真实分布与生成分布的重叠区域可忽略时，存在一个能够完全将真实分布与生成分布区分开的判别器[46]。一旦产生这种判别器，生成器的训练将会完全停止，这是因为此时判别器对输入的导数趋于 0。这些现象促使研究者对 GAN 模型引入某种形式的限制。

本节将介绍 3 种 GAN 的正则化方法，分别为批归一化、权值归一化和谱归一化。其中批归一化由 DCGAN 首先引入，极大提升了图像生成的质量，而权值归一化和谱归一化是实现 Lipschitz 连续约束的两种方法。在 GAN 的研究中，Lipschitz 连续约束是一种常见的、针对判别函数的限制，其定义见 2.4.2 节，它要求模型对输入的扰动不敏感，以保证 GAN 训练过程的稳定。梯度惩罚(见 2.4.3 节)是实现 Lipschitz 连续约束的一种方式，然而该方法对生成数据分布具有高度依赖性，在较高的学习率时会出现训练不稳定的情况。本节介绍的权值归一化和谱归一化方法是基于不同的矩阵范数对网络权值进行归一化，避免了与生成数据分布的耦合性。

2.5.1 批归一化

批归一化(batch normalization，BN)[58]是深度学习中常用的一种正则方法。

其基本思想是每次更新权值时对相应的输入做规范化操作，使得小批量(mini-batch)输出结果的均值为 0，方差为 1。具体来说，给定一批某中间层网络的输入 $U=\{u_1, u_2, \cdots, u_m\}$，在使用激活函数对其进行非线性转换前，首先做如下转换：

$$\mu_E \leftarrow \frac{1}{m}\sum_{i=1}^{m} u_i, \ \sigma_E^2 \leftarrow \frac{1}{m}\sum_{i=1}^{m}(u_i - \mu_E)^2$$
$$\hat{u}_i \leftarrow \frac{u_i - \mu_E}{\sqrt{\sigma_E^2 + \epsilon}}, \ h_i \leftarrow \gamma \hat{u}_i + \beta \tag{2-32}$$

式中，μ_E 为输入样本均值；σ_E^2 为输入样本方差；γ 和 β 为待学习的参数；ϵ 为一极小常数。正则化后，中间层网络使用转换过的 h_i 进行下一步操作。BN 可以极大地提高神经网络有监督学习的速度。DCGAN 首先将这一技术引入 GAN 的训练中，并取得了很好的效果。

2.5.2 权值归一化

权值归一化(weight normalization，WN)[96]是在有监督学习中常用的一种正则化技术。与 BN 不同的是，WN 主要针对神经网络的权值进行归一化，常用的方法是将网络权值除以其范数。在 GAN 中，常见的形式是

$$\bar{\boldsymbol{W}} = \frac{\boldsymbol{W}^{\mathrm{T}}\boldsymbol{x}}{\|\boldsymbol{W}\|} \cdot \gamma + \beta \tag{2-33}$$

式中，$\boldsymbol{W}$ 是网络的权值；γ 和 β 为待学习的参数。试验结果表明，在 GAN 网络中使用 WN 可以取得比 BN 更好的效果[97]。

2.5.3 谱归一化

与权值归一化类似，谱归一化(spectral normalization，SN)[49]也是对网络权值进行归一化的一种方法，它通过限制判别器网络权值矩阵的谱范数来稳定 GAN 的训练过程。具体来说，该方法对判别器的各层施加操作

$$\boldsymbol{W}' = \frac{\boldsymbol{W}}{\sigma(\boldsymbol{W})} \tag{2-34}$$

式中，$\sigma(\boldsymbol{W})$ 是权值的谱范数，其值等于矩阵的最大奇异值。

谱归一化通过严格限制每一层的谱范数来控制判别器函数的 Lipschitz 常数，使得判别网络满足 Lipschitz 连续约束，从而极大提高了 GAN 的生成效果。

SN-GAN 是少数几种可以使用单一网络生成 ImageNet 全部 1 000 类物体的 GAN 结构。

除了使 GAN 训练稳定，谱归一化的实现简单，额外计算成本很小。该算法不需要进行大量超参调优，仅需设置 Lipschitz 常数即可获得稳定的训练过程及较好的生成性能。谱归一化一经提出，便成为很多 GAN 模型的标配。

2.5.4 正则化方法比较

权值归一化是对权值矩阵中每个行向量的二范数进行归一化的方法，它等价于要求经过权值归一化的权值矩阵 $\bar{\boldsymbol{W}}_{WN}$ 满足：

$$\sigma_1(\bar{\boldsymbol{W}}_{WN})^2+\sigma_2(\bar{\boldsymbol{W}}_{WN})^2+\cdots\sigma_t(\bar{\boldsymbol{W}}_{WN})^2+\cdots+\sigma_T(\bar{\boldsymbol{W}}_{WN})^2=d_{\mathrm{o}},\quad T=\min(d_{\mathrm{i}},\ d_{\mathrm{o}}) \tag{2-35}$$

式中，$\sigma_t(\bar{\boldsymbol{W}}_{WN})$ 是权值矩阵 $\bar{\boldsymbol{W}}_{WN}$ 的第 t 个奇异值；d_{i} 和 d_{o} 分别为网络输入和输出维度。可以看出，权值归一化要求奇异值的平方和为输出维度。这与要求奇异值的平方和为 1 的 Frobenius 归一化方法[98]类似。然而，这两种归一化方法均对矩阵施加了比预期更强的约束。具体来说，如果 $\bar{\boldsymbol{W}}_{WN}$ 是一个大小为 $d_{\mathrm{i}}\times d_{\mathrm{o}}$ 的权值归一化矩阵，当 $\sigma_1(\bar{\boldsymbol{W}}_{WN})=\sqrt{d_{\mathrm{o}}}$ 且 $\sigma_t(\bar{\boldsymbol{W}}_{WN})=0,\ t=2,\ 3,\ \cdots,\ T$ 时，对一个特定单位向量 $\boldsymbol{h}$，范数 $\|\bar{\boldsymbol{W}}_{WN}\boldsymbol{h}\|_2$ 有最大值 $\sqrt{d_{\mathrm{o}}}$，这意味着矩阵 $\bar{\boldsymbol{W}}_{WN}$ 的秩为 1。判别矩阵秩为 1 相当于只使用一个特征来区分模型生成样本分布和真实样本分布。为了保留更多输入的范数，使判别器更加灵敏，会倾向于使 $\bar{\boldsymbol{W}}_{WN}\boldsymbol{h}$ 的范数变大。然而，对于权值归一化来说，它的代价是降低了判别器的秩，从而减少了用于判别的特征数量。因此，权值归一化与使用尽可能多的特性来区分生成样本分布和真实样本分布之间存在冲突。权值归一化方法更适用于生成样本分布与真实样本分布仅在选择少数特征时匹配的情景。权值裁剪[99]也存在同样的问题。

WGAN-GP 中使用的梯度惩罚方法不会产生特征空间维度的问题，但是存在与当前的生成数据分布具有高度依赖性的问题。随着训练过程的进行，生成的数据分布空间会逐渐变化，从而导致这种正则化方法的不稳定。研究者也通过试验发现选用较高的学习率会使 WGAN-GP 的表现不稳定。另外，WGAN-GP 的计算开销也要高一些。

谱归一化克服了权值归一化和梯度惩罚的问题。与权值归一化相比，谱归一化不会减少用于判别的特征数量，线性算子的 Lipschitz 常量仅由最大奇异值决定，即谱范数与秩无关。因此，与权值归一化不同，谱归一化在允许参数矩阵满足局部 1 - Lipschitz 约束的同时，尽可能多地使用特征，并且谱归一化在选择奇异分量的数量上有更大的自由，以给判别器提供更多样本特征。与梯度惩罚相比，谱归一化方法是针对算子空间的函数，受训练样本批大小的影响更小，因此即使用很高的学习率也不会轻易不稳定。另外，与梯度惩罚的局部正则化不同，谱归一化对判别器施加了全局限制，从而保证判别函数在整个空间满足 Lipschitz 连续约束。试验结果表明，相比于其他正则化方法，谱归一化 GAN (SN - GAN)对不同的学习率有较好的鲁棒性，并且具有最好的测试性能。谱归一化能够显著减少模式坍塌，提高生成图像的丰富性。

2.6 GAN 的训练与评价

2.6.1 训练技巧

训练不稳定是 GAN 模型一直以来都存在的问题，研究者从理论和结构上对 GAN 模型进行了改进。而在 GAN 的实际训练中，有时仍需要一些技巧来稳定 GAN 的训练过程。本小节我们将介绍一些常用的 GAN 训练技巧。

DCGAN 是在图像生成方面对 GAN 模型的一次重大改进[53]。它是对计算机视觉领域广泛使用的卷积神经网络架构的进一步探索，并且带来了一系列构建和训练生成器、判别器的准则。转置卷积（反卷积）和带步长卷积是 DCGAN 设计的重要组件，允许生成器和判别器分别学习好的上采样和下采样操作，从而提升图像合成的质量。具体到训练中，研究者推荐在两种网络中使用批归一化[58]技术，以稳定深层模型的训练。另外，DCGAN 的研究者提出，在判别器中间层使用 Leaky ReLU 激活函数的性能优于使用常规的 ReLU 函数。

Salimans 等[47]提出了一些稳定 GAN 训练的启发式方法：

(1) 特征匹配(feature matching)。特征匹配可解决 GAN 训练不稳定的问题。具体来说，判别器仍然需要训练来区分真实样本和生成样本，但是生成器的训练目标调整为匹配生成样本和真实样本输入判别器后，在判别器中间层激活值（特征）的期望。

(2) 小批量判别(minibatch discrimination)。小批量训练判别器可应对模式坍塌问题。对生成器来说，GAN 的模式出现错误的主要问题之一是坍塌到一个参数设置，从而生成器总会生成相同的点。当快要坍塌为一个单一模式时，判别器的梯度可能指向许多相似点的相似方向。因为判别器是独立地处理每个样本,所以它的梯度之间没有协调,没有机制来告诉生成器使输出变得更不相似。当坍塌发生后,判别器知道这个单一点来自生成器,但是梯度下降无法分离相同的输出。采用小批量训练判别器的方式可以很好地缓解模式坍塌问题。

(3) 启发式平均(heuristic averaging)。如果网络参数偏离之前值的运算平均值,则会受到惩罚,这有助于收敛到平衡态。

(4) 虚拟批量归一化(virtual batch normalization)。虚拟批量归一化可减少小批量内样本对其他样本的依赖性。其方法是使用训练开始就确定的参考小批量(reference mini-batch)样本来计算归一化的批量统计。

(5) 单边标签平滑(one-sided label smoothing)。单边标签平滑将判别器的目标从 1 替换为 0.9,使判别器的分类边界变得平滑,从而防止判别器过于自信,为生成器提供较差的梯度。Sønderby 等[100]改进了这个想法,他们在将样本输入判别器之前向样本中添加噪声来挑战判别器。此外,他们认为单边标签平滑偏向最佳判别器,而他们的方法是添加样本噪声使真实样本和生成样本的流形更加接近,同时防止判别器轻易找到完全分离真假样本的判别器边界。该技巧在实践中可以通过向合成图像和真实图像中添加高斯噪声来实现,使标准差随着时间逐渐减小。后来 Arjovsky 和 Bottou[46]将向数据样本添加噪声来稳定训练的过程形式化。

2.6.2 优化算法

优化算法是 GAN 研究的一个重要问题。GAN 的训练通常采用同步式梯度下降(simultaneous gradient descent, SimGD)算法或交互式梯度下降(alternating gradient descent, AltGD)算法[101]。这里我们主要介绍同步式梯度下降算法。

首先定义两个效用函数 $f(\varphi, \theta)$ 和 $g(\varphi, \theta)$,其中 $(\varphi, \theta) \in \Omega_1 \times \Omega_2$。玩家 1 的目标是最大化效用函数 f,玩家 2 的目标则是最大化效用函数 g。$\Omega_i (i=1, 2)$ 为对应玩家的可能行动空间,在 GAN 中,它们分别对应着生成器和判别器的参数取值空间。GAN 博弈的相关梯度向量场(associated gradient vector field)为

$$\boldsymbol{v}(\varphi, \theta) = \begin{pmatrix} \nabla_\varphi f(\varphi, \theta) \\ \nabla_\theta g(\varphi, \theta) \end{pmatrix} \tag{2-36}$$

对于零和博弈,有 $f(\varphi, \theta) = -g(\varphi, \theta)$。在一些情况下如 $\boldsymbol{v}(\varphi, \theta) = \varphi \cdot \theta$ 时,使用同步式梯度下降算法的参数轨迹为

$$\begin{cases}\theta(t)=\theta(0)\cos(t)-\varphi(0)\sin(t)\\ \varphi(t)=\theta(0)\sin(t)+\theta(0)\cos(t)\end{cases} \tag{2-37}$$

式(2－37)对应一个圆轨迹,具有无穷小学习率的梯度下降将在恒定半径处环绕轨道运行,使用更大的学习率则轨迹有可能沿螺旋线发散。在这种情况下,同步梯度下降算法无法接近均衡点 $\theta=\varphi=0$。

解决这一问题可以使用共识优化(consensus optimization)[102]的算法。

定义 $L(x)=\frac{1}{2}\parallel \boldsymbol{v}(x)\parallel^2$,有修正的效用函数

$$\begin{cases}\tilde{f}(\varphi,\theta)=f(\varphi,\theta)-\gamma L(\varphi,\theta)\\ \tilde{g}(\varphi,\theta)=g(\varphi,\theta)-\gamma L(\varphi,\theta)\end{cases} \tag{2-38}$$

式中,正则化因子 $L(\varphi,\theta)$ 鼓励玩家间达成"共识"。这种算法较同步式梯度下降算法有更好的收敛性。

除了优化算法的改进,研究者还通过改变优化的形式对 GAN 加以改进。最为常见的方法是使用强化学习(reinforcement learning,RL)中的策略梯度方法[103-104]来实现生成离散变量的目的。

GAN 与强化学习领域的行动者-评论家(actor-critic)模型[104]的关系引起了许多研究者的注意[105]。强化学习研究的问题是如何将状态映射为行动,以最大化执行者的长期回报[106]。Actor-critic 模型是强化学习中常用的建模方法,在这一模型中,存在行动者(actor)与评论家(critic)两个子模型,其中,行动者根据系统状态做出决策,评论家对行动者做出的行为给出估计,actor-critic 模型和 GAN 模型的结构对比如图 2－17 所示。

可以看出,GAN 模型与 actor-critic 模型具有结构上的相似性,两者均包含了一个由随机变量到另一空间的映射,以及一个可学习的评价模型。两者均通过迭代寻求均衡点的方式求解。Goodfellow 甚至认为 GAN 实质是一种使用 RL 技巧解决生成模型问题的方法,两者的区别主要在于 GAN 中的回报是策略的已知函数且可对行动求导[107]。

Actor-critic 模型的优化方法主要是基于 REINFORCE 算法[108]改进的策略梯度方法。该方法的主要思想是:行动者为一参数化的函数 $\pi(s_t;\theta)$,每次行动的动作 $a_t=\pi(s_t\mid\theta)$;若一个动作可以获得较大的长期回报 $Q(s_t,\theta)$,则提高该行动的出现概率,否则降低该行动的出现概率;长期回报一般由评论家给出;每次行动后更新策略函数的参数:

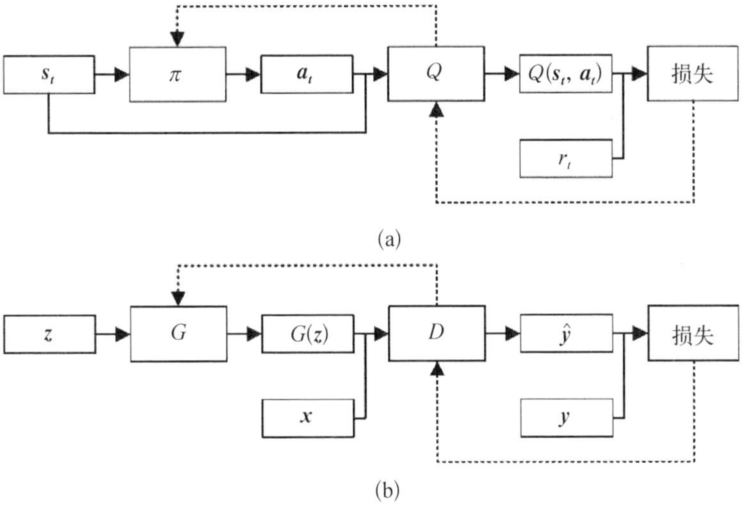

图 2-17 Actor-critic 模型与 GAN 模型的结构对比

(a) Actor-critic 模型 (b) GAN 模型

$$\begin{aligned}&\theta \leftarrow \theta + \nabla\theta,\\&\nabla\theta = \hat{E}[\nabla_\theta \ln \pi_\theta(a_t \mid s_t) Q(s_t, a_t)]\end{aligned} \tag{2-39}$$

式中，$\nabla\theta$ 称为策略梯度。

在原始 GAN 中，生成器的学习依赖于判别器回传的梯度。由于离散取值的操作不可微，原始 GAN 无法解决离散数据的生成问题。通过借鉴 actor-critic 模型的思想，研究者提出了一系列基于策略梯度优化的 GAN 变体以解决这一问题。

SeqGAN 是这一系列工作中较早出现的模型之一[109]。它的生成器结构及更新方式与用于图像生成的 GAN 类似。其结构如图 2-18 所示。

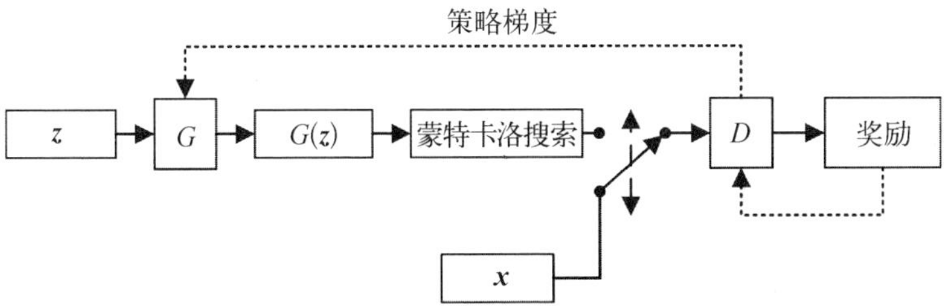

图 2-18 SeqGAN 的结构

SeqGAN 将序列生成问题视为序列决策问题进行处理，并将循环神经网络(recurrent neural network，RNN)作为生成网络。以已生成的 $T-1$ 个语素

(tokens) $Y_{1:t-1}$ 为当前状态，生成器输出的下一个词汇 y_t 为行为，生成器网络为策略 π；行为的回报 r_t 为判别器 D 对生成整句(包含 T 个语素)的置信概率。为了提高对整句输出的判别准确度，SeqGAN 在每次生成一个语素后，使用当前策略，基于蒙特卡洛搜索(Monte Carlo search，MC search)方法对句子进行补齐，再将补齐后的含 T 个语素的句子输入判别器 D。SeqGAN 的值函数如式(2-40)所示，每次更新的策略梯度如式(2-41)所示。

$$Q_{D_{\varphi}}^{G_{\theta}}(s=Y_{1:t-1},\ a=y_t)=\begin{cases}\dfrac{1}{N}\sum\limits_{n=1}^{N}D_{\varphi}(Y_{1:T}^{n},\ Y_{1:T}^{n}\in MC^{G_{\beta}}(Y_{1:t};\ N)), & t<T\\ D_{\varphi}(Y_{1:T}^{n}), & t=T\end{cases} \tag{2-40}$$

式中，$MC^{G_{\beta}}(Y_{1:t};\ N)$ 表示在 t 个语素 $Y_{1:t}$ 的基础上，进行 N 次蒙特卡洛搜索，每次搜索均将句子补齐，G_{β} 为蒙特卡洛搜索中使用的策略，用来采样未知的 $T-t$ 个语素。

$$\nabla_{\theta}J(\theta)=\sum_{t=1}^{T}E_{Y_{1:t-1}\sim G_{\theta}}\left[\sum_{y_t\in Y}\nabla_{\theta}G_{\theta}(y_t\mid Y_{1:t-1})\cdot Q_{D_{\varphi}}^{G_{\theta}}(Y_{1:t-1},\ y_t)\right] \tag{2-41}$$

通过这一方式，SeqGAN 克服了原始 GAN 无法生成离散数据序列的问题。

后续工作通过改进网络结构、结合更丰富的数据类型等方法进一步强化了 GAN 的离散数据生成能力。如 MaskGAN[110] 将 Seq2Seq[8] 作为生成网络，使得 GAN 具备了填词能力。SPIRAL[111] 能够生成一幅艺术图像的笔触序列，从而使机械臂可根据笔触序列绘制图像。

2.6.3 评价指标

GAN 的评价指标对于衡量 GAN 模型的性能有着重要意义，一个有效的 GAN 评价方法应至少满足以下属性[112]：

(1) 支持生成高逼真度样本的模型。

(2) 支持生成样本多样性高的模型。

(3) 支持解离化(disentangled)隐空间和空间连续性的模型。

(4) 具有定义良好的评价边界。

(5) 对图像变形和转换不敏感。GAN 通常应用于语义信息不随图像转换而改变的图像数据集。因此，理想的度量应该对此类转换保持不变。例如，在

CelebA 人脸数据集上训练的生成器，如果生成的人脸移动了几个像素或旋转了一个小角度，那么该生成器的得分应该不会有太大的变化。

(6) 符合人的感知判断以及人对模型的评价。

(7) 具有较低的样本和计算复杂度。

基于以上属性需求，我们将从定性与定量两个角度对 GAN 的评价指标进行讨论和评估。

1. 定性评价

人对生成的样本直接进行评价是 GAN 定性评价常用和最直观的方法之一[19,53,78]。虽然它极大地帮助检查和优化模型，但是它也有以下缺点。首先，用人类的视觉来评价生成图像的质量是昂贵、烦琐、带有偏见的(例如，在众包中，结果取决于任务的结构和报酬，以及试验者的社区声誉等[113-114])，并且难以复制，也不能充分反映模型的能力。其次，检查人员可能有很大的差异，这就要求对大量受试者评价进行平均。最后，基于样本的评价可能会偏向于模型的过拟合，因此在对数似然意义上，它无法判断模型是否存在模式丢失[52]。而事实上，模式丢失通常有助于提高视觉样本的质量，这是因为模型可以选择只关注少数几个与典型样本相对应的常见模式。

接下来，我们将介绍文献中检查模型图像生成质量的常用定性评价方法。

1) 最近邻(nearest neighbor)

为了检测过拟合，传统上一些样本会显示在训练集中最近邻样本旁边，如图 2-19 所示。然而，这种评价方式有两个问题：

(1) 最近邻样本通常是根据欧氏距离确定的。欧氏距离对微小的扰动非常敏感，这是心理物理学研究中一个众所周知的现象[116]。这很容易使生成的样本在视觉上与训练图像几乎相同，但与训练图像存在较大的欧氏

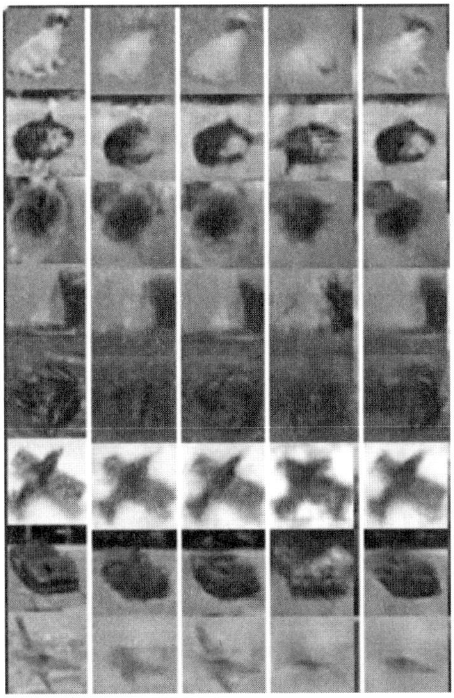

注：第 1 列～第 5 列分别是真实图像，DCGAN、ALI、unroll GAN、VEEGAN 生成的最近邻图像

图 2-19 不同模型生成最接近 CIFAR-10 真实图像的样本[115]

距离。

(2) 存储训练图像的模型可以轻松通过最近邻过拟合测试[52]。但这个问题可以通过感知测量选择最近邻,并通过显示多个近邻样本来缓解。

2) 快速的场景分类(rapid scene categorization)

这类评价方法的灵感来源于先前的研究,这些研究结果表明人类能够在短时间内报告场景的某些特征(如场景类别和视觉布局[117-118])。为了获得样本质量的定量测量,Denton 等[80]要求志愿者将生成的图像与真实图像进行区分。Salimans 等[47]做了一个不受时间限制的假试验和真实试验。这种类似图灵测试的方法非常直观,似乎最终回答了生成模型生成的图像是否与自然图像一样好的问题。然而,在实践中,特别是在处理远远不够完美的模型时,进行这样的测试存在着一些问题:除了试验条件难以控制的众包平台(如主体动机、年龄、情绪、反馈)和高成本外,这些测试达不到评估模型生成样本的多样性的要求,并且可能会偏向过拟合训练的模型。

3) 评分和偏好判断(rating and preference judgment)

这类试验要求受试者根据生成图像的逼真程度对模型进行评级。例如,Snell 等[119]研究了观察者是更喜欢由感知优化网络产生的重构还是更喜欢由像素损失优化网络产生的重构。研究人员向受试者展示了 3 幅图像,中间是原始(参考)图像,两侧是经过结构相似性指数(structural similarity index,SSIM)和最小化均方误差(MSE)优化的重构图像,位置保持平衡。参与者被要求从两幅重构图像中选择他们更喜欢哪一幅。在许多研究中,研究者们[79,120-127]都采用了类似的方法。

4) 可视化网络的内部结构(visualizing the internals of network)

另外一些评估生成模型的方法是研究它们如何学习和学习什么,探索它们的内部结构以及理解它们隐空间的分布。

(1) 解耦表示。"解耦"是将语义视觉概念与隐空间中的轴对齐。一些测试可以检查隐空间中是否存在语义上有意义的方向,这意味着沿着这些方向做改变会发生可预测的变化,例如面部、毛发或姿势的变化。其他一些工作[66,128-130]通过检查内部表示是否满足某些属性来评估内部表示的质量。Radford 等[53]以多种方式研究了他们训练过的生成器和判别器,并提出在学习的流形上行走可以告诉我们记忆的迹象(如果有明显的转换),以及空间分层坍塌的方式。如果在这个隐空间中行走会导致图像生成的语义变化(例如添加和删除对象),那么可以推断模型已经学会了相关的表示。

(2) 空间连续性。GAN 与此相关的目标是研究模型能够提取的细节层次。

例如,给定生成两个真实图像的随机种子向量 $\boldsymbol{z}_1$ 和 $\boldsymbol{z}_2$,我们可以检查通过位于连接 $\boldsymbol{z}_1$ 和 $\boldsymbol{z}_2$ 的直线上的种子生成的图像。如果这样的插值图像是合理的,并且在视觉上具有吸引力,那么可以认为该模型能够产生新的图像而不是简单地记忆它们的标志[93]。White[131]提出用球面线性插值代替线性插值可以防止偏离模型的先验分布,以产生更清晰的样本。Vedantam 等[132]研究了基于视觉的语义想象,并提出了几种方法来评估其模型的学习语义隐空间的质量。

(3) 可视化判别器的特征。基于以往对经过场景分类训练的卷积神经网络所学习到的表示和特征的研究[60, 134-135],一些研究尝试将 GAN 中生成器和判别器的内部部分形象化。例如,Radford 等[53]发现,在大型图像数据集上训练的 DCGAN 还可以学习有趣特征的层次结构。利用反向传播引导[135],他们展示了判别器在卧室的典型部分,如床和窗户上所学习到的特征(详见 3.3.1 节)。t-SNE 法[136]也常用于投影学习到的二维隐空间。

2. 定量评价

在本小节中我们主要关注基于样本的定量评价方法,这些方法将生成模型视为黑盒,通过估计样本的概率密度来对模型进行评价。

1) Inception 分数(inception score,IS)

Salimans 等[47]提出的 IS 是 GAN 评价中使用最广泛的度量方法。它使用一个预先训练过的神经网络(如在 ImageNet[59]上训练过的 inception 网络[136])来捕获生成样本的期望属性:基于标签高度分类且多样性强。IS 测量样本在给定样本 $\boldsymbol{x}$ 下预测标签分布与标签的边缘分布之间的平均 KL 散度:

$$\begin{aligned}\mathrm{IS} &\triangleq \exp(E_{\boldsymbol{x}}[\mathrm{KL}(p(y \mid \boldsymbol{x}) \parallel p(y))]) \\ &= \sum_{\boldsymbol{x}} \sum_{y} p(y \mid \boldsymbol{x}) \ln \frac{p(y \mid \boldsymbol{x})}{p(y)} \\ &= \sum_{\boldsymbol{x}} \sum_{y} p(y \mid \boldsymbol{x}) \ln p(y \mid \boldsymbol{x}) - \sum_{\boldsymbol{x}} \sum_{y} p(y \mid \boldsymbol{x}) \ln p(y)\end{aligned} \tag{2-42}$$

式中,最后两项分别代表生成样本的质量和多样性;$p(y \mid \boldsymbol{x})$ 是由预训练的 inception 模型在给定样本 $\boldsymbol{x}$ 下预测的标签分布;$p(y)$ 为标签的边缘分布。$p(y \mid \boldsymbol{x})$ 上的期望和积分都可以通过从生成样本分布 P_g 中采样的独立同分布逼近。高的 IS 表示 $p(y \mid \boldsymbol{x})$ 接近于点密度,这只有在当 inception 网络非常确信图像属于某个特定的 ImageNet 类别时才会出现,且 $p(y)$ 接近于均匀分布,即所有类别都能等价地表征。这表明生成模型既能生成高质量的图像,也能生成多样性的图像。Salimans 等[47]强调了 IS 具体的两个属性:① KL 散度两边的分布都依赖于所使用的预训练模型;② 计算 IS 并不需要使用真实数据分布

P_r 甚至是其样本的分布。

IS 与人类对图像质量的判断有相关性,它会鼓励模型学习清晰且多样化的图像,可以在真实图像上作为生成图像上界。尽管有这些优良的特性,IS 也有一些局限性:

(1) 与对数似然类似,它更倾向于记忆所有训练样本的大容量 GAN,这样就不能检测到过拟合。由于没有使用拒绝验证集,这一问题相比对数似然更加严重。

(2) 它无法检测模型是否陷入了一个坏模式,即模式坍塌是不可知的。

(3) 因为 IS 使用了在 ImageNet 上经过许多物体类训练的 inception 模型,所以它可能更倾向于生成好的物体而不是逼真图像的模型。

(4) IS 只考虑生成数据分布 P_g 而忽略真实数据分布 P_r。类似于混合来自完全不同分布的自然图像的操作可能具有欺骗性。因此,它可能会青睐那些只学习清晰多样的图像而非真实数据分布 P_r 的模型。

(5) IS 是一个不对称的度量。

(6) 它受图像分辨率的影响。

Zhou 等[137]对 IS 进行了有趣的分析。他们对 IS 的两个熵分量进行了试验测量,结果表明在训练过程中 $H(y \mid \boldsymbol{x})$ 表现出了预期的下降,而 $H(y)$ 则没有。他们发现,基于在 ImageNet 上训练的 inception 模型进行分类,CIFAR - 10 数据并不是均匀地分布在各个类上。使用在 ImageNet 或 CIFAR - 10 上训练的 Inception 模型会得到两个不同的 $H(y)$ 值。同时,$H(y \mid \boldsymbol{x})$ 的值随着训练数据中每个具体样本的不同而变化,即认为一些图像不真实。此外,模式坍塌的生成器通常会得到一个较低的 IS 值。从理论上讲,在一个极端的情况下,当生成的所有样本都被压缩到一个单独的点,从而 $p(y)=p(y \mid \boldsymbol{x})$,那么 IS 最小值都将达到 1.0。尽管如此,仍然认为 IS 不能可靠地度量模型是否已经坍塌。比如,一个简单地记住每个 ImageNet 类的实例类条件模型将获得高 IS 值。关于 IS 的进一步分析,请参考文献[138]。

2) 改进的 inception 分数(modified inception score,m - IS)

IS 为在所有生成的数据 $p(y \mid \boldsymbol{x})$ 上具有较低熵的类条件分布模型分配更高的值。但是,我们希望特定类别的样本具有多样性。为了描述这种多样性,Gurumurthy 等[139]提出使用交叉熵样式的得分 $-p(y \mid \boldsymbol{x}_i)\ln p(y \mid \boldsymbol{x}_j)$,其中 $\boldsymbol{x}_j$ 是基于 inception 模型输出的与 $\boldsymbol{x}_i$ 来自同一类的样本。将这一术语样式合并到原始 IS 中,即

$$\text{m-IS} \triangleq \exp(E_{x_i}[E_{x_j}[\mathrm{KL}(p(y \mid \boldsymbol{x}_i) \parallel p(y \mid \boldsymbol{x}_j))]]) \tag{2-43}$$

式(2-43)根据每个类计算,然后对所有类求平均值。从本质上讲,m-IS可以看作是评估类内样本多样性以及样本质量的一个指标。

3) 模式分数(mode score)

Che 等[140]提出的 mode score 是 IS 的改进版。它解决了 IS 的一个重要缺点:忽略了真实值(ground truth)标签的先验分布,即忽略了数据集。它可以通过下式求出:

$$mode\ score \triangleq \exp(E_{\boldsymbol{x}}[\mathrm{KL}(p(y \mid \boldsymbol{x}) \parallel p(y^{\text{train}}))] - \mathrm{KL}(p(y) \parallel p(y^{\text{train}}))) \tag{2-44}$$

式中,$p(y^{\text{train}})$ 为根据训练数据计算出的标签经验分布。模式分数能通过 $\mathrm{KL}(p(y) \parallel p(y^{\text{train}}))$ 散度度量真实分布 P_r 与生成分布 P_g 之间的差异,充分反映了生成图像的多样性和视觉质量。然而,事实证明,IS 和 mode score 是相等的。

4) AM 分数(AM score)

Zhou 等[137]认为,当数据不是均匀分布在各个类上时,IS 中关于 y 的熵项 $H(y)$ 是不合适的。考虑到 y^{train},他们提出将 $H(y)$ 替换为 y^{train} 与 y 之间的 KL 散度,则 AM score 定义为

$$AM\ score \triangleq \mathrm{KL}(p(y^{\text{train}}) \parallel p(y)) + \mathrm{E}_{\boldsymbol{x}}[H(y \mid \boldsymbol{x})] \tag{2-45}$$

AM score 由两项组成:第一项在 y^{train} 接近 y 时最小,第二项在样本 $\boldsymbol{x}$ 的预测类标签(即 $y \mid \boldsymbol{x}$)具有低熵时最小。因此,AM score 越小越好。CIFAR-10 数据在 ImageNet 训练的 inception 模型上并非均匀分布,因此 inception score 的平均分布熵项可能不能很好地起作用。但使用预先训练的 CIFAR-10 分类器,AM Score 可以很好地捕捉到平均分布的统计信息。

5) 最大均值差异(maximum mean discrepancy,MMD)

MMD 度量了真实分布 P_r 与生成分布 P_g 之间的差异[141]。MMD 越低,说明 P_g 越接近 P_r。Kernel MMD[142]是一种常用的 MMD,它引入了固定核函数 k,定义为

$$\begin{aligned} MMD^2(P_r, P_g) = E_{\boldsymbol{x}_r, \boldsymbol{x}_r' \sim P_r, \boldsymbol{x}_g, \boldsymbol{x}_g' \sim P_g}[&k(\boldsymbol{x}_r, \boldsymbol{x}_r') \\ &- 2k(\boldsymbol{x}_r, \boldsymbol{x}_g) + k(\boldsymbol{x}_g, \boldsymbol{x}_g')] \end{aligned} \tag{2-46}$$

在实践中,从 P_r 和 P_g 中采样的两组样本可用来估计 MMD 距离。但由于

采样方差的存在，即使 $P_r = P_g$，估计的 MMD 也可能不为 0。Li 等[143]提出了解决这个问题的办法。当 Kernel MMD 在预先训练的 CNN 的特征空间中运行时，它的评价效果非常好，能够将生成图像与真实图像区分开来，并且其样本复杂度和计算复杂度都很低[144]。Kernel MMD 也用于训练 GAN。例如，生成矩匹配网络（generative moment matching network，GMMN）[143,145-146]用基于 Kernel MMD 的双样本测试替换 GAN 中的判别器。有关 MMD 及其在 GAN 训练中使用的更多分析，可参考文献[147]。

6）Wasserstein 距离

真实分布 P_r 与生成分布 P_g 分布之间的 Wasserstein 距离为

$$WD(P_r,\ P_g) = \inf_{\gamma \in \Gamma(P_r,\ P_g)} E_{(\boldsymbol{x}^r,\ \boldsymbol{x}^g) \sim \gamma}[d(\boldsymbol{x}^r,\ \boldsymbol{x}^g)] \tag{2-47}$$

式中，$\Gamma(P_r,\ P_g)$ 表示边缘分布，即 P_r 与 P_g 的所有联合分布的集合；$d(\boldsymbol{x}^r,\ \boldsymbol{x}^g)$ 表示两个样本之间的基本距离。对于分布 P_r 和 P_g，俩者的 Wasserstein 距离直观上是将分布 P_r 转换为另一种分布 P_g 的最小“消耗”。

与 MMD 相似，Wasserstein 距离越小，两个分布就越相似。在合适的特征空间中计算样本分布距离时，Wasserstein 距离具有不错的评价效果，但在计算该指标时需要处理高时间复杂度的问题。Wasserstein 距离的一个变体称为切片瓦瑟斯坦距离（sliced Wasserstein distance，SWD），它是基于图像的拉普拉斯金字塔表示中提取的局部图像块之间的统计相似性而求得的[148]，近似于真实图像和生成图像之间的 Wasserstein－1 距离。当两个分布不重叠时，Wasserstein 距离不会饱和。使用 Wasserstein 距离训练 GAN 能够极大地缓解模式坍塌问题。

7）Fréchet inception 距离（Fréchet inception distance，FID）

FID 是由 Heusel 等[48]引入并用来评估 GAN 的度量方法。它将一组生成的样本嵌入由特定的 inception 网络（或任何 CNN）层给出的特征空间中。将嵌入层输出建模为连续多元高斯随机变量，估计生成数据和真实数据的均值和协方差。然后使用这两个高斯分布之间的 Fréchet 距离（等价于 Wasserstein－2 距离）来量化所生成样本的质量，即

$$FID(P_r,\ P_g) = \| \boldsymbol{\mu}_r - \boldsymbol{\mu}_g \|_2^2 + \mathrm{tr}(\boldsymbol{\Sigma}_r + \boldsymbol{\Sigma}_g - 2(\boldsymbol{\Sigma}_r \boldsymbol{\Sigma}_g)^{1/2}) \tag{2-48}$$

式中，$(\boldsymbol{\mu}_r,\ \boldsymbol{\Sigma}_r)$ 和 $(\boldsymbol{\mu}_g,\ \boldsymbol{\Sigma}_g)$ 分别表示由真实数据分布 P_r 和生成数据分布 P_g 得到的高斯分布的均值和协方差。FID 越低，生成数据分布与真实数据分布之间的距离越小。

FID 在可判别性、鲁棒性和计算效率方面表现良好。尽管它只考虑了分布的前两阶矩，但它似乎已经是一个很好的度量方法。然而，FID 假设特征是高斯分布的，这通常不能保证。试验结果表明，FID 与人类的判断一致，对噪声的鲁棒性优于 IS。与 IS 不同，FID 能够检测类内的模式丢失，即每个类只生成一个图像的模型，可以获得高 IS 但是将具有很差的 FID。另外，与 IS 不同的是，随着各种类型的伪影被添加到图像中，FID 会变差。

8）分类器双样本检验（classifier two-sample test，C2ST）

分类器双样本检验的目的是评估两个样本是否来自相同的分布[149]，换句话说，就是判断由 P 和 Q 表示的两个概率分布是否相同。在一个特定的测试集上评估生成器，该测试集分为测试-训练和测试-测试两个子集。测试-训练子集用于训练新的判别器，其试图将生成图像与真实图像区分开；然后将新判别器在测试-测试子集的表现作为最终得分，并用来生成新的图像。原则上，任何二分类器都可以用来做双样本检验。其中，1－最近邻（1－nearest neighbor，1－NN）分类器具有较好的性质[150]。与其他分类器相比，使用 1－NN 分类器的优点是它不需要特殊的训练并且只需要很少的超参数调优。给定两组样本集：真实样本集 S_r 和生成样本集 S_g，且两者样本数量相同，即 $|S_r|=|S_g|$，可以计算在 S_r 和 S_g 上进行训练的 1－NN 分类器的留一（leave-one-out，LOO）准确率。

与常用的准确率不同，当 $|S_r|=|S_g|$ 都非常大时，1－NN 分类器应该服从约为 50%的 LOO 准确率，这在两个分布相匹配时能够达到。当 GAN 的生成分布过拟合真实采样分布 S_r 时，LOO 准确率将低于 50%。在理论上的极端案例中，如果 GAN 记忆住 S_r 中的每一个样本，并精确地重新生成它，即在 $S_g=S_r$ 时，准确率将为零。这是因为 S_r 中的每一个样本都将有一个来自 S_g 的最近邻样本，它们之间的距离为零。

Lopez-Paz 和 Oquab[151]认为 1－NN 分类器的准确率主要作为双样本检验的统计量。实际上，独立分析两个类别上的 LOO 准确率能获得更多的信息。例如在一个典型的 GAN 生成结果中，由于模式崩溃现象，真实图像和生成图像的主要最近邻都是生成图像。在这种情况下，真实图像 LOO 准确率可能会相对较低，而生成图像的 LOO 准确率非常高。前者是由于真实分布的模式通常可由生成模型捕捉，导致 S_r 中的大多数真实样本周围都充满着由 S_g 生成的样本。后者是由于生成样本倾向于聚集到少量的模式中心，而这些模式由相同类别的生成样本包围。

9）分类性能

评价无监督学习算法质量的一种常用间接技术是将其作为特征提取器应用

于标记数据集，并在学习特征的基础上评价线性模型的性能。例如，为了评价 DCGAN 学习到的表示的质量，Radford 等[52]在 ImageNet 数据集上训练他们的模型，然后使用来自所有层的判别器卷积特征来训练正则化的线性 L2 - SVM 以对 CIFAR - 10 图像进行分类。其准确率达到了 82.8%，与直接基于 CIFAR - 10 数据训练的几个基线相当或更好。

在评估 CGAN(如用于样式转换的 GAN)时，也采用了类似的策略。例如，Zhang 等[123]利用一个现成的分类器来评估合成图像的真实性。他们训练了一个用于对黑白图像着色的生成器，然后将生成的彩色图像输入用真实彩色照片训练的 VGG 网络中[152]；如果分类器在生成的彩色图像上保持较高的分类性能，那么这意味生成器的着色比较精确，能够为分类器提供足够的对象类别信息。同样，Isola 等[153]提出了使用全卷积语义分割网络(FCN)评分来衡量生成图像的质量。他们将生成的图像输入 FCN[154]，然后计算输出分割图与真实标注分割掩码之间的误差。

Ye 等[155]提出了一种名为 GAN 质量指数(GAN quality index，GQI)的评价 GAN 客观指标。首先，生成器 G 在带有 N 个类标记的真实数据集上进行训练。其次，在真实数据集上训练分类器 C_{real}。然后，将生成的图像输入该分类器以获得标签。另一个分类器称为 GAN 引导的分类器 C_{GAN}，可对生成的数据进行训练。最后，将 GQI 定义为两个分类器精度的比值：

$$GQI = \frac{ACC(C_{\text{GAN}})}{ACC(C_{\text{real}})} \times 100 \tag{2-49}$$

GQI 的取值是 0 到 100 范围内的整数。GQI 越高，说明 GAN 分布越符合真实数据分布。

10) 重构误差

对于许多生成模型，训练集上的重构误差通常是显式地最优(例如变分自编码器[156])。因此，使用在测试集上计算的重构误差度量(例如 L_2 范数)来评估生成模型是很自然的。对于 GAN，给定一个生成器 G 和一组测试样本 $X = \{\boldsymbol{x}^{(1)}, \boldsymbol{x}^{(2)}, \cdots, \boldsymbol{x}^{(m)}\}$，则 G 在 X 上的重构误差为

$$L_{\text{rec}}(G, X) = \frac{1}{m}\sum_{i=1}^{m}\min_{z} \| G(\boldsymbol{z}) - \boldsymbol{x}^{(i)} \|^2 \tag{2-50}$$

由于不能直接从 $\boldsymbol{x}$ 中推出最优的 $\boldsymbol{z}$，Xiang 和 Li[97]采用了如下的替代方法。从全零向量开始，他们降低隐编码执行梯度，以找到使得生成样本与真实目标样本之间的 L_2 范数最小的隐编码。由于这个编码是通过优化算法求得，而不是

从前馈网络直接计算得到，所以评估过程非常耗时。因此，在监控训练过程时，他们避免在每次训练迭代中执行这种评估，只使用较少的样本和梯度下降步骤。仅对于最终训练的模型，他们在一个更大的测试集上使用了更多步骤进行了广泛评估。

2.7 GAN 的应用

作为一个具有“无限”生成能力的模型，GAN 的直接应用就是生成与真实数据分布一致的数据样本，例如生成图像、视频等。另外，GAN 可以用于解决标注数据不足时的学习问题，例如无监督学习、半监督学习等。GAN 还可以用于语音和语言处理，例如生成对话、由文本生成图像等。本节从计算机视觉、自然语言处理、智能语音和其他领域四个方面来阐述 GAN 的应用。

2.7.1 计算机视觉

GAN 在生成逼真图像上的性能远超以往其他方法，一经提出便受到了极大的关注。随着研究的深入，研究者逐渐认识到其作为表征学习方式的潜力，并进一步地发展了其对抗的思想，将 GAN 的结构设计用于模仿学习与图像翻译等新兴领域。

目前，GAN 应用最成功的领域是计算机视觉，包括图像生成、图像翻译、图像超分辨率、图像修复、图像去噪、目标检测、图像语义分割，以及视频预测生成等。

1. 图像生成

生成式对抗网络最直接的应用场景是图像生成。GAN 最初应用在图像生成与建模上，无论以有监督学习或无监督学习的方式，GAN 都能学习真实数据的分布。图像生成这类工作主要关注三个方面[157]：提高生成图片的质量，根据指定条件生成图像，以及其他应用场景。

研究者一直致力于使生成的图像更接近真实的图像，较成功的有 DCGAN、WGAN、InfoGAN 等模型。DCGAN 将 GAN 与深度 CNN 结合，对模型施加约束，提升训练技巧，使得其稳定性增加，在不同数据集上都取得了良好的生成结果，已经成为 GAN 模型的基准。此外，它的生成器能进行有趣的矢量加减算术，可证明生成器生成图片的能力不是基于其对数据库中图片元素的简单记忆，而是基于对图像表示的学习。

DCGAN 虽然能够生成比较逼真的图像，不过依然存在一些问题，比如生成的图像比较简单、分辨率低、边缘模糊等。为了生成更复杂、更清晰的图像，拉普拉斯金字塔生成式对抗网络（LAPGAN）采取了从粗糙到细致的生成机制，对于来源于同一张原始图的不同分辨率的图像集合，其图像分辨率按照金字塔从塔顶到塔底越来越高[80]。LAPGAN 先用低分辨率的样本生成低分辨率的图像，再将生成的低分辨率图像作为下一阶段输入的一部分和对应的高分辨率样本生成对应的高分辨率图像，每一个阶段的生成器都对应一个判别器，判断该阶段图像是生成的还是真实的。如图 2－20 所示，该模型中上一层生成器的输出 I_{i+1} 在放大后（记为 l_i）与随机变量 z_i 一同输入下一层网络，下一层的输出 $\tilde{h}_i$ 与 l_i 合并为 $\tilde{I}_i$，$\tilde{I}_i$ 经过放大后作为再下一层的输入。LAPGAN 的优点是每一个阶段的生成器都能学到不同的分布，并传递到下一层作为补充信息，经过几次特征提取，最终生成图像的分辨率得到较大提升，生成结果更逼真。

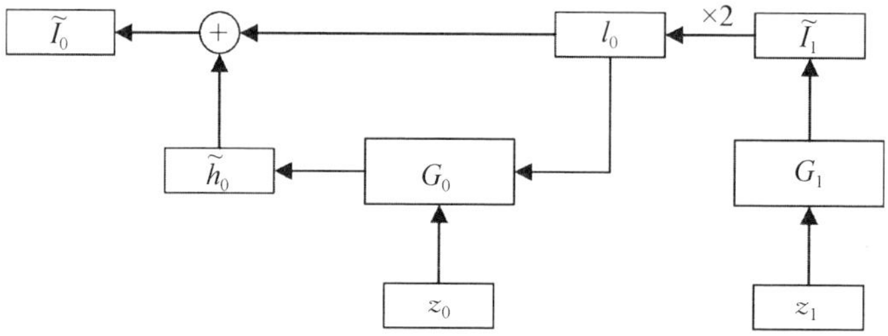

图 2－20　LAPGAN 的结构

在生成逼真图像之外，研究者希望通过添加编码控制生成图像的类别、内容、风格等。CGAN 通过在生成器和判别器中加入类别标签信息，实现了指定类别图像的生成[63]。此外，InfoGAN 将 GAN 中的随机编码分解为不可压缩的部分和隐变量部分，前者编码类别等信息，后者编码其他信息，并引入了信息论的观点，通过最大化隐变量与生成器输出之间的互信息方式进行训练，从而可以通过调整隐变量编码和不可压缩编码来实现对生成图像内容和风格的控制[66]。内容－位置生成式对抗网络（generative adversarial what-where network，GAWWN）[158]通过给出在哪个位置绘制什么内容的说明来生成图像，实现了通过文字控制内容、通过标记指定位置的图像生成。

当 GAN 能够根据指定条件生成高质量图像，研究者将基于 GAN 的图像生成应用到更多的场景：通过交互式的 GAN 对图像进行编辑[159]；利用空间转换器生成式对抗网络（spatial transformer generative adversarial network）实现将前景物体合成到背景场景图像中的功能[160]；利用 GAN 生成三维人脸的 UV 贴图(UV map),从而实现跨姿态人脸识别等[161]。

2. 图像翻译

不同领域的数据往往具有各自不同的特征和作用。如自然语言数据易获取,具有较为明确的意义,但缺乏细节信息。图像数据具有细节丰富但难以分析语义的特点。同类数据间如何翻译、不同类型的数据间如何转化,不仅具有相当的实用价值,而且对于提高神经网络的可解释性具有重要的意义。GAN 已用于一些常见的数据翻译工作,如从语义图生成图像[162]、从句子生成图像[163]等。本节主要介绍一些 GAN 所特有或表现显著优于传统方法的图像翻译应用。

根据用户修改自动对照片进行编辑和生成是一项极具挑战的任务。研究人员[159,164]提出了基于 GAN 的交互式图像生成器(interactive image generation via GAN,iGAN)模型,通过类似 InfoGAN 等模型调整隐变量改变输出样本的方法,将用户输入作为隐变量,实现了图像的自动修改和生成,如图 2-21 所示。受该工作启发,Isola 等[153]提出了"图对图翻译"的新问题。

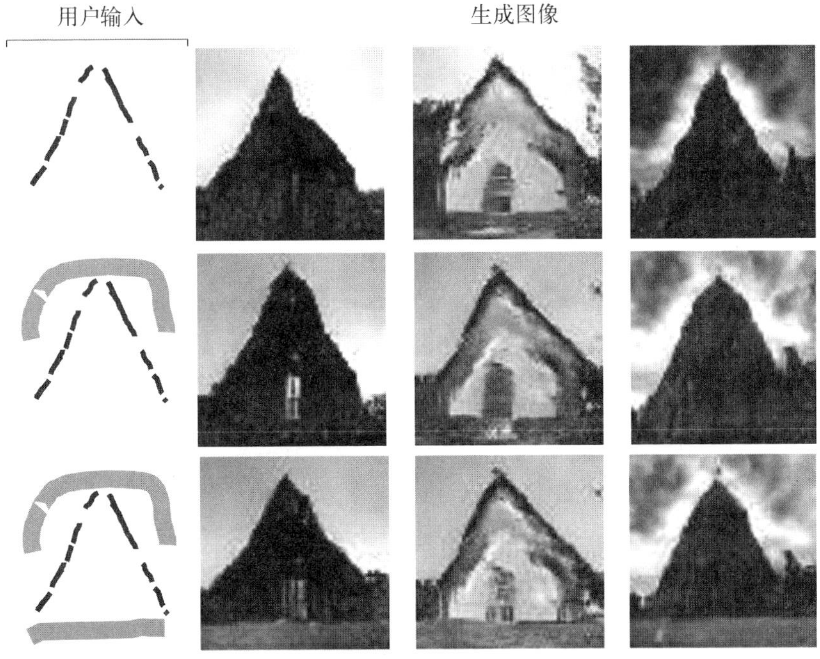

图 2-21 iGAN 的图像自动修改和生成样例[159]

如图 2-22 所示,许多常见的图像处理任务都可以看作是将一张图片"翻译"为另一张图片,如将卫星图转换为对应的路网图,将手绘稿转换为照片,将黑白图转换为彩色图等。Isola 等[153]提出了一种名为 Pix2Pix 的方法,利用 GAN

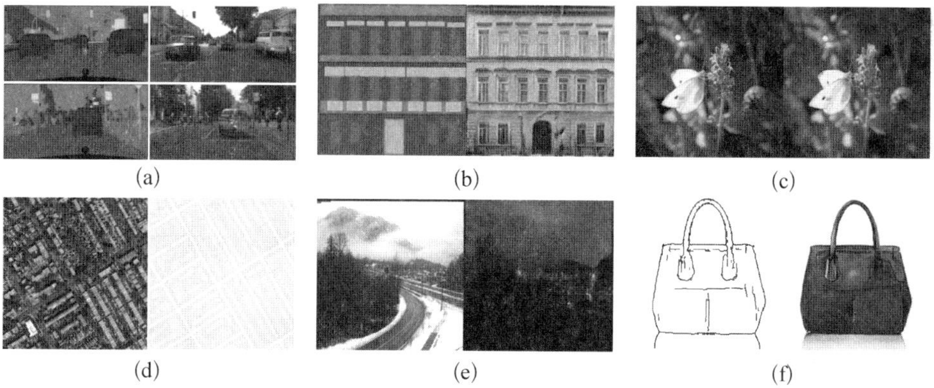

图 2-22 图对图翻译举例[153]

(a) 语义图到街景图 (b) 语义图到建筑正视图 (c) 黑白图到彩色图
(d) 卫星图到路网图 (e) 日景图到夜景图 (f) 手绘稿到照片

实现了这种翻译。Pix2Pix 是一对一的图像风格迁移模型，其使用两个数据集 A 和 B，如数据集 A 中是鞋子的轮廓图，数据集 B 中是与之对应的真实鞋子图像。该模型以 CGAN 为基础，将一个数据集中的图像作为输入、另一个作为条件输入(也称生成目标)，损失函数计算两者之间的误差；经过训练，给定一张图片就能生成另一种风格的图片。为了使生成的图片更加的逼真，该模型做了以下优化：生成器使用 U-NET 架构，即改进的 CNN 网络，在风格迁移中，有许多像素排列不变，因此 U-NET 架构移除了正常的卷积池化操作，还有一部分直接传递到下一层，以保证图像内容不变；判别器使用卷积 PatchGAN 分类器，经过试验，使用局部分类器分类的结果比全局更好，参数的数量大规模缩减，提升了训练的速度和效率[165]。Pix2Pix 的结构如图 2-23 所示。

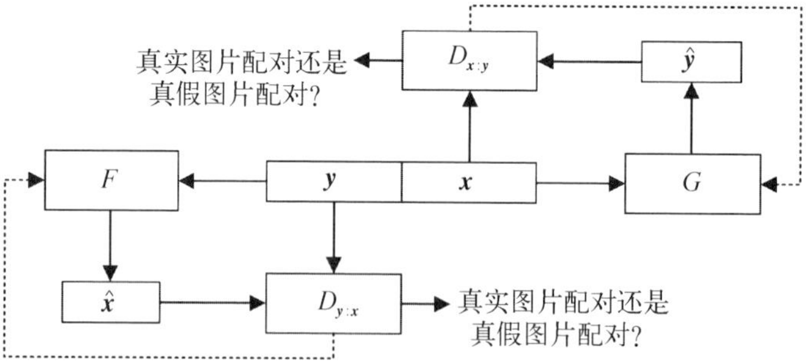

图 2-23 Pix2Pix 的结构

图 2-23 中的 F 和 G 均为翻译器。Pix2Pix 需要成对的数据集 ($\boldsymbol{x}$, $\boldsymbol{y}$)，例如在卫星图像转换的任务中，$\boldsymbol{x}$ 是卫星图像，$\boldsymbol{y}$ 是对应的路网图像。在 $\boldsymbol{x}$ 向 $\boldsymbol{y}$ 转

换的过程中，翻译器接收 $\boldsymbol{x}$ 的样本，生成对应的样本 $\hat{\boldsymbol{y}}$，判别器 $D_{x:y}$ 判别 $\boldsymbol{x}$ 与 $\hat{\boldsymbol{y}}$ 是否配对，并将梯度回传给翻译器。$\boldsymbol{y}$ 向 $\boldsymbol{x}$ 的转换也照此进行。

Pix2Pix 取得了非常惊人的效果，后续的 Pix2PixHD[166] 等工作进一步提高了其生成样本的分辨率和清晰度。不过，该模型的训练必须有标注好的成对数据，这限制了它的应用场景。为了解决这一问题，研究者结合对偶学习[167] 提出了 CycleGAN[64]，使得源域和目标域之间的转换无须建立训练数据间一对一的映射。CycleGAN 的结构如图 2-24 所示。

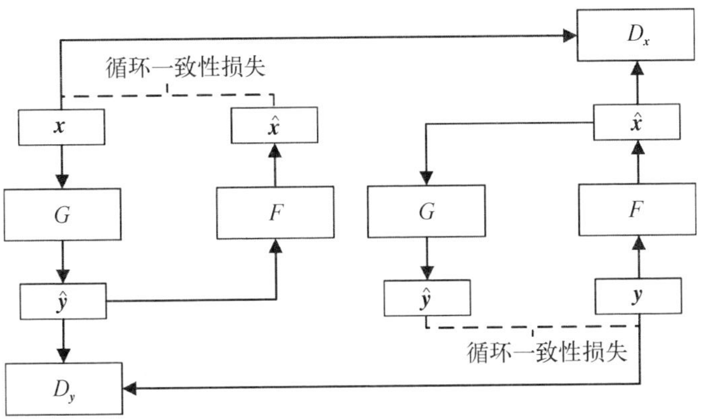

图 2-24 CycleGAN 的结构

为了使用非配对数据进行训练，CycleGAN 会首先将源域样本映射到目标域，然后再映射回源域得到二次生成图像，从而消除了在目标域中图像配对的要求。为了保证经过“翻译”的图像是我们所期望的内容，CycleGAN 引入了循环一致性的约束条件。

以 $\boldsymbol{x}$ 向 $\boldsymbol{y}$ 的转换为例，翻译器 G 接受 $\boldsymbol{x}$ 的样本，生成对应的样本 $\hat{\boldsymbol{y}}$，翻译器 F 再将 $\hat{\boldsymbol{y}}$ 翻译为 $\hat{\boldsymbol{x}}$。判别器 D_y 接受样本 $\boldsymbol{y}$ 与 $\hat{\boldsymbol{y}}$，并试图判别其中的生成样本。$\hat{\boldsymbol{x}}$ 应与 $\boldsymbol{x}$ 相似，以保证中间映射有意义。为此，文中将循环一致性约束定义为

$$L_{\text{cyc}}(G, F) = E_{\boldsymbol{x}}[\| F(G(\boldsymbol{x})) - \boldsymbol{x} \|_1] + E_{\boldsymbol{y}}[\| G(F(\boldsymbol{x})) - \boldsymbol{y} \|_1] \tag{2-51}$$

在训练 GAN 的同时保证循环一致性约束最小化，CycleGAN 就可以通过非配对数据实现较好的映射效果。该方法生成的图像与 Pix2Pix 十分接近。CycleGAN 可以应用到很多方面，如绘画风格的转换、季节的迁移、二维图像到三维图像的转换、历史名人图像到真人的转换等。

此外，Kim 等[168] 提出 DiscoGAN 来学习并发现不同风格图像之间的关系。

在该模型中，两个风格迁移生成器和两个相同风格判别组成的结构耦合在一起形成的网络成功地将风格从一个域迁移到另一个域，同时保留其关键属性，如在保留面部主要特征的情况下实现性别的转换。此外，域迁移网络(DTN)[169]能够实现无监督的跨域图像生成，它采用复合损失函数，包括多种 GAN 损失和规范的组件，能在保持实体原有身份的同时产生令人信服的、以前没有的新形象。Liu 和 Tuzel[81]提出耦合生成式对抗网络，可以在没有任何对应图像元组情况下学习联合分布，能够在多领域实现图像变换。GAN 在图像翻译上的独特优势，源于 GAN 的两个网络能够相互制衡，相互学习。Bousmalis 等[170]提出以 GAN 为基础的无监督方法学习从一个域到另一个域的像素空间变换。以 GAN 为基础，可以方便地实现两个域风格的相互转换，生成目标域或“创作”有某种艺术风格的作品。

3. 图像超分辨率

图像超分辨率是生成式对抗网络在计算机视觉上的又一个应用领域[157]。图像超分辨率，顾名思义就是将低分辨率的图像转换为高分辨率的图像。基于 GAN 的图像超分辨率方法通常由一个以低分辨率图像为输入、高分辨率图像为输出的生成器和一个对真实高分辨率图像和生成的超分辨率图像进行区分的判别器组成。而在损失函数中，除了基本的对抗损失，通常还包括真实的超分辨率图像与生成的超分辨率图像之间的 l_1 距离[171]或 l_2 距离[156]以及基于预训练的 VGG 模型的特征距离组成的内容损失。另外，研究人员[100]通过试验证明，在基于最大后验概率分布的图像超分辨率方法中，基于 GAN 的优化方法能够在真实图像上取得最好的效果。

超分辨率生成式对抗网络(super-resolution GAN, SRGAN)[156,172]使用 GAN 完成图像的超分辨率重建，该模型的目标函数由对抗损失函数和内容损失函数共同构成，其中，对抗损失函数通过训练判别器区分真实图像和由生成器进行超分辨重构的图像，从而能够学习自然图片的流形结构，通过峰值信噪比和结构相似性等指标对重建图像进行评估，结果表明 SRGAN 的重建图像比当前最先进的采用均方差优化的深度残差网络模型更接近高分辨率原图。此外，研究人员[173]还将 GAN 用于人脸图像超分辨率和人脸关键点对齐，并取得了最好的效果。

4. 图像修复

在图像修复任务中，我们通常希望根据同类别的其他图像训练一个模型，该模型可将丢失的信息补全。如图 2－25 所示，相比于传统基于图像融合(image melding)[174]的方法，基于 GAN 的数据填补可以更好地考虑图像的语义信息，并填充符合当前场景的内容。Yeh 等[175]提出一种基于 GAN 的语义图像修复方法，通过调整可用数据生成缺失内容。文献[175]使用环境像素损失和先验特征损失来搜索潜在图像中损坏图像的最接近编码，然后将该编码通过生成模型推断丢失的内容。该方法成功地预测了大量缺失区域的信息，并实现了像素级的逼真度。

图 2-25 GAN[176]和图像融合[174]的数据填补效果

Pathak 等[177]提出了一种基于上下文像素预测驱动的无监督视觉特征学习算法。该上下文编码器是经过训练的卷积神经网络，能生成以其周围环境为条件的任意图像区域的内容。训练上下文编码器时，使用标准像素重建损失及对抗性损失，能够补全图像并产生更清晰的结果。其指出上下文编码器在学习时，不仅捕获了外观，而且捕获了视觉结构的语义，此外还可用于语义修复任务。

DeblurGAN[178]是一个基于条件 GAN 和内容损失的端到端学习模型，它可以处理由相机抖动和因物体运动而产生的模糊。DeblurGAN 的生成器网络输入模糊图像，输出对应清晰图像的估计，判别器网络输入由生成器修复后的图像和原清晰图像，输出对它们之间差异的估计。在网络训练阶段，总损失函数包括感知损失和 WGAN 损失，其中感知损失为修复图像和原清晰图像经网络提取的中间层特征的差异。

人脸图像去遮挡是图像修复的延伸应用。目前人脸识别的结果越来越精确，人脸识别已经应用到地铁、火车站、机场等人群密集的场所来快速准确地识别行人,甚至抓到很多在逃的犯罪嫌疑人[165]。然而,对这种密集人群检测很困难,同一时刻,镜头里会有各种形态、不同表情的人,特别是只有一个侧面或局部被遮挡的人,这样就不能根据已有面部信息辨别人的身份。如何利用科技手段,从局部得到整体信息,这是一个亟待解决的问题。针对这一问题,双路径 GAN (two-pathway GAN,TP-GAN)[179]受人类视觉识别过程启发,综合考虑整体结构和局部信息,合成的图像逼真且保留了原有身份特征。使用不同角度的侧面照,或在不同的光照条件下,或保持不同的姿势,TP-GAN 都能根据已有信息合成人的正脸信息,合成的图像和真实图像非常接近。为了实现以上描述,TP-GAN 做了以下改变,它的生成网络有两条路径,一条专注于推理全局结构,另一条则推理局部的纹理,分别得到两个特征地图,将两个特征地图融合在一起,用于最终合成。合成的正面视图和真实图像都输入判别器进行判断。不仅如此,还将人脸的正面分布信息并入一个 GAN,由此对修复过程进行了很好的约束。除此之外,TP-GAN 可组合多种损失来合成缺失部分,以保留面部突出特征。

Li 等[180]提出一种使用深度生成模型的面部补全算法。它基于神经网络直接生成缺失区域的内容,通过引入重建损失、两个对抗性损失和语义解析损失的组合进行训练,确保了像素真实度和局部全局内容的一致性。它能处理任意形状的大面积缺失像素,并产生逼真的面部图像修复结果。

5. 图像去噪

图像去噪属于计算机视觉的底层任务,是图像处理中的一个重要课题,它的主要任务是在保留原有图像的基础上去除图像上的噪声。GAN 在图像去噪中的应用主要分为两类[157]:

第一类是通过对抗训练的方式直接生成高质量的去噪图像。这种情况下的生成器通常是一个去噪网络,而判别器则用于区分真实的清晰图像和经过去噪的图像,如图 2-26 所示。Divakar 和 Babu[181]第一次将 GAN 引入到图像去噪中,并奠定了用 GAN 进行去噪的基本框架。Yi 和 Babyn[182]发现这种使用对抗训练进行去噪的方法还可以缓解重构损失带来的图像模糊问题。

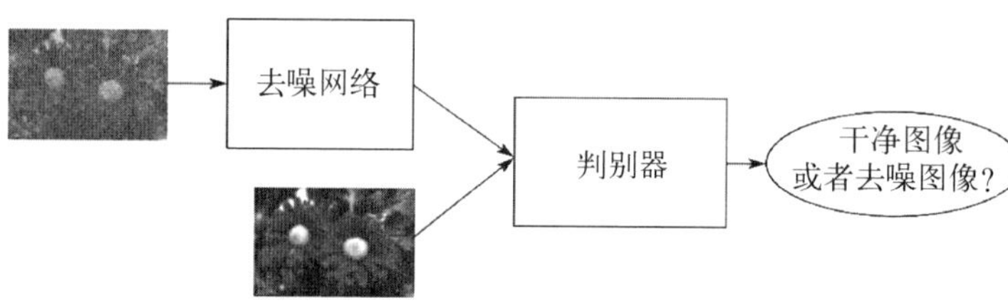

图 2-26 用 GAN 进行图像去噪的一般框架[181]

第二类是用 GAN 直接对噪声进行建模。Wolterink 等[183]发现虽然深度卷积网络可以在噪声信息未知的情况下进行盲去噪，但是需要成对的训练样本，即同一张图像的噪声版和清晰版，而这样的图像对通常是很难获得的。该工作在噪声期望为零的假设下，用 GAN 直接对噪声建模，用生成器生成噪声，然后将噪声叠加到清晰的图像上，就获得了噪声图像，这样就有了含噪声和不含噪声的一对样本，基于这样的成对数据就可以训练出一个强大的去噪网络。此外，还有一些其他类型的方法，比如反转生成器获得噪声图像的隐向量，然后再基于此重建出该图像，也能达到去噪的效果[184]。

2.7.2 自然语言处理

1. 文本生成

GAN 自提出以后在以图像为代表的连续型数据生成任务上获得了广泛而成功的应用，但在以文本为代表的离散型数据应用场景中遇到了较多困难，其中最主要的是梯度传导问题[157]。自然语言处理任务通常使用基于 LSTM 等循环神经网络的语言模型进行建模，生成样本时会包含一个采样操作，这个操作无法在反向传播的训练过程中传递梯度，从而导致原有的 GAN 生成器训练方法失效。这个问题阻碍了 GAN 在文本生成任务中的成功应用。近年来，很多研究者相继提出了不同的思路来解决这一问题。

一种解决方法是使用 Gumbel Softmax[108]代替原有的采样方法。设 $\boldsymbol{p}$ 为一个词的概率分布向量，$\boldsymbol{p}_i=\boldsymbol{p}(\boldsymbol{w}=\boldsymbol{y}_i)$，其中 $\boldsymbol{w}$ 代表一个词，$\boldsymbol{y}_i$ 代表词表中的第 i 个词。原有的采样方法会从一个多项式分布中随机采样得到一个词，该多项式分布以 $\boldsymbol{p}$ 为参数，即 $\boldsymbol{w}=Multinomial(\boldsymbol{p})$，这种方法无法传递梯度。而 Gumbel Softmax 采用数学上的一种变换来解决这一问题。通常 $\boldsymbol{p}$ 由另一个向量 $\boldsymbol{h}$ 通过 Softmax 操作获得，即 $\boldsymbol{p}=\mathrm{Softmax}(\boldsymbol{h})$，而 $\boldsymbol{y}=\mathrm{one\_hot}(\arg\max_i(\boldsymbol{h}_i+\boldsymbol{g}_i))$ 是一种在数学上等价的采样方法，其中 $\boldsymbol{y}$ 是 $\boldsymbol{w}$ 对应的 one-hot 向量，$\boldsymbol{g}_i$ 是服从于 Gumbel 分布的一个随机变量。实际使用时用下式进行近似：

$$\boldsymbol{y}=Softmax\left(\frac{\boldsymbol{h}+\boldsymbol{g}}{\tau}\right) \tag{2-52}$$

当 $\tau\rightarrow 0$ 时，Gumbel Softmax 与原采样方法等价，因此较小的 τ 提供了一种较好的近似。至此，Gumbel Softmax 使用的计算是完全可导的，这就使生成器的训练得以正常进行。

另一种更为常见的解决思路是引入基于策略梯度（policy gradient）的强化

学习方法。最早采用该思路的工作是 SeqGAN[109]，其通过结合蒙特卡罗采样和预训练生成了较高质量的文本。关于 SeqGAN 的介绍见 2.6.2 节。

由于 SeqGAN 的显著有效性，许多后续工作沿用了这种解决方案。Li 等[185]将 SeqGAN 的框架推广到了带条件的文本生成任务即对话生成任务中，同样提升了生成质量。另一部分工作则着力于继续改进 SeqGAN 的效果。Lin 等[186]认为在 SeqGAN 中判别器提供的二分类信息过少，因此提出了 RankGAN，将判别器的功能改为对样本进行排序，以使得真实数据的排名更高；而相对的生成器优化目标改为让生成样本获得更高的排名，如图 2-27 所示。通过这一改动，RankGAN 获得了比 SeqGAN 更高的文本生成质量。

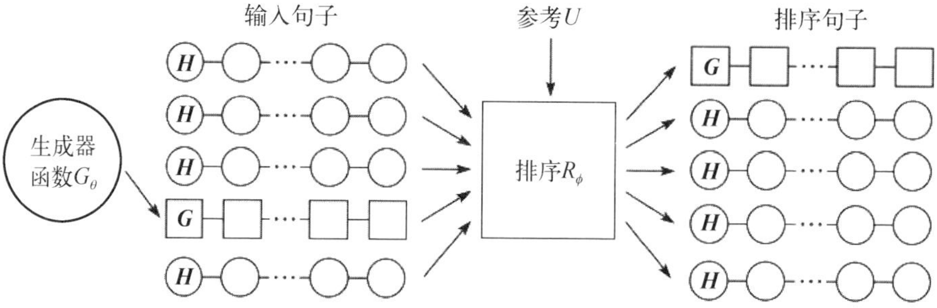

注：H—由人写的句子；G—由生成器生成的句子

图 2-27 RankGAN 的模型结构[186]

之后，Guo 等[187]指出，SeqGAN 中判别器的内部信息可以泄露而为生成器提供更好的训练指导，因此提出了 LeakGAN 模型以实现这一目标（见图 2-28）。LeakGAN 首先对生成器的结构进行了调整，采用了 Feudal Network 结构，由关注长期任务的管理者（manager）和负责执行生成的工作者（worker）两部分组成，同时将来自判别器网络对不完整序列的特征表达作为输入。另外，LeakGAN 还采用了奖励函数伸缩调整、结合 MLE 交错训练及采样温度控制等方式，增强了训练的稳定性。借助这些措施，相对于 SeqGAN，LeakGAN 获得了显著的生成质量提升，尤其是在长文本生成任务上。

另一种解决思路是 MaliGAN[188]，其使用了较为复杂的策略，核心思想是在 SeqGAN 基础上将来自判别器的信号进行重新构造和归化，并将长序列分成前后两段进行不同处理。这些策略有助于降低生成器训练梯度的方差，从而实现更加稳定的训练，生成质量也有一定的提升。近期，Fedus 等[189]沿用强化学习的思路提出了一种差异较大的模型方案 MaskGAN（见图 2-29），其通过在句子的空缺位置填充词语来完成生成任务。具体做法是，将序列到序列（Seq2seq）的

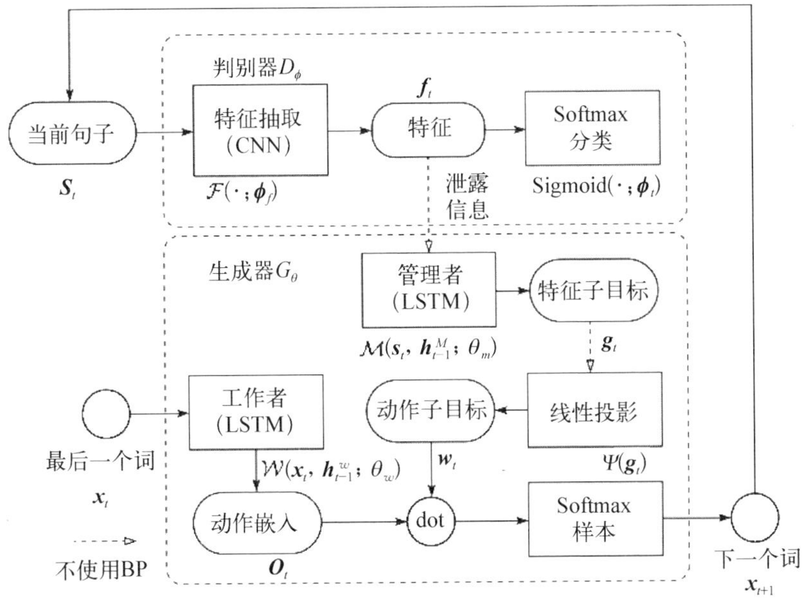

图 2-28 LeakGAN 的模型结构[187]

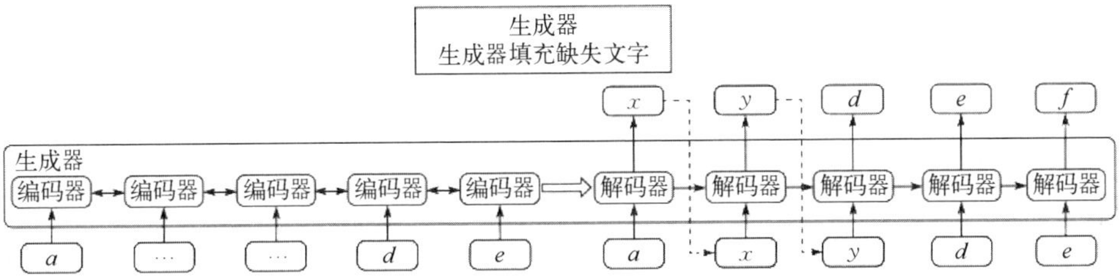

图 2-29 MaskGAN 的模型结构[189]

自编码模型作为生成器学习句子的重构,输入端句子的每个位置都可能覆盖掩码,即真实词语未知,输出端要在信息不完全的情况下完成重构。判别器负责判断填充的词是否合适,以指导生成器的训练。训练完成后,生成器可用于填空式的生成任务,或者将输入端全部覆盖掩码以实现整个句子的生成,其同样获得了比传统 MLE 更优的生成质量。

对于梯度传递问题,除以上两种解决思路之外,也有部分研究者选择直接将文本数据看作一种特殊的连续型数据,使用针对连续型数据的优化方法,从而绕开梯度传递问题。Gulrajani 等[90]在 WGAN 的基础上进行了改进,对生成器和判别器均使用 CNN 进行建模,完全将文本数据视为普通连续型数据。虽然这一模型并非是针对文本单独进行的设计,但是其在试验中也展示出了生成可读文本的能力。Subramanian 等[190]提出将 LSTM 结构生成器的输出视为连续型数据并直接交给判别器进行判别，通过使用带 Peephole 的 LSTM 作为生成器和基于 CNN 的判别器实现了可行的训练，其生成质量相对于 SeqGAN 等有一定的提升。Zhang 等[191]提出的 TextGAN 也基于类似的思路，但其区别是在生成器的输出上添加了 soft-argmax 操作使输出更接近于真实数据的 one-hot 向量表达，即

$$\boldsymbol{y} = W \cdot Softmax(\boldsymbol{Vh} \odot \boldsymbol{L}) \tag{2-53}$$

类似于 Gumbel Softmax，式(2-53)中的 $\boldsymbol{W}$、$\boldsymbol{V}$、$\boldsymbol{L}$ 均为可学习的参数。由于 LSTM 的参数明显多于 CNN 的参数而更难训练，所以 TextGAN 的判别器仅在生成器多次更新后才进行一次更新。另外，TextGAN 使用特征匹配损失替代原来的对抗损失以用于生成器的训练，使训练更加稳定，最终获得了比 SeqGAN 更优的生成质量。

Xu 等[192]尝试将文本中的每个词表达成嵌入向量，而非通常使用的 one-hot 向量，判别器也相应地改为对嵌入向量进行判别。该工作提出了一种近似嵌入层结构以实现这一目标，即

$$\boldsymbol{y} = \sum_{j=1}^{V} \boldsymbol{e}_j \cdot Softmax(W(\boldsymbol{h} + \boldsymbol{z}) + \boldsymbol{b})_j \tag{2-54}$$

式中，$\boldsymbol{z}$ 为输入噪声信号；W、$\boldsymbol{b}$ 为可学习的参数；$\boldsymbol{e}_j$ 为第 j 个词的嵌入向量。这相当于将总量为 1 的权重分配给每个词嵌入向量，然后将加权求和得到的向量作为生成词的向量表达。这一方法应用在对话生成任务中，获得了比 Li 等[185]更优的对话回复生成质量。

总结现有基于 GAN 的文本生成方法发现，围绕如何解决离散型数据的生成器不可传递梯度的问题主要有 3 种解决思路：

(1) 使用可传递梯度的 Gumbel Softmax 采样代替原有采样方法。

(2) 使用强化学习框架进行建模，并使用策略梯度法进行优化。

(3) 直接将文本视为连续型数据，可以表达为 one-hot 向量或者嵌入向量。

后两种思路都获得了较好的效果，在实际的文本生成任务中都能提升生成质量。

2. 文本生成图像

相比 2.7.1 节所述的从图像到图像的转换，从文本到图像的转换困难得多，这是因为以文本描述为条件的图像分布往往是高度多模态的，即符合同样文本描述的生成图像之间的差别可能很大[193]。另外，虽然从图像生成文本也面临着

同样的问题，但由于文本能按照一定语法规则分解，所以从图像生成文本是一个比从文本生成图像更容易定义的预测问题。Reed 等[163]利用这个特点，通过GAN 的生成器和判别器分别进行了文本到图像、图像到文本的转换，两者经过对抗训练后能够生成以假乱真的图像。文本编码可作为生成器的条件输入，同时为了利用文本编码信息，也将其作为判别器特定层的额外信息输入来改进判别器，判别是否满足文本描述的准确率。试验结果表明生成图像和文本描述具有较高相关性。此外，对输入变量进行可解释的拆分，能改变图像的风格、角度和背景。

StackGAN[120]利用判别器不同层次的中间特征训练一系列堆叠的生成器，从而实现了根据文字指定生成内容的图像，并且提高了图像生成的质量。不同于一般的 GAN 网络结构，StackGAN 分两个阶段生成图像，第一个阶段生成的图像比较粗糙，第二个阶段生成分辨率更高的图像。通过改变结构或者增加更多的约束，GAN 可以生成更高质量的目标图像。另外，还可以通过添加更多阶段来生成有丰富细节和细腻纹理的图像。图 2－30 为 StackGAN 根据文字描述“有着棕色喙，黑、白、棕色身体的鸟”所生成的图像。

注：第一行是第一个阶段的生成结果，第二行是第二个阶段的生成结果

图 2－30　StackGAN 分两个阶段生成一幅图像[120]

2.7.3　智能语音

GAN 在计算机视觉领域生成逼真图像上取得了巨大成功，它可以生成像素级、复杂分布的图像，但目前还没有广泛应用于语音处理。尽管如此，GAN 在语音增强与语音合成方面已经得到了一些应用。

Pascual 等[194]提出一种基于对抗网络的语音增强（speech enhancement generative adversarial network，SEGAN）方法。这种方法为一种快速增强处理方法，不需要因果关系，没有 RNN 中类似的递归操作，同时，该方法也是一种直接处理原始音频的端到端方法，不需要手工提取特征，无须对原始数据做明显假设。SEGAN 可从不同说话者和不同噪声类型中学习，并将它们结合在一起形成相同的共享参数，使得系统简单且泛化能力较强。语音增强是将含噪语音信号转换成增强信号的任务。在基于 GAN 的语音增强模型中，通常使用生成器网络实现语音增强，它的输入是含噪语音信号和隐表征信号，输出是增强后的信号。生成器可设计为端到端结构，直接处理原始语音信号，避免了通过中间变换提取声学特征。在训练过程中，判别器向生成器发送输入数据的真伪信息，使得生成器可以将其输出波形朝着真实的波形分布微调，从而消除干扰信号。

在语音生成方面，Donahue 等[195]首次提出了一种使用生成式对抗网络生成原始音频的结构。从数据存储角度看，时域音频样本和图像中的像素是相似的，但是这两种信号在本质上是不同的。如图 2-31 所示，左边是自然图像不同块的部分；右边是语音的不同切片。可以发现图像的主要成分能捕获对比度、梯度、边缘特征等信息，而右边的音频信号却表现出比较强的周期性。针对这一特点，作者修改了 DCGAN 的转置卷积操作，使其扩大了感受野(将 5×5 的二维滤波器换成了长度为 25 的一维滤波器)，并对判别器进行了相同的操作。这种修改使最终生成的音频更加真实。Mogren 等[196]提出的连续 RNN-GAN 则将 GAN 和 RNN 结合，将 GAN 生成的特定数据按时间顺序放入 RNN 的每个单元中，最后生成曲风相似但与原始训练数据不同的模拟古典音乐。

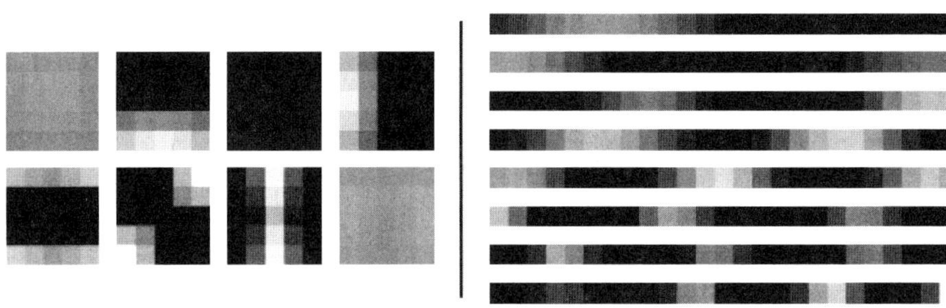

(a) (b)

图 2-31 图像与语音的主成分对比[195]

(a) 自然图像不同块的主成分 (b) 语音不同切片的主成分

2.7.4 其他领域

1. *数据增强*

许多计算机视觉任务都可以通过 GAN 增强图像来提高性能。除了图像分类、目标检测等常用任务，GAN 也用于对抗样本的生成[197-199]和防御[200]任务，如 APE-GAN[201]将对抗样本转化为可被目标模型正确识别的样本，生成式对抗训练器(generative adversarial trainer)[202]使用 GAN 生成对抗性扰动(adversarial perturbation)后将经过污染的样本与标记样本一起学习等。

GAN 在数据集外扩展方面的工作,主要集中在使用仿真数据扩大真实数据相关的工作。在许多问题中,真实数据的收集十分困难或缓慢,在仿真数据上训练的模型又无法很好地泛化以用于现实任务[203]。研究者提出了 PixelDA[170]、SimGAN[204]、GraspGAN[205]等模型以解决该问题。该类模型的基本流程是将 GAN 中的生成器作为精炼器(refiner)对仿真数据进行修饰,使其与真实数据相接近。该方法使得以往需要大量样本的任务,如人眼识别、自动驾驶、机械臂控制等,通过少量真实样本与仿真环境即可完成训练[206-208]。

GAN 还可以用于提升开放集分类(open-category classification,OCC)问题的性能,提升开放集分类指将与训练集内数据类型不一致的样本分为单独一类[209]。通过生成接近集内数据但被判别器认为是集外数据的样本,GAN 可以较大地提升分类器在开放集分类问题上的性能。

数据生成与增强的工作往往与半监督学习相联系,其目的在于提高后续的监督学习或强化学习性能。一部分半监督学习还使用了 GAN 本身的结构特性。如 IRGAN 对判别式信息检索(information retrieval,IR)模型的提升,使用 CGAN 模型中的判别器作为图像分类器[210],教授监督(professor forcing)[211]方法使用 GAN 提高 RNN 的训练质量。

2. 广义数据生成

以上讨论的应用主要涉及图像、自然语言等具体数据。实际上,我们可以考虑更为广义的数据,如状态、行动、图网络等。

该类研究的典型工作之一为生成式模仿学习(generative adversarial imitation learning,GAIL)[212]。模仿学习(imitation learning,IL)是强化学习的一个重要分支。我们知道,通过强化学习(reinforcement learning,RL)可以让机器人从 0 开始学习一个任务,但是我们人类学习新东西有一个重要方法——模仿学习,即通过观察别人的动作完成学习。因此,模仿学习就是希望机器人也能通过观察模仿来实现学习。模仿学习的终极目标就是单样本模仿学习(oneshot imitation learning),让机器人仅需要少量的示范就能够学习。此外,模仿学习的挑战还包括根据具有很大差异的观察数据进行模仿。

模仿学习的目的是解决如何从示教数据中学习专家策略的问题。由于状态对行动的映射具有不确定性,直接使用示教数据进行监督训练得到的策略模型往往不能很好地泛化。研究者一般使用反向强化学习(inverse reinforcement learning,IRL)[213]来解决这一问题:通过学习一个代理回报函数(surrogate reward function) $\widetilde{r}(s)$，并期望该函数能最好地解释观察到的行为，再由此从数据中习得类似的策略。IRL 成功解决了一系列的问题，如预测出租车司机的行为[214]、规划四足机器人的足迹[215]等。

然而，IRL 算法的运算代价高，且方法过于间接。对于模仿学习而言，其真正的目的是使得智能体可以习得专家的策略，内在的代价函数并非必要。DeepMind 公司和 OpenAI 公司的研究人员在这方面进行了许多研究。OpenAI 公司的研究人员首先把 GAN 引入到模仿学习当中，提出了生成式模仿学习(GAIL)[212]的方法。GAIL 的基本思路就是构造一个 GAN，其中的生成器用于生成动作序列，而判别器则用于区分这个动作序列是否为专家动作。判别器的输出其实等价于奖赏，因此生成器可以使用一般的深度强化学习算法如信任域策略优化(trust region policy optimization，TPRO)[216]来训练，通过这样的 GAN 训练，希望生成器生成的动作与专家动作越来越接近。GAIL 的结构如图 2-32 所示。与 GAN 类似，GAIL 的目的是训练一个策略网络 π_θ，其输出的状态-行为对 $X_\theta=\{(s_1, a_1), (s_2, a_2), \cdots, (s_T, a_T)\}$ 可以欺骗判别器 D_φ，使其无法区分 X_θ 与由专家策略 π_E 输出的 X_E。GAIL 的目标函数为

$$\max_{\theta}\min_{\varphi} V(\theta, \varphi) = \mathop{E}_{(s, a)\sim X_E}[\ln D_\varphi(s, a)] + \mathop{E}_{(s, a)\sim X_\theta}[\ln(1 - D_\varphi(s, a))] \tag{2-55}$$

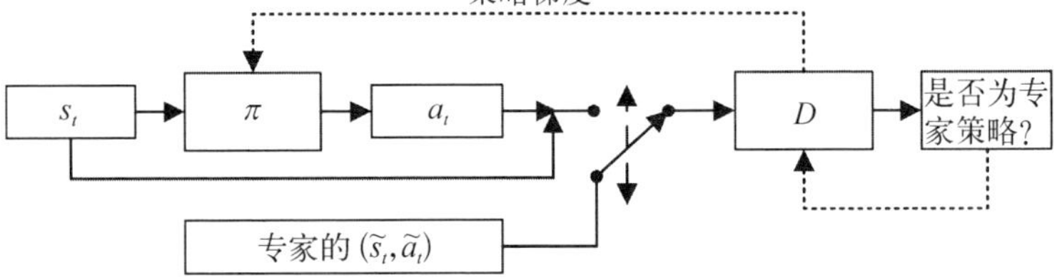

图 2-32　生成式模仿学习的结构

策略的代理回报函数为

$$\widetilde{r}(s_t, a_t; \varphi) = -\ln[1 - D_\varphi(s_t, a_t)] \tag{2-56}$$

使用策略梯度方法更新行动者 π(生成器)，最终使得行动者的决策与专家的决策一致。基于 GAN 的模仿学习方法非常新颖，其换了一种方式来获取奖赏。该方法用于模仿驾驶员[217]、控制机械臂[218]等任务时，取得了较好的效果。

DeepMind 的出发点与 OpenAI 不同[157]，DeepMind 的 Merel 等[219]希望在原有深度强化学习算法训练的基础上，通过模仿人类的动作来调整策略，使得机

器人的行为看起来更像人。DeepMind 的思路还是基于 GAN，通过动作捕捉(motion capture)获取人的行为，然后训练一个判别器作为奖赏函数，再使用 TPRO 算法进行深度强化学习。模仿学习经过一段时间的发展，越来越受到研究者的关注。从上面的方法看，构造更好的提取视频特征的方法非常重要，而 GAN 在一定程度上解决了不知道怎么设计奖赏的问题。

与 GAIL 类似，IRGAN[220]使用对抗方式提高信息检索(IR)模型质量。一般而言，IR 模型可分为两类：一类为生成式模型，其目标是学习一个查询(query)到文档(document)的关联度分布，利用该分布对每个查询返回相关的检索结果；另一类为判别式模型，该模型可以区分有关联的查询对 $\langle query_r, doc_r \rangle$ 与无关联的查询对 $\langle query_f, doc_f \rangle$。对于给定的查询对，该模型可返回该查询对内元素的关联程度[221]。由于这两类模型的对抗性质，IRGAN 将两个或多个生成式 IR 模型和判别式 IR 模型整合为一个 GAN 模型，再通过策略梯度优化的方式提升两类模型的检索质量。

此外，GAN 还用于专业领域数据的生成任务。如用于生成恶意软件的 MalGAN[222]模型，用于生成 DNA 序列的反馈生成式对抗网络(feedback GAN, FBGAN)[223]，用于学习图嵌入表示(graph embedding)[224]的 GraphGAN 等。

3. 医疗保健

生成式对抗网络在合成真实清晰的图像上有了很多令人惊喜的发展，但生成式对抗网络本身是一种生成模型。通用可扩展的生成模型不仅用于生成图片和文本，高效的生成模型应该可以合成与人类感官接触的一切物体，这样的生成模型才是可以为人类现实生活服务。

如今，人工智能也为医疗保健领域带来创新，寻找新的治疗方式或药物(并非取代医生，至少在短期内不会取代)已经是全世界的共识，例如训练机器看医学影像。计算机断层扫描(CT)、核磁共振(MRI)、X 光片等都吸引了 Google、Facebook 以及许多初创公司投入大量资金。同时，另一个领域也被寄予厚望，那就是制药。这是因为在制药行业中，包括研发成本和时间成本在内，新药开发是一件投入成本非常高、成功率却偏低的苦差事。

目前，GAN 的延伸模型——对抗式自编码 (adversarial autoencoder, AAE)[225]已应用于医药研制，以 AAE 为基础，加上已知的各类药物成分的医疗特性和有效浓度，将之用在训练神经网络上；把所需化合物相关的信息输入到网络中，最后会得到合成该化合物所需的各成分准确比例[226]。Kadurin 等[227]使用美国癌症研究所(National Cancer Institute, NCI) NC－60 药物筛检数据库中针对乳癌细胞 MCF－7 的 6 252 种化合物，以及分子指纹(molecular fingerprint)、分子浓度(concentration of the molecule)和生长抑制(growth inhibition)百分比等数据来训练一个深度神经网络 AAE,经过与判别器的相互博弈,AAE 能根据想要的分子特征产生具有潜在抗癌特性的候选分子(candidate molecule),并从中预测了 69 种化合物,有些分子已经用来治疗癌症(如白血病和乳腺癌)。这项工作对未来基于人工智能的药物研发具有指导意义。

2.8 总结与展望

自 2014 年提出以来,生成式对抗网络获得了极大的关注与发展。GAN 的相关工作越来越多地呈现在机器学习的各类会议和期刊上,Yann LeCun 甚至将其称为"过去十年间机器学习领域最让人激动的点子"。

GAN 在理论与应用方面的成果,总体来看可分为两大方向:

第一个研究方向集中在生成机制方面,主要的问题是如何设计一个有效的结构,以学习一个从隐变量到目标空间的映射。在理论上主要包括了如何设计更好的网络结构和相应的优化方法以提高生成数据质量,如何集成多模型以提高生成效率。在应用上主要考虑半监督学习问题以及复杂数据间的映射问题。

第二个研究方向集中在判别机制方面,主要的问题是如何更好地将生成问题转化为一个较易学习的判别问题。在理论上主要包括了如何设计博弈形式以提高学习效率,在应用上主要是如何利用 GAN 中的判别模型辅助下游任务,以及如何设计整体结构将其他问题转化为一个可判别的生成问题。

GAN 在数据生成、半监督学习、强化学习等多方面任务中起了重要作用。但也应看到,该领域的发展仍处于早期阶段,许多问题仍在制约 GAN 的发展。最为突出的是 GAN 的评价和复现问题,目前尚未有关于如何科学评价 GAN 的共识。其次,GAN 的博弈和收敛机制背后的数学分析仍有待建立,现有的研究主要是利用深度学习在有监督学习任务中积累的经验进行扩展。最后,大部分 GAN 的工作仍然缺乏实用价值,仅可在特定的数据集上使用。以下问题仍有待研究者进一步探索:如何建立类似 ImageNet 等标准化任务以评价 GAN 方法;如何建立和分析 GAN 的数学机制,并在此基础上进一步实现 GAN 特有的、与有监督学习任务不同的深度学习构件;如何拓展 GAN 的应用范围。

参考文献

[1] 林懿伦,戴星原,李力,等.人工智能研究的新前线:生成式对抗网络[J].自动化学报,

2018,44(5): 775 - 792.

[2] Murphy K P. Machine learning: A probabilistic perspective[M]. Cambridge: MIT press, 2012.

[3] Krizhevsky A, Sutskever I, Hinton G E. ImageNet classification with deep convolutional neural networks[J]. Communications of the ACM, 2017, 60(6): 84 - 90.

[4] Farabet C, Couprie C, Najman l, et al. Learning hierarchical features for scene labeling[J]. IEEE Transactions on Pattern Analysis and Machine Intelligence, 2013, 35(8): 1915 - 1929.

[5] Mikolov T, Deoras A, Povey D, et al. Strategies for training large scale neural network language models[C]//2011 IEEE Workshop on Automatic Speech Recognition & Understanding. Hawaii: IEEE, 2011: 196 - 201.

[6] Hinton G, Deng L, Yu D, et al. Deep neural networks for acoustic modeling in speech recognition: the shared views of four research groups[J]. IEEE Signal Processing Magazine, 2012, 29(6): 82 - 97.

[7] Collobert R, Weston J, Bottou L, et al. Natural language processing (almost) from scratch [J]. Journal of Machine Learning Research, 2011, 12: 2493 - 2537.

[8] Sutskever I, Vinyals O, Le Q V. Sequence to sequence learning with neural networks [EB/OL]. [2019 - 12 - 25]. https://arxiv.org/pdf/1409.3215v3.pdf.

[9] HINTON G E, OSINDERO S, TEH Y W. A fast learning algorithm for deep belief nets[J]. Neural Computation, 2006, 18(7): 1527 - 1554.

[10] Salakhutdinov R, Hinton G. Deep Boltzmann machines[C]//Proceedings of Machine Learning Research. Florida: [s. n.], 2009.

[11] Smolensky P. Information processing in dynamical systems: Foundations of harmony theory[EB/OL]. [2019 - 12 - 25]. https://scholar.colorado.edu/csci_techreports/315.

[12] Hinton G E, Zemel R S. Autoencoders, minimum description length and helmholtz free energy[C]//Proceedings of the 6th International Conference on Neural Information Processing Systems. San Francisco: Morgan Kaufmann Publishers Inc., 1994.

[13] Bengio Y, Lamblin P, Popovici D, et al. Greedy layer-wise training of deep networks [C]//Advances in Neural Information Processing Systems. Cambridge: MIT Press, 2007.

[14] Goodfellow I, Pouget-Abadie J, Mirza M, et al. Generative adversarial nets[EB/OL]. [2019 - 12 - 25]. https://arxiv.org/pdf/1406.2661v1.pdf.

[15] Goodfellow I. NIPS 2016 tutorial: generative adversarial networks [EB/OL]. [2019 - 12 - 25]. https://arxiv.org/pdf/1701.00160v4.pdf.

[16] Wang K F, Gou C, Duan Y J, et al. Generative adversarial networks: the state of the

art and beyond[J]. Acta Automatica Sinica, 2017, 43(3): 321.

[17] LeCun Y, Bengio Y, Hinton G. Deep learning[J]. Nature, 2015, 521(7553): 436-444.

[18] Rumelhart D E, Hinton G E, Williams R J. Learning representations by back-propagating errors[J]. Nature, 1986, 323(6088): 533-536.

[19] LeCun Y, Boser B E, Henderson D, et al. Handwritten digit recognition with a back-propagation network [EB/OL]. [2019-12-25]. http://yann.lecun.com/exdb/publis/pdf/lecun-90c.pdf.

[20] LeCun Y, Bottou L, Bengio Y, et al. Gradient-based learning applied to document recognition[J]. Proceedings of the IEEE, 1998, 86(11): 2278-2324.

[21] Hochreiter S. Untersuchungen zu dynamischen neuronalen netzen[J]. Diploma, Technische Universität München, 1991: 91.

[22] Bengio Y, Simard P, Frasconi P. Learning long-term dependencies with gradient descent is difficult[J]. IEEE Transactions on Neural Networks, 1994, 5(2): 157-166.

[23] Hochreiter S, Schmidhuber J. Long short-term memory[J]. Neural Computation, 1997, 9(8): 1735-1780.

[24] Nair V, Hinton G E. Rectified linear units improve restricted Boltzmann machines [EB/OL]. [2019-12-25]. http://www.cs.toronto.edu/~fritz/absps/reluICML.pdf.

[25] Srivastava N, Hinton G, Krizhevsky A, et al. Dropout: a simple way to prevent neural networks from overfitting[J]. Journal of Machine Learning Research, 2014, 15(1): 1929-1958.

[26] Kingma D P, Ba J L. Adam: a method for stochastic optimization[EB/OL]. [2019-12-25]. https://arxiv.org/pdf/1412.6980.pdf.

[27] Chellapilla K, Shilman M, Simard P. Optimally combining a cascade of classifiers [C]//Proceeding of SPIE 6067, Document Recognition and Retrieval XIII. [s. l.]: [s. n.], 2006.

[28] Krizhevsky A, Sutskever I, Hinton G E. ImageNet classification with deep convolutional neural networks[J]. Communications of the ACM, 2017, 60(6): 84-90.

[29] Lacey G, Taylor G, Areibi S. Deep learning on FPGAs: past, present, and future [EB/OL]. [2019-12-25]. https://arxiv.org/pdf/1602.04283.pdf.

[30] Jouppi N P, Young C, Patil N, et al. In-datacenter performance analysis of a tensor processing unit[EB/OL]. [2019-12-25]. https://www.cs.virginia.edu/~smk9u/CS6354F17/TPU.pdf.

[31] Dean J, Corrado G S, Monga R, et al. Large scale distributed deep networks[C]// NIPS'12: Proceedings of the 25th International Conference on Neural Information Processing Systems. New York: Curran Associates Inc., 2012.

[32] Bergstra J, Bastien F, Breuleux O, et al. Theano: Deep learning on GPUs with Python[J]. Journal of Machine Learning Research, 2011(1): 1-48.

[33] Collobert R, Kavukcuoglu K, Farabet C. Torch7: a matlab-like environment for machine learning[EB/OL]. [2019-12-25]. https://cs.nyu.edu/~koray/files/2011-torch7-nipsw.pdf.

[34] Paszke A, Gross S, Chintala S, et al. PyTorch: Tensors and dynamic neural networks in Python with strong GPU acceleration[EB/OL]. [2019-12-25]. http://pytorch.org/.

[35] Martín A, Agarwal A, Barham P, et al. TensorFlow: Large-scale machine learning on heterogeneous distributed systems[EB/OL]. [2019-12-25]. http://download.tensorflow.org/paper/whitepaper2015.pdf.

[36] Li F F. ImageNet: where are we going? and where have we been? [EB/OL]. (2017-09-21)[2019-12-25]. https://learning.acm.org/techtalks/ImageNet.

[37] Hastie T, Tibshirani R, Friedman J. The elements of statistical learning: data mining, inference, and prediction[M]. Berlin: Springer, 2009.

[38] BENGIO Y. Learning deep architectures for AI[J]. Foundations and Trends® in Machine Learning, 2009, 2(1): 1-127.

[39] Werbos Paul J. Learning how the world works: specifications for predictive networks in robots and brains[C]. [s. l.]: [s. n.], 1987.

[40] Goodfellow I. NIPS 2016 tutorial: generative adversarial networks [EB/OL]. (2016-12-04)[2019-12-25]. https://arxiv.org/pdf/1701.00160.pdf.

[41] Goodfellow I, Bengio Y, Courville A. Deep learning [M]. Cambridge: MIT press, 2016.

[42] Kingma D P, Welling M. Auto-encoding variational Bayes[EB/OL]. (2014-05-01)[2019-12-25]. https://arxiv.org/pdf/1312.6114v10.pdf.

[43] Van den Oord A, Kalchbrenner N, Vinyals O, et al. Conditional image generation with pixelCNN decoders[EB/OL]. (2016-06-18) [2019-12-25]. https://arxiv.org/pdf/1606.05328v2.pdf.

[44] Goodfellow I. NIPS 2016 tutorial: generative adversarial networks [EB/OL]. [2019-12-25]. http://arxiv.org/abs/1701.00160.

[45] Brock A, Donahue J, Simonyan K. Large scale GAN training for high fidelity natural image synthesis[EB/OL]. (2019-02-25)[2019-12-25]. https://arxiv.org/pdf/1809.11096.pdf.

[46] Arjovsky M, Bottou L. Towards principled methods for training generative adversarial networks[EB/OL]. (2017 - 01 - 17)[2019 - 12 - 25]. https://arxiv. org/pdf/1701. 04862v1. pdf.

[47] Salimans T, Goodfellow I, Zaremba W, et al. Improved techniques for training GANs [EB/OL]. (2016 - 06 - 10)[2019 - 12 - 25]. https://arxiv. org/pdf/1606. 03498v1. pdf.

[48] Heusel M, Ramsauer H, Unterthiner T, et al. GANs trained by a two time-scale update rule converge to a local nash equilibrium[EB/OL]. (2018 - 01 - 12)[2019 - 12 - 25]. https://arxiv. org/pdf/1706. 08500v6. pdf.

[49] Miyato T, Kataoka T, Koyama M, et al. Spectral normalization for generative adversarial networks[EB/OL]. (2018 - 02 - 16)[2019 - 12 - 25]. https://arxiv. org/pdf/1802. 05957v1. pdf.

[50] Papineni K, Roukos S, Ward T, et al. BLEU: a method for automatic evaluation of machine translation[C]//Proceedings of the 40th Annual Meeting on Association for Computational Linguistics. Pennsylvania: Association for Computational Linguistics, 2002.

[51] Lucic M, Kurach K, Michalski M, et al. Are GANs created equal? A large-scale study [EB/OL]. (2018 - 10 - 29)[2019 - 12 - 25]. https://arxiv. org/pdf/1711. 10337v4. pdf.

[52] Theis L, van den Oord A, Bethge M. A note on the evaluation of generative models [EB/OL]. (2016 - 04 - 24)[2019 - 12 - 25]. https://arxiv. org/pdf/1511. 01844v3. pdf.

[53] Radford A, Metz L, Chintala S. Unsupervised representation learning with deep convolutional generative adversarial networks[EB/OL]. (2016 - 01 - 07)[2019 - 12 - 25]. https://arxiv. org/pdf/1511. 06434. pdf.

[54] BENGIO Y. Learning deep architectures for AI[J]. Foundations and Trends® in Machine Learning, 2009, 2(1): 1 - 127.

[55] Zeiler M D, Taylor G W, Fergus R. Adaptive deconvolutional networks for mid and high level feature learning [C]//2011 International Conference on Computer Vision. Pennsylvania: IEEE, 2011.

[56] Dosovitskiy A, Tobias Springenberg J, Brox T. Learning to generate chairs with convolutional neural networks[EB/OL]. (2014 - 11 - 21)[2019 - 12 - 25]. https://arxiv. org/pdf/1411. 5928v1. pdf.

[57] Mordvintsev A, Olah C, Tyka M. Inceptionism: going deeper into neural networks [EB/OL]. [2019 - 12 - 25]. https://research. googleblog. com/2015/06/inceptionism-going-deeper-into-neural. html.

[58] Ioffe S, Szegedy C. Batch normalization: accelerating deep network training by reducing internal covariate shif[EB/OL]. (2015-03-02)[2019-12-25]. http://de.arxiv.org/pdf/1502.03167.

[59] Deng J, Dong W, Socher R et al. Imagenet: a large-scale hierarchical image database [C]//2009 IEEE Conference on Computer Vision and Pattern Recognition. Florida: IEEE, 2009: 248-255.

[60] Zeiler M D, Fergus R. Visualizing and understanding convolutional networks[M]//Computer Vision — ECCV 2014. Cham: Springer International Publishing, 2014.

[61] Springenberg J T, Dosovitskiy A, Brox T, et al. Striving for simplicity: the all convolutional net[EB/OL]. (2015-04-13)[2019-12-25]. https://arxiv.org/pdf/1412.6806.pdf.

[62] Mikolov T, Sutskever I, Chen K, et al. Distributed representations of words and phrases and their compositionality[EB/OL]. (2013-10-16)[2019-12-25]. https://arxiv.org/pdf/1310.4546.pdf.

[63] Mirza M, Osindero S. Conditional generative adversarial nets[EB/OL]. (2014-11-06)[2019-12-25]. https://arxiv.org/pdf/1411.1784.pdf.

[64] Zhu J Y, Park T, Isola P, et al. Unpaired image-to-image translation using cycle-consistent adversarial networks[EB/OL]. (2018-11-15)[2019-12-25]. https://arxiv.org/pdf/1703.10593.pdf.

[65] Choi Y, Choi M, Kim M, et al. Stargan: unified generative adversarial networks for multi-domain image-to-image translation[EB/OL]. (2018-09-21)[2019-12-25]. https://arxiv.org/pdf/1711.09020.pdf.

[66] Chen X, Duan Y, Houthooft R, et al. InfoGAN: interpretable representation learning by information maximizing generative adversarial nets[EB/OL]. (2016-06-12)[2019-12-25]. https://arxiv.org/pdf/1606.03657v1.pdf.

[67] Barber D, Agakov F. The IM algorithm: a variational approach to information maximization[J]. Advances in Neural Information Processing Systems, 2004, 16: 201.

[68] Karras T, Aila T, Laine S, et al. Progressive growing of GANs for improved quality, stability, and variation[EB/OL]. (2018-02-26)[2019-12-25]. https://arxiv.org/pdf/1710.10196.pdf.

[69] Odena A, Olah C, Shlens J. Conditional image synthesis with auxiliary classifier GANs[EB/OL]. (2017-07-20)[2019-12-25]. https://arxiv.org/pdf/1610.09585.pdf.

[70] Odena A. Semi-supervised learning with generative adversarial networks[EB/OL]. (2016-10-20)[2019-12-25]. https://arxiv.org/pdf/1606.01583.pdf.

[71] Larsen A B L, Sønderby S K, Larochelle H, et al. Autoencoding beyond pixels using a learned similarity metric[EB/OL]. (2016 - 02 - 21)[2019 - 12 - 25]. https://arxiv.org/pdf/1512.09300.pdf.

[72] Warde-Farley D, Bengio Y. Improving generative adversarial networks with denoising feature matching[C]//International Conference on Learning Representations 2017. Toulon: ICLR, 2017.

[73] Nguyen A, Clune J, Bengio Y, et al. Plug & play generative networks: conditional iterative generation of images in latent space[C]//2017 IEEE Conference on Computer Vision and Pattern Recognition (CVPR). New York, USA: IEEE, 2017.

[74] Rosca M, Lakshminarayanan B, Warde-Farley D, et al. Variational approaches for auto-encoding generative adversarial networks[EB/OL]. (2017 - 10 - 21)[2019 - 12 - 25]. https://arxiv.org/pdf/1706.04987.pdf.

[75] Wu J J, Zhang C K, Xue T F, et al. Learning a probabilistic latent space of object shapes via 3D generative-adversarial modeling [EB/OL]. (2017 - 01 - 04)[2019 - 12 - 25]. https://arxiv.org/pdf/1610.07584.pdf.

[76] Dietterich Thomas G. Ensemble methods in machine learning [M]. Berlin: Springer, 2000.

[77] Zhou Z H, Wu J X, Tang W. Corrigendum to "ensembling neural networks: many could be better than all"[J]. Artificial Intelligence, 2010, 174(18): 1570.

[78] Tolstikhin I, Gelly S, Bousquet O, et al. AdaGAN: Boosting generative models[EB/OL]. (2017 - 05 - 24)[2019 - 12 - 25]. https://arxiv.org/pdf/1701.02386.pdf.

[79] Huang X, Li Y X, Poursaeed O, et al. Stacked generative adversarial networks[EB/OL]. (2017 - 04 - 12)[2019 - 12 - 25]. https://arxiv.org/pdf/1612.04357.pdf.

[80] Denton E, Chintala S, Szlam A, et al. Deep generative image models using a Laplacian pyramid of adversarial networks[EB/OL]. (2015 - 06 - 18)[2019 - 12 - 25]. https://arxiv.org/pdf/1506.05751.pdf.

[81] Liu M Y, Tuzel O. Coupled generative adversarial networks[EB/OL]. (2016 - 09 - 20)[2019 - 12 - 25]. https://arxiv.org/pdf/1606.07536.pdf.

[82] Ghosh A, Kulharia V, Namboodiri V, et al. Multi-agent diverse generative adversarial networks[EB/OL]. (2018 - 07 - 16)[2019 - 12 - 25]. https://arxiv.org/pdf/1704.02906.pdf.

[83] Goodfellow I J. On distinguishability criteria for estimating generative models[EB/OL]. (2015 - 05 - 20)[2019 - 12 - 25]. https://arxiv.org/pdf/1412.6515v4.pdf.

[84] Arora S, Ge R, Liang Y Y, et al. Generalization and equilibrium in generative adversarial nets (GANs)[EB/OL]. (2017 - 08 - 01)[2019 - 12 - 25]. https://arxiv.org/pdf/1703.00573.pdf.

[85] Arjovsky M, Bottou L. Towards principled methods for training generative adversarial networks[EB/OL]. (2017 - 01 - 17)[2019 - 12 - 25]. https://arxiv.org/pdf/1701.04862.pdf.

[86] Lucic M, Kurach K, Michalski M, et al. Are GANs created equal? A large-scale study [EB/OL]. [2019 - 12 - 25]. http://arxiv.org/abs/1711.10337.

[87] Mao X D, Li Q, Xie H R, et al. Least squares generative adversarial networks[EB/OL]. (2017 - 04 - 05)[2019 - 12 - 25]. https://arxiv.org/pdf/1611.04076.pdf.

[88] Arjovsky M, Chintala S, Bottou L. Wasserstein GAN[EB/OL]. (2017 - 12 - 06)[2019 - 12 - 25]. https://arxiv.org/pdf/1701.07875.pdf.

[89] Rachev S T, Short R M. Duality theorems for Kantorovich-Rubinstein and Wasserstein functionals[M]. Warszawa: Państwowe Wydawn, 1990.

[90] Gulrajani I, Ahmed F, Arjovsky M, et al. Improved training of Wasserstein GANs [EB/OL]. (2017 - 12 - 25)[2019 - 12 - 25]. https://arxiv.org/pdf/1704.00028.pdf.

[91] Zhao J B, Mathieu M, LeCun Y. Energy-based generative adversarial network[EB/OL]. (2017 - 03 - 06)[2019 - 12 - 25]. https://arxiv.org/pdf/1609.03126.pdf.

[92] Wang R H, Cully A, Chang H J, et al. MAGAN: margin adaptation for generative adversarial networks[EB/OL]. (2017 - 05 - 23)[2019 - 12 - 25]. https://arxiv.org/pdf/1704.03817.pdf.

[93] Berthelot D, Schumm T, Metz L. BEGAN: boundary equilibrium generative adversarial networks[EB/OL]. (2017 - 05 - 31)[2019 - 12 - 25]. https://arxiv.org/pdf/1703.10717.pdf.

[94] Goodfellow I, Pouget-Abadie J, Mirza M, et al. Generative adversarial nets [C]// Advances in Neural Information Processing Systems 27. [s. l.]: Neural Information Processing Systems Foundation, Inc. , 2014.

[95] Jolicoeur-Martineau A. The relativistic discriminator: a key element missing from standard GAN[EB/OL]. (2018 - 09 - 10) [2019 - 12 - 25]. https://arxiv.org/abs/1807.00734.

[96] Salimans T, Kingma D P. Weight normalization: a simple reparameterization to accelerate training of deep neural networks[EB/OL]. (2016 - 06 - 04)[2019 - 12 - 25]. https://arxiv.org/pdf/1602.07868.pdf.

[97] Xiang S T, Li H. On the effects of batch and weight normalization in generative adversarial networks[EB/OL]. (2017 - 12 - 04)[2019 - 12 - 25]. https://arxiv.org/pdf/1704.03971.pdf.

[98] Golub G H, van Loan C F. Matrix computations[M]. 3rd ed. Baltimore: Johns Hopkins, 1996.

[99] Arjovsky M, Chintala S, Bottou L. Wasserstein GAN[EB/OL]. [2019 - 12 - 25]. https://arxiv.org/pdf/1701.07875.pdf.

[100] Sønderby C K, Caballero J, Theis L, et al. Amortised map inference for image super-resolution[EB/OL]. (2017 - 02 - 21)[2019 - 12 - 25]. https://arxiv.org/pdf/1610.04490.pdf.

[101] Mescheder L, Nowozin S, Geiger A. The numerics of GANs[EB/OL]. (2018 - 06 - 11)[2019 - 12 - 25]. https://arxiv.org/pdf/1705.10461.pdf.

[102] Mescheder L, Nowozin S, Geiger A. The numerics of GANs [EB/OL]. [2019 - 12 - 25]. http://arxiv.org/abs/1705.10461.

[103] Sutton R S, McAllester D A, Singh Satinder P, et al. Policy gradient methods for reinforcement learning with function approximation [C]//Advances in Neural Information Processing Systems 12. Cambridge: MIT press, 2000.

[104] Grondman I, Busoniu L, Lopes G A D, et al. A survey of actor-critic reinforcement learning: standard and natural policy gradients[J]. IEEE Transactions on Systems, Man, and Cybernetics, Part C (Applications and Reviews), 2012, 42(6): 1291 - 1307.

[105] Pfau D, Vinyals O. Connecting generative adversarial networks and actor-critic methods[EB/OL]. (2017 - 01 - 18)[2019 - 12 - 25]. https://arxiv.org/pdf/1610.01945.pdf .

[106] Sutton R S, Barto A G. Reinforcement learning: an introduction [M]. Cambridge: MIT press, 1998.

[107] Goodfellow I. NIPS 2016 tutorial: Generative adversarial networks [EB/OL]. https://arxiv.org/abs/1701.00160.

[108] Williams R J. Simple statistical gradient-following algorithms for connectionist reinforcement learning[J]. Machine Learning, 1992, 8(3/4): 229 - 256.

[109] Yu L T, Zhang W N, Wang J, et al. SeqGAN: Sequence generative adversarial nets with policy gradient[EB/OL]. (2017 - 08 - 25)[2019 - 12 - 25]. https://arxiv.org/pdf/1609.05473.pdf.

[110] Jang E, Gu S X, Poole B. Categorical reparameterization with gumbel-softmax[EB/OL](2016 - 11 - 03)[2019 - 12 - 25]. https://arxiv.org/abs/1611.01144.

[111] Ganin Y, Kulkarni T, Babuschkin I, et al. Synthesizing programs for images using reinforced adversarial learning[EB/OL]. (2018 - 04 - 03)[2019 - 12 - 25]. https://arxiv.org/pdf/1804.01118.pdf.

[112] Borji A. Pros and cons of GAN evaluation measures[J]. Computer Vision and Image Understanding, 2019, 179: 41 - 65.

[113] Lopez C, Miller S R, Tucker C S. Human validation of computer vs human generated

design sketches[C]//Proceedings of ASME Conference on ASME 2018 International Design Engineering Technical Conferences and Computers and Information in Engineering Conference, 2018.

[114] Naderi B. Motivation of workers on microtask crowdsourcing platforms[M]. Berlin: Springer, 2017.

[115] Srivastava A, Valkoz L, Russell C, et al. VeeGAN: reducing mode collapse in GANs using implicit variational learning[C]//Advances in Neural Information Processing Systems. [s. l.]: [s. n.], 2017.

[116] Wang Z, Bovik A C. Mean squared error: love it or leave it? A new look at signal fidelity measures[J]. IEEE Signal Processing Magazine, 2009, 26(1): 98 - 117.

[117] Pan J T, Canton-Ferrer C, McGuinness K, et al. SalGAN: visual saliency prediction with generative adversarial networks[EB/OL]. (2018 - 07 - 01)[2019 - 12 - 25]. https://arxiv. org/pdf/1701. 01081. pdf.

[118] SERRE T, OLIVA A, POGGIO T. A feedforward architecture accounts for rapid categorization[J]. Proceedings of the National Academy of Sciences, 2007, 104(15): 6424 - 6429.

[119] Snell J, Ridgeway K, Liao R J, et al. Learning to generate images with perceptual similarity metrics[EB/OL]. (2017 - 01 - 24)[2019 - 12 - 25]. https://arxiv. org/pdf/1511. 06409. pdf.

[120] Zhang H, Xu T, Li H S. StackGAN: text to photo-realistic image synthesis with stacked generative adversarial networks[C]//2017 IEEE International Conference on Computer Vision (ICCV). New York, USA: IEEE, 2017.

[121] Xiao C W, Li B, Zhu J Y, et al. Generating adversarial examples with adversarial networks[EB/OL]. (2019 - 02 - 14)[2019 - 12 - 25]. https://arxiv. org/pdf/1801. 02610. pdf.

[122] Yi Z L, Zhang H, Tan P, et al. DualGAN: unsupervised dual learning for image-to-image translation[EB/OL]. (2019 - 02 - 14)[2019 - 12 - 25]. https://arxiv. org/pdf/1704. 02510. pdf.

[123] Zhang R, Isola P, Efros A A. Colorful image colorization[EB/OL]. (2016 - 10 - 05)[2019 - 12 - 25]. https://arxiv. org/pdf/1603. 08511. pdf.

[124] Upchurch P, Gardner J, Pleiss G, et al. Deep feature interpolation for image content changes[EB/OL]. (2017 - 06 - 19)[2019 - 12 - 25]. https://arxiv. org/pdf/1611. 05507. pdf.

[125] Donahue C, Lipton Z C, Balsubramani A, et al. Semantically decomposing the latent spaces of generative adversarial networks[EB/OL]. (2018 - 02 - 22)[2019 - 12 - 25]. https://arxiv. org/pdf/1705. 07904. pdf.

[126] Liu Y F, Qin Z C, Wan T, et al. Auto-painter: cartoon image generation from sketch by using conditional Wasserstein generative adversarial networks [J]. Neurocomputing, 2018, 311: 78 - 87.

[127] Lu Y Y, Wu S Z, Tai Y W, et al. Sketch-to-image generation using deep contextual completion[EB/OL]. (2018 - 02 - 22)[2019 - 12 - 25]. https://arxiv.org/pdf/1711.08972v1.pdf.

[128] Higgins I, Matthey L, Pal A, et al. β-VAE: learning basic visual concepts with a constrained variational framework [C]//International Conference on Learning Representations. France: ICLR, 2017.

[129] Mathieu M, Zhao J B, Sprechmann P, et al. Disentangling factors of variation in deep representation using adversarial training[EB/OL]. (2016 - 11 - 10)[2019 - 12 - 25]. https://arxiv.org/pdf/1611.03383.pdf.

[130] Lipton Z C, Tripathi S. Precise recovery of latent vectors from generative adversarial networks[EB/OL]. (2017 - 02 - 17)[2019 - 12 - 25]. https://arxiv.org/pdf/1702.04782.pdf.

[131] White T. Sampling generative networks: notes on a few effective techniques[EB/OL]. (2016 - 12 - 06)[2019 - 12 - 25]. https://arxiv.org/pdf/1609.04468.pdf.

[132] Vedantam R, Fischer I, Huang J, et al. Generative models of visually grounded imagination[EB/OL]. (2015 - 04 - 15)[2019 - 12 - 25]. https://arxiv.org/pdf/1705.10762.pdf.

[133] Zhou B, Khosla A, Lapedriza A, et al. Object detectors emerge in deep scene CNNs [EB/OL]. (2017 - 02 - 17)[2019 - 12 - 25]. https://arxiv.org/pdf/1412.6856.pdf.

[134] Bau D, Zhou B L, Khosla A, et al. Network dissection: quantifying interpretability of deep visual representations[C]//2017 IEEE Conference on Computer Vision and Pattern Recognition (CVPR). New York, USA: IEEE, 2017.

[135] van der Maaten L, Hinton G. Visualizing data using T-SNE[J]. Journal of Machine Learning Research, 2008, 9: 2579 - 2605.

[136] Szegedy C, Vanhoucke V, Ioffe S, et al. Rethinking the inception architecture for computer vision[EB/OL]. (2015 - 12 - 11)[2019 - 12 - 25]. https://arxiv.org/pdf/1512.00567.pdf.

[137] Zhou Z M, Rong S, Cai H, et al. Activation maximization generative adversarial nets [EB/OL]. (2017 - 08 - 02)[2019 - 12 - 25]. https://arxiv.org/pdf/1703.02000v4.pdf.

[138] Barratt S, Sharma R. A note on the inception score[EB/OL]. (2018 - 06 - 21)[2019 - 12 - 25]. https://arxiv.org/pdf/1801.01973.pdf.

[139] Gurumurthy S, Sarvadevabhatla S R K, Babu R V. DeLiGAN: generative adversarial networks for diverse and limited data[C]//30th IEEE Conference on Computer Vision and Pattern Recognition, (CVPR). New York, USA: IEEE, 2017.

[140] Che T, Li Y R, Jacob A P, et al. Mode regularized generative adversarial networks [EB/OL]. (2017 - 03 - 02) [2019 - 12 - 25]. https://arxiv.org/pdf/1612.02136.pdf.

[141] Fortet R, Mourier E. Convergence de la répartition empirique vers la répartition théorique [J]. Annales scientifiques de l'École Normale Supérieure, 1953, 70: 267 - 285.

[142] Gretton A, Borgwardt K M, Rasch M J, et al. A kernel two-sample test[J]. Journal of Machine Learning Research, 2012, 13: 723 - 773.

[143] Li C L, Chang W C, Cheng Y, et al. MMD GAN: towards deeper understanding of moment matching network[EB/OL]. (2017 - 11 - 27)[2019 - 12 - 25]. https://arxiv.org/pdf/1705.08584.pdf.

[144] G. Huang, Y. Yuan, Q. Xu, C. Guo, Y. Sun, F. Wu, K. Weinberger, An empirical study on evaluation metrics of generative adversarial networks, arXiv: 1802.03446.

[145] Li Y J, Swersky K, Zemel R. Generative moment matching networks[EB/OL]. (2015 - 02 - 10)[2019 - 12 - 25]. https://arxiv.org/pdf/1502.02761.pdf.

[146] Dziugaite G K, Roy D M, Ghahramani Z. Training generative neural networks via maximum mean discrepancy optimization[EB/OL]. (2015 - 05 - 14)[2019 - 12 - 25]. https://arxiv.org/pdf/1505.03906.pdf.

[147] Bińkowski M, Sutherland D J, Arbel M, et al. Demystifying MMD GANs[EB/OL]. (2018 - 03 - 21)[2019 - 12 - 25]. https://arxiv.org/pdf/1801.01401.pdf.

[148] Karras T, Aila T, Laine S, et al. Progressive growing of GANs for improved quality, stability, and variation[EB/OL]. (2018 - 02 - 26)[2019 - 12 - 25]. https://arxiv.org/pdf/1710.10196.pdf.

[149] Lehmann E L, Romano J P. Testing statistical hypotheses[M]. 3rd ed. New York: Springer, 2005.

[150] Xu Q T, Gao H, Yang Y, et al. An empirical study on evaluation metrics of generative adversarial networks[EB/OL]. (2018 - 08 - 17) [2019 - 12 - 25]. https://arxiv.org/abs/1806.07755v2.

[151] Lopez-Paz D, Oquab M. Revisiting classifier two-sample tests[EB/OL]. (2016 - 11 - 04) [2019 - 12 - 25]. https://arxiv.org/abs/1610.06545v2.

[152] Simonyan K, Zisserman A. Very deep convolutional networks for large-scale image recognition[C]//ICLR 2015. [S. l]: ICLR, 2015.

[153] Isola P, Zhu J Y, Zhou T H, et al. Image-to-image translation with conditional adversarial networks[EB/OL]. (2018 - 11 - 26)[2019 - 12 - 25]. https://arxiv.org/pdf/1611.07004.pdf.

[154] Long J, Shelhamer E, Darrell T. Fully convolutional networks for semantic segmentation [C]//2015 IEEE Conference on Computer Vision and Pattern Recogniction. New York: IEEE, 2015.

[155] Ye Y C, Wang L J, Wu Y, et al. GAN quality index (GQI) by GAN-induced classifier[C]//6th International Conference on Learning Representations. Vancouver, Canada: ICLR, 2018.

[156] Ledig C, Theis L, Huszár F, et al. Photo-realistic single image super-resolution using a generative adversarial network[EB/OL]. (2017 - 05 - 25)[2019 - 12 - 25]. https://arxiv.org/pdf/1609.04802.pdf.

[157] 霍静,兰艳艳,高阳.生成式对抗网络的研究进展与趋势[R].[S. l.]: CCF 2017—2018 中国计算机科学技术发展报告,2018.

[158] Reed S, Akata Z, Mohan S, et al. Learning what and where to draw[EB/OL]. (2016 - 10 - 08)[2019 - 12 - 25]. https://arxiv.org/pdf/1610.02454.pdf.

[159] Zhu J Y, KräHenbühl P, Shechtman E, et al. Generative visual manipulation on the natural image manifold[M]//Computer Vision — ECCV 2016. Cham: Springer International Publishing, 2016: 597 - 613.

[160] Lin C H, Yumer E, Wang O, et al. ST-GAN: spatial transformer generative adversarial networks for image compositing[EB/OL]. (2018 - 03 - 05)[2019 - 12 - 25]. https://arxiv.org/pdf/1803.01837.pdf.

[161] Deng J K, Cheng S Y, Xue N N, et al. UV-GAN: adversarial facial UV map completion for pose-invariant face recognition[EB/OL]. (2017 - 12 - 13)[2019 - 12 - 25]. https://arxiv.org/pdf/1712.04695.pdf.

[162] Johnson J, Gupta A, Li F F. Image generation from scene graphs[EB/OL]. (2018 - 04 - 02)[2019 - 12 - 25]. https://arxiv.org/pdf/1804.01622.pdf.

[163] Reed S, Akata Z, Yan X C, et al. Generative adversarial text to image synthesis[EB/OL]. (2016 - 06 - 05)[2019 - 12 - 25]. https://arxiv.org/pdf/1605.05396.pdf.

[164] Brock A, Lim T, Ritchie J M, et al. Neural photo editing with introspective adversarial networks[EB/OL]. (2017 - 02 - 06)[2019 - 12 - 25]. https://arxiv.org/pdf/1609.07093.pdf.

[165] 曹仰杰,贾丽丽,陈永霞,等.生成式对抗网络及其计算机视觉应用研究综述[J].中国图象图形学报,2018,23(10): 1433 - 1449.

[166] Wang T C, Liu M Y, Zhu J Y, et al. High-resolution image synthesis and semantic manipulation with conditional GANs[EB/OL]. (2018 - 08 - 20)[2019 - 12 - 25].

https://arxiv.org/pdf/1711.11585.pdf.
[167] Xia Y C, He D, Qin T, et al. Dual learning for machine translation[EB/OL]. (2016-11-01)[2019-12-25]. https://arxiv.org/pdf/1611.00179.pdf.
[168] Kim T, Cha M, Kim H, et al. Learning to discover cross-domain relations with generative adversarial networks[EB/OL]. (2017-05-15)[2019-12-25]. https://arxiv.org/pdf/1703.05192.pdf.
[169] Taigman Y, Polyak A, Wolf L. Unsupervised cross-domain image generation[EB/OL]. (2016-11-07)[2019-12-25]. https://arxiv.org/pdf/1611.02200.pdf.
[170] Bousmalis K, Silberman N, Dohan D, et al. Unsupervised pixel-level domain adaptation with generative adversarial networks[EB/OL]. (2017-08-23)[2019-12-25]. https://arxiv.org/pdf/1612.05424.pdf.
[171] Bosch M, Gifford C M, Rodriguez P A. Super-resolution for overhead imagery using densenets and adversarial learning[EB/OL]. (2017-11-28)[2019-12-25]. https://arxiv.org/pdf/1711.10312.pdf.
[172] 王万良,李卓蓉.生成式对抗网络研究进展[J].通信学报,2018,39(2):135-148.
[173] Bulat A, Tzimiropoulos G. Super-FAN: integrated facial landmark localization and super-resolution of real-world low resolution faces in arbitrary poses with GANs[C]//2018 IEEE/CVF Conference on Computer Vision and Pattern Recognition. New York: IEEE, 2018.
[174] Huang J B, Kang S B, Ahuja N, et al. Image completion using planar structure guidance[J]. ACM Transactions on Graphics, 2014, 33(4): 1-10.
[175] Yeh R A, Chen C, Lim T Y, et al. Semantic image inpainting with deep generative models[EB/OL]. (2017-07-13)[2019-12-25]. https://arxiv.org/pdf/1607.07539.pdf.
[176] Iizuka S, Simo-Serra E, Ishikawa H. Globally and locally consistent image completion[J]. ACM Transactions on Graphics, 2017, 36(4): 1-14.
[177] Pathak D, Krahenbuhl P, Donahue J, et al. Context encoders: feature learning by inpainting[EB/OL]. (2016-11-21)[2019-12-25]. https://arxiv.org/pdf/1604.07379.pdf.
[178] Kupyn O, Budzan V, Mykhailych M, et al. DeblurGAN: blind motion deblurring using conditional adversarial networks[EB/OL]. (2018-04-03)[2019-12-25]. https://arxiv.org/pdf/1711.07064.pdf.
[179] Huang R, Zhang S, Li T, et al. Beyond face rotation: global and local perception GAN for photorealistic and identity preserving frontal view synthesis[C]//2017 IEEE International Conference on Computer Vision (ICCV). New York: IEEE, 2017.
[180] Li Y Y, Liu S F, Yang J M, et al. Generative face completion[EB/OL]. (2017-04-

19)[2019 - 12 - 25]. https://arxiv. org/pdf/1704. 05838. pdf.

[181] Divakar N, Babu R V. Image denoising via CNNs: an adversarial approach[EB/OL]. (2017 - 08 - 01)[2019 - 12 - 25]. https://arxiv. org/pdf/1708. 00159v1. pdf.

[182] Yi X, Babyn P. Sharpness-aware low-dose CT denoising using conditional generative adversarial network[J]. Journal of Digital Imaging, 2018, 31(5): 655 - 669.

[183] Wolterink J M, Leiner T, Viergever M A, et al. Generative adversarial networks for noise reduction in low-dose CT[J]. IEEE Transactions on Medical Imaging, 2017, 36(12): 2536 - 2545.

[184] Tripathi S, Lipton Z C, Nguyen T Q. Correction by projection: denoising images with generative adversarial networks[EB/OL]. (2018 - 03 - 12)[2019 - 12 - 25]. https://arxiv. org/pdf/1803. 04477. pdf.

[185] Li J W, Monroe W, Shi T L, et al. Adversarial learning for neural dialogue generation [EB/OL]. (2017 - 09 - 24)[2019 - 12 - 25]. https://arxiv. org/pdf/1701. 06547. pdf.

[186] Lin K, Li D Q, He X D, et al. Adversarial ranking for language generation[EB/OL]. (2018 - 04 - 16)[2019 - 12 - 25]. https://arxiv. org/pdf/1705. 11001. pdf.

[187] Guo J X, Lu S D, Cai H, et al. Long text generation via adversarial training with leaked information[EB/OL]. (2017 - 12 - 08)[2019 - 12 - 25]. https://arxiv. org/pdf/1709. 08624. pdf.

[188] Kusner M, Hernández-Lobato J M. GANS for sequences of discrete elements with the gumbel-softmax distribution[EB/OL]. (2016 - 11 - 12)[2019 - 12 - 25]. https://arxiv. org/pdf/1611. 04051. pdf.

[189] Fedus W, Goodfellow I, Dai A M. MaskGAN: better text generation via filling in the ______[C]//ICLR 2018. [S. l.]: ICLR, 2018.

[190] Subramanian S, Rajeswar S, Dutil F, et al. Adversarial generation of natural language[C]. [s. l.]: [s. n.], 2017.

[191] Zhang Y Z, Gan Z, Fan K, et al. Adversarial feature matching for text generation [EB/OL]. (2017 - 11 - 18)[2019 - 12 - 25]. https://arxiv. org/pdf/1706. 03850. pdf.

[192] Xu Z, Liu B Q, Wang B X, et al. Neural response generation via GAN with an approximate embedding layer[EB/OL]. DOI: 10. 18653/v1/D17 - 1065.

[193] 王万良，李卓蓉. 生成式对抗网络研究进展[J]. 通信学报，2018，39(2)：135 - 148.

[194] Pascual S, Bonafonte A, Serrà J. SEGAN: speech enhancement generative adversarial network[C]//Interspeech 2017, ISCA: ISCA, 2017.

[195] Donahue C, McAuley J, Puckette M. Synthesizing audio with generative adversarial networks[EB/OL]. (2018 - 02 - 12)[2019 - 12 - 25]. https://arxiv. org/pdf/

1802. 04208v1. pdf.

[196] Mogren O. C-RNN-GAN: continuous recurrent neural networks with adversarial training[EB/OL]. (2016 - 11 - 29)[2019 - 12 - 25]. https://arxiv. org/pdf/1611. 09904. pdf.

[197] Goodfellow I J, Shlens J, Szegedy C. Explaining and harnessing adversarial examples [EB/OL]. (2015 - 03 - 20)[2019 - 12 - 25]. https://arxiv. org/pdf/1412. 6572. pdf.

[198] Papernot N, Carlini N, Goodfellow I, et al. Cleverhans v2. 0. 0: an adversarial machine learning library[EB/OL]. (2017 - 10 - 05)[2019 - 12 - 25]. https://arxiv. org/pdf/1610. 00768v4. pdf.

[199] Yang C F, Wu Q, Li H, et al. Generative poisoning attack method against neural networks [EB/OL]. (2017 - 03 - 03)[2019 - 12 - 25]. https://arxiv. org/pdf/1703. 01340. pdf.

[200] Akhtar N, Mian A. Threat of adversarial attacks on deep learning in computer vision: a survey[J]. IEEE Access, 2018(6): 14410 - 14430.

[201] Jin G, Shen S, Zhang D, et al. APE - GAN: adversarial perturbation elimination with GAN[C]//*ICASSP 2019 - 2019 IEEE International Conference on Acoustics, Speech and Signal Processing* (*ICASSP*). Brighton: ICASSP, 2019.

[202] Lee H, Han S, Lee J. Generative adversarial trainer: defense to adversarial perturbations with GAN[EB/OL]. (2017 - 05 - 26)[2019 - 12 - 25]. https://arxiv. org/pdf/1705. 03387. pdf.

[203] Johnson-Roberson M, Barto C, Mehta R, et al. Driving in the matrix: can virtual worlds replace human-generated annotations for real world tasks? [EB/OL]. (2017 - 02 - 25)[2019 - 12 - 25]. https://arxiv. org/pdf/1610. 01983. pdf.

[204] Shrivastava A, Pfister T, Tuzel O, et al. Learning from simulated and unsupervised images through adversarial training[EB/OL]. (2017 - 07 - 19)[2019 - 12 - 25]. https://arxiv. org/pdf/1612. 07828. pdf.

[205] Bousmalis K, Irpan A, Wohlhart P, et al. Using simulation and domain adaptation to improve efficiency of deep robotic grasping[EB/OL]. (2017 - 09 - 22)[2019 - 12 - 25]. https://arxiv. org/pdf/1709. 07857v1. pdf.

[206] Santana E, Hotz G. Learning a driving simulator[EB/OL]. (2016 - 08 - 03) [2019 - 12 - 25]. https://arxiv. org/pdf/1608. 01230. pdf.

[207] Huang V, Ley T, Vlachou-Konchylaki M, et al. Enhanced experience replay generation for efficient reinforcement learning[EB/OL]. (2017 - 05 - 29)[2019 - 12 - 25]. https://arxiv. org/pdf/1705. 08245. pdf.

[208] Wang K F, Gou C, Zheng N N, et al. Parallel vision for perception and

understanding of complex scenes: methods, framework, and perspectives[J]. Artificial Intelligence Review, 2017, 48(3): 299-329.

[209] Yu Y, Qu Wei Y, Li N, et al. Open-category classification by adversarial sample generation[EB/OL]. (2017-06-17)[2019-12-25]. https://arxiv.org/pdf/1705.08722.pdf.

[210] Odena A. Semi-supervised learning with generative adversarial networks[EB/OL]. (2016-10-22)[2019-12-25]. https://arxiv.org/pdf/1606.01583.pdf.

[211] Lamb A, Goyal A, Zhang Y, et al. Professor forcing: A new algorithm for training recurrent networks[EB/OL]. (2016-10-27)[2019-12-25]. https://arxiv.org/pdf/1610.09038.pdf.

[212] Ho J, Ermon S. Generative adversarial imitation learning[EB/OL]. (2016-06-10)[2019-12-25]. https://arxiv.org/pdf/1606.03476.pdf.

[213] Ng Andrew Y., Russell Stuart J. Algorithms for inverse reinforcement learning[C]. San Francisco, CA, USA: Morgan Kaufmann Publishers Inc., 2000.

[214] Ziebart B D, Maas A L, Bagnell J A, et al. Maximum entropy inverse reinforcement learning[C]//Proceedings of the Twenty-Third National Conference on Artificial Intelligence. Chicago, IL, USA: AAAI, 2008.

[215] RATLIFF N D, SILVER D, BAGNELL J A. Learning to search: Functional gradient techniques for imitation learning[J]. Autonomous Robots, 2009, 27(1): 25-53.

[216] Schulman J, Levine S, Moritz P, et al. Trust region policy optimization[EB/OL]. (2017-04-20)[2019-12-25]. https://arxiv.org/pdf/1502.05477.pdf.

[217] Kuefler A, Morton J, Wheeler T, et al. Imitating driver behavior with generative adversarial networks[EB/OL]. (2017-01-24)[2019-12-25]. https://arxiv.org/pdf/1701.06699.pdf.

[218] Wang Z Y, Merel J, Reed S, et al. Robust imitation of diverse behaviors[EB/OL]. (2017-07-14)[2019-12-25]. https://arxiv.org/pdf/1707.02747v2.pdf.

[219] Merel J, Tassa Y, Srinivasan S, et al. Learning human behaviors from motion capture by adversarial imitation[EB/OL]. (2017-07-10)[2019-12-25]. https://arxiv.org/pdf/1707.02201.pdf.

[220] Wang J, Yu L T, Zhang W N, et al. IRGAN: a minimax game for unifying generative and discriminative information retrieval models[EB/OL]. (2018-02-22)[2019-12-25]. https://arxiv.org/pdf/1705.10513.pdf.

[221] Frakes W B, Baeza-Yates R. Information retrieval: data structures & algorithms[M]. New Jersey: Prentice Hall, Inc., 1992.

[222] Hu W W, Tan Y. Generating adversarial malware examples for black-box attacks

based on GAN[EB/OL]. (2017-02-20)[2019-12-25]. https://arxiv.org/pdf/1702.05983.pdf.

[223] Gupta A, Zou J. Feedback GAN (FBGAN) for DNA: a novel feedback-loop architecture for optimizing protein functions[EB/OL]. (2018-04-05)[2019-12-25]. https://arxiv.org/pdf/1804.01694.pdf.

[224] Wang H W, Wang J, Wang J L, et al. GraphGAN: graph representation learning with generative adversarial nets[EB/OL]. (2017-11-22)[2019-12-25]. https://arxiv.org/pdf/1711.08267.pdf.

[225] Makhzani A, Shlens J, Jaitly N, et al. Adversarial autoencoders[EB/OL]. (2016-05-25)[2019-12-25]. https://arxiv.org/pdf/1511.05644.pdf.

[226] 柴梦婷,朱远平.生成式对抗网络研究与应用进展[J].计算机工程,2019,45(9):222-234.

[227] Kadurin A, Aliper A, Kazennov A, et al. The cornucopia of meaningful leads: applying deep adversarial autoencoders for new molecule development in oncology[J]. Oncotarget, 2017, 8(7): 10883-10890.

3 模型驱动深度学习

孙　剑

孙剑，西安交通大学数学与统计学院信息科学系，电子邮箱：jiansun@xjtu.edu.cn

3.1 模型驱动深度学习概述

当前,人工智能方法取得了重大进展。深度学习[1]作为一类机器学习算法,本质上使用多层非线性处理单元级联进行特征提取和转换,已经成为发展新一代人工智能技术的核心工具。深度学习概念最早由 Geoffrey E. Hinton 团队于 2006 年发表在 *Science* 上的一篇论文提出[2]。2010 年左右,随着 GPU 计算能力的提升以及互联网带来的海量数据,深度学习发展迎来了新的阶段。2011 年,微软公司将深度学习应用于语音识别并取得了性能突破。2012 年,Geoffrey E. Hinton 团队成功训练深度模型 AlexNet 并在 ImageNet 图像识别大赛中一举夺冠,之后深度神经网络在图像识别领域不断刷新纪录[3]。近几年,随着深度学习网络结构、训练方法以及计算硬件的快速发展,深度学习技术在医疗影像、自动驾驶、机器翻译、语音识别等多个领域的应用不断取得成功[4-6]。2019 年,计算机界最高奖——图灵奖——颁给了深度学习 3 位先驱:Hinton,LeCun 和 Bengio 教授。

深度学习方法的成功主要依赖于如下 3 个方面:庞大的深度神经网络模型(大模型)、大量的训练数据(大数据)和大量的计算代价(大算力)。深度学习方法往往依赖于一个大的深度神经网络模型,该模型包含大量的未知参数;进一步依赖于大量的训练数据,并通过大量的计算代价进行深度神经网络模型的参数训练。深度神经网络模型作为一种基本的黑箱非线性变换,通过数据驱动方式实现输入数据到目标判定之间的非线性变换学习。这些深度学习技术的特性决定了深度学习的突破性研究大都依赖于好的计算资源和数据资源,而学术界往往缺少足够资源。

深度学习技术的特点决定了其具有如下的缺点与不足:

(1) 可解释性不足。目前大多数网络拓扑结构固定且具有黑箱特性,例如,如何确定深度网络的深度(层数)、每层的神经元个数、神经元内部及每层之间的非线性变换等。

(2) 难以融入领域知识。网络结构中的常见变换,例如全连接层、卷积层、非线性变换层(ReLU 等),结构固定,具有通用性,但这些变换的堆叠并没有有效融入对领域知识的显示建模。而如何将领域知识融入网络结构是一项具有挑战性的工作。

(3) 依赖大样本与强标注。网络拓扑结构具有黑箱特性,其所确定的网络变换尽管具有通用性和潜在能力，但并未结合领域知识进行建模，因此依赖大量的训练样本来确定网络参数以实现所需要的非线性变换。

因此，随之而来两个问题是：① 能否有深度学习的网络拓扑选择基础，以实现网络层映射的可设计和可解释以及结果的可预期？② 能否将领域中的物理知识和模型融入网络结构中，以降低对数据的依赖，并且实现领域知识指导网络拓扑结构设计？

模型驱动深度学习[7]通过有效结合模型驱动与数据驱动两种途径的各自优势，在一定程度上可以缓解深度学习所面临的上述两个基本问题。模型驱动方法的主要思路如下：首先，从目标、机理、先验出发形成学习的一个模型族（例如参数化代价函数或者统计分布/后验分布）；其次，通过优化、极大后验、变分推断等方式利用迭代算法（即算法族）来获得模型的解，所形成的算法族含未定参数；最后，将算法族展开为深度结构，该结构可认为是一种层次化的非线性变换，由各种数学操作堆叠而成，是一种推广的深度网络。模型驱动深度网络的算法参数包括模型族参数和模型求解算法超参数，也可以以数据驱动方式通过误差反向传播算法优化网络参数。

目前，已经出现了一系列模型驱动与数据驱动结合的深度学习方法[8-15]，这些算法展现了其在解决视觉等应用问题中的有效性。模型驱动深度学习的优势体现在：一方面，以模型与知识嵌入为指导驱动网络结构设计，使得网络结构中的可学习操作具有明显的可解释性，且网络结构所确定的假设函数空间更为明确、解决问题的目标性更强，从而有可能降低对数据的依赖；另一方面，模型驱动深度学习作为一种工具，可通过学习的方式解决传统模型的超参数选择问题，且可进一步增强传统模型中的某些先验约束、非线性映射的能力。因此，模型驱动深度学习建立起了传统建模方法与现代机器学习方法的桥梁，对两个方面均有促进作用。

模型驱动深度学习方法的早期工作主要聚焦于经典模型的判别式参数学习，其背后的模型驱动深度学习的思想还未得到充分认识。最具模型驱动深度学习特点的早期方法包括 Yann LeCun 教授团队[8]提出的可学习的、稀疏编码快速优化的阈值迭代算法，以及孙剑和 Marshall Tappen 教授[10]提出的图像马尔可夫随机场(Markov random field，MRF)判别式参数学习方法。可学习的稀疏编码将阈值迭代算法展开为深度结构，可以实现用较少的有限步迭代获得高精度的稀疏编码，大大加快了稀疏编码求解速度。孙剑和 Marshall Tappen 教授[10]从图像 MRF 建模与参数学习角度，提出了非局部 MRF(non-local rang MRF，NLRMRF)模型、可分 MRF 模型，并将上述统计模型的参数学习问题通过极大后验梯度迭代算法展开为深度结构，从而将参数学习问题转化为深度结构的参数学习问题。上述工作是模型驱动深度学习的早期工作，但在当时并不认为其是一种深度学习方法，其重要性也没有得到充分认识。自 2013 年，随着深度学习方法的兴起，上述工作的思想得到更为充分的挖掘，其深度学习的本质获得了逐步认可。

模型驱动深度学习的思想与概念在文献[7]中由徐宗本院士和孙剑教授首次总结与提出。基于模型驱动深度学习的概念，模型驱动深度学习方法可以归纳为以下几种主要类型，更为详细的介绍见第 3.2～3.4 节。

1）优化模型驱动的深度学习方法

该类方法的核心思想是利用模型的优化算法展开确定深度网络结构，利用优化算法的收敛性和收敛性速度理论来确定网络深度。其具体体现在将模型的迭代优化算法展开为深度结构，即将迭代算法的迭代计算过程看作一个多层的深度结构，迭代次数决定了深度结构的深度。在文献[10]中，梯度下降优化迭代过程展开为一个深度结构，并采用反向传播算法优化迭代算法中的所有待确定参数。文献[14]进一步提出了如何将共轭梯度类算法展开为深度结构，并给出误差反向传播（back-propagation，BP）计算所需梯度。稀疏正则化的阈值迭代类优化算法的深度学习算法最早出现于文献[3]，其将阈值迭代算法如迭代收缩阈值算法（iterative shrinkage-thresholding algorithm，ISTA）、快速迭代收缩阈值算法（fast iterative shrinkage-thresholding algorithm，FISTA）等展开为深度结构。

上述的早期工作在提出时并没有认识到是深度学习算法。近年来，明确认为优化算法展开为网络的方法是一种新的深度学习方法。最典型的新近工作介绍如下。针对压缩传感核磁共振成像问题，文献[9]中提出交替方向乘子法（alternating direction method of multiplier，ADMM）深度网络算法，其主要思想是针对压缩传感核磁共振成像的优化模型，提出相应的 ADMM 迭代优化算法并将迭代过程展开为深度网络结构；与经典的梯度下降或阈值迭代展开网络不同，该文献提出将迭代优化过程用数据流图进行表达，通过网络训练可显著提高压缩传感核磁共振成像的成像精度。针对信号恢复问题标准正则化模型，文献[15]通过将在正则化模型优化中的近端算子（proximal operator）的正则化作用用去噪深度网络进行替代，从而实现用深度网络进行正则化学习。而文献[16]基于原始对偶（proximal-dual）优化算法设计网络结构以解决底层视觉处理问题。上述方法在解决图像和信号恢复问题上取得了当前领先的效果。

2）统计模型驱动的深度学习方法

统计方法的推断过程也可以展开为深度网络结构，从而将统计模型参数学习和统计推断一体化作为可学习的深度网络学习问题。例如,将参数化 MRF 模型的极大后验优化算法转化为深度学习过程,实现模型参数的判别式学习[10];将条件随机场(conditional random field,CRF)模型的平均场(mean-field)推断算法迭代过程展开为深度神经网络,定义为特定网络层并放置于标准的全卷积深度神经网络结构之后,新定义的深度神经网络在图像的语义分割问题应用中取得了很好的应用效果[17]。文献[18]研究了空间混合模型(spatial mixture model),该混合模型中的每个子模型参数采用深度网络进行学习,并采用期望最大化(expectation maximization,EM)算法框架建立可微的聚类算法以实现感知聚类。

3) 其他领域模型驱动的深度学习方法

近年来,深度学习方法与控制、通信、微分方程等领域结合,衍生出了特定领域模型驱动的深度学习方法,例如如何结合通信领域中的物理模型和数据驱动的深度学习技术实现智能化通信,将成为模型驱动深度学习的新应用领域。更多的新研究方向见第 3.4 节中的阐述。

3.2 优化模型驱动的深度学习

优化模型驱动的深度学习的基本研究思路如下。很多实际问题往往可以建模为一个能量函数极小化问题,而能量函数的最优解即为所期望的解。能量函数极小化问题往往通过优化算法迭代求解,而每次迭代的操作可以认为是层次化的数学变换。将这些变换推广为参数化形式,并通过优化更新规则决定的层次化变换连接关系构成了深度网络结构,进一步由数据驱动方式学习变换的参数,实现能量模型的快速优化,或者学习能量模型中的未知量或未知项。下面将介绍两种典型的优化模型驱动深度学习方法。

3.2.1 稀疏编码优化深度网络

稀疏编码是语音与图像信号处理、生物信息学等领域广泛使用的数学模型[19-23],其基本思想是将信号表达为基元的稀疏线性组合,而稀疏线性组合系数的求解可通过极小化稀疏正则化能量模型实现。该模型的极小化往往需要几百次或上千次迭代,因此如何在保证获得高精度组合系数的同时降低迭代次数是一个重要问题。

求解稀疏编码优化问题往往采用阈值迭代优化算法或者其改进的优化算

法，而文献[8]首次提出采用判别式学习方法来高效求解稀疏编码优化问题，其主要贡献是提出一种高效的、基于学习的方法，可实现在很少的固定迭代步内快速计算稀疏编码的近似值。

1. 稀疏编码问题及其优化

稀疏编码优化问题可描述如下。对于给定的输入向量 $\boldsymbol{X} \in \mathbf{R}^n$，以及给定的字典 $\boldsymbol{W} \in \mathbf{R}^{n\times m}$，当 $m>n$ 时，该字典 $\boldsymbol{W}$ 是过完备字典。稀疏优化问题的目标是寻找最优稀疏编码向量 $\boldsymbol{\alpha} \in \mathbf{R}^m$，以极小化如下能量函数：

$$E(\boldsymbol{\alpha}; \boldsymbol{X}, \boldsymbol{W}) = \frac{1}{2} \| \boldsymbol{X} - \boldsymbol{W\alpha} \|_2^2 + \lambda \| \boldsymbol{\alpha} \|_1 \tag{3-1}$$

在该能量函数中，第一项能量项约束字典 $\boldsymbol{W}$ 中的基元的线性组合逼近给定的输入向量 $\boldsymbol{X}$，第二项约束线性组合系数向量 $\boldsymbol{\alpha}$ 是稀疏的。

求解最优稀疏编码的典型优化算法是 ISTA[24] 和 FISTA[25]。给定一个输入向量 $\boldsymbol{X}$，ISTA 的迭代公式为

$$\boldsymbol{\alpha}_{k+1} = h_\tau(\boldsymbol{W}_\mathrm{e}\boldsymbol{X} + \boldsymbol{S}\boldsymbol{\alpha}_k),\ \boldsymbol{\alpha}_0 = \mathbf{0} \tag{3-2}$$

首先，我们定义一个常数 L，它是特征值 $\boldsymbol{W}^\mathrm{T}\boldsymbol{W}$ 的最大特征值上界。式(3-2)中的相关量定义为

$$\boldsymbol{W}_\mathrm{e} = \frac{1}{L}\boldsymbol{W}^\mathrm{T},\ \boldsymbol{S} = \boldsymbol{I} - \frac{1}{L}\boldsymbol{W}^\mathrm{T}\boldsymbol{W} \tag{3-3}$$

函数 h_τ 为逐元素的软阈值函数，$h_\tau(V)_i = \mathrm{sign}(V_i)(|V_i| - \tau)_+$，其中 V_i 代表向量 $\mathbf{V}$ 中的第 i 个元素。在标准的软阈值迭代函数中，阈值统一取值 $\tau = \dfrac{\alpha}{L}$。ISTA 形式简单，但是其收敛速度较慢。可以证明，如果要获得稀疏编码的 ε 最优解，算法需要迭代 C/ε 次，其中参数 C 依赖于 L，以及初始化 $\boldsymbol{\alpha}_0$ 和最优解距离。ISTA 的收敛率与梯度下降法一致，即为 $O(1/k)$。

FISTA 是 ISTA 的加速版本，其主要通过引用加速策略来提高迭代收缩阈值算法的收敛速度[25]。该算法的不同之处在于引入了动力学中的动量概念。在每次迭代中，更新的稀疏编码等于收缩函数应用于前一次迭代编码向量并加上一个系数乘以收缩函数的最近两次输出的差异。与 ISTA 相比，FISTA 的收敛率提高至 $O(1/k^2)$，在实际应用中往往仅需要几十次迭代得到最优稀疏编码。具体地，在每 k 次迭代时，更新公式如下：

$$\boldsymbol{\alpha}_k = h_\tau(\boldsymbol{W}_\mathrm{e}\boldsymbol{X} + \boldsymbol{S}\tilde{\boldsymbol{\alpha}}_k),\ t_{k+1} = \frac{1 + \sqrt{1 + 4t_k^2}}{2},$$

$$\tilde{\boldsymbol{a}}_{k+1}=\boldsymbol{\alpha}_k+(\boldsymbol{\alpha}_k-\boldsymbol{\alpha}_{k-1})\frac{t_k-1}{t_{k+1}}$$

2. 稀疏编码深度网络

上述稀疏优化算法往往需要几十次甚至几百次迭代优化才能获得最优稀疏编码，随之而来的问题是是否可以设计一个参数化的非线性“编码器”函数来预测最优稀疏编码。解决该问题的基本思想是设计一个固定深度的非线性参数化深度结构，可以训练该结构以近似获得最优的稀疏代码[8]。编码器的深度结构可表示为

$$\alpha=f(\boldsymbol{X};\Theta)$$

其中，Θ 为稀疏编码器中的可训练参数集合。我们可以使用随机梯度下降法来实现编码器的训练。假设 $\{\boldsymbol{X}_1, \boldsymbol{X}_2, \cdots, \boldsymbol{X}_p\}$ 是训练数据集合，求解稀疏编码的优化问题为

$$\boldsymbol{\alpha}_i^*=\arg\min_{\alpha}\{E(\boldsymbol{\alpha};\boldsymbol{X}_i,\boldsymbol{W})=\frac{1}{2}\|\boldsymbol{X}_i-\boldsymbol{W\alpha}\|_2^2+\lambda\|\boldsymbol{\alpha}\|_1\},\ i=1,2,\cdots,p$$

编码器的训练目标是使得如下损失函数最小化：

$$L(\Theta)=\sum_i\|f(\boldsymbol{X}_i;\Theta)-\boldsymbol{\alpha}_i^*\|_2^2$$

$L(\Theta)$ 为在训练集上的预测稀疏编码与目标稀疏编码之间的平方误差，可通过简单的随机梯度下降算法优化编码器的参数：

$$\Theta^{j+1}=\Theta^j-\eta\frac{\mathrm{d}L(\Theta)}{\mathrm{d}\Theta}$$

其中，η 为梯度下降的步长参数。

下面介绍如何构造稀疏编码器的深度结构。如图 3－1 所示，将式(3－2)中所示的 ISTA 的迭代过程按迭代次数展开为深度结构，其中 $\boldsymbol{W}_e$，$\boldsymbol{S}$，τ 均为稀疏

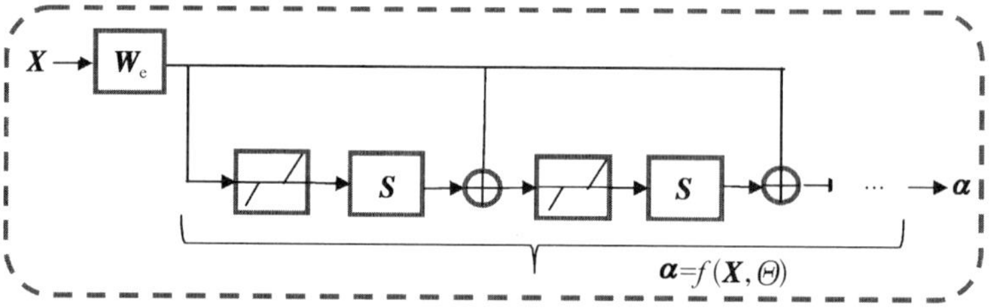

图 3－1　ISTA 展开稀疏编码深度网络结构

编码器的待学习参数。这些参数可以通过反向传播算法进行优化。具体地，首先通过链式求导法则计算训练误差函数关于这些参数的导数，然后通过随机梯度下降法进行参数的训练。在训练之后，稀疏编码器以固定的计算代价来预测近似的稀疏编码。上述基于学习的 ISTA 称为 LISTA 算法。

表 3-1 比较了采用不同稀疏编码器进行可学习的稀疏编码求解的算法结果，算法结果的误差采用均方差测度。由表 3-1 的结果可见，采用 ISTA 算法展开神经网络(LISTA)作为编码器，所学习的深度网络生成的近似解相对于其他编码器结构可以得到更高的逼近精度。值得一提的是，学习到的 LISTA 算法只需要迭代 1 次即可以达到较高的稀疏编码求解精度，而迭代 3 次的结果有进一步提升。

表 3-1 可学习的稀疏编码求解算法结果比较

编码器结构	100 维编码	400 维编码
$\boldsymbol{D}\tanh(\boldsymbol{x})$	8.6	10.7
$\boldsymbol{D}(\tanh(\boldsymbol{x}+\boldsymbol{u})+\tanh(\boldsymbol{x}-\boldsymbol{u}))$	3.33	4.62
LISTA (1 次迭代)	1.50	2.45
LISTA (3 次迭代)	0.98	2.12

上述可学习的稀疏编码器将迭代阈值算法的优化过程展开为网络，作为可学习的稀疏编码优化器。优化器参数学习的主要作用在于有效提升迭代阈值算法逼近最优解(即最优稀疏编码)的收敛速度，但其并未学习稀疏编码的模型本身。

3.2.2 ADMM 深度网络及其在压缩传感成像中的应用

上述可学习的稀疏编码方法的主要目的是加速原始稀疏正则化模型的优化速度。下面介绍的压缩传感成像的深度学习方法可同时学习正则化模型和优化算法超参数，有助于解决压缩传感的稀疏性先验建模难以及迭代优化速度慢的问题。通过自适应学习变换域、变换域内稀疏性正则化、迭代优化算法超参数，该方法可有效应用于医学影像核磁共振成像，成为优化模型驱动深度学习方法的典型例子。

1. 压缩传感模型与 ADMM 算法

核磁共振成像(magnetic resonance imaging，MRI)是一种对软组织病灶进行非电离性临床检测的有效手段，广泛应用于辅助医疗诊断。但核磁共振成像技术采样速度慢，而基于压缩感知(compressive sensing)的 MRI 重构[26-28]是解决这一问题的有效途径。压缩传感核磁共振成像(CS-MRI)利用压缩感知原理从低于奈奎斯特采样频率的采样数据中重构高质量图像,是一个典型的数学反问题。

压缩传感核磁共振成像的建模如下。令 $\boldsymbol{x} \in \mathbf{C}^N$ 是一个被重构的 MRI 图像,$\boldsymbol{y} \in \mathbf{C}^{N'}(N' < N)$ 是在 k-空间(傅里叶空间)中的欠采样数据,根据压缩感知理论[23],CS-MRI 重构模型可以建模为如下优化问题:

$$\hat{\boldsymbol{x}} = \arg\min_{\boldsymbol{x}} \left\{ \frac{1}{2} \| \boldsymbol{A}\boldsymbol{x} - \boldsymbol{y} \|_2^2 + \sum_{l=1}^{L} \lambda_l g(\boldsymbol{D}_l \boldsymbol{x}) \right\} \tag{3-4}$$

式中,$\boldsymbol{A} = \boldsymbol{P}\boldsymbol{F}$ 是测量矩阵,$\boldsymbol{P}$ 是欠采样矩阵;$\boldsymbol{F}$ 是傅里叶变换矩阵;$\boldsymbol{D}_l$ 表示一个线性滤波操作对应的变换;$g(\cdot)$ 表示一个正则化函数;λ_l 是一个正则化参数;L 是可能的变量分组参数。参数 D_l、g、λ_l、L 都是不确定和可供选择的(反映建模的不精确性和不确定性),从而式(3-4)定义了一个 CS-MRI 模型族。该模型是压缩传感核磁共振成像模型的一般化模型形式。特别地,当 $g(\cdot) = |\cdot|_p^p (p \leqslant 1)$ 时,式(3-4)为稀疏正则化约束的压缩传感核磁共振成像模型[29-30]。

模型族式(3-4)可采用 ADMM 方法有效优化求解[31]。更具体地,通过引入辅助变量 $\boldsymbol{z} = \{\boldsymbol{z}_1, \boldsymbol{z}_2, \cdots, \boldsymbol{z}_L\}$,可以重写式(3-4)为

$$\begin{gathered} \min_{x, z} \left\{ \frac{1}{2} \| \boldsymbol{A}\boldsymbol{x} - \boldsymbol{y} \|_2^2 + \sum_{l=1}^{L} \lambda_l g(\boldsymbol{z}_l) \right\} \\ \text{s.t. } \boldsymbol{z}_l = \boldsymbol{D}_l \boldsymbol{x}, \ \forall l = 1, 2, \cdots, L \end{gathered} \tag{3-5}$$

与该问题对应的增广拉格朗日函数为

$$\begin{aligned} L_\rho(\boldsymbol{x}, \boldsymbol{z}, \boldsymbol{\alpha}) = \frac{1}{2} \| \boldsymbol{A}\boldsymbol{x} - \boldsymbol{y} \|_2^2 + \sum_{l=1}^{L} \Big\{ & \lambda_l g(\boldsymbol{z}_l) - \langle \boldsymbol{\alpha}_l, \boldsymbol{z}_l - \boldsymbol{D}_l \boldsymbol{x} \rangle + \\ & \frac{\rho_l}{2} \| \boldsymbol{z}_l - \boldsymbol{D}_l \boldsymbol{x} \|_2^2 \Big\} \end{aligned} \tag{3-6}$$

式中,$\boldsymbol{\alpha} = \{\alpha_1, \alpha_2, \cdots, \alpha_L\}$ 是拉格朗日乘子;$\rho = \{\rho_1, \rho_2, \cdots, \rho_L\}$ 是惩罚系数。求解式(3-6)的 ADMM 算法是交替求解如下 3 个子问题的迭代过程:

$$\begin{cases} \boldsymbol{x}^{(n+1)} = \arg\min_{\boldsymbol{x}} \dfrac{1}{2} \| \boldsymbol{A}\boldsymbol{x} - \boldsymbol{y} \|_2^2 + \sum_{l=1}^{L} \left\{ \dfrac{\rho_l}{2} \| \boldsymbol{z}_l^{(n)} - \boldsymbol{D}_l \boldsymbol{x} \|_2^2 - \langle \boldsymbol{\alpha}_l^{(n)}, \boldsymbol{z}_l^{(n)} - \boldsymbol{D}_l \boldsymbol{x} \rangle \right\} \\ \boldsymbol{z}^{(n+1)} = \arg\min_{\boldsymbol{z}} \sum_{l=1}^{L} \left\{ \lambda_l g(\boldsymbol{z}_l) - \langle \boldsymbol{\alpha}_l^{(n)}, \boldsymbol{z}_l - \boldsymbol{D}_l \boldsymbol{x}^{(n+1)} \rangle + \dfrac{\rho_l}{2} \| \boldsymbol{z}_l - \boldsymbol{D}_l \boldsymbol{x}^{(n+1)} \|_2^2 \right\} \\ \boldsymbol{\alpha}^{(n+1)} = \arg\min_{\alpha} \sum_{l=1}^{L} \langle \boldsymbol{\alpha}_l, \boldsymbol{D}_l \boldsymbol{x}^{(n+1)} - \boldsymbol{z}_l^{(n+1)} \rangle \end{cases}$$

其中 n 表示第 n 步迭代。为求解这 3 个子问题，可令 $\boldsymbol{\beta}_l=\dfrac{\boldsymbol{\alpha}_l}{\rho_l}$，并把 $\boldsymbol{A}=\boldsymbol{PF}$ 代入，则

$$\begin{cases}\boldsymbol{x}^{(n)}=\boldsymbol{F}^{\mathrm{T}}\left(\boldsymbol{P}^{\mathrm{T}}\boldsymbol{P}+\sum_l\rho_l\boldsymbol{F}\boldsymbol{D}_l^{\mathrm{T}}\boldsymbol{D}_l\boldsymbol{F}^{\mathrm{T}}\right)^{-1}\left[\boldsymbol{P}^{\mathrm{T}}\boldsymbol{y}+\sum_l\rho_l\boldsymbol{F}\boldsymbol{D}_l^{\mathrm{T}}(\boldsymbol{z}_l^{(n-1)}+\boldsymbol{\beta}_l^{(n-1)})\right]\\ \boldsymbol{z}_l^{(n)}=S\left(\boldsymbol{D}_l\boldsymbol{x}^{(n)}+\boldsymbol{\beta}_l^{(n-1)};\ \dfrac{\lambda_l}{\rho_l}\right)\\ \boldsymbol{\beta}_l^{(n)}=\boldsymbol{\beta}_l^{(n-1)}+\eta_l(\boldsymbol{D}_l\boldsymbol{x}^{(n)}-\boldsymbol{z}_l^{(n)})\end{cases} \tag{3-7}$$

式中，$S(\cdot)$ 为一个与 $g(\cdot)$ 有关的非线性投影函数；η_l 为更新率。算法族式(3-7)即是求解模型族式(3-1)的 ADMM 迭代过程。当使用传统的基于模型方法求解时，所有的线性变换 D_l、非线性投影函数 $S(\cdot)$ 和算法参数 λ_l 及 ρ_l 都必须事先给定。$\boldsymbol{x}^{(n)}$ 可以通过快速傅里叶变换(fast Fourier transform，FFT)来快速计算。

2. ADMM 深度网络

算法族式(3-7)中包含了模型族式(3-4)中的未定正则化项，同时也包含了 ADMM 优化算法中超参数。下面，我们将上述算法族转化为新型的深度神经网络结构。具体地，我们将 ADMM 算法族式(3-7)展开成一个 T 层深度神经网络，并称之为 ADMM-Net。根据相应公式，ADMM-Net 的拓扑如图 3-2 所示，它由 T 层操作单元串联组成，每个操作单元包含 4 个网络层：重构层、卷积层、非线性变换层及乘子更新层。

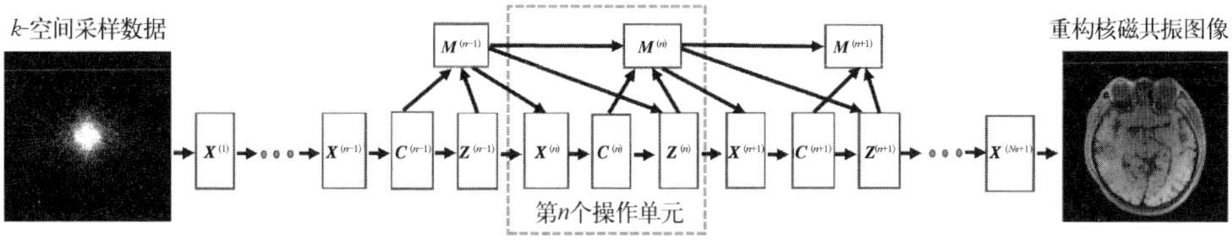

图 3-2 ADMM-Net 的拓扑(输入 k-空间采样数据，经过 T 层处理后输出重构核磁共振图像)[9]

(1) 重构层 ($\boldsymbol{X}^{(n)}$)。这个网络层来源于式(3-6)中的重构运算，经过这层操作，可以重构出一幅核磁共振图像。给定输入 $\boldsymbol{z}_l^{(n-1)}$ 和 $\beta_l^{(n-1)}$，该层的输出为

$$\boldsymbol{x}^{(n)}=\boldsymbol{F}^{\mathrm{T}}(\boldsymbol{P}^{\mathrm{T}}\boldsymbol{P}+\sum_l\rho_l^{(n)}\boldsymbol{F}\boldsymbol{H}_l^{(n)\mathrm{T}}\boldsymbol{H}_l^{(n)}\boldsymbol{F}^{\mathrm{T}})^{-1}[\boldsymbol{P}^{\mathrm{T}}\boldsymbol{y}+\\ \sum_l\rho_l^{(n)}\boldsymbol{F}\boldsymbol{H}_l^{(n)\mathrm{T}}(\boldsymbol{z}_l^{(n-1)}+\boldsymbol{\beta}_l^{(n-1)})]$$

式中，$\boldsymbol{H}_l^{(n)}$ 表示第 l 个线性滤波变换；$\rho_l^{(n)}$ 表示第 l 个惩罚系数。在第 1 个操作单元 ($n=1$) 中，可取 $\boldsymbol{z}_l^{(0)}$ 和 $\boldsymbol{\beta}_l^{(0)}$ 为零。

(2) 卷积层 ($\boldsymbol{C}^{(n)}$)。这个网络层执行卷积操作。给定图像 $\boldsymbol{x}^{(n)}$，该层输出是

$$\boldsymbol{c}_l^{(n)}=\boldsymbol{D}_l^{(n)}\boldsymbol{x}^{(n)}$$

其中，$\boldsymbol{D}_l^{(n)}$ 表示第 l 个可学习的线性滤波变换。为了进一步拓展网络的性能，不限制每层的各种参数保持一致。

(3) 非线性变换层 ($\boldsymbol{Z}^{(n)}$)。这个网络层来源于式(3-7)中的非线性投影函数操作。为了参数化，我们假定这里的非线性函数 S 具有分段线性形式 $S=S_{\mathrm{PLE}}$。$S_{\mathrm{PLE}}(\cdot)$ 是由控制点 $\{p_i,\ q_{l,i}^{(n)}\}_{i=1}^{N_c}$ 所确定的分段线性函数(见图 3-3)，假定 $\{p_i\}_{i=1}^{N_c}$ 事先选定，但 $\{q_{l,i}^{(n)}\}_{i=1}^{N_c}$ 通过学习给出。给定输入 $\boldsymbol{c}_l^{(n)}$ 和 $\boldsymbol{\beta}_l^{(n-1)}$，该层的输出为

$$\boldsymbol{z}_l^{(n)}=S_{\mathrm{PLE}}(\boldsymbol{c}_l^{(n)}+\boldsymbol{\beta}_l^{(n-1)};\ \{p_i,\ q_{l,i}^{(n)}\}_{i=1}^{N_c}) \tag{3-8}$$

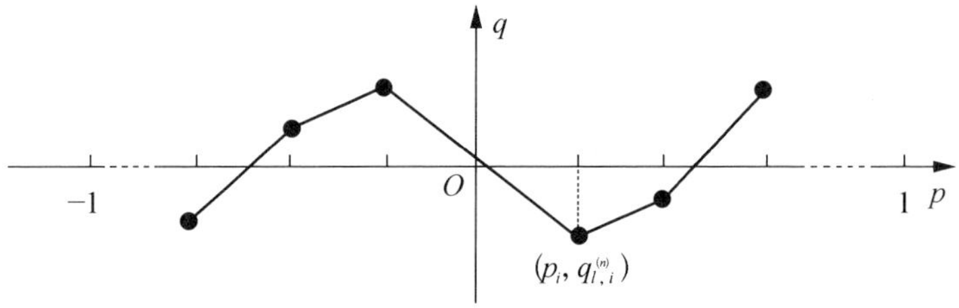

图 3-3 由控制点确定的非线性变换

(4) 乘子更新层 ($\boldsymbol{M}^{(n)}$)。这个网络层来源于式(3-7)中的乘子更新操作。给定输入 $\boldsymbol{\beta}_l^{(n-1)}$、$\boldsymbol{c}_l^{(n)}$ 和 $\boldsymbol{z}_l^{(n)}$，该层的输出为

$$\boldsymbol{\beta}_l^{(n)}=\boldsymbol{\beta}_l^{(n-1)}+\eta_l^{(n)}(\boldsymbol{c}_l^{(n)}-\boldsymbol{z}_l^{(n)}) \tag{3-9}$$

式中，$\eta_l^{(n)}$ 表示第 l 个可学习的参数。

综上所定义，ADMM-Net 需要学习的参数包括重构层的 $\boldsymbol{H}_l^{(n)}$ 和 $\rho_l^{(n)}$、卷积层的 $\boldsymbol{D}_l^{(n)}$、非线性变换层的 $\{p_i\}_{i=1}^{N_c}$ 以及乘子更新层的 $\eta_l^{(n)}$，其中 $l\in\{1,\ 2,\ \cdots,\ L\}$ 和 $n\in\{1,\ 2,\ \cdots,\ N_s\}$ 分别表示滤波器和操作单元的指标。训练 ADMM-Net 需要首先对网络参数进行初始化。我们建议取初始线性变换 $\boldsymbol{D}_l$ 为离散余弦变换(discrete cosine transform，DCT)，初始化正则子为 ℓ_1 正则子，于是对应的非线性投影函数取为软阈值函数，其他参数随机初始化。

类似于一般的深度神经网络，我们也基于训练样本来确定 ADMM - Net 中的参数。由于核磁共振图像的成像机制清晰，我们可以基于物理机制生成 k -空间采样数据与全采样图像对。具体地，对于 CS - MRI 问题，全采样下的重构图像 $\boldsymbol{x}^{gt}$ 与其相对应的 k -空间采样数据 $\boldsymbol{y}$ 构成一对样本，因此基于已知的 MRI 图像可构造样本集 $\mathcal{D}=\mathcal{D}_{\text{training}} \cup \mathcal{D}_{\text{test}}$。进一步，取定一个损失函数，例如

$$R(\theta)=\frac{1}{\Gamma}\sum_{(\boldsymbol{y},\, \boldsymbol{x}^{gt})\in \mathcal{D}_{\text{training}}} \frac{\|\hat{\boldsymbol{x}}(\boldsymbol{y},\, \theta)-\boldsymbol{x}^{gt}\|_2}{\|\boldsymbol{x}^{gt}\|_2} \tag{3-10}$$

式中，Γ 是 $\mathcal{D}_{\text{training}}$ 所含样本个数；$\hat{\boldsymbol{x}}(\boldsymbol{y},\, \theta)$ 为以 k -空间采样数据 $\boldsymbol{y}$ 为输入的网络输出。通过在训练集上极小化该损失函数来确定 ADMM - Net 中的参数：

$$\theta=\{\boldsymbol{H}_l^{(n)},\, \rho_l^{(n)},\, \boldsymbol{D}_l^{(n)},\, \{p_i\}_{i=1}^{N_c},\, \eta_l^{(n)}\}_{n=1}^{N_s} \cup \{\boldsymbol{H}_l^{(N_s+1)},\, \rho_l^{(N_s+1)}\},$$
$$l=1,\, 2,\, \cdots,\, L$$

在实际应用中，对给定 k -空间采样数据 $\boldsymbol{y}$，ADMM - Net ($\boldsymbol{y}$) 输出即为重构的核磁共振图像。

为极小化式(3 - 10)以优化 ADMM - Net 网络参数，我们可以采用梯度下降类优化算法，该方法的主要困难在于如何计算 $R(\theta)$ 对参数 $\theta=(\theta_1,\, \theta_2,\, \cdots,\, \theta_T)$ 的梯度。仿照神经网络中的 BP 格式，该梯度可反向逐层计算如下：

$$\frac{\partial R}{\partial \theta}=\left\{\frac{\partial R}{\partial \theta_k}\right\}_{k=1}^{\mathrm{T}},\quad \frac{\partial R}{\partial \theta_k}=\frac{\partial R}{\partial f_T}\frac{\partial f_T}{\partial f_{T-1}}\cdots\frac{\partial f_k}{\partial \theta_k} \tag{3-11}$$

上述梯度可以基于 ADMM - Net 网络层定义逐层进行计算，也可以采用 Pytorch、TensorFlow 等可微编程工具自动计算损失函数相对于网络参数的导数。

3. 实验验证

我们应用上述方法完成了一系列应用验证。例如，我们随机挑选了 150 张脑部 MRI 全采样重构图像，按不同采样率对其在 k -空间进行采样，由此获得了 150 对脑部 MRI 全采样重构样本。我们将其中的 100 对样本作为训练数据，剩余的 50 对作为测试数据。k -空间采样模式选择为拟径向采样，采样率分别取 20%、30%、40%、50%。表 3 - 2 中展示了 ADMM - Net 与各种传统的和新近的 CS - MRI 方法在不同的采样率下的性能比较，这些传统方法包括 Zero-filling、TV [26] 和 RecPF[31]，而新近方法包括 SIDWT[33]、PANO[34] 及 FDLCP[35]。为客观比较结果精度，采用测试集上的规范化均方误差(normalized mean squared error，NMSE)和峰值信噪比(peak signal to noise ratio，PSNR)进行测度。

ADMM-Net 的层数 $T=15$，并且所有实验在处理器为 i7-4790k(CPU)的个人计算机上进行运行比较。由于传统方法在 CPU 上运行，所以我们主要在相同 CPU 上比较不同算法的计算速度。当然，ADMM-Net 作为一种深度学习方法，可以在 GPU 上加速运行。

表 3-2　不同方法在不同采样率下脑部数据的比较结果

方　法	20%采样率		30%采样率		40%采样率		50%采样率		运行时间/s
	NMSE	PSNR	NMSE	PSNR	NMSE	PSNR	NMSE	PSNR	
Zero-filling	0.170 0	29.96	0.124 7	32.59	0.096 8	34.76	0.077 0	36.73	0.001 3
TV	0.092 9	35.20	0.067 3	37.99	0.053 4	40.00	0.044 0	41.69	0.739 1
RecPF	0.091 7	35.32	0.066 8	38.06	0.053 3	40.03	0.044 0	41.71	0.310 5
SIDWT	0.088 5	35.66	0.062 0	38.72	0.048 4	40.88	0.039 3	42.67	7.863 7
PANO	0.080 0	36.52	0.059 2	39.13	0.047 7	41.01	0.039 0	42.76	53.477 6
FDLCP	0.075 9	36.95	0.059 2	39.13	0.050 0	41.62	0.042 8	42.00	52.222 0
ADMM-Net	**0.073 9**	**37.17**	**0.054 4**	**39.84**	**0.044 7**	**41.56**	**0.037 9**	**43.00**	0.791 1

如表 3-2 所示，ADMM-Net 方法无论在各种准则下，还是在不同的采样率下，都达到了最好的重构精度，而且重构速度显著加速(甚至提高了几十倍以上)。图 3-4 为重构 MRI 图像的可视化比较，可以看出 ADMM-Net 方法相较于其他方法很好地保持了边界并且没有明显的人工产物(artifact)。所有应用实

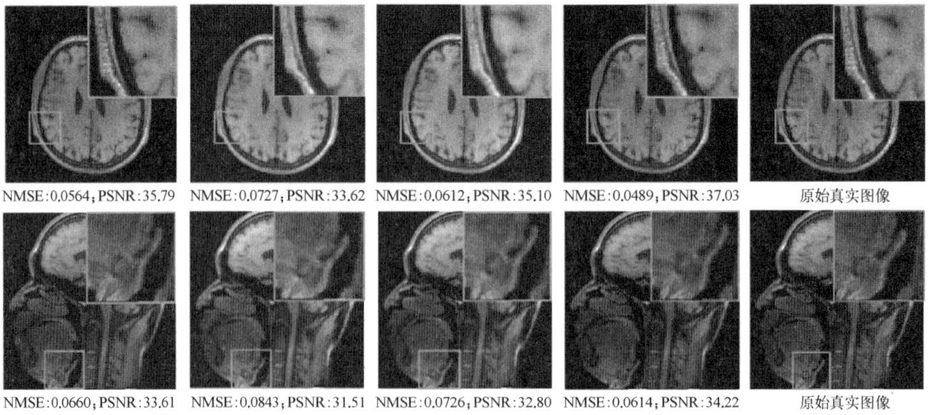

注：第 1 行是 20%采样率的比较，第 2 行是 30%采样率的比较；从左到右分别为 ADMM-Net、RecPF、PANO、FDLCP

图 3-4　重构 MRI 图像的可视化比较

验验证了 ADMM-Net 的可行性和高效性。

4. 小结

上述 ADMM-Net 结合模型驱动的建模与数据驱动的学习，实现了数学反问题的人工智能求解。首先，通过将压缩传感核磁共振成像模型一般化，获得结合物理机制与先验建模的一般化核磁共振成像模型，而将先验项作为未知项来获得模型族；其次，基于模型优化的能量极小化 ADMM 算法（当然也可以采用其他优化算法）推导出求解反问题解（即模型族解）的一般迭代优化算法，由于模型以及迭代优化算法含有未知量，所以将迭代优化算法视为算法族；将算法族展开为深度网络结构，即 ADMM-Net，并采用反向求导算法通过数据驱动确定网络参数，从而学习了原始的模型族与算法族中的参数，实现了对先验的隐含学习。该求解方法有如下明显的优点：① 与纯粹的模型求解方法相比，由于其允许在模型族中基于范例寻优，该方法不仅可容忍建模与反演中的更大不确定性（特别是不精确性），而且也能带来更高质量的反演结果；② 与纯粹的数据驱动学习（例如传统的深度学习）相比，由于其拓扑结构由反问题的模型和模型反演方法唯一确定，该方法回避了机器学习方法选择网络拓扑的公认难题。这一新方法本质上结合了基于模型与基于数据解反问题的两种不同思路，既充分利用了基于模型的精确宏观指导，又充分利用了深度网络的强大学习能力。

3.3 统计模型驱动的深度学习

确定性建模与优化方法通常将未知量建模为确定性变量，而不考虑未知量的不确定性，通常称为点估计。统计学方法主要采用统计分布来描述未知量，其建模方法充分考虑了未知量的不确定性，采用极大似然、变分推断、EM 算法等来完成对未知量分布的估计。在机器学习、计算机视觉与语音分析领域，MRF[36-38]、CRF[39]、EM 算法[40]与变分推断算法[41]均是常用的统计分布模型。近年来，以统计分布建模为核心思想，与深度学习相结合，统计模型驱动的深度学习方法逐渐出现。

在本节中，我们将主要介绍早期经典的统计模型驱动深度学习方法，最近的研究进展将在展望中予以介绍。下面我们主要介绍如何将深度学习的数据驱动与随机场统计分布建模的模型驱动思想结合，对图上的随机场分布进行参数估计与推断，并应用于图像恢复[42-43]、语义分割[44]等基本问题。

3.3.1 MRF 统计分布参数估计的深度学习方法

图像或者语音等信号具有空间、时间等相关性，这些相关性可以通过建模信号的局部或者全局相关性来体现，MRF 提供了一种建立图像或者信号统计分布规律的有效框架。MRF 可定义为图 $G=\langle V, E\rangle$，其中 V 表示随机变量的节点集，$X=\{X_v\}$，$v\in V$ 表示节点上定义的随机场；E 表示连接节点间边的集合。簇(clique) $c\in C$ 由邻域系统定义，决定了 MRF 的节点随机变量联合分布的分解方式。根据 Hammersley - Clifford 定理，MRF 的概率密度是 Gibbs 分布：

$$p(X)=\frac{1}{Z(\Theta)}\exp\Big(-\sum_{c\in C}V_c(X;\Theta)\Big)$$

式中，V_c 是势函数；Z 是分布的配分函数(partition function)，其作用是使概率密度函数标准化，即积分为 1。在图像处理的具体应用中，图像像素点集合以及邻域关系定义为 MRF，并且势函数被建模为鲁棒函数[45]、student - t 分布[43]或者高斯尺度混合模型[46]。

MRF 建模的一个基本挑战是参数学习问题。基于采样的方法和判别式学习方法是 MRF 模型参数学习的两种常见方法。基于采样的方法通常将自然图像作为样本拟合 MRF 分布，通过极大似然方法估计模型参数。这类方法具有很好的统计理论基础，对自然图像的统计分布学习表现出色，但是图像样本具有高维特性，且参数估计涉及从分布中进行图像采样，因此其参数学习过程速度很慢。判别式学习方法通过构建 MRF 模型的推断图像与目标图像之间的损失函数，利用变分方法、隐式微分或坐标下降算法优化损失函数来学习模型参数。这类方法是针对具体问题进行模型参数的判别式学习，因此在图像恢复应用中表现出优异的性能。

在该节中，我们将介绍一种基于统计模型驱动深度学习的 MRF 统计分布参数估计方法。其基本思路如下：面向解决图像恢复问题，针对参数化的 MRF 统计分布模型，将其作为先验导出给定低质量图像情况下的高质量图像后验分布；然后将极大后验估计的迭代过程展开为深度网络结构，并通过约束迭代优化的解与目标高质量图像逼近，从而反向优化 MRF 统计先验的统计分布参数。下面，将首先介绍一种新的非局部 MRF(NLR - MRF)模型，然后介绍其参数估计的统计模型驱动深度学习方法。

1. NLR - MRF 模型

NLR - MRF 模型推广了专家场(fields of experts，FOE)模型[43]框架，即建

模自然图像在一组滤波器下响应的联合分布。假设滤波器组为 f_i，$i=1$，2，…，N，则图像 $\boldsymbol{I}$ 的概率密度函数为

$$p(x;\Theta)=\frac{1}{Z(\Theta)}\prod_{c\in C}\prod_{i=1}^{N}\phi(f_i\otimes x_c;\Theta)$$

式中，Θ 是模型参数；$f_i\otimes x_c$ 表示在每个簇 $c\in C$ 上的非局部范围卷积的值，簇 c 为每个像素所在局部块及其非局部范围内的相似块，f_i 表示第 i 个非局部范围滤波器；ϕ 通常为重尾分布以描述图像对高频滤波器响应的稀疏分布。为了便于计算，非局域距离卷积可以写成矩阵乘法形式：$\boldsymbol{F}_i\boldsymbol{x}=\boldsymbol{F}_i^t\boldsymbol{F}_i^s\boldsymbol{x}$，其中 $\boldsymbol{F}_i^s$ 和 $\boldsymbol{F}_i^t$ 分别对应于空间滤波器 f_i^s 和图像块之间滤波器 f_t^s 的卷积矩阵，$\boldsymbol{x}$ 表示图像向量。关于势函数 ϕ，我们定义了两种类型的重尾分布描述势函数：

（1）Student - t 分布：

$$\phi((\boldsymbol{F}_i\boldsymbol{x})_p;\Theta)=\left[1+\frac{1}{2}(\boldsymbol{F}_i^t\boldsymbol{F}_i^s\boldsymbol{x})_p^2\right]^{-\alpha_i}$$

（2）高斯尺度混合模型(Gaussian scale mixture,GSM)分布：

$$\phi((\boldsymbol{F}_i\boldsymbol{x})_p;\Theta)=\sum_{j=1}^{J}\alpha_{ij}N((\boldsymbol{F}_i^t\boldsymbol{F}_i^s\boldsymbol{x})_p^2;0,\sigma_i^2/s_j)$$

其中，$N(\cdot)$ 代表高斯分布概率密度函数；针对第 i 个滤波器 f_i 下的图像响应 $\boldsymbol{F}_i\boldsymbol{x}$($\boldsymbol{F}_i$ 代表滤波器 f_i 对应的滤波矩阵)，α_{ij} 是第 j 个高斯滤波器的权重；σ_i^2 是第 i 个滤波器中所有高斯分量所共享的基本方差；s_j 是第 j 个高斯分量的方差尺度参数。我们将上述定义的 MRF 模型定义为 NLR - MRF 模型。该模型确立了图像作为 MRF 所满足的统计分布。

当将 NLR - MRF 应用于图像恢复等实际问题时，可以通过贝叶斯方法将 NLR - MRF 作为先验分布进行反问题求解。具体地，对于给定低质量图像 $\boldsymbol{y}$，其对应的高质量图像 $\boldsymbol{x}$ 的后验分布为

$$P(\boldsymbol{x}\mid\boldsymbol{y})\propto P(\boldsymbol{y}\mid\boldsymbol{x})P(\boldsymbol{x};\Theta)$$

进一步地，在通过最大后验概率(MAP)估计来推导清晰图像时，具体可通过最小化后验分布的负对数的对应能量函数来实现，即

$$\boldsymbol{x}^*=\arg\min_x\{E(\boldsymbol{x}\mid\boldsymbol{y},\Theta)=E_{\text{data}}(\boldsymbol{y}\mid\boldsymbol{x})+E_{\text{prior}}(\boldsymbol{x};\Theta)\}\quad(3-12)$$

式中，$E_{\text{data}}=-\ln(P(\boldsymbol{y}\mid\boldsymbol{x}))$ 为数据项；E_{prior} 为 NLR - MRF 先验分布所导出的正则化项：

$$E_{\text{prior}}(x;\Theta)=-\sum_{p}\sum_{i}\ln(\phi(\boldsymbol{F}_i\boldsymbol{x})_p;\Theta)$$

通过优化能量函数式(3-12),我们可以推断高质量图像 $\boldsymbol{x}$。可以利用采样梯度下降法进行优化,其主要在于如何计算 E_{prior} 梯度。对于 student-t 分布势函数,正则化项 E_{prior} 的梯度为

$$\frac{\partial E_{\text{prior}}(\boldsymbol{x};\Theta)}{\partial \boldsymbol{x}}=\sum_{i=1}^{N}\alpha_i\boldsymbol{F}_i^N\boldsymbol{W}_i\boldsymbol{F}_i\boldsymbol{x}$$

其中,$\boldsymbol{W}_i=\text{diag}\left(\frac{1}{1+1/(\boldsymbol{F}_i\boldsymbol{x})^2}\right)$。对于 GSM 势函数,相应的正则化项 E_{prior} 的梯度为

$$\frac{\partial E_{\text{prior}}(\boldsymbol{x};\Theta)}{\partial \boldsymbol{x}}=\sum_{i=1}^{N}\tau_i\sum_{j=1}^{J}\boldsymbol{F}_i^N\boldsymbol{W}_{ij}\boldsymbol{F}_i\boldsymbol{x}$$

其中,$\boldsymbol{W}_{ij}=\text{diag}\left(\frac{s_j}{\sigma_i^2}\frac{\alpha_{ij}N(\boldsymbol{F}_i\boldsymbol{x};0,\sigma_i^2/s_j)}{\sum_{l=1}^{J}\alpha_{il}N(\boldsymbol{F}_i\boldsymbol{x};0,\sigma_i^2/s_l)}\right)$。

2. MRF 统计推断算法展开的深度网络[10]

下面将介绍如何通过统计模型驱动深度学习方式学习 NLR-MRF 模型中的参数。文献[10]设计了一个通用的深度学习思想来训练 NLR-MRF 统计模型中的参数。具体思想是把 NLR-MRF 统计模型作为先验,将其极大后验推断的优化过程展开为深度神经网络,则 NLR-MRF 统计模型中的参数将转化为深度神经网络的参数,通过数据驱动方式确定网络参数,即 NLR-MRF 统计模型参数。

给定一对退化图像 $\boldsymbol{y}$ 和真实目标高质量图像 $\boldsymbol{t}$,可通过式(3-12)极大后验分布所推断的高质量图像 $\boldsymbol{y}^*$ 和目标图像 $\boldsymbol{t}$ 之间的损失函数来学习参数 Θ:

$$\Theta^*=\arg\min_{\Theta}L(\boldsymbol{x}^*(\boldsymbol{y},\Theta),\boldsymbol{t})$$

其中,

$$\boldsymbol{x}^*(\boldsymbol{y},\Theta)=\arg\min_{\boldsymbol{x}}\{E(\boldsymbol{x}\mid\boldsymbol{y},\Theta)\}$$

上述优化问题是一个双层优化(bilayer optimization)问题,优化目标函数中的 $\boldsymbol{x}^*(\boldsymbol{y},\Theta)$ 是另外一个优化问题式(3-12)的解。该问题的优化很有挑战性,因此我们将上述优化问题转化为如下优化问题:

$$\Theta^{*}=\arg\min_{\Theta} L(\boldsymbol{x}^{K}(\boldsymbol{y}, \Theta), \boldsymbol{t})$$

其中，$\boldsymbol{x}^{K}(\boldsymbol{y}, \Theta)=\mathrm{GradDesc}_{K}\{E(\boldsymbol{x} \mid \boldsymbol{y}, \Theta)\}$，$\mathrm{GradDesc}_{K}$ 表示采用梯度下降优化算法极小化 $E(\boldsymbol{x} \mid \boldsymbol{y}, \Theta)$ 函数 K 步所产生的结果，可以将 $\boldsymbol{x}$ 初始化为 $\boldsymbol{y}$。上述的 K 次梯度下降过程可以展开为 K 阶段的深度网络结构。假设势函数取 student - t 分布，那么第 n 次梯度下降公式为

$$\boldsymbol{x}^{n+1}=(1-\eta)\boldsymbol{x}^{n}+\eta\boldsymbol{y}-\eta\sum_{i=1}^{N}\alpha_{i}\boldsymbol{F}_{i}^{N}\boldsymbol{W}_{i}\boldsymbol{F}_{i}\boldsymbol{x}$$

式中，$\boldsymbol{F}_{i}^{N}\boldsymbol{W}_{i}\boldsymbol{F}_{i}\boldsymbol{x}$ 可以拆解为对输入图像 $\boldsymbol{x}$ 的卷积、非线性变换以及卷积操作。如图 3 - 5 所示，第 n 次梯度下降的操作可以展开为一个图结构，对应于图 3 - 5 中的第 n 个阶段，则多次梯度下降会被展开为一个深度网络结构。

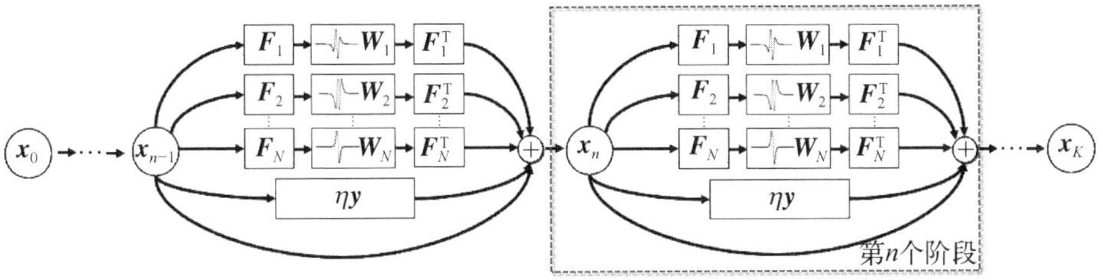

图 3 - 5　基于 NLR - MRF 模型的极大后验梯度下降过程展开深度网络结构

不同于经典的卷积神经网络，该网络结构的非线性变换层由势函数形式确定，且每个阶段由多个子结构的求和构成，整体多个阶段结构构成残差网络结构。网络训练的损失函数为

$$\Theta^{*}=\arg\min_{\Theta} L(\boldsymbol{x}^{K}(\boldsymbol{y}, \Theta), \boldsymbol{t})$$

基于网络结构式(3 - 7)，我们可以通过反向求导算法求出损失函数相对于参数的导数，从而通过梯度类优化算法优化网络参数 Θ，最终确定 NLR - MRF 参数。

3. 模型参数训练方法及实验验证

如上所述，正如一般的深度神经网络方法，我们可以采用反向传导链式法则进行网络参数的学习与训练。对于给定观测图像与目标图像的训练对 $\{\boldsymbol{y}_{l}, \boldsymbol{t}_{l}\}_{l=1}^{D}$，损失函数 L 相对于参数 Θ 的导数为

$$\frac{\partial L(\{\boldsymbol{x}_{l}^{K}, \boldsymbol{t}_{l}\})}{\partial \Theta}=-\sum_{l}\sum_{k=1}^{K}\frac{\partial L}{\partial \boldsymbol{x}_{l}^{k}}\frac{\partial g(\boldsymbol{x}_{l}^{k-1})}{\partial \Theta} \tag{3-13}$$

$$\frac{\partial L(\{\boldsymbol{x}_l^K, \boldsymbol{t}_l\})}{\partial \boldsymbol{x}^t} = \frac{\partial L}{\partial \boldsymbol{x}^K} \prod_{k=t}^{K-1} \frac{\partial \boldsymbol{x}^{k+1}}{\partial \boldsymbol{x}^k} \tag{3-14}$$

式中，$\boldsymbol{x}_l^0$ 是观测图像 $\boldsymbol{y}_l$。在实现过程中，使用负 PSNR 值作为训练的损失函数：

$$L(\boldsymbol{x}^K, \boldsymbol{t}) = -20\lg \frac{255}{\sqrt{\frac{1}{M} \| \boldsymbol{x}^K - \boldsymbol{t} - \mathrm{mean}(\boldsymbol{x}^K - \boldsymbol{t}) \|^2}}$$

其中，M 是像素点数。式(3－13)给出了计算损失函数相对于模型参数梯度的一般框架。根据上述梯度，我们将采用基于梯度的优化算法来学习 NLR－MRF 模型参数。可采用随机梯度下降算法快速降低训练损失，然后采用共轭梯度下降方法进一步优化模型参数，以进一步提高训练的准确性。

图 3－6 为训练之后所学习到的非局部滤波器示例。可以观察到，这些学习到的滤波器在外观上类似于 Gabor 等高频滤波器，很好地反映了图像局部块的边缘、角点、纹理等特性。表 3－3 展示了在图像去噪问题中所学习到的深度网络结构在 Berkeley－68 数据集不同噪声标准差水平下的平均 PSNR 值。可以看到，与经典的 MRF 模型(例如 FOE 和 ARF)结果相比，通过神经网络参数学习的 NLR－MRF 具有显著的去噪效果。同时，提高网络的阶段数会提高相应网络的图像去噪性能。但随着网络阶段数的提高，网络性能提高有限。图 3－7 为典型的图像去噪结果对比。

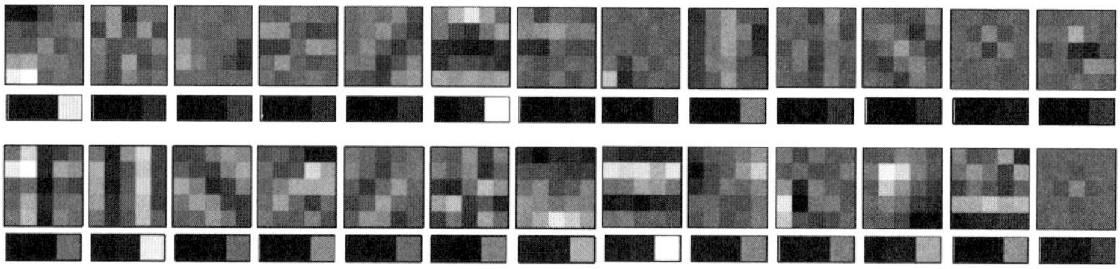

图 3－6　训练所得到的非局部滤波器示例

表 3－3　不同图像去噪算法的平均 PSNR 值比较结果

算　法	PSNR					
	噪声水平=10	噪声水平=15	噪声水平=20	噪声水平=25	噪声水平=50	平均结果
FOE[43]	32.68	30.50	28.78	27.60	23.25	28.56
KSVD[47]	32.36	30.08	28.55	27.26	23.72	28.39

（续表）

算法	PSNR					
	噪声水平=10	噪声水平=15	噪声水平=20	噪声水平=25	噪声水平=50	平均结果
BM3D[48]	33.32	31.08	29.62	28.57	25.44	29.61
ARF[49]	32.74	30.70	29.28	28.21	25.13	29.21
NLR - MRF - 1(ST)	32.80	30.47	28.95	27.81	24.62	28.93
NLR - MRF - 2(ST)	33.03	30.78	29.21	28.13	25.16	29.26
NLR - MRF - 3(ST)	33.13	30.91	29.39	28.26	25.33	29.40
NLR - MRF - 4(ST)	33.18	30.97	29.46	28.32	25.38	29.46
NLR - MRF - 1(GSM)	32.99	30.66	29.09	27.95	24.72	29.08
NLR - MRF - 2(GSM)	33.13	30.87	29.38	28.30	25.16	29.37
NLR - MRF - 3(GSM)	33.17	30.92	29.46	28.39	25.29	29.45
NLR - MRF - 4(GSM)	33.20	30.97	29.50	28.48	25.38	29.51

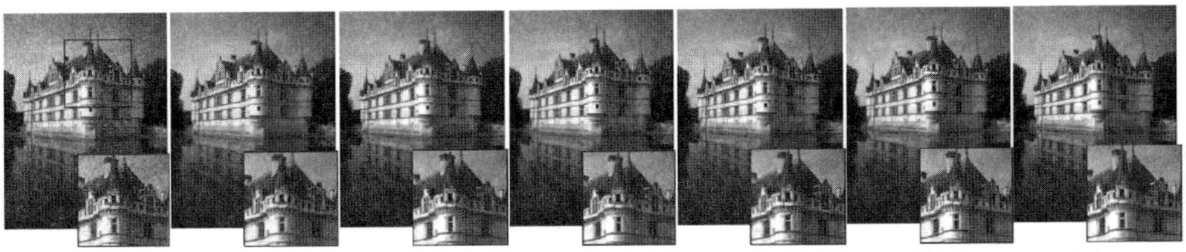

(a) (b) (c) (d) (e) (f) (g)

图 3 - 7 不同算法去噪结果比较

(a) 噪声图像(噪声水平=25) (b) FOE (c) ARF (d) NLR - MRF (e) BLS - GSM (f) KSVD (g) BM3D

3.3.2 条件随机场模型驱动的深度学习

条件随机场(CRF)是一种重要的图模型[39,50]。与 MRF 一样,CRF 也定义于图结构上,其中图的节点代表随机变量,图的边代表相邻随机变量之间的关系,所有节点随机变量一起构成了随机场。CRF 建模了在给定随机场 Y 条件下输出变量 X 的 MRF 分布。因此 MRF 建模了图结构上随机场分布 $P(X)$,而 CRF 则建模了图结构上随机场的条件分布 $P(X \mid Y)$。基于上述定义,CRF 可以很自然地建模具有特定结构的输入信号 Y 对应的模式标签 X 的分布,例如语义分割[51]、语音识别[52]等。通过建模相邻节点随机变量之间的关系可建模信号的结构化信息。下面将介绍文献[51]提出的将 CRF 的平均场算法展开为神经网络并应用于图像语义分割的例子。

针对图像语义分割问题，可将图像规则网格点建模为图结构，其中每个像素点对应于图的节点，像素点之间的关系对应于图的边，因此可以定义一个图 $\boldsymbol{G}=(V, E)$。设 x_i 是与像素 i 对应图节点的随机变量，它表示像素 i 的类别标签，取值为类别集合 $L=\{l_1, l_2, \cdots, l_K\}$ 中的任意值。设 $X=\{x_1, x_2, \cdots, x_N\}$ 是图 $\boldsymbol{G}$ 上的随机场，其中 N 是图像中像素点的数量。给定图 $\boldsymbol{G}$ 上的给定观测图像 $\boldsymbol{I}$，相应的随机场 X 可以建模为 Gibbs 分布：

$$P(X \mid \boldsymbol{I})=\frac{1}{Z(\boldsymbol{I})}\exp[-E(X \mid \boldsymbol{I})] \tag{3-15}$$

式中，$E(X \mid \boldsymbol{I})$ 为给定图像 $\boldsymbol{I}$ 情况下的 $X \in L^N$ 的能量；$Z(\boldsymbol{I})$ 为配分函数。

在全连接 CRF 模型[50]中，相应的能量函数可以定义为

$$E(X \mid \boldsymbol{I})=\sum_i \psi(x_i \mid \boldsymbol{I})+\sum_{j<i} \phi(x_i, x_j \mid \boldsymbol{I}) \tag{3-16}$$

式中，$\psi(x_i \mid \boldsymbol{I})$ 是逐点能量项，建模了像素 i 被标定为 x_i 的代价；$\phi(x_i, x_j \mid \boldsymbol{I})$ 是光滑能量项，建模了相邻像素 i 和 j 被标定为 x_i 和 x_j 的代价，该项的定义依赖于观测图像的特征信息；$\psi(x_i \mid \boldsymbol{I})$ 可以由深度网络输出的逐点类别的概率决定，而光滑能量项 $\phi(x_i, x_j \mid \boldsymbol{I})$ 的目的是建模相邻像素点之间的类别标号的光滑性，可以定义为

$$\phi(x_i, x_j \mid \boldsymbol{I})=\mu(x_i, x_j \mid \boldsymbol{I})\sum_m w^{(m)} k^m(f_i, f_j \mid \boldsymbol{I})$$

其中，f_i 是像素点 i 的特征(例如图像 $\boldsymbol{I}$ 的颜色与空间位置信息等)；$k^m(m=1, 2, \cdots, M)$ 是作用在图像特征上的高斯函数；$\mu(x_i, x_j \mid \boldsymbol{I})$ 是像素类别标号的相容性度量；上述公式的具体定义请见文献[50]。通过估计条件随机场分布 $P(X \mid \boldsymbol{I})$，可以获得给定图像 $\boldsymbol{I}$ 的逐点类别标记的概率分布。

1. 条件随机场推断驱动的深度网络

极小化能量函数式(3-16)是个组合优化问题，因此很难直接求解。为了方便求解，可以采用平均场算法逼近 CRF 分布。具体地，通过简单分布 $Q(X)$ 来近似 CRF 分布 $P(X \mid I)$，其可以写为独立边际分布的乘积，即

$$Q(X)=\prod_i Q_i(X_i)$$

下面将介绍逼近 CRF 分布的平均场迭代算法，并以该算法为基础，构建循环神经网络(recurrent neural network, RNN)，形成深度 RNN 神经网络算法。

求解 CRF 分布的平均场迭代算法如算法 3-1 所示，该算法的输出为逼近 CRF 分布的近似分布 $Q(X)$。算法迭代操作包括消息传递、重加权、相容性变换、累加、正规化步骤。上述平均场迭代算法的各个步骤可以描述为卷积神经网络层，但与标准卷积层不同，算法 3-1 中采用保持边缘的高斯滤波器[53]，其滤波器系数取决于图像空间和颜色信息。

算法 3-1 条件随机场求解的平均场迭代算法

初始化：$Q_i(l) \leftarrow \frac{1}{Z_i}\exp[\psi_i(l)],\ \forall l \in L$

迭代进行如下步骤：

(1)	$\tilde{Q}_i^m(l) \leftarrow \sum_{j\neq i} k^m(f_i, f_j)Q_j(l)$	消息传递
(2)	$\hat{Q}_i(l) \leftarrow \sum_m w^{(m)}\tilde{Q}_i^m(l)$	重加权
(3)	$\bar{Q}_i(l) \leftarrow \sum_{l'\in L}\boldsymbol{\mu}(l, l')\hat{Q}_i(l')$	相容性变换
(4)	$\check{Q}_i(l) \leftarrow U_i(l) - \bar{Q}_i(l)$	累加
(5)	$Q_i(l) \leftarrow \frac{1}{Z_i}\exp[\check{Q}_i(l)]$	正规化

注：下标 i 代表像素点；l 代表类别

将算法 3-1 的迭代过程展开为深度网络结构，如图 3-8 所示，该深度结构是个循环神经网络结构，通过对输入信息反复应用循环神经网络实现算法 3-1 的迭代过程，而循环神经网络中的不同网络层对应于迭代算法 3-1 中的不同操作，具体包括 5 种不同的网络层：消息传递、重加权、相容性变换、累加、正规化。所构造的循环神经网络记为 CRF-RNN。

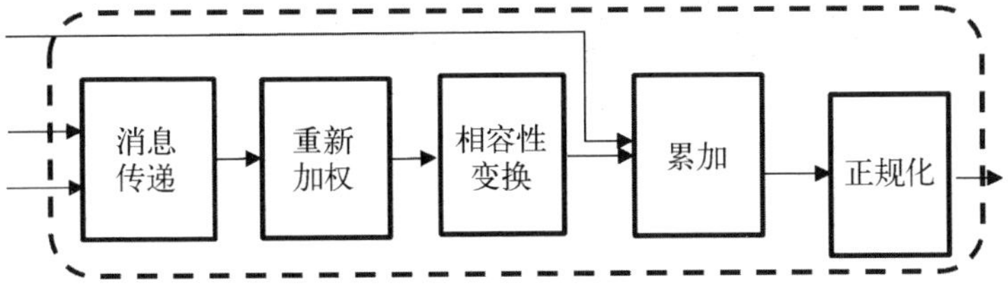

图 3-8 条件随机场平均场算法展开的深度网络结构

下面介绍如何训练算法 3-1 中的超参数。如同一般深度网络结构，可以采用反向传播方法计算算法 3-1 的超参数，这些超参数包括加权参数 $w^{(m)}$ 和相

容性矩阵 $\boldsymbol{\mu}(l, l')$，$\forall l, l' \in L$。为进行反向传播算法，需要计算训练损失函数相对于每层输入的导数，这可以通过链式求导法则求出，并通过随机梯度下降算法进行算法的训练。

2. 基于 CRF－RNN 的图像语义分割算法

上述循环神经网络 CRF－RNN 可以应用于自然图像的语义分割任务[51]。具体地，可以将 CRF－RNN 接在分割网络的后端，并将分割网络输出的逐点所属类别的置信度作为 CRF－RNN 的网络逐点能量项输入。所构造的新分割网络将由基础分割网络和 CRF－RNN 联合构成。表 3－4 展示了在 VOC－2012 验证集上 CRF－RNN 与全卷积网络(FCN)结合之后的语义分割精度，通过比较表 3－4 的不同行可发现，加入未训练的 CRF 后处理(FCN－8s＋CRF)，以及加入端到端训练的 CRF－RNN(FCN－8s＋CRF－RNN)，其分割精度有显著提升。图 3－9 则展示了部分视觉比较结果，可以观测到加入 CRF－RNN 之后得到的分割图像细节更为准确。

表 3－4　VOC－2012 验证集上的语义分割精度实验结果

方　　法	分　割　精　度	
	无 COCO 数据集预训练	COCO 数据集预训练
FCN－8s 模型[54]	61.3	68.3
FCN－8s ＋ CRF	63.7	69.5
FCN－8s ＋ CRF－RNN	69.6	72.9

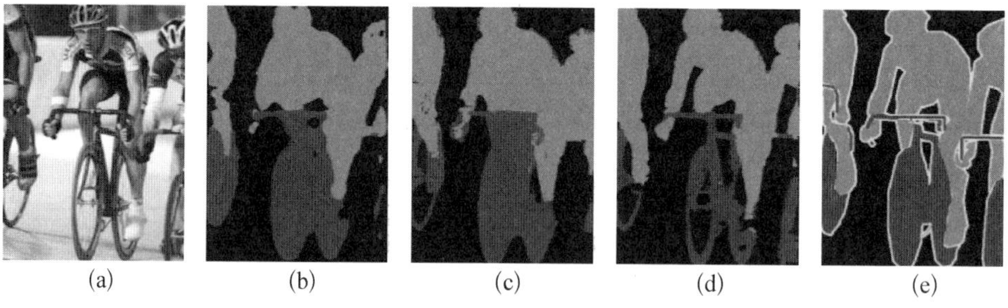

图 3－9　图像语义分割的部分视觉比较结果

(a) 输入图像　(b) FCN－8s[54]　(c) DeepLab[55]　(d) FCN－8s＋CRF－RNN　(e) 人工标定

3.3.3　小结

本节主要介绍了马尔可夫随机场分布参数估计和条件随机场分布平均场迭代算法逼近所诱导的统计模型驱动深度学习方法。两种方法的本质是将统计分布估计中的推断算法或迭代优化展开为深度神经网络，网络参数为统计分布中的参数，并通过数据驱动的方式确定统计分布参数。该思想显然具有通用性，可以推广至更一般的统计推断中，例如变分推断、EM 算法等。目前，已经有类似工作，例如文献[18]提出空间混合分布模型，将其 EM 算法展开为深度网络结构并用于聚类不同物体。

3.4 其他领域模型驱动的深度学习方法

1. 微分方程与深度学习

近年来，微分方程与深度学习的结合越来越紧密，主要体现在 3 个方面的研究进展。首先，可以通过深度神经网络求解高维偏微分方程的数值解，例如文献[56]将偏微分方程建模为反向随机微分方程，而未知解的梯度通过深度网络模型逼近。其次，偏微分方程或者微分方程动力系统可以用于理论解释或者启发设计新型的深度学习模型，例如文献[57]建立了微分动力系统与深度残差网络之间的关系，为分析深度神经网络提供新的理论工具；进一步地，基于 Feynman－Kac 公式启发，文献[58]设计了鲁棒性更好的集成深度残差网络。最后，可以采用数据驱动的方式自动学习偏微分方程形式或者超参数，例如文献[59]和[60]通过深度学习的数据驱动方式学习偏微分方程形式。上述研究进展体现了人工智能算法正在成为数学领域求解与计算的新工具，同时微分方程也成为分析与设计新型深度神经网络的新思路，微分方程与深度学习正在交互融合，相互促进。

2. 控制中的模型驱动深度学习方法

控制领域的现代控制理论是基于线性系统、非线性系统、时变系统、随机控制系统等，具有相对完整的模型与理论基础。随着机器人、自动驾驶技术的快速发展，数据在控制中的作用越发重要，研究如何结合模型驱动的控制方法与数据驱动的学习方法成为控制领域的研究前沿[61]。典型的进展包括结合控制理论模型与数据驱动的增强学习方法[62-63]，以及基于深度学习的动力系统研究[64-65]。文献[62]构建了深度增强学习进行连续控制的标准问题集，例如手推车杆摆动控制问题(cart-pole swing-up)，三维人体运动控制问题集等，为进行控制领域增强学习研究提供任务基础；文献[64]提出了神经 Lyapunov 控制方法，通过深度学习方法学习控制器和 Lyapunov 函数以保证非线性系统的稳定性，且相比现有其他方法有更大的吸引域；基于模型的最优控制和最优系统还有助于分析与理解数据驱动的深度学习方法，例如文献[66]综述和探讨了如何从最优控制和动力系统角度建立深度学习理论。总之,深度学习与控制模型的结合是解决机器人控制、自动驾驶、飞行控制等领域的重要研究方向,有望克服基于模型的经典控制理论在实际应用中建模能力的不足,同时克服纯粹基于数据驱动的增强学习方法对策略、轨迹、变化等描述缺乏模型和理论指导的缺点。

3. 通信中的模型驱动深度学习方法

通信领域的物理层通信问题,具有明确的物理模型,同时属于典型的基于数据的反问题估计,例如多输入多输出(multiple-input-multiple-output,MIMO)检测问题。传统基于模型的方法往往是基于二次优化、组合优化、搜索等优化方法,优化速度慢。近年来,人工智能深度学习技术与传统模型结合,形成了基于模型驱动的通信物理层通信方法与算法。例如文献[67]将求解 MIMO 检测的优化迭代算法推广并展开为深度神经网络结构,并通过数据驱动方式学习网络参数,实现了快速高精度 MIMO 检测;文献[68]结合模型驱动深度学习思想设计了物理层通信算法。由于通信具有典型的模型与数据双驱动特性,因此基于模型驱动的深度学习方法具有广阔的应用前景。

3.5 总结与展望

本章系统介绍了优化模型驱动的深度学习和统计模型驱动的深度学习,并进一步介绍了深度学习与方程、控制、通信等领域的密切结合。前两种方式是最为经典的模型驱动深度学习方法,文献[7]系统地提出了模型驱动深度学习的基本框架,可以很好地概括了上述模型驱动深度学习的基本思路和流程。图 3-10 展示了模型驱动深度学习的基本流程。

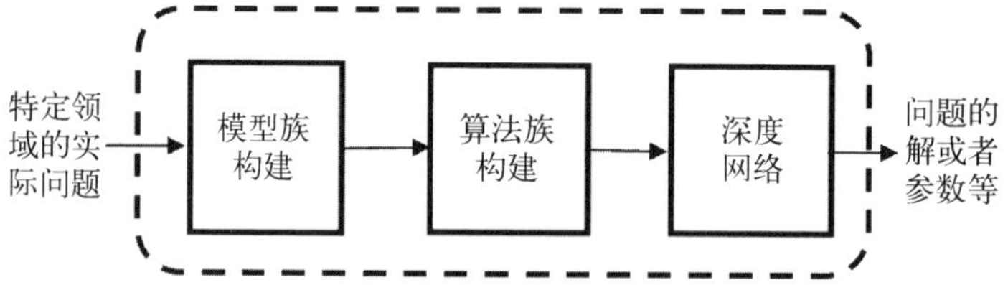

图 3-10 模型驱动深度学习的基本流程[7]

(1) 根据问题,建立模型族。根据实际问题的领域知识和背景,建立模型族,即含有大量未知参数的函数族(相当于机器学习的假设模型空间)。不同于精确建模中的模型,模型族是对所处理问题的粗糙建模,是对解空间的大致界定。这一做法的目的是在保证减轻精确建模的压力条件下，引入对问题领域知识的建模，从而吸收模型驱动方法的优点。

(2) 根据模型族，设计算法族。算法族是函数空间上极小化模型族的算法，或者统计推断的迭代算法等，往往需要研究算法的收敛性和收敛速率等，粗略确定需要多少次迭代，以及算法族如何推广并引入不确定性等。

(3) 将算法族展开成深度网络并进行数据驱动的深度学习。算法族在本质上是具有一定参数的复合数学变换，这些变换按照数据流处理流程可以展开成一个层次化的信息处理流程图，如果整个系统中的变换可微，则可以采用深度学习的误差反向传播方法来学习和确定系统中的参数。

上述层次化信息处理流程类似于深度网络，也是由一些可微数学变换构成的多层结构，并且含有超参数，因此可以视为非经典的深度神经网络。上述问题、模型、算法、网络的构建过程称为模型驱动的深度学习方法。

同时，需要强调的是上述模型驱动深度学习并非融合模型驱动建模和数据驱动学习的唯一方式。基于对方程、控制、通信等领域的模型驱动深度学习方法介绍，模型和数据双驱动的方式各种各样，例如可以将模型中的部分变化用深度网络代替，将数据驱动网络的模型作为求解器或者参数估计器并使得其输出满足物理模型等。

模型驱动深度学习方法建立了传统的对问题的数学建模与近代的数据驱动学习方法之间的桥梁，为传统的数学、通信、物理、控制等领域提供新的人工智能解决方法和思路，使得深度学习等现代人工智能技术逐渐成为基础方法，成为解决自然科学和社会科学问题的新工具和新方法。然而，为实现上述预期，模型驱动深度学习还需要解决一些理论、方法和应用问题：

(1) 模型驱动深度学习的优势与理论分析。模型驱动深度网络结构由模型驱动的复合数学变换所决定，不同于传统网络中的网络层变换。如何从学习理论的角度分析模型驱动深度网络的理论性质，是一个重要的科学问题。例如相对标准的深度神经网络，模型驱动深度网络是否依赖更少的参数、更少的数据可以实现相同的或者更高的逼近和推广能力？因此需要系统分析和对比模型驱动深度学习与标准深度神经网络的基本操作单元及其复合构成的深层结构的性质。直观上说，模型驱动深度学习通过对问题领域背景的建模导出的数学操作，同时通过引入参数构造模型/算法族，使得所获得的假设函数空间更具有问题的针对性，因此更有可能依赖更少量样本训练得到理想的学习机器。

(2) 深度学习与更多领域结合的方法探索与应用。当前，深度学习已经展现出工具化的趋势，逐渐结合与应用到各个领域。除了上文所介绍的控制、通信领域外，其与分子化学、物理、天文学、力学、地质科学等领域的结合越来越紧密。但如何结合应用的领域知识，发展区别于现有网络结构和方法的新型深度学习思路和方法是非常值得探索与研究的前沿方向。例如对分子的描述可以采用图上的神经网络结构，然而分子结构具有特定的先验和规律，如何结合这些规律发展适合分子结构建模的图上深度网络结构是一个前沿问题；另外，在地球物理与石油勘探领域中的反问题，具有深入的数学物理模型背景，如何结合数据驱动和模型驱动发展新型深度学习方法具有重要意义。

（3）在开放可变环境下的模型与数据双驱动方法。上面所探讨的模型驱动深度学习研究方向并未考虑到实际问题的环境因素。在众多应用中，例如通信、自动驾驶等应用，外在环境不断变换且数据呈现动态特征，所关注的智能体或对象自身有规律地变化、运动，同时又不断接收外界变化的数据输入，因此在上述开放环境下，如何结合描述规律的模型与复杂环境下的数据，设计有效的、具有自适应能力的模型驱动深度学习方法，具有重要的研究价值。

参考文献

[1] LeCun Y, Bengio Y, Hinton G. Deep learning[J]. Nature, 2015, 521(7553): 436-444.

[2] Hinton G E, Salakhutdinov R R. Reducing the dimensionality of data with neural networks[J]. Science, 2006, 313(5786): 504-507.

[3] Krizhevsky A, Sutskever I, Hinton G E. Imagenet classification with deep convolutional neural networks[C]//Advances in neural information processing systems. California, USA: Neural Information Processing Systems Foundation, 2012.

[4] Wu Y H, Schuster M, Chen Z F, et al. Google's neural machine translation system: bridging the gap between human and machine translation[EB/OL]. (2016-09-26)[2020-03-23]. https://arxiv.org/abs/1609.08144.

[5] Silver D, Huang A, Maddison C J, et al. Mastering the game of go with deep neural networks and tree search[J]. Nature, 2016, 529: 484-489.

[6] Gulshan V, Peng L, Coram M. Development and validation of a deep learning algorithm for detection of diabetic retinopathy in retinal fundus photographs[J]. The Journal of the American Medical Association, 2016, 316(22): 2402-2410.

[7] Xu Z B, Sun J. Model-driven deep-learning[J]. National Science Review, 2017, 5(1): 22-24.

[8] Gregor K, LeCun Y. Learning fast approximations of sparse coding[C]//ICML.

Haifa, Israel: International Machine Learning Society, 2010.

[9] Yang Y, Sun J, Li H B, et al. Deep ADMM-net for compressive sensing MRI[C]//NIPS. Barcelona, Spain: Neural Information Processing Systems Foundation, 2016.

[10] Sun J, Tappen M. Learning non-local range Markov random field for image restoration [C]//CVPR. Colorado, USA: IEEE, 2011.

[11] Sun J, Tappen M. Separable Markov random field and its application in low level vision[J]. IEEE Transactions on Image Processing, 2013, 22(1): 402-408.

[12] Sun J, Sun J, Xu Z B. Color image denoising via discriminatively learned iterative shrinkage[J]. IEEE Transactions on Image Processing, 2015, 24(11): 4148-4159.

[13] Sprechmann P, Bronstein A M, Sapiro G. Learning efficient sparse and low rank models[J]. IEEE Transactions on Pattern Analysis and Machine Intelligence, 2015, 37(9): 1821-1833.

[14] Domke J. Generic methods for optimization-based modeling[C]//Artificial Intelligence and Statistics. La Palma, Canada: [s. n.], 2012.

[15] Meinhardt, Möller M, Hazirbas C, et al. Learning proximal operators: using denoising networks for regularizing inverse imaging problems [C]//Proceedings of International Conference on Computer Vision. Venice, Italy: The Computer Vision Foundation, 2017.

[16] Christoph Vogel, Pock T. A primal dual network for low-level vision problems[C]//Proceedings of German Conference on Pattern Recognition. Basel, Germany: [s. n.], 2017.

[17] Zheng S, Jayasumana S, Romera-Paredes B, et al. Conditional random fields as recurrent neural networks[C]//Proceedings of the IEEE International Conference on Computer Vision. Santiago, Chile: The Computer Vision Foundation, 2015.

[18] Klaus G, Steenkiste S V, Schmidhuber J. Neural Expectation Maximization[C]//NIPS. [s. l.]: NIPS, 2019.

[19] Chen S, Donoho D, Saunders M. Atomic decomposition by basis pursuit[J]. SIAM Journal on Scientific Computing, 1999, 20(1): 33-61.

[20] Xu Z B, Chang X Y, Xu F M, et al. L (1/2) regularization: A thresholding representation theory and a fast solver[J]. IEEE Transactions on Neural Networks and Learning Systems, 2012, 23(7): 1013-1027.

[21] Tibshirani R. Regression shrinkage and selection via the lasso[J]. Journal of the Royal Statistical Society, Series B (Methodological), 1996, 58(1): 267-288.

[22] Tropp J A, Wright S J. Computational methods for sparse solution of linear inverse problems[J]. Proceedings of the IEEE, 2010, 98(6): 948-958.

[23] Donoho D L. Compressed sensing[J]. IEEE Transactions on Information Theory,

2006, 52(4): 1289 - 1306.

[24] Daubechies I, Defrise M, De Mol C. An iterative thresholding algorithm for linear inverse problems with a sparsity constraint[J]. Communications on Pure and Applied Mathematics: A Journal Issued by the Courant Institute of Mathematical Sciences, 2004, 57(1): 1413 - 1457.

[25] Beck A, Marc T. A fast iterative shrinkage-thresholding algorithm for linear inverse problems[J]. SIAM journal on Imaging Sciences, 2009, 2(1): 183 - 202.

[26] Lustig M, Donoho D, Pauly J M. Sparse MRI: the application of compressed sensing for rapid MR imaging [J]. Magnetic Resonance in Medicine, 2007, 58 (6): 1182 - 1195.

[27] Donoho D L. Compressed sensing[J]. IEEE Transactions on Information Theory 2006, 52(4): 1289 - 1306.

[28] Blumensath T, Davies M E. Iterative hard thresholding for compressed sensing [J]. Applied and Computational Harmonic Analysis, 2009, 27(3): 265 - 274.

[29] Dupé F X, Fadili M J, Starck J L. Deconvolution under Poisson noise using exact data fidelity and synthesis or analysis sparsity priors[J]. Statistical Methodology, 2012, 9(1): 4 - 18.

[30] Huang J, Zhang T. The benefit of group sparsity[J]. The Annals of Statistics, 2010, 38(4): 1978 - 2004.

[31] Yang J F, Zhang Y, Yin W T. A fast alternating direction method for tvl1 - l2 signal recon-struction from partial fourier data[J]. IEEE Journal of Selected Topics in Signal Processing, 2010, 4(2): 288 - 297.

[32] Boyd S, Parikh N, Chu E, et al. Distributed optimization and statistical learning via the alternating direction method of multipliers [J]. Foundations and Trends® in Machine Learning, 2011, 3(1): 1 - 122.

[33] Rice. Rice Wavelet Toolbox[EB/OL]. [2019 - 12 - 25]. http: //dsp. rice. edu/software/rice-wavelet-toolbox.

[34] Qu X B, Hou Y K, Lam F, et al. Magnetic resonance image reconstruction from undersampled measurements using a patch-based nonlocal operator[J]. Medical Image Analysis, 2014, 18(6): 843 - 856.

[35] Zhan Z F, Cai J F, Guo D, et al. Fast multi-class dictionaries learning with geometrical directions in mri reconstruction[J]. IEEE Transactions on Biomedical Engineering, 2016, 63(9): 1850 - 1861.

[36] Boykov Y, Veksler O, Zabih R. Fast approximate energy minimization via graph cuts [J]. IEEE Transactions on PAMI, 2001, 23(11): 1222 - 1239.

[37] Kohli P, Kumar M P. Energy minimization for linear envelop MRFS[C]//CVPR. San

Francisco, USA: IEEE, 2010.
[38] Lan X, Roth S, Huttenlocher D P, et al. Efficient belief propagation with learned higher-order Markov random fields[C]//ECCV. Graz, Australia: [s. n.], 2006.
[39] Lafferty J, McCallum A, CN Pereira F. Conditional random fields: Probabilistic models for segmenting and labeling sequence data[C]//ICML. Williamstown, USA: Internation Machine Learning Society, 2001.
[40] Moon T K. The expectation-maximization algorithm[J]. IEEE Signal Processing Magazine, 1996, 13(6): 47 - 60.
[41] Hoffman M D, Blei D M, Wang C, et al. Stochastic variational inference[J]. The Journal of Machine Learning Research, 2013, 14(1): 1303 - 1347.
[42] McAuley J J, Caetano T S, Smola A J, et al. Learning high-order MRF priors of color images [C]//Proceedings of the 23rd International Conference on Machine Learning. Pittsburgh, USA: International Machine Learning Society, 2006.
[43] Stefan R, Black M J. Fields of experts: a framework for learning image priors[M]// 2005 IEEE Computer Society Conference on Computer Vision and Pattern Recognition (CVPR'05). New York: IEEE, 2005.
[44] Held K, Kops E R, Krause B J, et al. Markov random field segmentation of brain MR images[J]. IEEE Transactions on Medical Imaging, 1997, 16(6): 878 - 886.
[45] Sun J, Shum H Y, Zheng N N. Stereo matching using belief propagation[J]. IEEE Transactions on PAMI, 2003, 25(7): 787 - 800.
[46] Weiss Y, Freeman W T. What makes a good model of natural images? [C]// CVPR. Minnesota, USA: IEEE, 2007.
[47] Elad M, Aharon M. Image denoising via sparse and redundant representations over learned dictionaries[J]. IEEE Transactions on Image Processing, 2006, 15(12): 3736 - 3745.
[48] Dabov K, Foi A, Katkovnik V, et al. Image denoising by sparse 3-D transform-domain collaborative filtering[J]. IEEE Transactions on Image Processing, 2007, 16(8): 2080 - 2095.
[49] Barbu A. Training an active random field for real-time image denoising[J]. IEEE Transactions on Image Processing, 2009, 18(11): 2451 - 2462.
[50] Philipp K, Koltun V. Efficient inference in fully connected crfs with gaussian edge potentials[C]//Advances in neural information processing systems. Granada, Spain: Neural Information Processing Systems Foundation, 2011.
[51] Zheng S, Jayasumana S, Romera-Paredes B, et al. Conditional random fields as recurrent neural networks[C]//Proceedings of the IEEE International Conference on Computer Vision. Santiago, Chile: The Computer Vision Foundation, 2015.

[52] Hifny Y, Renals S. Speech recognition using augmented conditional random fields [J]. IEEE Transactions on Audio, Speech, and Language Processing, 2009, 17(2): 354 - 365.

[53] Tomasi C, Manduchi R. Bilateral filtering for gray and color images[C]//IEEE CVPR. Santa Barbara, USA: IEEE, 1998.

[54] Long J, Shelhamer E, Darrell T. Fully convolutional networks for semantic segmentation[C]//IEEE CVPR. Boston, USA: IEEE, 2015.

[55] Chen C L, Papandreou G, Kokkinos I, et al. Semantic image segmentation with deep convolutional nets and fully connected CRFS [C]//ICLR. San Diego, USA: IEEE, 2015.

[56] Han J Q, Jentzen A, Weinan E. Solving high-dimensional partial differential equations using deep learning[J]. Proceedings of the National Academy of Sciences of the United States, 2018, 115(34): 8505 - 8510.

[57] Ma C, Wu L. Barron spaces and compositional function spaces for neural network models[EB/OL]. (2019 - 06 - 18)[2020 - 03 - 23]. https://arxiv.org/abs/1906.08039.

[58] Wang B, Shi Z Q, Osher S J. ResNets ensemble via the Feynman-Kac formalism to improve natural and robust accuracies[C]//NeurIPS. Vancouver, Canada: Neural Information Processing Systems Foundation, 2019.

[59] Long Z C, Lu Y P, Ma X Z, et al. PDE-Net: learning PDEs from Data[C]//ICML. Stockholm, Sweden: International Machine Learning Society, 2018.

[60] Liu R S, Lin Z C, Zhang W, et al. Learning PDEs for image restoration via optimal control[C]//European Conference on Computer Vision. Berlin: Springer, 2010.

[61] Huang M Z, Gao W N, Wang Y B, et al. Data-driven shared steering control of semi-autonomous vehicles[J]. IEEE Transactions on Human-Machine Systems, 2019, 49(4): 350 - 361.

[62] Yan D, Chen X, Houthooft R, et al. Benchmarking deep reinforcement learning for continuous control[C]//International Conference on Machine Learning. New York, USA: International Machine Learning Society, 2016.

[63] Anusha N, Kahn G, Fearing R S, et al. Neural network dynamics for model-based deep reinforcement learning with model-free fine-tuning[C]//2018 IEEE International Conference on Robotics and Automation (ICRA). Brisbane, Australia: IEEE, 2018.

[64] Lusch B, Kutz J N, Brunton S L. Deep learning for universal linear embeddings of nonlinear dynamics[J]. Nature Communications, 2018, 9(1): 1 - 10.

[65] Chang Y C, Roohi N, Gao S C. Neural Lyapunov control[C]//NeurIPS. Vancouver, Canada: Neural Information Processing Systems Foundation, 2019.

[66] Liu G H, Theodorou E A. Deep learning theory review: an optimal control and dynamical systems perspective[EB/OL]. (2019-08-28)[2020-03-23]. https://arxiv.org/abs/1908.10920.

[67] He H, Jin S, Wen C K, et al. Model-driven deep learning for physical layer communications[J]. IEEE Wireless Communications, 2019, 26(5): 77-83.

[68] Samuel N, Diskin T, Wiesel A. Deep MIMO Detection[EB/OL]. (2017-06-04)[2020-03-23]. https://arxiv.org/abs/1706.01151.

4 自步-课程学习

孟德宇

孟德宇，西安交通大学数学与统计学院统计系，电子邮箱：dymeng@mail. xjtu. edu. cn

4.1 课程学习

机器学习的一些重要方法论是通过模拟人类或一般生物的认知机理和学习方式而形成的。典型范例如模拟生物探索与认知未知世界模式的强化学习方法,模拟人类大脑皮层结构的深度网络模型等。其初衷一般是试图通过"形似",即外部形态套用的策略,以达到"神似",即内在功能一致的目标。这种从生物机制中获得灵感的方式,往往会使一个方法在学术领域快速地引起学者共鸣,从而对其发展形成有力的推动,逐渐可能构建出此类方法独有的功能体系和认知框架。

课程学习(curriculum learning)正是以这样的方式诞生的,其尝试模拟的是人类或一般生物从易到难的学习模式[1]。其第一作者为加拿大蒙特利尔大学的Yoshua Bengio 教授,是国际上在深度学习领域最具影响力的学者之一,也是2018 年图灵奖的获得者之一。具体来说,这种被 Bengio 教授称之为"课程学习"的方法,改变了过去将样本以批处理方式或以随机序贯方式输入学习模型进行训练的模式,而是仿照人类按照从易到难的课程排列对学生进行教学的教育体系,预先将数据按照某种"课程"的要求从易到难排序,然后按序将数据输入学习模型进行逐步的增量式学习。

除了人类的教学领域,这种学习模式实际也应用在其他领域,且已被证实具有特定的训练优势。如在动物的训练过程中常见的所谓塑形法(shaping)[2],即采用了类似的从易到难训练模式。塑形法是指把一个倾向于正确方向的小行为慢慢进行复杂性增加的调整,每次只改变少许训练方式,并最终朝目标行为推进(事实上,这种方式对强化学习的产生也具有一定的启发性作用)。采用这种方法,最终能够训练出狗后空翻、海豚跳圈等复杂行为。

相似的思想也曾经在机器人控制领域出现。如 Sanger[3] 提出了根据训练程度难易来获取数据并加入神经网络进行训练的方法;Khan 等[4] 也尝试用人类设置课程教学的方式来训练机器人。在认知学领域,Elman[5] 总结了首先从目标较为容易的角度进行学习,然后逐渐过渡到较难水平的基本思想,并将该思想用于回馈网络的语法知识学习问题中。在计算机视觉领域,麻省理工学院的Torralba 教授小组也发现了训练样本对于学习问题的重要性差异问题,推荐了按照样本价值对所有样本预先排序,并按此排序将样本序列式放入学习模型的方法[6]。

如同深度学习一样，Bengio 教授对于此类学习的基本模式体现出敏锐的洞察力，首次给出了这种由易到难新型学习方式的形式化定义，并将之命名为“课程学习”。其具体内容阐述如下：

记随机变量 z 代表学习样本，对于有监督学习问题，其对应一个数据-标记对 (x, y)；而对于无监督学习问题，其直接对应数据本身。假设 $P(z)$ 为产生数据的固定而未知的目标分布，为了形成各阶段课程而在样本上施加的权值函数为 $W_\lambda(z)$，其中 $\lambda \in [0, 1]$（称为步(pace)参数或者年龄(age)参数）是产生不同课程的控制变量。$\lambda = 0$ 代表训练刚开始的阶段，而 $\lambda = 1$ 代表训练结束的时刻。另外，要求 $W_\lambda(z) \in [0, 1]$，且对于任意 z，$W_1(z) = 1$。前者近似了学习的样本是总体样本的子集这一隐含要求，后者希望课程学习最终能够退化为在所有数据上的训练模式。在某个 pace 变量 λ 下，其课程分布即可构建为

$$Q_\lambda(z) \propto W_\lambda(z) P(z) \tag{4-1}$$

且通过归一化方式使得 $\int Q_\lambda(z) \mathrm{d}z = 1$，从而使 $Q_\lambda(z)$ 构成一个以 λ 为参数的分布。

基于以上的数学形式，Bengio 等[1]给出了课程学习的正式定义。

定义 4.1 如果以上定义的序列分布 Q_λ 满足以下两个条件，则可称之为一个课程(curriculum)。记 $H(Q_\lambda)$ 为一个分布 Q_λ 的熵，则

$$H(Q_\lambda) < H(Q_{\lambda+\varepsilon}), \ \forall \varepsilon > 0 \tag{4-2}$$

且 $W_\lambda(z)$ 随着 λ 的增加单调递增，即

$$W_{\lambda+\varepsilon}(z) \geqslant W_\lambda(z), \ \forall z, \varepsilon > 0 \tag{4-3}$$

这一定义的内涵可以非常直观地理解。在课程学习过程开始的阶段，Q_λ 分布的支撑部分主要集中在一个小的集合区域，当 λ 逐渐增加时，该支撑区域随之慢慢增加，这意味着对应的训练数据从一个局部区域逐渐扩充到整个样本集。同时，熵增的定义要求了逐渐增量样本的多样性，用以保证逐渐增加的训练样本能够提供对学习效果与之前学习样本互补而有益的信息。

与其他具有学术影响的研究工作类似，课程学习的意义并不仅在于其形式上的创新，其更重要的贡献在于相比现有研究可能具备内涵与功能层面的推进。尽管 Bengio 并未从理论上给出严格证明，但是其在论文最后的讨论中还是对课程学习可能具备的优势给出了两个大胆的猜想：

(1) 更快地收敛，这是由于课程学习可能会在噪声或者无意义的困难样本

上(可理解为异常点)浪费更少的训练时间。

(2) 更准确地求解,这是由于课程学习可被视为一种特殊的连续(continuation)方法,其更易从无效的局部吸引域中跳出,找到具有更好泛化性能的结果。

事实上,很多关于课程学习(包括下章将要介绍的自步学习)后续的研究,均是以这两个猜想的算法优势为动机来对其相应任务的课程(自步)学习方案进行构建,其验证主要通过实验的效果。一个可喜的进展是,近期在国际机器学习大会(International Conference on Machine Learning,ICML)上出现了一篇理论证明课程学习快速收敛率的工作[7]。该研究虽然是在较强的假设下获得的理论结论,但仍可能是很有启发意义的推动。

尽管如此,这些猜测的优势在理论上的难以验证性,仍然对课程学习进一步推进的意义提出了严峻的挑战。这种独特的从易到难学习模式是否值得继续深入研究与推广应用? 其与现有研究,特别是与统计和机器学习领域的已有成果是否存在关联? 除了这些猜测的优势之外(如果真正存在的话),这种学习模式还有没有其他可能的应用优势? 这些问题都是课程学习研究亟须深入思考的问题。有关这些问题的探讨,我们在之后的部分再行详叙。

而我们更需要探讨和面对的是另外一个更为现实且重要的问题:用以排序样本的课程究竟如何获得。Bengio 教授尝试采用譬如形状复杂度(对形状检测问题)、用词关联性(对语言建模问题)等度量对样本重要性进行排序,从而获得了用以训练学习模型的课程信息。在随后的研究中,课程学习的追随者们不断提出更多的课程设置方案,在不同的应用中展示了课程学习方法的特别有效性。如 Wu 和 Tian[8]针对第一视角游戏的代理训练问题,通过游戏场景的难易(地图类型、对手强弱等)设计了用以训练的样本课程排序,获得了很好的游戏表现。Ranjan 等[9]针对讲者识别问题设计了合理的难易度量,并用序贯式输入从易到难子集的方式提升了算法的表现。Liu 等[10]针对自动问答系统的设计问题,采用了词频和语法两种标准来预先对样本(问题-答案)进行课程难易排序,从而减弱了该方法对于样本质量的依赖。Lotfian 和 Busso[11]针对语音情感识别问题,观察到一种天然合理的课程,即不同的评测人对于一个数据判断的意见相异程度,并利用此课程排序的样本序列进行学习,提升了基本算法的效果。Park 等[12]针对基于胸部 X 光片的病灶检测问题,设计了一个两步难易课程学习的方法,易课程对应在蕴含病灶的划分图片块中,难课程对应整张蕴含病灶的图片,其实验结果验证了这种方法可以显著提升病灶检测的精度。

然而,对于更多缺乏足够领域先验认知的应用领域,课程学习的执行仍面临着极大的困难，而预先制订的课程也存在着先入为主的主观性问题。一个错误制订的样本课程标准，或是一个错误排序的样本课程序列，可能对问题的求解造成危害。而更复杂的是，这种危害由于课程学习采用的两阶段方法难以被后一阶段的训练过程纠正和校准。这一自适应课程的问题，实际上在 Bengio 教授的文献[1]里已经被明确地指出："我们所定义课程策略的方式给老师留下了太多需要定义的任务。如果能够理解一般性制订有效课程策略的原则是极好的，这显然应该是课程学习未来研究的主题。特别地，为了能够在获得课程策略优势的同时，减少参与算法中人类(教师)的工作量，自然需要考虑一种像人类一样(像孩子那样)主动选择样本的格式。"

针对这一增强课程学习，一般使用方式的尝试很快出现，并被其作者称为自步学习(self-paced learning)。

4.2 自步学习

步(pace)这个字，实际上在课程学习文献[1]最后的讨论部分中已经提到。文献中讨论道："这样的方法(作者推荐的一些样本自主选择的方法)至少能够用来自动调整用以更新预定义课程的 pace"。这里的 pace 一般是指 λ 参数，即对于课程学习进度的调整参数。

在课程学习的概念提出一年之后，斯坦福大学的 Kumar 等[13]借鉴了这个概念，提出了名为 self-paced learning 的方法。他的导师，也是论文的作者之一，是机器学习领域的知名学者 Daphne Koller 教授。与课程学习一样，这个概念同样非常生动而有趣，且增加了一些拟人化的味道(可以理解为自己走路的学习)。在之后的内容中，我们将这一概念简称为自步学习。正如 5.1 节末尾所述，其文献所提出的此方法构造的动机，仍是为了弱化一个非凸优化目标的局部极优问题。

这篇文献沿用了课程学习从易到难的核心思想，且尝试去克服上节所提的自适应课程学习的问题。具体的思路是，把用以课程排序的难易度量嵌入优化模型中，一边基于当前样本排序更新模型参数，一边基于学习的效果对所有样本更新这一度量，从而获得样本的新一轮难易排序，最终达到自动更新课程、自适应样本排序的目的。而为了实现这一"课程嵌入学习"的目标，自步学习采用了将机器学习目标函数中的损失度量直接作为课程难易度量的策略。

为了更清楚地阐明这一思想，我们可以从一个标准的机器学习分类模型讲起。给定训练数据 $\{x_i, y_i\}_{i=1}^n$，其中 $x_i \in X$ 代表样本（X 为样本空间），$y_i \in Y$ 代表标记（Y 为标记空间），n 为所有样本的数目。分类问题的目标是学习一个分类函数 $g_w: X \to Y, w \in \Gamma$，从而对于任意新样本都可以进行标记预测。对于分类问题所构建的机器学习求解优化模型，通常采用如下"损失＋正则"的基本格式：

$$\min_{w \in \Gamma} \sum_{i=1}^{n} L(g_w(x_i), y_i) + R(w) \tag{4-4}$$

式中，$L(\cdot, \cdot)$ 为损失/误差项，其作用在于度量预测标记与真实标记之间的差异程度；$R(w)$ 为正则项，其作用在于编码需求解 w 的预知先验信息。例如，当误差项选为 hinge 误差，正则项选为 L_2 范数正则时，式(4－4)对应支撑向量机模型[14]；当误差项选为对数误差时，其对应逻辑回归模型[15]。

自步学习最核心的思想是，在传统机器学习模型式(4－4)中，嵌入衡量每个样本难易程度或对学习目标重要性的权值变量 v_i，并将其与模型参数 w 放在一起共同优化，从而达到样本课程与学习模型共同训练的目的[13]。其基本形式如下：

$$\min_{w \in \Gamma,\ \boldsymbol{v} \in [0, 1]^n} \sum_{i=1}^{n} v_i L(g_w(x_i), y_i) + R(w) - \lambda \| \boldsymbol{v} \|_1 \tag{4-5}$$

式中，$\| \cdot \|_1$ 为 L_1 范数。事实上，由于在可行域中所有 v_i 均为非负，因此 $\| \boldsymbol{v} \|_1 = \sum_{i=1}^{n} v_i$，$\boldsymbol{v} = (v_1, v_2, \cdots, v_n)$。

这个负 L_1 范数的正则项看上去非常特别，但当我们迭代求解模型参数 w 与样本重要性度量 $\boldsymbol{v}$ 时，该正则项便可以诱导出非常有趣的学习效果。

步骤一：固定参数 w^* 求解 $\boldsymbol{v}$ 时，我们可以求得闭式解：

$$v_i^* = \begin{cases} 1, & L(g_{w^*}(x_i), y_i) < \lambda \\ 0, & L(g_{w^*}(x_i), y_i) \geqslant \lambda \end{cases} \tag{4-6}$$

这一更新公式的物理意义直观解释如下：当一个样本在当前模型参数 w^* 下的对应误差比(年龄/步参数) λ 较小时，这样的样本可被认为是分类可靠性较高的、易训练较纯净样本，因此对应权值为 1，即将其纳入学习的过程中；反之，当对应误差比 λ 较大时，对应样本是相对可靠性较低的、难训练的噪声样本，因此对应权值为 0，即将此样本排除在模型参数的训练之外。

步骤二：在固定参数 $\boldsymbol{v}^*$ 求解 w 时，模型对应求解一个标准的分类优化问题：

$$\min_{w \in \Gamma} \sum_{i=1}^{n} v_i^* L(g_w(x_i), y_i) + R(w)$$

其意义为仅使用选定的“容易”样本(即 $v_i^* = 1$ 的样本)进行分类器训练。

通过迭代步骤一和步骤二，即可在近似自动实现选定容易样本(课程)的同时进行模型参数的更新。

但这里还未体现自步学习中的自“步”效果。事实上，我们观察式(4-6)，可发现λ 作为年龄参数或步参数所起的本质作用。λ 越小，对容易样本进行筛选的原则就越苛刻，因此进入学习过程的样本相比就会相对少，这模拟了幼龄孩子刚起步的学习行为；反之，当λ 变大时，进入学习过程的样本数增多，这模拟了人随着年龄的增加可掌握的知识逐渐变难的学习过程。在这样的理解下，将λ 称为年龄参数是非常恰当的。因此，在执行自步学习算法时，除了以上两个步骤外，通常还要在迭代中嵌入以下步骤，以近似实现从易到难的学习效果。

步骤三：在更新 $\boldsymbol{v}$ 和 w 之后，增加λ 的值，使更多样本进入学习过程。

在早期的自步学习论文中，Kumar 等[13]建议的算法为在每次迭代中让步骤一、步骤二和步骤三各迭代一次的方式。另外，其所建议的算法最终收敛条件为所有 v_i^* 均为 1，即最终要求所有样本均进入学习器的训练。但值得提醒与关注的是，在实际的情况中，为了保证更便利、更准确地执行算法，该推荐模式往往是需要改进的。我们对自步学习算法的具体实现给出三方面建议，通常这些建议在之后继续的扩展内容中依然是合理的。

第一，自步学习算法的步骤一和步骤二是优化目标函数式(4-5)对其两组变量 $\boldsymbol{v}$ 和 w 准确的迭代优化过程，每次两个变量的更新均可保证目标函数式(4-5)的单调下降，因此可以基本保证优化问题的收敛性。而年龄参数λ 的更新却与这两个变量的更新原理完全不同，其更新公式是基于由易到难的课程学习模式启发式制订的，对其更新并不能保证自步学习目标函数式(4-5)的递减性(事实上，往往反而会产生该目标的递增效果)。因此，通常更为推荐的执行方式是每次在固定λ 的前提下，让 $\boldsymbol{v}$ 和 w (步骤一和步骤二)多内部迭代几次。在这个内部迭代的过程中，观测目标函数下降到较为稳定的状态后，再增加λ 进行之后的迭代。这种执行策略往往可以使算法训练效果更为稳定。

第二，在很多实际问题中，并非迭代至所有样本都进入学习过程才能得到最好的结果。相反地，当进入学习过程的训练样本迭代到一个合理的数目时，再继续增加样本(或增大年龄参数)反而会导致算法性能的下降。这一现象也在课程学习相关的一些研究中发现，如 MIT 的 Antonio Torralba 教授小组[6]在样本先按难易排序再序列式训练学习模型的方法中，也提出仅把部分样本而非全部样本输入学习过程可能带来性能优势。这一点实际上并不难解释。当样本中包含大量对于提升学习质量无益甚至有害的显著噪声样本甚至是异常点时，自步学习或课程学习的策略可以把这些样本定义为难样本，而提前在所有样本进入学习过程前就停止算法，该方法可以避免让有害的样本进入学习，从而对提升算法的鲁棒性具有正面的作用。最近已有不少自步学习的方法采用了这种"中间截停"的手段来中止算法，对截止计算的 λ 参数也可以按照参数选择的方式来进行估计，例如验证集验证的策略[16]。有关这一自步学习鲁棒性问题的理论理解和验证集的利用方法问题，我们将在之后理论与元学习部分再行展开讨论。

第三，实际上，制订年龄参数 λ 在每一次迭代之后采用何种机制上升，也并非是一件容易的事情。如果其设置初值过大、增速过快，则可能进入学习的训练样本过快过多，导致无法充分执行课程学习从易到难的逐步学习模式，也可能导致噪声或异常样本在学习过程中的过早侵入从而损害学习效果。如果其设置初值过小且增速过慢，则可能进入学习的训练样本过少，导致算法学习速度过慢。而更为严重的问题是，随着迭代的进行，模型参数 w 越来越准确，可能导致所有样本误差函数整体显著下降，特别在算法迭代初期更容易出现这一现象。这将导致 λ 如何动态设置更加困难(可能是减小而非增大)。因此，可以将 λ 选择转换为样本个数的选择。如每次固定 w 更新 $\boldsymbol{v}$ 时，按照当前样本的课程排序(误差由小到大)选取前 5 个样本进入，即令这 5 个样本的 v_i^* 为 1，再基于这些选择的样本更新模型参数 w，不断迭代收敛；然后用同样的方法让最可靠的 10 个样本进入训练。如此迭代，使预估数量的有价值训练样本进入学习过程。如同 k 近邻与 ϵ 近邻的方法执行模式相似，这种逐次样本数量增加的策略会使得课程参数的选择更加直观且易于控制。而为了保证算法最终的收敛性，我们可以在算法迭代最终达到预期实质进入学习过程的样本数目之后，反向定义 λ^* 参数值(如目前有 m 个样本在学习过程中，基于式(4-6)，其反向定义的 λ^* 为当前 w 下误差从小到大排序的第 $m+1$ 个值)；然后在此 λ^* 下再迭代优化 w 和 $\boldsymbol{v}$ 若干次，便可在避免异常样本干扰学习性能的前提下，保证算法最终对于模型式(4-5)的收敛性。

Kumar 等[13]所提出的这一自步学习模型，首次通过一个优美简洁的优化问题实现了课程学习的自动执行模式。而其能够达到这一从易到难学习功能的关键因素，显然在于其对样本重要度向量 $\boldsymbol{v}$ 所施加的这一看似奇特的负 L_1 范数正则。因此，我们很有必要来探讨这一正则构建的核心本质与要求。

4.3 自步正则

为了方便介绍自步正则的核心概念，我们将模型式(4－5)重写为如下的形式：

$$\min_{w\in\Gamma,\ v\in[0,\ 1]^n}\sum_{i=1}^{n}[v_iL(g_w(x_i),\ y_i)+f(v_i,\ \lambda)] \tag{4-7}$$

式中，由于对我们所关心的自步正则本质理解并无实质性影响，我们省略了模型参数的正则项 $R(w)$；$f(v_i,\ \lambda)$ 为能够诱导出一个理想自步学习从易到难学习模式的自步正则。模型式(4－5)中给出的负 L_1 范数正则，便是自步正则的一种特殊形式。在之后的介绍中，为了简化符号的表示，我们也常将第 i 个样本的误差 $L(g_w(x_i),\ y_i)$ 简要记为 ℓ_i。

我们必须要解决的问题是，$f(v_i,\ \lambda)$ 究竟满足什么条件，才能算是一种合理的自步正则形式。Jiang 等[16]和 Zhao 等[17]试图对这一问题做出了解答。其对自步正则项 $f(v_i,\ \lambda)$ 所需满足的基本条件，做了较为严格的数学化定义，基本内容如下：

定义 4.2 对于优化模型式(4－7)，当 $f(v,\ \lambda)$ 满足以下条件时，我们可称之为自步正则项：

(1) $f(v,\ \lambda)$ 为关于其变量 $v\in[0,\ 1]$ 的凸函数。

(2) $v^*(\ell,\lambda)$ 为变量 ℓ 的单调递减函数，且有 $\lim_{\ell\to 0} v^*(\ell,\ \lambda)=1$，$\lim_{\ell\to\infty} v^*(\ell,\ \lambda)=0$。

(3) $v^*(\ell,\lambda)$ 为变量 λ 的单调递增函数，且有 $\lim_{\lambda\to 0} v^*(\ell,\ \lambda)=0$，$\lim_{\lambda\to\infty} v^*(\ell,\ \lambda)\leqslant 1$，其中

$$v^*(\ell,\ \lambda)=\arg\min_{v\in[0,\ 1]}\{v\ell+f(v,\ \lambda)\} \tag{4-8}$$

这里，条件(2)要求学习模型倾向于选择具有较小误差的、较为容易的学习样本；条件(3)要求随着年龄参数 λ 逐渐变大，模型倾向于学习更多的样本，从而训练出更“成熟”的模型；而条件(1)主要是为了这一正则能够保证优化模型计算的便宜性。

事实上，我们可以验证，在 Kumar 等[13]的论文中所提出的正则形式是完全满足以上 3 个条件的，也就是说，这一正则是符合自步正则定义的一个范例。那

么，既然我们已经有了方便的自步正则形式，还有必要用这样的定义诱导出新的自步正则吗？这个答案是肯定的。我们的确可以基于这样的定义，构造出功能更强、更能体现数据内涵的更多自步正则形式。实际上，从式(4-6)易得，Kumar 等[6]给出的自步正则所诱导的样本重要性刻画是较为粗略的。其对每个权值 v_i 只有 0 或 1 两种选择，也就是每个样本对于学习过程的参与只有选或者不选两种可能性，我们可以将这种加权方式称为“硬”加权格式。而利用这一定义，我们可以构建出更多既能满足自步学习要求又能更全面客观反映数据重要性信息的“软”加权格式。典型的自步正则及其对应的权值求解公式(由式(4-8)所计算)列举如下：

(1) 线性自步正则[18]：

$$f^{\mathrm{L}}(v,\lambda)=\lambda\left(\frac{1}{2}v^2-v\right),\ v^*(\ell,\lambda)=\begin{cases}-\dfrac{\ell}{\lambda}+1, & \ell<\lambda\\ 0, & \ell\geqslant\lambda\end{cases} \tag{4-9}$$

(2) 混合自步正则[17]：

$$f^{\mathrm{M}}(v,\lambda,\gamma)=\frac{\gamma^2}{v+\gamma/\lambda},\ v^*(\ell,\lambda,\gamma)=\begin{cases}1, & \ell\leqslant\left(\dfrac{\lambda\gamma}{\lambda+\gamma}\right)^2\\ 0, & \ell\geqslant\lambda^2\\ \gamma\left(\dfrac{1}{\sqrt{\ell}}-\dfrac{1}{\lambda}\right), & \text{其他}\end{cases} \tag{4-10}$$

(3) 对数自步正则[19]：

$$\begin{gathered}f^{\mathrm{LOG}}(v,\lambda,\alpha)=\frac{1}{\alpha}\left[(1+\alpha\lambda)\ln\frac{1+\alpha\lambda}{v}-(1+\alpha\lambda)+v\right]\\ v^*(\ell,\lambda,\alpha)=\begin{cases}1, & \ell<\lambda\\ \dfrac{1+\alpha\lambda}{1+\alpha\ell}, & \ell\geqslant\lambda\end{cases}\end{gathered} \tag{4-11}$$

(4) 指数自步正则[19]：

$$\begin{gathered}f^{\mathrm{EXP}}(v,\lambda,\alpha)=\frac{1}{\alpha}\left[v\ln\frac{v}{\exp(\alpha\lambda)}-v+\exp(\alpha\lambda)\right]\\ v^*(\ell,\lambda,\alpha)=\begin{cases}1, & \ell<\lambda\\ \exp[-\alpha(\ell-\lambda)], & \ell\geqslant\lambda\end{cases}\end{gathered} \tag{4-12}$$

更多自步正则格式可参见论文[18,20-21]。

为了展示其与之前自步正则的本质差别，图 4-1 对比了之前的硬自步正则格式(4-6)与以上式(4-9)～式(4-12)所定义的软自步正则格式所获得的权值更新公式。很显然，这些由自步正则定义所启发构造的新自步正则格式，可以帮助样本权值获得“软”赋值的效果。这种软性赋权的方法倾向于使权值更为客观细致地反映样本的难易程度及其对训练学习器所起的重要性。例如，一个样本是相对可靠的“易”样本，但其中仍包含一定程度的不确定性噪声，则其重要性权值可赋值为 0.9，从而对其作用进行程度很小的压制；如果一个样本为更可能对应噪声的“难”样本，但其中仍蕴含对于分类有价值的信息，那么我们可将其赋权为 0.1，以使其作用不至完全被忽略。因此，在实际的应用中，我们一般更倾向于推荐模型采用这样软赋权的自步正则格式。

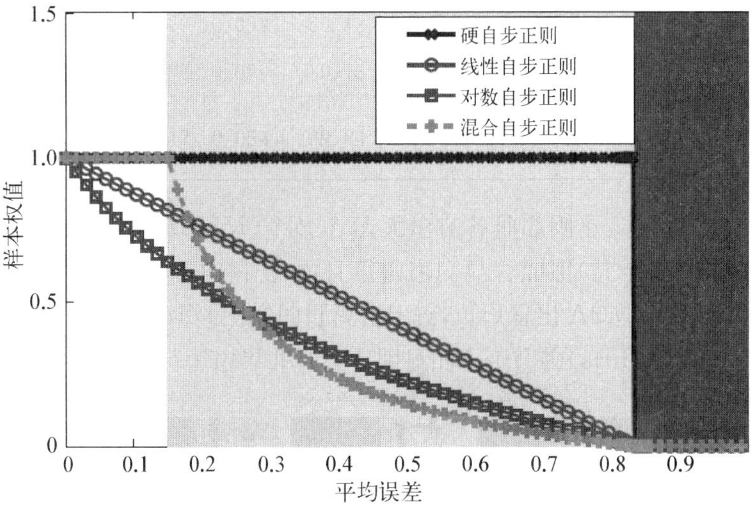

注：4 种自步正则分别对应于硬自步正则式(4-6)与 3 种软自步正则式(4-9)～式(4-12)

图 4-1　几种自步正则对应的权值更新公式

这里实际上还存在一个问题，就是这些自步正则是如何构造出来的。早期的论文中并未给出通用的构造法则，但近期这一构造性问题得到了完满解决。最早是由 Li 等[21]总结了一种自步正则构造的方法；之后 Liu 等[22]更为彻底地解决了这一问题。该论文在凹共轭的理论下给出了自步学习系统性的理解，并由这些理论得出了两种通用的自步正则构造方法。在实际应用中，可以根据实际的需求，灵活地选用这些方法以获得适用的自步正则格式。我们将在第 4.7.3 节详述该自步正则构建方法。

4.4 自步-课程学习

从课程学习到自步学习，完成了从预设样本课程排序先验到自动学习课程的演进。从最早课程学习论文[1]和自步学习论文[13]的表述中可以看出，似乎我们从一个“完全人为课程制订”的极端走向了另一个“完全自主课程学习”的极端。我们非常有必要来思考一下，课程学习和自步学习这两种同样模拟人类从易到难学习模式的方法，究竟存在什么样的本质关联和差异性。

事实上，尽管自步学习是为了改善课程学习自适应课程设计的问题而提出的，但是其并不能完全替代课程学习，事实上两类方法具有其各自的优劣性。课程学习的优势体现在当我们对数据和问题具有足够的领域先验知识时，获取样本课程排序往往水到渠成。此时，显然我们并不需要算法不断迭代来耗时耗力获取课程。课程学习由自步学习带来的劣势也就转变为了最大的优势。而对于自步学习来说，其优势当然就是我们一直强调的自适应课程学习的功能及其优美的数学形式化模型；而其劣势一方面在于其对课程的初始值存在一定的依赖性和性能敏感性，另一方面在于很难在现有的自步学习模型下将有益的课程先验嵌入。实际上，两类方法均在特定实际问题上得到了良好的拓展与应用，并同时体现了如上所述的各自优势与劣势。

也许我们可以回到设计这些方法的原点来尝试寻找更为优化的方法论。如果我们深入地考虑一下也许就会意识到，两种方法所尝试模拟的尽管均为将课程由易到难来设计的学生教学过程，但有趣的是，课程学习是从教师角度考虑问题，而自步学习更像是从学生的角度来考虑。这两点，实际上在 Bengio 等[1]和 Kumar 等[13]的论文中，均已有所暗示。具体来说，Bengio 等[1]在论文的讨论中给出了这样的描述：“我们用以定义课程策略的方式给了教师太多的任务去定义”；而 Kumar 等[13]在论文的引言中，给出了这样的观点：“在人类教育的环境下，自步学习指由学生自己的能力来决定课程，而非由老师来固定课程的学习系统”。

从这样的角度来看，课程学习与自步学习的优劣马上具备了生动的可解释性。课程学习的执行模式类似于一位有经验而行事死板的教师，需要严格地要求学生按照自己对于课程的理解来按序学习知识。这种教学方式一方面充分利用了教师对于知识的先验认知，特别是在教学的初期能够对学生起到很好的导向性作用，另一方面也可能过于僵化而缺乏对于实际数据和问题的自适应性和灵活性。而自步学习的执行模型更类似于一个头脑灵活且善于学习的学生，其目标就是不断学习在当前知识构架下相对容易学懂的课程。这种学习模式一方面充分发挥了学生的主观能动性，能够更灵活地适应真实课程的变化，但另一方面也可能由于缺乏引导而“学偏”，特别是在初期懵懂的学习阶段。这也导致其在很大程度上依赖于初始选定的课程，如果一开始没有走上正轨，即使学生的学习能力很强，其掌握的知识也会逐渐偏离正确轨道。

从以上的角度去理解，就会得到一个有趣的发现：课程学习与自步学习的优劣似乎完全呈现互补的关系。因此，一个直接的想法是，能否将两者结合，充分发挥老师-学生共同的教学-学习功能，形成一种新的学习机制，通过教学相长的模式来实现从易到难的课程学习目标。

自步-课程学习方法正是在这样的驱动下提出的[23]。其学习模型数学形式如下：

$$\min_{w\in\Gamma,\ \boldsymbol{v}\in[0,\ 1]^n}\sum_{i=1}^{n}v_iL(g_w(x_i),\ y_i)+f(\boldsymbol{v},\ \lambda),\quad \boldsymbol{v}\in\boldsymbol{\Psi}\qquad(4-13)$$

对比自步学习所对应的优化模型式(4－7)，自步-课程学习的变化主要在于其对样本重要性权值向量增加了一个 $\boldsymbol{\Psi}$ 可行域的约束。这个可行域最重要的作用是在模型里嵌入对样本课程的重要性先验信息，从而达到融合课程学习与自步学习功能的目的。因此，这一可行域称为课程区域。注意这一课程先验信息也可以以在目标函数中嵌入一个附加的、关于重要性权值向量 $\boldsymbol{v}$ 的课程正则的无约束形式体现。

那么现在需要解答的问题是，这种课程先验信息在现实中究竟如何获得；其课程区域或课程正则是否能够用简洁的数学形式来表达，从而仍然保证优化问题式(4－13)的可求解性。

幸运的是，课程先验，即可预先获得的样本误差信息，在实际中往往是存在的，且常常以具有特定的课程区域或课程正则格式来表达。以下列举几个典型示例。

(1) 半序先验。尽管预先并不知道样本误差的大小，但可能预先知道两个样本之间误差的大小关系，即两个样本对于学习目标的相对难易程度。如就目标识别问题来说，一张清晰而全局的狗图片与一张模糊而局部的狗图片相比，前者最终被判别为“狗”标记，理应具有比后者更小的误差。

(2) 关联性先验。沿着空间、时间等维度相邻的数据，例如图像、视频等，往往具有类似的误差大小。

(3) 多样性先验。对问题有本质意义的容易(高可靠性)样本,即最终学习误差较小的样本,应该分布于空间各处而非集中在一个局部区域,这样能保证学习机尽可能学到数据蕴含的全局信息。

以上几种课程先验,均与学生可从教师获得的课程知识具有很好的对应关系。学生在自主学习的同时,老师可以提前告知学生,课程 A 比课程 B 更难(半序先验),一些课程是具有关联性的(关联性先验),学习的课程应该多样化一些以保证所掌握知识结构的全面性(多样性先验)等。在进行学习模型各个参数的训练之前,加入这些对课程(即误差)预知的先验信息,对于最终计算结果的准确性会产生很好的矫正作用。

而这些课程先验均可通过对重要性权值 $\boldsymbol{v}$ 进行针对性课程先验或课程正则设计来编码到自步-课程学习模型式(4-13)中。对于半序先验,若我们预先知道 i 样本的学习难度比 j 样本小,则可直接在课程区域 $\boldsymbol{\Psi}$ 中加入 $v_i \geqslant v_j$ 的附加约束。这一约束为一个凸约束,一般不会给模型增加太多的求解难度。值得一提的是,尽管少量的半序先验对模型产生的作用是较为有限的,但是当我们能够获取大量半序先验信息时,其很可能显著提高模型的计算准确性[24];在现实中,这种半序先验的知识相比数据本身的标记信息更容易获取(仅需比较两样本对于分类的难易),因此半序先验应当是一种很容易拓展并产生功能的先验项。此外,对于关联性先验,我们可以将数据的时间、空间或其他维度体现的关联信息建模到一个图拉普拉斯矩阵 $\boldsymbol{L}$ 中[25],然后在自步-课程学习模型式(4-13)的目标函数后附加一个拉普拉斯正则项 $\boldsymbol{v}^{\mathrm{T}}\boldsymbol{L}\boldsymbol{v}$ 从而将该关联性信息嵌入模型[26]。这一正则同样为凸,不会给求解 $\boldsymbol{v}$ 带来太多困难。这一先验往往在图像或视频相关的应用中更适用。关于多样性先验,也有一种较为巧妙的编码方式将其嵌入自步-课程学习模型,即负组稀疏先验[27]。组稀疏正则是研究较为成熟的一种正则编码方式,其编码的信息为,对于数据特定的聚类结构,组稀疏能够使得最终算得的对应数据的模型参数产生组稀疏的效果,即对应一个聚类组所蕴含的全部参数均为 0 或均非 0 的计算效果。常用的组稀疏项包括 $L_{2,1}$ 正则[28]等。Jiang 等[27]在其自步-课程学习论文里验证了一个有趣的结果:负组稀疏先验可以传递多样性,即让每个类对应的重要性权值参数尽量均存在一些非 0 的元素,而不是集中于少数类。因此,我们可用类似于 $-L_{2,1}(\boldsymbol{v})$ 的方式构建课程正则项,从而将多样性课程信息嵌入模型式(4-13)。

在之后的内容中,我们还会更深入地分析课程先验对自步学习的重要作用。而在此之前,我们很有必要讨论一下自步学习(包括自步-课程学习)可能适用的问题。

4.5 用武之地

就本质来说，相比于传统的机器学习模型式(4-4)，自步学习(包括自步-课程学习)模型增加的仅是每个样本的重要性权值及其约束或正则。但这并不意味着，生硬地将传统模型改为自步模型，就一定会带来效果的增益。如同其他的机器学习模型和方法一样，每个方法均是对特定类型的数据和问题适用，放之四海而皆准的方法是不可能存在的，这就是所谓"没有免费的午餐"定理所揭示的核心内容[29]。因此，对于自步学习和自步-课程学习，我们也非常有必要讨论其究竟对何种问题更为适用。

在前面我们讲过，在课程学习的原始论文中，此类从易到难的学习策略被猜测具有两个优势：第一是加速算法收敛；第二是减弱局部极优。而在自步学习与自步-课程学习的论文中，至少加速算法收敛这一优势已经鲜有提及。这并不意味着课程学习没有这样的优势。当我们预先按照某种课程标准一次性排列好所有样本，学习收敛速度的增加仍然是可以期待的。但当自步学习同时要求能够自动化样本排序(学习重要性权值参数)及不断改善排序标准(更新模型参数与数据误差)时，算法无法避免地引入了多个重新排序和课程更新的步骤，此时算法的计算速度，往往低于一次性在所有样本上执行原有的机器学习方法。

于是在一部分自步学习和自步-课程学习的论文中(特别是较为早期的论文)，减弱局部极优问题就成为主要的动机与卖点[13,17]。就一个非凸优化问题而言，自步学习策略减弱局部极优的这一特性的确在一些实验上得到了验证，但这一效果往往在两个前提下方能得以保证：一是对模型参数需要预设一个良好的算法初值；二是要设定细致的 pace 参数(或样本个数)控制变化的方法。而前者往往对最终算法的效果起到更为关键的作用。可采用的初值预设方法如先在整体样本上跑一遍自步学习改造前的机器学习模型，或是采用一个相关联的模型先找到一个相对准确的结果等。

但这里可能就产生了一个明显的逻辑矛盾。对于一个非凸优化问题，其算法构建本身最大的问题就是如何定义一个良好的初值，这也是保证求解有效性的关键因素。当我们找到一个好的初值时，往往通过合理的算法就能保证收敛到这一非凸问题良好的局部极优。而既然自步学习也需要寻找一个良好的算法初值，即所谓迭代的起点，为什么不直接用这一初值在原问题中构造算法去求解，而偏要在数据一系列课程子集上不断迭代算法来用看似非常间接的方式找到原问题的一个合理的局部极优解呢？从理论机理与执行模式上来讲，似乎前者比后者具有更好的可证明性与可实施性。

而且一个可能更为严重的问题是，在实际的自步学习算法执行过程中，我们可能并未优化原来的模型，其局部极优问题可能更是无从谈起。首先，在自步（课程）学习算法迭代计算的绝大部分时间里，我们并未优化在所有训练样本上定义的原模型，而只是不断在优化数据子集构成的一个"简化"模型；此外，按照之前所述，在很多实际操作的情况下，我们需要在某一个 λ 参数（或进入训练过程的样本个数）下，停止算法的迭代，直接输出结果。而这就意味着，我们最终优化的模型，并不是原有的模型，而算法找到原模型局部极优这一说法，似乎也有点空穴来风。

而正如论文[6]所认识到的那样，提前在某个 pace 中止自步学习算法迭代，可能给算法带来另外的收益。因为从易到难自动选择样本的机制往往能够减弱甚至避免那些非常难的样本（误差很大的样本）给算法带来的负面干扰，而这些样本更有可能对应混杂在数据之中的噪声甚至异常点样本，所以算法提升了对于此类低可靠性数据入侵的鲁棒性。具体来说，自步学习的赋权机制会使这些噪声样本的权值很小甚至为 0，这意味着将它们对分类器学习的作用进行了压制甚至消除，从而达到了提升算法鲁棒性的目的。

有关这一点，实际上也在 Bengio 等[1]最早的课程学习论文中有所提及。其在论文的讨论部分中提道："对于一个学习器而言，聚焦学习'有趣'的样本应该是有优势的。这些有趣的样本应是坐落在分类知识与能力前沿的样本，既不过于容易，也不过于困难……我们认为学习器持续捕捉和扩展的样本集应该优先增加到其分类器边缘的样本"。这句话应该隐含了以下的观点，课程学习"难"的极限，应该是到分类边缘附近的样本，而不应让其继续深入到过于困难的课程（指深入落于错误分类区域内部的样本，即其标记与其所处的分类区域严重不符的错标记样本）进行持续的学习。

事实上，相比课程学习/自步学习预先尝试解决的问题（快速收敛与局部极优问题），针对蕴含显著标记噪声（错误标记）的训练样本进行鲁棒学习的问题在当今学术界与工业界可能是更广泛存在与更受人关注的挑战问题。一方面，一个预先人工标记的数据集本身可能就是包含错误标记的。对于目前动辄千万级的标记大数据，这种错误标记是难以避免的。而噪声标记问题更多地存在于半监督学习及其相关的领域中。所谓半监督学习问题，是指训练数据中同时包含带标记和无标记的数据，而我们试图通过结合两种类型的数据来共同训练以获得最终的分类器。对于这一问题，一种常用的解决方法是利用算法中不断改善的分类知识来对无标记数据进行伪标记，然后从这些伪标记数据中挑选可靠的数据重新放入分类器的训练过程中[30]。但由于无标记数据获取的是通过算法而模拟得到的伪标记，其标记质量一般相对较差，混有错误标记的噪声在所难免。更为严重的是，对于很多目前面临的实际问题，该类数据一般从测试数据中收集而来，其标记条件不能称为半监督，而是条件更弱的“弱监督”甚至是“无监督”（具体细节在第 4.6 节中解释）。此时如果采用此类伪标记的方法，其标记质量将会非常差，因此如何像大海捞针一般从这些低质的噪声标记数据中挖掘出有意义的分类信息，是目前机器学习领域极其重要的基础性研究问题之一[31]。正如 Bengio 教授曾经在 MIT Technology Review 的访问中对人工智能尚未解决的重要问题做预测时强调：“无监督学习真的、真的非常重要。”[32]

这样看来，在这个重要的问题上，自步-课程学习可能真的是有用武之地的。

4.6 从强监督到弱监督

发展弱监督条件下有效的机器学习方法，已成为目前该领域最为关注的热点问题之一。该问题既是诸多现实场景的实际需求，也是增强机器学习泛化能力的基本途径。其重要性的另一个本质缘由是，目前工业界真正可以依赖的数据大多仍是在强监督条件下（人工标记）获取的高质量训练数据，而该条件的下限形成了机器学习与人类学习的巨大鸿沟。人类更多呈现的是在弱监督条件下面对信息微弱的测试数据所体现的强大学习能力；而书呆子式的、针对海量高质量标记知识训练数据的暴力学习策略从来都不是最优，也非我们所提倡的学习模式。因此，如何尽可能降低对数据监督信息（即训练数据质量）的要求，是整个机器学习领域不可回避的重要课题。

周志华教授[33]于 2018 年在《国家科学评论（National Science Review）》杂志上发表了关于弱监督学习的综述文章，文中对这一问题进行了精炼而生动的归纳。周教授将弱监督学习问题分为 3 种类型：不完全监督（incomplete supervision）、不确切监督（inexact supervision）和不准确监督（inaccurate supervision）（见图 4－2）。

不完全监督是指只有训练集的部分子集样本给予了标记，而剩余样本均不具有任何标记信息。这种弱监督情形，与传统的半监督学习具有对应关系，不过通常对应监督样本比例更少的极端情形，例如最为极端的无监督样本情形。不确切监督是指已经给数据赋予的标记较为粗粒度，并非非常确切的信息。例如，

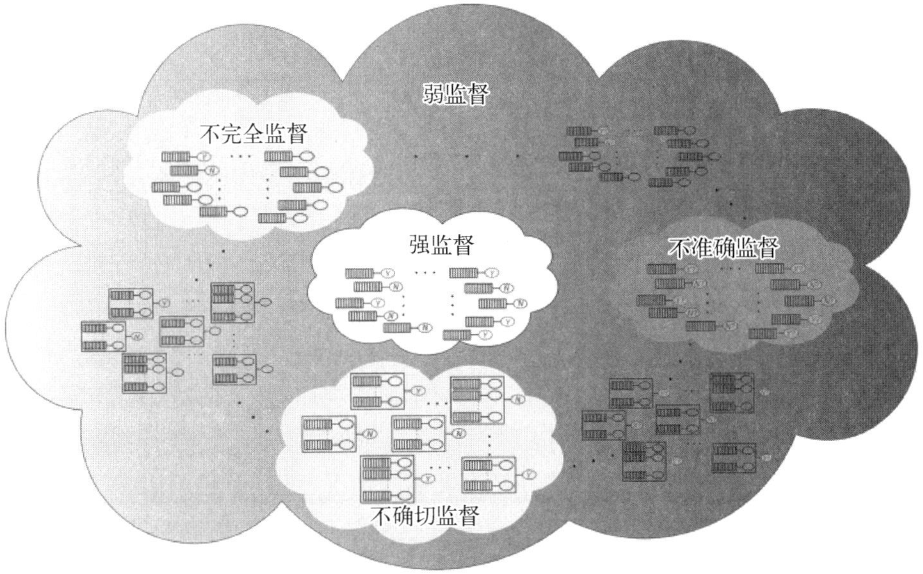

图 4-2　弱监督学习问题的 3 种类型[32]

一张图片仅在一个小的角落蜷缩了一只猫，直接将其标记为猫的类别就是非常粗粒度的。这样的监督数据作为训练样本，不可避免地会影响最终获得分类器的质量。不准确监督又可以理解为噪声标记问题，即一些标记存在错误，将 A 类错标为 B 类。

对于这 3 类弱监督学习问题，自步学习的策略均是较为适用的。对于不完全监督和不确切监督问题，通常利用目前的标记信息训练获得分类器，再利用其对无标记样本直接进行伪标记或对弱标记样本进行细粒度伪标记，然后将伪标记样本添加入有监督样本集进行共同学习，从而对分类器进行矫正与更新。但是，直接采用这一策略通常是不可行的，这是因为这些在学习过程中依赖于少量监督信息产生的伪标记样本质量往往较差，其中一定存在大量错误标记，这些标记噪声势必影响分类器更新的质量。而如果在此过程中引入自步学习策略，对可靠标记样本进行自适应甄别，通过样本误差加权方式对不同标记质量的样本进行区分性学习，减弱标记噪声数据的负面影响，则可能会在一定程度上克服这一学习的鲁棒性问题。而对于不准确监督问题来说，自步学习更是可以直接套用，通过对由自步正则控制的样本重要性权值与分类器参数的迭代更新，从而达到增强高标记质量数据作用、减弱标记噪声数据影响的目的。

在下文中，我们分别列举 3 个典型的弱监督学习问题，并分别通过典型的应用范例来展示自步学习技术的具体应用方式。

4.6.1 零样本学习

不完全监督问题的最极端情形即为无监督学习。在机器学习领域，无监督学习有广泛的含义，所有针对无标记数据的学习问题，如聚类、降维等，均可称为无监督学习问题。而这里的无监督学习，特指弱监督学习中的无监督问题，即在训练数据不包含某类样本的前提下，所训练获得的分类器在测试过程中能够对该类数据进行类别预测的问题。显然，这一问题是弱监督学习中具有挑战性的重要问题。

这一问题也可称为零样本学习（zero-shot learning）问题，是近期热点的小样本学习问题的重要分支之一[34]。所谓小样本学习问题是指，在某个类别（概念）仅有极少样本的前提下，如何有效学习获得对该类别（概念）进行判断的分类器。零样本学习问题是小样本学习最为极端的情况，已经引起了诸多学者的广泛关注。

小样本学习之所以成为机器学习领域的研究热点，其中一个重要原因是，相比目前依赖于将大量标记样本作为训练数据进行学习的通用模式，其更接近于人类学习的基本方式。最常见的一个例子是：一个孩子在从未见过斑马之前，就可以凭借黑白条纹、马这两个斑马的特定属性，一眼识别出动物园中之前从未见过的斑马。再以近期引起关注的科幻小说《流浪地球》为例，其中出现了大量的新概念事物。但观众通过小说人物简单的描述，就能够轻易地判断出这些事物对应的影像。例如，仅凭小星老师对于行星转向发动机的转述语言（发动机的高度是一万一千米，比珠穆朗玛峰还要高两千多米），观众便可以从相应的影像中一眼识别出气势恢宏的发动机目标。

看上去零样本学习好似无中生有般神奇，但实际打开这一秘密的钥匙可能在两个关键因素之中：第一是数据表达的多模态特性；第二是类别属性的共享特性。

数据表达的多模态特性指对数据的描述信息呈现多模态特点，如视频数据的图片、声音、文字等。通常针对学习目标所收集的训练样本仅呈现单模态或少模态的特点，如计算机视觉领域的学者主要关注训练样本的视觉模态（图片、视频等），语音识别领域主要面向的训练样本具有语音模态等。而事实上，针对部分收集的样本，我们可以轻易地获得其训练样本呈现模态之外的更多模态信息描述，这些信息可以帮助我们对相应的数据进行多模态关联，从而在监督信息缺乏的前提下起到辅助预测与识别的作用。

数据类别属性的共享性含义是，存在一个隐藏的、对所有类别共享的属性空间，每个类别对应于特定属性的组合与表达；而类别可能会无限增长，但其属性空间的维度，即对其进行表达的属性数目却是有限的。实际上，通常我们用 0－1 高维向量来表达多类数据标记，这一表达忽略了类与类之间的相关性，以及类与类之间关联的差异性，因而并不能全面客观反映数据本质的判别信息。而当我们挖掘出类别本质的属性表达，这一问题就迎刃而解，类与类之间的相关性通过其属性的交叠来体现，类与类之间关联的差异度可由所有数据类别共有的属性表达来充分体现。

零样本学习，即对未知类别样本的标记预测，可以通过利用数据这两个特性找到解决的方案。基于类别属性的共享性，可以通过显式（直接在属性标记上进行训练）或隐式（将属性作为隐变量嵌入模型进行学习）的方式训练出属性（概念）的判别学习器，然后对未知类别的样本，通过判断其属性间接获得其类别信息。这一策略的前提是需要预先了解测试数据类别有关的属性信息。而通过数据的多模态特性，可以获取数据的多视角特征信息，这一信息能够对测试样本进行多个角度的预测，提供了可供组合折中、相互补充的多样化信息，从而能够引导机器学习查漏补缺，改善数据标记的预测质量。

然而，由于监督信息过弱，多模态之间的预测也往往存在较大的偏差，采用以上方式获得的样本标记预测准确率仍然较低，特别是在背景复杂的实际问题中，往往不能满足实际的需求标准。此时，学术界自然提出了一种可能带来进一步性能改善的技术：使用分类器对无监督样本进行预测后，将预测结果作为伪标记从而形成新的有监督数据，将其与之前的监督信息合并，重新反馈输入分类器训练模型，对分类器参数进行迭代改善。这种做法一方面有望通过此种低代价方式获取的监督信息增广训练数据规模，从而对学习精度进行改善；另一方面，由于未标记信息的测试数据也介入学习过程，所习得的分类器有望在其上具有更好的泛化性。

然而，这一做法往往也并不直接可行。主要的问题在于通过此种方式获得的伪标记数据质量通常是非常低的，存在大量的错误标记。如果联想到这些标记是通过相对微弱的监督信息获取的，那么这一标记噪声问题的发生就不难理解。

在这样的理解下，自步学习就可以派上用场。具体来说，我们可以在混有标记噪声的监督数据上附加权值，并通过自步学习的模式来辅助有效标记数据的筛选，减弱噪声标记对训练的作用。

以下，我们以多媒体事件检测（multimedia event detection，MED）中著名的 0Ex 应用范例，来展示自步学习在此类问题中的使用方法。

MED是多媒体领域知名的TRECVID竞赛中的一个重要比赛项目[35-36]。这一竞赛是由美国国家标准与技术研究所(NIST)主办,每年都会吸引全世界顶尖的诸多研究部门参与,这其中不仅包括国际著名高校和研究所,如美国CMU、法国Inria等,还包括很多企业的研究部门,如美国IBM公司、日本NTT公司等。NIST所设计的事件,是指一些在特定地点和时间发生的复杂行为,其中包括人与人或人与物体之间的互动信息,如过生日、修汽车轮胎、跑酷、快闪等。而0Ex是这一比赛中最具有挑战性的赛道之一。

0Ex赛道的内容可以简述如下:在没有任何有关事件类别训练视频的前提下,仅给定事件的一些文字描述,要求从测试视频中判断哪些视频中发生了何种事件。因此这是一个典型的零样本学习问题。在2013年之前的TRECVID竞赛中,MED的各项赛道还是包含了一定数量的训练视频样本;而在2013年,其提出了更为严酷的0Ex挑战赛道,对MED的各个参赛队伍设定了更具挑战性的目标。

2014年,美国卡内基梅隆大学(Carnegie Mellon University, CMU)的Informedia实验室首次使用了自步学习框架来解决0Ex这一问题。其采用的基本策略如下:

首先搜集一个能够代表广泛事件较为完整的共有属性集合(约4 000个),然后针对每个属性,收集数据训练其对应的多模态判别器系统(如在图片模态下的"生日蛋糕"属性判别器,在语音模态下的"唱生日歌"属性判别器等)。所有这样的属性构成了一个多模态属性判别的字典。当测试视频集输入时,就可以利用这一字典得到其针对某一事件在某一模态与属性意义下的可靠性判断。利用这一量化的判断结果,就可以对测试视频进行是否蕴含对应事件的可靠性排序。因为其采用了多模态多属性的查询信息,所以这一可靠性排序表也有多个。获取这些排序表之后,需进行多模态多属性整合,以获得针对这一事件所有测试视频的最终可靠性排序[27]。这一任务,可由自步学习所诱导的模型来完成。

假设有 m 个模态,n 个测试视频,记 $\boldsymbol{x}_{ij}$ 为第 i 个测试样本对应第 j 个模态的特征信息,其中 $1\leqslant i\leqslant n$, $1\leqslant j\leqslant m$。记 $y_i\in\{-1, 1\}$ 为第 i 个样本在训练过程中的对应伪标记。对应求解问题的优化模型如下:

$$\begin{aligned}&\min_{\Theta_1, \Theta_2, \cdots, \Theta_m, \boldsymbol{y}, \boldsymbol{v}}\sum_{j=1}^{m}\frac{1}{2}\|\boldsymbol{w}_j\|_2^2+C\sum_{i=1}^{n}\sum_{j=1}^{m}v_i\ell(y_i, g(\phi(\boldsymbol{x}_{ij}); \boldsymbol{w}, b))+f(\boldsymbol{v}, \lambda)\\&\text{s. t. } \boldsymbol{y}\in\{-1, 1\}^n, \boldsymbol{v}\in[0, 1]^n\end{aligned} \tag{4-14}$$

式中，$\boldsymbol{y}=[y_1 \quad y_2 \quad \cdots \quad y_n]^{\mathrm{T}}$ 代表数据的标记向量；$\boldsymbol{v}=[v_1 \quad v_2 \quad \cdots \quad v_i \quad \cdots \quad v_n]^{\mathrm{T}}$ 代表权值向量，其中 v_i 代表赋予第 i 个样本的重要性权值；$\Theta_j=\{\boldsymbol{w}_j, b_j\}$ 代表了针对第 j 个模态的分类器参数；$f(\boldsymbol{v}, \lambda)$ 为按照 4.3 节所定义的自步正则项；$\ell(y_i, g(\phi(\boldsymbol{x}_{ij}); \boldsymbol{w}, b))$ 为支撑向量机中标准的 hinge 误差，其中 $g(\boldsymbol{x}; \boldsymbol{w}, b)$ 指在分类器参数 $\boldsymbol{w}$，b 下对 $\boldsymbol{x}$ 的分类器预测值；C 为支撑向量机的惩罚因子参数。

此模型中有 3 组变量需要优化求解：分类器参数 $\Theta_1, \Theta_2, \cdots, \Theta_m$；样本标记 $\boldsymbol{y}$；样本重要性度量 $\boldsymbol{v}$。当我们采用迭代优化的策略对其进行交叠优化时，其每一步优化过程的含义都具有非常直观而清晰的解释：

(1) 在 $\Theta_1, \Theta_2, \cdots, \Theta_m$ 和 $\boldsymbol{v}$ 固定的前提下优化标记变量 $\boldsymbol{y}$。此时容易推导出，对应该变量自问题的全局极优为，当 $\boldsymbol{w}_j^{\mathrm{T}}\phi(\boldsymbol{x}_{ij})+b_j \geqslant 0$ 时，对应 $y_i=1$；反之，当 $\boldsymbol{w}_j^{\mathrm{T}}\phi(\boldsymbol{x}_{ij})+b_j<0$ 时，对应 $y_i=-1$。这一步完全对应于利用当前分类器对未标记样本的伪标记过程，即当样本点位于当前分类器正部，则将其标记为正类，反之则将其标记为负类。

(2) 在 $\Theta_1, \Theta_2, \cdots, \Theta_m$ 和 $\boldsymbol{y}$ 固定的前提下优化样本权值变量 $\boldsymbol{v}$。此时可以看出，原优化模型退化为一个标准的自步学习模型，在自步正则的约束下，v_j 呈现与样本多模态误差 $\sum_{j=1}^{m}\ell_{ij}$ 反向的变化，将低可靠性(具有较大分类误差值)的疑似噪声标记样本剔除出学习过程(即 $v_j=0$)，而保留高可靠性(分类误差较小)样本在训练过程中发挥作用 $(0<v_j \leqslant 1)$，从而使学习过程尽可能保持对伪标记噪声的鲁棒性。

(3) 在 $\boldsymbol{y}$ 和 $\boldsymbol{v}$ 固定的前提下优化分类器参数变量 $\Theta_1, \Theta_2, \cdots, \Theta_m$。此时，所有模态的分类器参数，可在已经经过自步学习遴选过的高可靠性伪标记样本上进行更新，使分类器性能能够得到进一步改善。

需要强调的一点是，在初始迭代过程中，由于分类器参数不准，伪标记质量较差，需要通过调整 λ 值控制较少样本进入学习过程。而随着迭代过程的进行，分类器参数逐渐改善，伪标记质量逐渐提升，因此需要逐渐调整 λ 值，使得逐渐更多的可靠性样本逐次进入训练过程。关于 λ 的调整策略，已在第 4.2 节末尾进行了详细讨论，在此不再赘述。

在 2014 年 TRECVID 的 0Ex 赛道中，卡内基梅隆大学的参赛队伍通过使用自步学习方法取得了比赛的胜利，其结果比第二名的超出了近 180%的评估值[27]。这一比赛结果说明了自步学习在极弱监督条件下的潜在可用性。

4.6.2 弱监督学习——多示例学习

多示例学习是不确切监督最典型的范例。其对应的学习问题描述如下：分类的对象为示例(instance)；用以训练的信息并非显式赋予标记的示例，而是在更粗粒度标记的词包(bag)，每个词包中均包含多项示例；就二分类问题而言，对于一个标记为正类的词包，其中一定包含一个或以上的正类示例，而对于一个标记为负类的词包，其包含的所有示例均为负类。借助图 4-2，能够更直观地理解这一多示例概念。

以下我们借用计算机视觉领域中一个典型的多示例学习范例，多图共显著性检测(co-saliency detection)，来进一步理解这一问题的内核，并说明自步学习在问题求解中如何能够发挥作用。

多图共显著性检测问题是指，给定一组图片，其中每张图片包含共同的显著性目标(存在尺度、角度、旋转等变化)，需要把该目标从所有图片中检测出来(见图 4-3)。为了求解该问题，通常需要首先对每张图片进行一个超像素的分割，此时该目标的任务可以更明确地描述为，如何从这一组图片中检测出对应共显著性目标的超像素块，然后将这些超像素块进行组合便可以构成最终检测目标结果。为了使这一问题的求解更加可行，一般需要预先随机性采集另外一些图片，以作为不包含该显著性目标的负类样本进行辅助学习。

图 4-3 多图共显著性检测示例

可以看出，多图共显著性检测的任务，可以完美地对应到一个多示例学习的框架中。当我们将图片对应于词包，将目标的超像素对应为示例，就可以观察到：多图共显著性检测的目标，即是给定粗粒度下的正类(包含显著性目标)词包和负类(不包含显著性目标)词包，如何去找到能够对示例进行正负类判别(是否为包含在目标中的超像素块)的分类器。

基于以上的理解,我们可以构建出求解该问题的优化模型。在此之前,我们先介绍一些相应的符号及其定义。

记 $\{X_k\}_{k=1}^{K}$ 为 K 个词包(训练图片),包含 K^+ 个正类样本(包含显著性目标的图片)与 K^- 个负类样本, $K=K^+ + K^-$。其中, $\boldsymbol{X}_k=\{x_i^{(k)}\}_{i=1}^{n_k}$, $x_i^{(k)}\in\mathbf{R}^d$ 指在第 k 个词包中第 i 个示例(超像素块)的特征表达向量, n_k 为第 k 个词包中包含的示例个数, $n=\sum_{k=1}^{K}n_k$ 为所有示例个数。标记集合记为 $\boldsymbol{y}^{(k)}=[y_1^{(k)}\quad y_2^{(k)}\quad\cdots\quad y_{n_k}^{(k)}]\in\mathbf{R}^{n_k}$,其中 $y_i^{(k)}\in\{-1, 1\}$ 指 $x_i^{(k)}$ 的标记。不失一般性,我们记所有正类的标号集为 $I_+=\{1, 2, \cdots, K_+\}$,对应负类标号集为 $I_-=\{K_+ +1, K_+ +2, \cdots, K\}$。对所有 $k\in I_+$,至少有一个 X_k 中的示例标记 $y_i^{(k)}$ 为正;对所有 $k\in I_-$,所有 $y_i^{(k)}$ $(i=1, 2, \cdots, n_k)$ 均为 -1 标记。$\boldsymbol{v}=[v_1^{(1)}\quad\cdots\quad v_{n_1}^{(1)}\quad v_1^{(2)}\quad\cdots\quad v_{n_2}^{(2)}\quad\cdots\quad v_{n_K}^{(K)}]\in\mathbf{R}^n$ 指对所有样本施加的重要性权值, $\ell(y_i^{(k)}, g(x_i^{(k)};\boldsymbol{w}, b))$ 指在 $x_i^{(k)}$ 处的分类误差(在此可特指 hinge 误差), $g(x_i^{(k)};\boldsymbol{w}, b)$ 指在分类器参数 $\boldsymbol{w}$ 和 b 下的分类器预测值。

利用以上符号,求解多图共显著性问题的优化模型可构建如下[26]:

$$\min_{\Theta_1, \Theta_2, \cdots, \Theta_m, \boldsymbol{y}, \boldsymbol{v}} \frac{1}{2}\|\boldsymbol{w}\|_2^2 + C\sum_{i=1}^{n}\sum_{j=1}^{m} v_i^{(k)}\ell(y_i^{(k)}, g(x_i^{(k)};\boldsymbol{w}, b)) + f(\boldsymbol{v}, \lambda)$$
$$\text{s.t.}\quad \|y^{(k)}+1\|_0\geqslant 1,\ k=1, 2, \cdots, K_+,\ \boldsymbol{y}\in\{-1, 1\}^n,\ \boldsymbol{v}\in[0, 1]^n \tag{4-15}$$

与针对无监督问题构建的优化模型式(4-1)类似,该优化模型也包含了 3 组需要优化求解的变量:分类器参数 Θ_1, Θ_2, $\cdots$, Θ_m,样本标记 $\boldsymbol{y}$,样本重要性度量 $\boldsymbol{v}$。同样地,我们也可以通过迭代优化求解的策略,依次对这 3 组变量进行逐个更新。对应的 3 个更新步骤,也均可以对应启发而直观的理解:

(1) 固定 Θ_1, Θ_2, $\cdots$, Θ_m 和 $\boldsymbol{v}$,优化标记变量 $\boldsymbol{y}$。此时对应的全局极优解为,对任何一个标记为 $+1$ 的正类包,基于该问题的约束要求,在其所有蕴含的示例中,仅有一项为 $+1$ 标记,其余均为 -1 标记。唯一的正类标记示例对应在当前分类器参数下分类误差 $\ell(y_i^{(k)}, g(x_i^{(k)};\boldsymbol{w}, b))$ 最小的示例(所有负类包中的所有示例均为 -1 标记,不需要优化)。通过此步,所有示例均可以伪标记,从而把该弱监督问题转化为有监督问题。

(2) 固定 Θ_1, Θ_2, $\cdots$, Θ_m 和 $\boldsymbol{y}$,优化样本权值变量 $\boldsymbol{v}$。此时原优化模型

退化为一个标准的自步学习模型。在自步正则的约束下，误差较大的样本对应 $v_i^{(k)}$，赋值为 0，被剔除出学习过程；反之，误差较小的样本对应 $v_i^{(k)}$，赋值为 1 或较大正值，从而确保此类高可靠性样本对于显著性目标的识别发挥本质性作用。由于上一步伪标记过程不可避免引入大量不可靠标记样本，该步可通过自步学习基本机制增强算法鲁棒性，减弱伪标记噪声的负面影响。

(3) 固定 $\boldsymbol{y}$ 和 $\boldsymbol{v}$，优化分类器参数变量 $\Theta_1, \Theta_2, \cdots, \Theta_m$。此时，数据已经在示例(超像素块)层次被赋予了标记，且已从中挑选出较为可靠的样本，优化问题转换为在这些可靠的标记示例上，训练辨别正负分类器的标准任务。

与一般的自步学习算法类似，在迭代过程中，需要不断更新 λ 参数逐渐让更多可靠性样本进入学习过程，从而使学习的分类器逐渐捕捉更为全面的显著性目标信息，实现更为准确的识别任务。

这一方法在多图共显著性目标检测问题上取得了良好的应用效果，在 Icoseg、MSRC 等数据集上取得了论文发表时的 state-of-the-art 表现。相关结果如图 4-4 所示。

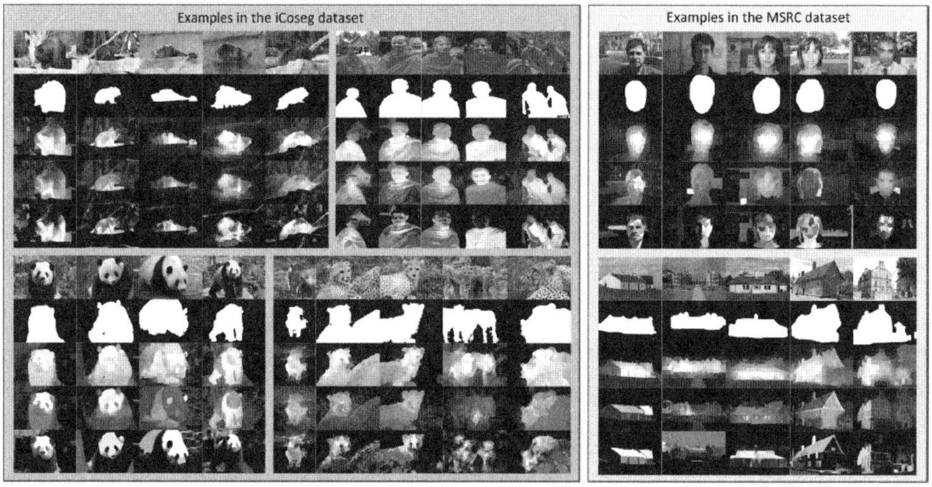

注：对于所有子图，第 1 行为原图，第 2 行为真实显著性目标，第 3 行为自步多示例学习方法获得的目标检测效果，第 4、5 行对应两个对比方法的检测效果

图 4-4 自步多示例学习方法的实验效果演示

4.6.3 半监督学习——自步协同学习

半监督学习是机器学习领域最为著名的研究问题之一，已有超过 50 年的研

究历史[37]。协同学习(co-training)[38]是经典的半监督学习的学习策略,旨在通过从多个不同视角获得的数据特征中提取共有标记信息,从而指导有效的、由有监督样本到无监督样本的标记迁移。

协同学习方法具有扎实的理论基础,并在文本分类等问题上获得了很好的应用效果。其算法步骤也很容易直观理解。以两个视角特征的情形为例,算法的基本思想为:对两个视角特征分别训练分类器,并各自对由其特征表达的无监督数据进行伪标记并对高可靠性样本进行遴选,将对应伪标记信息输入到另一视角特征数据中进行标记样本扩充,在此扩充样本集下进行各自分类器的更新,从而达到两视角特征信息的互补利用,完成对无监督数据的标记信息协同优化。

尽管协同学习策略已经受到广泛关注且其学术思想已获得实质性的演进,协同学习策略并没有一个显式的表现度量来评估其优化表现,其主要的算法步骤仍然是看似启发式的精巧构建,而并非能对应到一个量化指标的优化过程。正如机器学习领域的著名专家、卡内基梅隆大学的 Tom Mitchell 教授对机器学习本身的正式定义,表现度量是机器学习方法的必要因素之一。注意这并不意味着协同学习缺乏理论支撑,相反,协同学习的文献[38]中提供了完善的概率近似正确(PAC)理论来说明该种学习方式的合理性,尽管该理论结果仍需要较为主观的数据分布与标记假设。但无论怎样,协同学习这种学习模式背后的表现度量究竟是何种形式,都是一个值得探讨的研究问题。

自步学习恰好可以用来尝试解决这一问题。事实上,如第 4.6.1 节和第 4.6.2 节所给出的自步学习方法与半监督学习领域最为传统的算法之一——自学习方法(self-training)[39]非常相似,而其特别之处就是提供了一个表现度量(优化问题式(4-14)、式(4-15)的目标函数)来指导算法的运行。以下,我们尝试在自步学习的框架下,构建与协同学习策略对应的优化模型[40]。

我们以双视角特征情形为例,记 $\{x_i^{(j)}\}_{i=1}^{l+u}$ 为训练数据,其中 i 为样本数目指标,$j=1, 2$ 为视角指标,$\{x_i^{(j)}\}_{i=1}^{l}$ 为带标记数据,对应标记记为 $\{y_i\}_{i=1}^{l}$(注意不同视角特征数据具有同样的标记),$\{x_i^{(j)}\}_{i=1}^{l+u}$ 对应无标记数据,l 和 u 分别代表带标记和不带标记数据的数量。使用这些符号,可构建以下自步协同学习优化模型:

$$\min_{\Theta_1, \Theta_2, \boldsymbol{y}, \boldsymbol{v}^{(1)} \in [0,1]^u, \boldsymbol{v}^{(2)} \in [0,1]^u} \frac{1}{2}\sum_{j=1}^{2} \| \boldsymbol{w}^{(j)} \|_2^2 + \sum_{i=1}^{l}\sum_{j=1}^{2} \ell(y_i, g(x_i^{(j)}; \boldsymbol{w}^{(j)})) +$$
$$\sum_{k=l+1}^{l+u}\sum_{j=1}^{2} v_k^{(j)} \ell(y_k, g(x_k^{(j)}; \boldsymbol{w}^{(j)})) + f(\boldsymbol{v}^{(j)}, \lambda^{(j)}) -$$

$$\gamma(\boldsymbol{v}^{(1)})^{\mathrm{T}}\boldsymbol{v}^{(2)} \tag{4-16}$$

式中，$\boldsymbol{w}^{(j)}$ 为第 j 个视角特征的分类器 $g(x_i^{(j)};\ \boldsymbol{w}^{(j)})$ 中的模型参数；$\ell(y,\ g(x;\ \boldsymbol{w}^{(j)}))$ 为分类误差函数；$v_k^{(j)}$ 为赋予样本 $x_k^{(j)}$ 的重要性权重；$\boldsymbol{v}^{(j)}\in\mathbf{R}^u$ 为对应于第 j 个视角所有样本权值构成的权重向量；$f(\boldsymbol{v}^{(j)},\ \lambda^{(j)})$ 为自步正则，以下我们假设其具有最为简单的硬正则格式 $\lambda^{(j)}\|\boldsymbol{v}^{(j)}\|_1$，其中 $\lambda^{(j)}$ 为对应第 j 个视角的正则参数；γ 为控制不同视角权重之间关系的调节参数。

可以看出，以上优化目标对应于分别施予两个视角特征数据之上的自步学习目标的加和，其间通过一个内积正则 $(\boldsymbol{v}^{(1)})^{\mathrm{T}}\boldsymbol{v}^{(2)}$ 建立了关联关系。直观上可以理解，这一正则具有使两个视角特征权值向量尽可能相似（内积尽量大）的控制作用，其传递的本质信息：不同视角下数据特征尽管存在差异，但其所反映的样本分类难度应该具有总体的相似性。在一个视角特征下的“难”分类样本（特别是错误标记样本），在另一个视角特征下对于分类器来说同样也应是难以正确判别的（错误标记的）。事实上，这一样本难易在不同视角特征间的共享性特点也正是协同学习的本质所在（一个视角判别可靠的样本标记可认为是可靠性样本并直接施加到另一个视角特征判别器的学习中）。因此，我们期待这一优化模型的求解算法也能诱导出协同学习类似的算法，从而对该算法的内涵衍生出更新的理解。

我们同样可以采用迭代优化算法对式(4-16)的变量进行逐步优化。对第 j $(j=1,\ 2)$ 个视角特征相关变量更新的迭代步骤如下：

(1) 固定 Θ_1、Θ_2、$\boldsymbol{y}$ 及 $\boldsymbol{v}^{(j)}(j=1,\ 2)$，优化样本权值变量 $\boldsymbol{v}^{(3-j)}$。该步骤的物理意义可解释为基于 $3-j$ 个视角特征的训练结果，为另一个视角 j 提供可靠性样本遴选。能够很容易推出，此步更新的显式表达式为

$$v_k^{(3-j)*}=\begin{cases}1, & \ell(y_k,\ g(x_k^{(3-j)};\ \boldsymbol{w}^{(3-j)}))<\lambda^{(3-j)}+\gamma v_k^{(j)}\\ 0, & \text{其他}\end{cases} \tag{4-17}$$

从以上更新公式中可看出，该步骤所遴选出的权值为 1 的样本集包含两类可靠性样本：一类为 $3-j$ 视角中误差较小的样本，特别地，当该视角的伪标记误差值小于自步参数 $\lambda^{(3-j)}$ 时，其一定被选为可靠性样本；另一类是之前 j 视角所采用的可靠性样本 $(v_k^{(j)}=1)$ 更倾向于被选中进入可靠样本集。当调节参数 γ 设置为非常大的值时，所有上一步骤 j 视角所选择的可靠样本将全部被保留在该可靠性遴选样本集中。

(2) 固定 Θ_1、Θ_2、$\boldsymbol{y}$ 和 $\boldsymbol{v}^{(3-j)}$，优化样本权值变量 $\boldsymbol{v}^{(j)}$。基于以上所获得的备选可靠样本信息，可采用如式(4-17)类似的方法更新当前视角下的可靠性样本权值变量 $\boldsymbol{v}^{(j)}$。容易观察到，此时另一个视角($3-j$ 视角)下的可靠性样本信息，能够输入到当前视角的可靠性样本权值信息中。

(3) 固定 $\boldsymbol{y}$、$\boldsymbol{v}^{(1)}$、$\boldsymbol{v}^{(2)}$ 和 Θ_{3-j}，优化分类器参数变量 Θ_j。该步骤的目标是在选定的伪标记可靠性样本上进行模型参数 Θ_j 的更新。

(4) 固定 Θ_1、Θ_2、$\boldsymbol{v}^{(1)}$ 和 $\boldsymbol{v}^{(2)}$，优化标记变量 $\boldsymbol{y}$。此时，原优化问题退化为以下形式：

$$\min_{y_k}\sum_{j=1}^{2} v_k^{(j)}\ell(y_k,\ g(x_k^{(j)};\ \boldsymbol{w}^{(j)})),\quad k=l+1,\ l+2,\ \cdots,\ l+u$$

该问题的全局极优对应于使用当前的两个视角的分类器参数与相应的可靠性样本，对无标记数据进行预测后获得的伪标记。

与之前的自步学习方法类似，我们需要在迭代优化的过程中，不断增大自步正则参数 $\lambda^{(1)}$ 和 $\lambda^{(2)}$ 的值，不断让更多伪标记样本进入双视角学习器参数的训练过程。

容易看出，该自步协同学习算法与传统协同学习的基本策略非常相似，因此所构建的优化目标可对协同学习的本质在一定程度上做出新的有效性解释及其功能性拓展。前者我们将在第 4.7 节介绍自步学习理论之后再予详述。而关于功能性拓展，则是非常自然的。例如，可通过变换自步正则 $f(\boldsymbol{v}^{(j)},\ \lambda^{(j)})$ 的形式，将硬正则转换为其他更能全面体现数据重要性信息的软正则格式，从而提升未标记样本的利用效率；可在重要性权值 $v^{(j)}$ 之上施加预先可知的课程正则，从而提升可靠性样本选择精度；可重新替换多视角样本重要性关联正则 ($-\gamma(\boldsymbol{v}^{(1)})^{\mathrm{T}}\boldsymbol{v}^{(2)}$) 的形式(如更易优化的形式 $\gamma\|\boldsymbol{v}^{(1)}-\boldsymbol{v}^{(2)}\|_2^2$)，并针对其特性应用到不同要求的实际问题中。这正体现了显式表现度量对该方法的有效性保证及易扩展性。这些想法也已经在文献[41]中得到了成功的尝试，其有效性也得到了实验的验证。

这一方法已应用于极弱监督条件下的目标检测问题[42]，在精巧构建的课程先验辅助下，在每个目标仅存在 2～4 个标记信息的前提下能够达到与使用全部监督信息可比的检测效果(见图 4-5)。2017 年，香港中文大学未来城市研究将该方法作为核心算法应用于地理领域的 IEEE GRSS 数据融合大赛中，在超过 800 个投稿结果中获得第 4 名[43]。这些良好的应用效果初步验证了该方法的有效性。

图 4-5 在极弱监督信息在不同步骤下，自步协同学习的目标检测效果演示

4.7 自步-课程学习理论

到目前为止，我们已经对自步-课程学习从建模方式到算法设计都进行了全面的探讨。然而，目前仍然主要是在执行层面上的讨论，本节将介绍一些该方法论更为本质性的理论支撑，旨在对这一学习模式提供更为深刻的内涵解释。

4.7.1 稳健性理论

从启发式的角度来看，自步学习和课程学习对标记噪声的稳健性是比较容易理解的。算法在不断的迭代过程中，将误差较大的标记不可靠性样本通过权值设零的方式排除在训练过程之外，从而避免了此类样本对分类器学习的负面影响。但是,更严格意义上的自步学习稳健性解释仍然是不清晰的。

事实上,即使连算法的收敛性及收敛点的合理性这些基本的问题,仅基于目前给出的自步学习模型与算法,都难以给出合理的答案。在固定自步正则年龄参数的前提下,自步学习优化目标函数在迭代优化样本权值与分类器参数的过程中的确会单调下降,因而具有弱收敛的结论(注意仅能证明目标函数本身的弱收敛性,而非优化参数的收敛性)。但仔细观察这一目标函数即可知,我们并不能直观得到最终收敛结果的意义所在,其究竟具有何种性质仍是非常模糊的。

为了把这一问题解释清楚,我们要重新对自步学习的交叉迭代算法本身进行探讨。有趣的是,在自步学习迭代优化样本权值与分类器参数的执行过程中,其实存在一个以分类器参数为变量的隐藏目标函数在同步单调下降。这一隐藏目标函数,真正诱导了自步学习这种算法模式的稳健性本质[19]。

为方便讨论起见,我们假设以下简单的自步学习优化格式:

$$\min_{\boldsymbol{w},\, \boldsymbol{v}\in[0,\,1]^n}\left\{\sum_{i=1}^{n}\left[v_i\ell(y_i,\, g(\boldsymbol{x}_i;\, \boldsymbol{w}))+f(v_i,\, \lambda)\right]\right\} \tag{4-18}$$

式中,我们假设自步正则关于样本权重是可分离的。事实上,我们所使用的大部分自步正则函数均具有这一性质。方便起见,在样本信息明确的前提下,我们记 $\ell(y_i,\, g(\boldsymbol{x}_i;\, \boldsymbol{w}))$ 为 $\ell(\boldsymbol{w})$ 或 ℓ。

在使用迭代优化算法不断更新参数 $\boldsymbol{w}$ 和 $\boldsymbol{v}$ 过程中,样本权值的更新公式与当前样本误差 ℓ 和年龄参数 λ 有关,记为 $v^*(\ell,\lambda)$。典型的权值更新公式如式(4-9)~式(4-12)所示。我们尝试对该公式关于 ℓ 进行积分,则可以获得以下以误差 ℓ 为变量的函数形式:

$$F_\lambda(\ell)=\int_0^\ell v^*(l,\, \lambda)\mathrm{d}l \tag{4-19}$$

该函数具有以下理论性质:

定理 4.1 对于由式(4-19)计算的 $F_\lambda(\ell)$ 和任意给定的分类器参数 $\boldsymbol{w}^*$,建立以下不等式:

$$F_\lambda(\ell(\boldsymbol{w}))\leqslant Q_\lambda(\boldsymbol{w}\mid \boldsymbol{w}^*)=F_\lambda(\ell(\boldsymbol{w}^*))+v^*(\ell(\boldsymbol{w}^*),\, \lambda)[\ell(\boldsymbol{w})-\ell(\boldsymbol{w}^*)] \tag{4-20}$$

该定理的详细证明可见文献[19]。这一结论实际是可以较为直观理解的。基于自步正则的定义,$v^*(\ell,\lambda)$ 对于误差变量 ℓ 单调递减,这意味着 $F_\lambda(\ell)$ 的导数单调递减,因而为凹函数。因此,其一阶泰勒展开,即式(4-20)的右端自然就构成其上界。

在这一理论结论的理解下，可以得出一个有趣的结论，传统针对自步学习目标函数的迭代优化算法，事实上与在 $F_\lambda(\ell(\boldsymbol{w}))$ 的最大替代极小化(majorization-minimization，MM)算法是完全等价的。在介绍主要结论之前，我们先简要介绍 MM 算法[44]。

当我们要最小化目标 $F(\boldsymbol{w})$ 时，MM 算法采用两步迭代格式对 $\boldsymbol{w}$ 进行不断迭代更新。记当前迭代步(k 步)参数值为 $\boldsymbol{w}^k$，MM 算法主要包含以下两个迭代步骤：

(1) Majorization 步。找到 $F(\boldsymbol{w})$ 的上界替代函数 $Q(\boldsymbol{w} \mid \boldsymbol{w}^k)$，使得

$$F(\boldsymbol{w}) \leqslant Q(\boldsymbol{w} \mid \boldsymbol{w}^k)$$

其中等式在 $\boldsymbol{w}=\boldsymbol{w}^k$ 处成立。

(2) Minimization 步。通过求解以下最小化问题，获得下一步目标函数参数值：

$$\boldsymbol{w}^{k+1}=\arg\min_{\boldsymbol{w}} Q(\boldsymbol{w} \mid \boldsymbol{w}^k)$$

$Q(\boldsymbol{w} \mid \boldsymbol{w}^k)$ 为比原目标函数 $F(\boldsymbol{w})$ 更简单、更易求解的函数形式，因此 MM 算法就将优化 $F(\boldsymbol{w})$ 的任务巧妙地转化为优化上界替代函数的问题，从而可以简化计算，获得更有效的求解格式。

回到我们探讨的问题。基于定理 4.1，我们容易获得以下不等式：

$$\sum_{i=1}^{n} F_\lambda(\ell_i(\boldsymbol{w})) \leqslant \sum_{i=1}^{n} Q_\lambda^{(i)}(\boldsymbol{w} \mid \boldsymbol{w}^*)$$

其中，$\ell_i(\boldsymbol{w})$ 指在分类器参数 $\boldsymbol{w}$ 下第 i 个训练样本的误差；且

$$Q_\lambda^{(i)}(\boldsymbol{w} \mid \boldsymbol{w}^*)=F_\lambda(\ell_i(\boldsymbol{w}^*))+v^*(\ell_i(\boldsymbol{w}^*),\lambda)[\ell_i(\boldsymbol{w})-\ell_i(\boldsymbol{w}^*)]$$

将 $\sum_{i=1}^{n} Q_\lambda^{(i)}(\boldsymbol{w} \mid \boldsymbol{w}^*)$ 作为 $\sum_{i=1}^{n} F_\lambda(\ell_i(\boldsymbol{w}))$ 的上界替代函数，我们可以获得极小化 $\sum_{i=1}^{n} F_\lambda(\ell_i(\boldsymbol{w}))$ 的 MM 算法，迭代步骤如下：

(1) Majorization 步。对所有样本计算 $Q_\lambda^{(i)}(\boldsymbol{w} \mid \boldsymbol{w}^*)$，即计算 $v^*(\ell_i(\boldsymbol{w}^*),\lambda)$，该式对应于自步学习算法中优化权值变量的步骤。

(2) Minimization 步。通过求解以下最小化问题获得分类器参数更新值：

$$\boldsymbol{w}^{k+1}=\arg\min_{\boldsymbol{w}} \sum_{i=1}^{n} Q_\lambda^{(i)}(\boldsymbol{w} \mid \boldsymbol{w}^*)$$

$$= \arg\min_{w} \sum_{i=1}^{n} F_{\lambda}(\ell_i(\boldsymbol{w}^*)) + v^*(\ell_i(\boldsymbol{w}^*), \lambda)(\ell_i(\boldsymbol{w}) - \ell_i(\boldsymbol{w}^*))$$

$$= \arg\min_{w} \sum_{i=1}^{n} v^*(\ell_i(\boldsymbol{w}^*), \lambda)\ell_i(\boldsymbol{w})$$

该式对应于自步学习算法中优化分类器参数的步骤。

很容易观察到，自步学习的迭代优化算法，完全对应于针对一个与自步学习目标函数形式完全不同的隐式函数 $\sum_{i=1}^{n} F_{\lambda}(\ell_i(\boldsymbol{w}))$ 的 MM 求解算法。这一结论为我们提供了审视自步学习本质全新的视角，能够帮助我们探索更为深刻的自步学习内涵。

那么这个被隐式优化的函数究竟具有什么形式呢？我们以硬自步正则、线性自步正则和混合自步正则（定义分别见式(4-5)、式(4-9)和式(4-10)）为例，按式(4-19)计算其隐式的优化目标函数形式如下：

$$F_{\lambda}^{\mathrm{H}}(\ell) = \begin{cases} \ell - \lambda, & \ell < \lambda \\ 0, & \ell \geqslant \lambda \end{cases} \tag{4-21}$$

$$F_{\lambda}^{\mathrm{L}}(\ell) = \begin{cases} \ell - \ell^2/(2\lambda), & \ell < \lambda \\ \lambda/2, & \ell \geqslant \lambda \end{cases} \tag{4-22}$$

$$F_{\lambda,\gamma}^{\mathrm{M}}(\ell) = \begin{cases} \ell, & \ell \leqslant \left(\dfrac{\lambda\gamma}{\lambda+\gamma}\right)^2 \\ \gamma(2\sqrt{\ell} - \ell/\lambda), & \ell \geqslant \lambda^2 \\ \gamma(2\sqrt{\ell} - \ell/\lambda) - \lambda\gamma^2/(\lambda+\gamma), & \text{其他} \end{cases} \tag{4-23}$$

图 4-6 显示了在不同的 ℓ 定义下（如 hinge 误差、最小二乘误差等），这一隐式目标函数的形式。

通过观察图 4-7，我们便可以更清晰地理解为何自步学习具有减弱标记噪声负面影响的计算鲁棒性。很容易看到，就所有隐式自步学习目标函数而言，当误差增大到一定程度时，相比原误差函数其会有一个显著的压制效果。特别地，当误差大于一定数值时，该隐式目标函数将退化为常数，此时其对应数据的误差梯度为 0，对分类器参数的训练将起不到任何影响。大误差样本有更大可能为标记噪声样本（由于其判别标记与真实标记具有偏差），因此此类样本对学习效果的影响将会减弱。

这与原自步学习模型的理解是完全一致的。对于大误差的标记噪声样本，由于 $v^*(\ell, \lambda)$ 对 ℓ 的单调递减效果，其样本权值更倾向为很小的值或 0，此时其

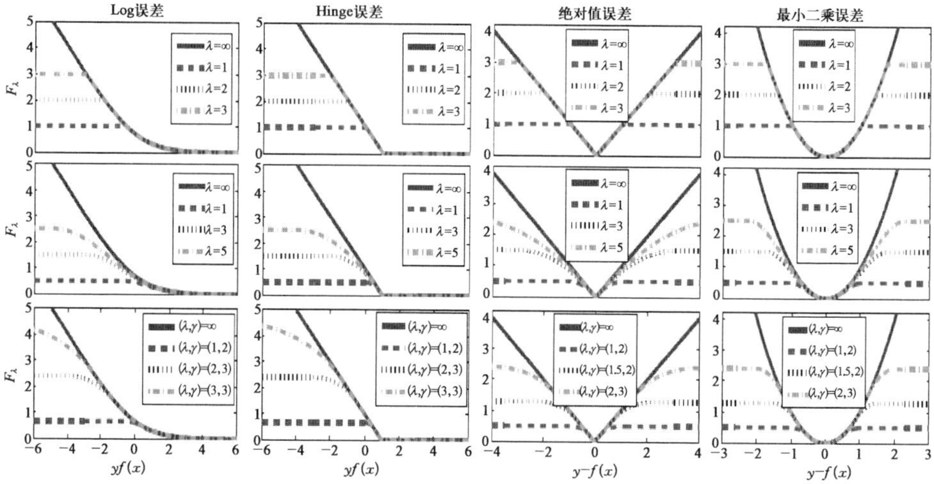

图 4-6 从左至右分别代表分类问题的 logistic 误差函数和 hinge 误差函数，以及回归问题的绝对值误差函数和最小二乘误差函数下的自步学习隐藏目标函数形式。每张子图均展示了不同年龄参数下的多个误差函数形态，可以注意到，当 $\lambda=\infty$（在混合自步正则下 λ，$\gamma=\infty$）时，这一隐式目标函数退化为原误差函数

图 4-6 不同的 ℓ 定义下的 3 个隐藏目标函数的形式

对分类器参数的训练效果自然会减弱甚至消除，从而使自步学习方法具备了对标记噪声的鲁棒性。

在此隐式目标的理解下，年龄参数的作用也可以得以解释。在学习的起始阶段，年龄参数设置为较小的值，此时分类器学习往往并不十分准确，因此自步学习算法仅信任误差最小的少量高可靠性样本，其隐式目标函数中对于误差的压制作用非常显著，仅允许少量样本实质性进入训练过程。之后，随着分类器逐渐训练成熟，分类器参数逐渐估计准确，自步学习算法将逐渐减弱对鲁棒性的要求，隐式目标函数对于大误差样本的压制性效果减弱，更多相对可靠的样本进入训练过程。这一迭代过程一直持续到有合理比例的可靠性样本进入学习（将真正的标记噪声样本排除在学习过程之外），此时算法迭代即可中止。

如前所述，自步学习算法对于初始值具有较强的依赖作用。该特性也可以从隐式目标的角度得以理解。注意到，在自步学习训练的初始阶段，较小年龄参数下的隐藏目标具有更为显著的非凸特性，因而更容易发生局部极优问题，其更需要合理初值的引导。我们也能够进一步理解自步学习加入课程先验的必要性，这一约束信息将帮助算法在合理的可行域中避免不合理的收敛方向，从而增强自步学习计算的准确性。这一点与之前的分析是完全一致的。

非常有趣的是，常用的自步学习格式对应的隐式目标函数，与统计和机器学习领域中常用的非凸正则惩罚函数[45]，具有非常统一的形式。当应用于刻画目标函数的正则项时，非凸正则可自然编码所求变量的稀疏性特征(类似于 L_0 或 L_1 正则的稀疏性功能)[45]；而当应用于刻画目标函数的误差项时，其算法具有对大幅噪声或异常入侵点的鲁棒性功能[46-47]。已有学者提出诸多非凸正则格式，并已展现了非常良好的应用功效。3 种最为常用、统计性质也较为明确的非凸正则为 CNP(capped-norm based penalty)[48]，MCP(minimax concave plus penalty)[49]和 SCAD(smoothly clipped absolute deviation penalty)[50]。其格式分别如下：

(1) CNP 的格式：

$$P_{\gamma,\lambda}^{\mathrm{CNP}}(t)=\gamma\min(|t|,\lambda),\quad \lambda>0 \tag{4-24}$$

(2) MCP 的格式：

$$P_{\gamma,\lambda}^{\mathrm{MCP}}(t)=\begin{cases}\gamma\left(|t|-\dfrac{t^2}{2\gamma\lambda}\right), & |t|<\gamma\lambda\\ \dfrac{\gamma^2\lambda}{2}, & \text{其他}\end{cases} \tag{4-25}$$

(3) SCAD 的格式：

$$P_{\gamma,\lambda}^{\mathrm{SCAD}}(t)=\begin{cases}\lambda|t|, & |t|<\lambda\\ \dfrac{t^2-2\gamma\lambda|t|+\lambda^2}{2(1-\gamma)}, & \lambda<|t|\leqslant\gamma\lambda\\ \dfrac{(\gamma+1)\lambda^2}{2}, & \text{其他}\end{cases} \tag{4-26}$$

能够观察到，硬自步正则和线性自步正则所诱导的隐式目标函数(如式(4-21)和(4-22)所列)，与 CNP 和 MCP 分别具有完美的对应关系：

$$F_{\lambda}^{\mathrm{H}}(\ell)=P_{1,\lambda}^{\mathrm{CNP}}(\ell),\ F_{\lambda}^{\mathrm{L}}(\ell)=P_{1,\lambda}^{\mathrm{MCP}}(t)$$

而混合正则对应的隐式目标函数与 SCAD 也具有非常相似的形式，其均具有 3 个定义的区间，其中第 1 个区间和第 3 个区间均为线性和常数的形式，而第 2 个区间也非常相似，分别为“线性＋根号＋常数”(混合自步正则隐式目标)和“线性＋平方＋常数”(SCAD)。事实上，根据自步正则的定义格式，其所诱导的隐式目标一定具有与非凸正则类似的非凸函数形式。这样一个自然的对应关系一方面为机器学习的非凸正则提供了一种全新的视角，并可能诱导出更多有应用意义的非凸正则新型格式；另一方面，非凸正则良好的统计理论基础也为深入研究自步学习内涵提供了新的数学工具和理论手段。

而课程先验的作用，也可以有更加清晰的解释。机器学习和统计学习领域公认的非凸正则具有的问题，正是其非凸性导致的局部极优问题，这与自步学习，特别是在较小的年龄参数设定下，遇到的问题完全一致。一个不理想的初值会导致该方法陷入并非理想的局部极优，且往往可能使该方法因无意义的搜索而计算效率低下。自步学习将非凸正则优化问题转化为一个重加权的计算格式，引入了一个隐式体现误差信息的隐变量(即样本权重变量)，这就为机器学习提供了将误差先验嵌入模型的可能性和自由度。我们可以将反映误差先验信息的知识转化为对 $\boldsymbol{v}$ 的约束或正则形式，以课程先验的格式嵌入自步学习模型，在其约束后的可行域中搜索问题的结果，避免一些违背先验常识的结果出现，从而在一定程度上避免了不合理局部极优的出现。这种先验施加的方式也可能为减弱非凸正则的局部极优问题提供了一条可行的策略。

实际上，在我们之前提到的所有应用范例中，通过预先理解问题而精巧设置课程先验对方法的计算效果都起到了决定性的作用。例如，在多媒体事件检测 0Ex 问题中嵌入的样本序课程先验[23]，在多图共显著性检测问题中嵌入的显著性示例平滑性先验与多样性先验[26]等。而在上一节所讨论的自步协同学习算法中，基于该稳健性理论，我们可以将其有效性理解为，该种学习模式通过不同模态样本权重向量间的关联性正则(如内积正则)，将其各自隐式误差函数关联起来，形成共同的约束，从而能够在彼此的限制与互补之下达到共同鲁棒的学习效果。

4.7.2 收敛性理论

如上节所分析，自步学习的隐式目标函数提供了对自步学习方法合理性更为内涵而深入的解释。然而，仍存在一个极为本质的问题亟须解决。目前自步学习目标函数与该非凸正则惩罚损失函数之间的关联是通过算法来建立的，即针对前者的迭代优化算法与针对后者的 MM 算法具有等价对应的格式。但这一对应性仅能说明的结论是，在对自步学习迭代优化算法的执行过程中，隐式损失函数的数值能够单调递减的变化(见上节对其 MM 算法的分析)。而这一单调递减性并不能保证最终的收敛点能够达到该隐式损失函数的某一个合理的解(如其局部极优点，或更弱意义上的平稳点或临界点等)。如果不能证明相关的结论，隐式损失函数的下降并不能带来其收敛的任何本质结果。

在文献[50]中，作者初步解决了这一问题。在给出主要的收敛性结论之前，我们有必要介绍如下定义[51]：

(1) 对函数 $f: \mathbf{R}^d \to \mathbf{R}$，若满足 $\mathrm{lev}_{f\leqslant\alpha}: \{x: f(x)\leqslant\alpha\}$ 对任意 α 为闭集，则称其下半连续(lower semi-continuous)。

(2) 对以上定义的 $\mathrm{lev}_{f\leqslant\alpha}$，若其对任意 α 有界，则称 $f(x)$ 为水平有界(level-bounded)。

(3) 若 $\lim\limits_{|x|\to\infty} f(x)=\infty$，则 $f(x)$ 为强制的(coercive)。

(4) 若 $f(x)=\lim\inf\limits_{y\to x} f(y)$，则 $f(x)$ 为下极限连续(lower limit continuous)。

(5) 若 $0\in\partial f(x^*)$，则称 x^* 为函数 $f(x)$ 的临界点(critical point)，其中 ∂ 为次微分算子。

在这些定义的基础上，Ma 等[50]证明了以下收敛性结论，并首次给出了自步学习收敛性的严密结论。

定理 4.2 对于自步学习的目标函数式(4-18)及其隐式损失函数式(4-19)，假设 $\ell(\boldsymbol{w})$ 为下有界且连续可微，自步正则 $f(\boldsymbol{v}, \lambda)$ 关于 $\boldsymbol{v}$ 连续，$F_\lambda(\ell(\boldsymbol{w}))$ 为下半连续且强制的，则对任意初始点 $\boldsymbol{w}_0$，自步学习所产生迭代序列 $\{\boldsymbol{w}_1, \boldsymbol{w}_2, \cdots\}$ 的所有聚类点，均为隐式损失函数的临界点。

注意该结论成立的条件是自步学习对于 $\boldsymbol{v}$ 和 $\boldsymbol{w}$ 迭代的每一个子步，都需要求得对应问题的全局极优解。对于 $\boldsymbol{v}$ 的优化，由于该子问题的凸性，通常能够保证这一全局极优要求(很多情况下甚至可以直接得出显式最优解)；而对于分类器参数 $\boldsymbol{w}$ 问题却更为复杂，即使该子步对应的子问题为凸，由于其通常需要调用数值计算方法，往往无法保证严格的全局极优性。在这种情况下，为了保证收敛性的结论仍然成立，Ma 等[50]将定理 4.2 的条件进行了进一步松弛，得到了如下收敛性结论。

定理 4.3 在定理 4.2 对 $\ell(\boldsymbol{w})$ 和 $f(\boldsymbol{v}, \lambda)$ 所要求的条件下，假设 $F_\lambda(\ell(\boldsymbol{w}))$ 为下极限连续且强制，对于任意初始点 $\boldsymbol{w}_0$，假设自步学习所产生的迭代序列 $\{\boldsymbol{w}_1, \boldsymbol{w}_2, \cdots\}$ 具有误差：

$$E(\boldsymbol{w}^k, \boldsymbol{v}^k)\leqslant\min_{\boldsymbol{w}} E(\boldsymbol{w}, \boldsymbol{v}^k)+\varepsilon_k$$

其中，$E(\boldsymbol{w}, \boldsymbol{v})$ 为自步学习目标函数；ε_k 满足条件 $\sum\limits_k \varepsilon_k<\infty$，则该序列的所有聚类点均为隐式损失函数的临界点。

基于定理 4.2 和定理 4.3，我们能够确定自步学习隐式损失函数和原问题存在的本质关联性，从而使自步学习稳健性解释的合理性能够得以保证。这种关联性对自步学习的理解带来的一个本质性的改变，可能在于原自步学习算法从直观看来似乎是一种局部性算法，其计算仅聚焦在少量的可靠性数据之上，而大量疑似噪声标记数据被排除在训练过程之外。然而，基于新的隐式目标来理解，我们可知实际上算法从未忽略任何数据，隐式目标自始至终都是在所有数据的共同作用下更新的，不过一些数据的梯度为 0(样本权重为 0)，计算时并未真正发生作用。因此，自步学习实际上对应于数据的一种全局计算模式，而非像其直观看来仅启发式关注局部数据的运算过程。

4.7.3 凹共轭理论

从上节内容可知，从隐式目标函数的角度可以对自步学习的内涵得到更为深刻的认识。不过仍然有一些问题未得到解答。例如，当施加课程先验时，隐式目标函数的形式会发生何种变化；现有自步正则主要通过主观构造而得，是否存在简单法则能够诱导更多一般形式的自步正则格式等。本节简要探讨凹共轭角度理解的自步学习理论，并在此理论框架下尝试对上述问题进行解答。

由文献[52]首次提出的自步学习凹共轭理论可能是目前最能够深刻揭示自步学习内涵的理论工具。其主要发现为阐明了自步学习模型与凹共轭形式的本质等价性，进而利用这一工具推导了自步学习对噪声标记的鲁棒性内涵(类似于第 4.7.1 节所推出的理论结果)，并得出了在一些课程先验格式下自步学习模型的隐式目标函数形式。以下简要介绍该理论及主要结果。

首先给出凹共轭函数的定义[53]。

一个函数 $g(\boldsymbol{v})$ 的凹共轭函数 $g^*(\boldsymbol{x})$ 定义为

$$g^*(\boldsymbol{x}) = \inf_{\boldsymbol{v}\in[0,1]^n} \boldsymbol{v}^{\mathrm{T}}\boldsymbol{x} - g(\boldsymbol{v})$$

根据自步正则的定义，其恰好与凹共轭函数存在以下的本质关联[52]。

定理 4.4 对任意自步正则函数 $f(\boldsymbol{v}, \lambda)$，为方便起见，记 $g(\boldsymbol{v})=f(\boldsymbol{v}, \lambda)$，则有

$$\inf_{\boldsymbol{v}\in[0,1]^n} \sum_{i=1}^{n} v_i \ell_i + f(\boldsymbol{v}, \lambda) = \inf_{\boldsymbol{v}\in[0,1]^n} \sum_{i=1}^{n} v_i \ell_i - g^{**}(\boldsymbol{v})$$

利用与自步学习和凹共轭的如上关联性本质，可以将自步学习正则的定义做进一步的简化与深入分析，并可得到如第 4.7.1 节获得的类似鲁棒性结论。相关分析见文献[52]，在此不再赘述。

凹共轭理论的一个重要贡献是，在其理论框架下，能够诱导出构建自步正则非常简便的实现方法，具体如下[52]：

(1) 设计满足自步正则要求的权重函数 $v(\ell)$，即要求

$$\lim_{\ell\to 0} v(\ell)=1,\ \lim_{\ell\to\infty} v(\ell)=0。$$

(2) $F(\ell)=\int_0^{\ell} v^*(l)\mathrm{d}l$。

(3) $\ell(v)=v^{-1}(v)$。

(4) $f(v)=-v\ell(v)+F(\ell(v))$。

(5) $f(v,\lambda)=\lambda f(v)$。

我们举一个例子来说明在该算法下构建自步正则的过程。

(1) 设计权重函数 $v(\ell)=1-\ell,\ \ell\in[0,1]$。

(2) $F(\ell)=\int_0^{\ell} v^*(l)\mathrm{d}l=\min\left\{\ell-\dfrac{\ell^2}{2},\ \dfrac{1}{2}\right\}$。

(3) $\ell(v)=v^{-1}(v)=\begin{cases}1-v, & v\in(0,1]\\ [1,+\infty), & v=0\end{cases}$。

(4) $f(v)=-v\ell(v)+F(\ell(v))=(1-v)^2/2$。

(5) $f(v,\lambda)=\lambda f(v)=\lambda(1-v)^2/2$。

这正是线性自步正则的格式。利用权重函数的形式，即可由该算法推导出自步正则的形式，并直接用于自步学习优化模型算法的迭代过程。

在凹共轭的框架下，我们还能够构建在特定课程约束下自步-课程学习对应的隐式目标函数形式。在介绍相关结果之前，我们先给出如下必要的定义。

(1) 函数 $f(v)$ 与 $g(v)$ 的超卷积定义：

$$f\oplus g(v)=\sup_{v_1+v_2=v}(f(v_1)+g(v_2))$$

(2) 一个凸集合 $C\subset\mathbf{R}^n$ 的指示函数为

$$\delta(v\mid C)=\begin{cases}0, & v\in C\\ -\infty, & \text{其他}\end{cases}$$

然后可以证明如下定理[52]。

定理 4.5 对自步正则函数 $f(v)$，记 $F(\ell)$ 为 $-f(v)$ 的凹共轭函数，即

$$F(\ell)=\inf_{\boldsymbol{v}\in\mathbf{R}^n}\boldsymbol{v}^{\mathrm{T}}\boldsymbol{\ell}+f(\boldsymbol{v})$$

Ψ 为与 $[0,1]^n$ 交集不为空的闭凸集，$\delta(\boldsymbol{v}\mid\Psi)$ 为指示函数。则有

$$F^{C}(\ell)=\inf_{\boldsymbol{v}\in\Psi}\boldsymbol{v}^{\mathrm{T}}\boldsymbol{\ell}+f(\boldsymbol{v})=F\oplus\delta^{*}(\cdot\mid\Psi)(\ell)$$

在该定理中，Ψ 为如式(4-13)定义的课程先验约束；$F^{C}(\ell)$ 为对应特定课程约束 Ψ 下的隐式误差函数形式。基于该定理，在第 4.7.1 节所推导的自步学习隐式误差函数的基础上，可以在特定课程先验格式下，获得自步课程学习隐式误差函数的显式格式。以下我们尝试在两个课程先验约束的形式下，根据定理 4.5 计算其隐式误差函数的形式。

(1) 半序课程先验。如第 4.4 节所述，该课程约束的形式为 $v_1\geqslant v_2$(假设两样本的简单情况)，该课程编码的信息为第 1 个样本应比第 2 个样本更为可靠的先验知识。在自步正则格式为指数形式时，即 $f(v)=v\log v-v+1$，基于定理 4.5 可得隐式目标函数的形式为[52]

$$F^{C}(\ell)=\begin{cases}2-\mathrm{e}^{-\ell_1}-\mathrm{e}^{-\ell_2}, & \ell_1\leqslant\ell_2\\ 2(1-\mathrm{e}^{\ell_1+\ell_2}), & 其他\end{cases}$$

(2) 组课程先验。该课程先验假设所有样本分为 k 类，每类样本具有类似的误差，而类与类之间存在显著的课程差异。记第 i 类的样本集合为 $\{x_{i1}, x_{i2}, \cdots, x_{is_i}\}$，其中 s_i 为第 i 类的样本数目。则该课程先验可表示为

$$v_{i1}=v_{i2}=\cdots=v_{is_i}=v_{s_i},\quad i=1, 2, \cdots, k$$

对应的自步-课程学习模型即可转化为如下形式：

$$\inf_{v_1\in[0,1]}\left\{v_1\sum_{i=1}^{s_1}\ell_{1i}+s_1 f(v_1, \lambda)\right\}+\cdots+\inf_{v_k\in[0,1]}\left\{v_k\sum_{i=1}^{s_k}\ell_{ki}+s_k f(v_k, \lambda)\right\}$$

假设对应自步正则 $f(v, \lambda)$ 的原隐式目标为 $F(\ell)$，则在该组约束条件下，新的隐式目标为

$$F^{C}(\ell)=[s_1 * F(\ell)]\sum_{i=1}^{s_1}\ell_{1i}+s_2 * F(\ell)\sum_{i=1}^{s_2}\ell_{2i}+\cdots+[s_k * F(\ell)]\sum_{i=1}^{s_k}\ell_{ki}$$

其中 $s * F(\ell):=sF(s^{-1}\ell)$。

4.8 元学习方法

课程学习和自步学习的研究始于 2009 年 Bengio 团队的探索[1]和 2010 年

Koller 小组构建的自动化改善框架[13]，到目前为止，已经过了十年的发展历程。其合理性的本质在一定程度上逐渐“偏离初衷”(更快的收敛与更准的求解)，却在弱标记学习的问题上找到了广泛的用武之地。

基于“从易到难，由少到多”的这一核心思想内核，经过学者们的广泛努力，从起始哲学角度的思考和探索，到后续自步正则的提炼、多种建模和计算格式的构建、在多领域良好的扩展性应用及理论角度逐步深刻的内涵认识，十年间，课程学习和自步学习的应用与理论逐渐完善，逐步形成了一套较为完善的方法论体系。然而，针对实际的应用，该方法论仍然存在一个不可回避的问题：如何针对数据选择合理的自步正则及其最优年龄参数。这一问题，特别是年龄参数选择的问题，将本质性地决定方法的计算效果。尽管在第 4.2 节中，我们推荐了若干启发式解决方案，特别是使用验证集来进行参数评估验证的策略，在现实应用中通常能够诱导算法良好的表现。然而，这其中仍然存在诸多实际操作的困难性，例如验证集如何构建，自步学习迭代中止标准如何设定等。

一个更值得商榷的问题是，最优样本的加权机制真的必须采用“由易到难，由少到多”的学习机制吗？事实上，这一说法从来都是没有定论的。可以肯定的是，针对不同的问题、不同的数据性态，这种加权的最优机制可能也会发生变化。实际上无论是所谓“从多到少”还是“从难到易”，都有相关文献做过有益的探索。如 Suzumura 等[54]就采用了本质“由多到少”的训练机制，即让自步学习年龄参数由大到小的逐步学习机制，在包含异常点的支撑向量机分类器上取得了良好训练效果。而“从难到易”，即训练的侧重点放置在误差相对较大的“难”样本上的探索，更是机器学习领域广泛认同的训练模式。如支撑向量机或 Adaboost 等著名分类方法，都是更加强调位于分类面附近的边际(margin)样本(支撑向量)，认为此类样本对于分类起着更为本质的作用。而在非均衡分类样本的情形下，对于样本数量显著更大的类别(在二分类问题中通常为负类)，侧重于难样本的训练比重更是近年来常用的训练模式[55]。

这正是我们在介绍自步学习方法时不断强调“标记噪声”这一问题的主要原因。至少现在看来，自步学习的可用性主要体现在数据存在显著标记噪声的情形，此时难样本对应于对分类器学习具有显著干扰作用的噪声样本，因而自步学习机制的应用自然是合理的。而对于标记噪声不明显或更多的其他实际情形，自步学习则当然不是推荐的方法。换句话说，当我们面对一个不明内涵的问题和数据时，究竟采用何种学习模式仍然是未解之数。

因此，在模型(如权值更新策略)、目标函数(如自步正则形式)、超参数(如最优年龄参数)等不同粒度的层次，所面临的选择问题均是依赖于数据而难以预先主观设定的。脱离了问题与数据的主观设定更类似无源之水，往往是盲目且无法保证最优效果的。因此，解决这些问题，也许还是需要回到数据本身，通过构建巧妙手段从数据中尽量充分挖掘信息，从中探索到合理的答案。这也许也正是“数据智能”所传达的核心精神所在。

我们有必要重新对机器学习的基本资源、数据，以及其对学习效果所起的本质性作用，进行重新解析。通常来说，对于一个标准的机器学习预测的目标，我们需将数据分为 3 个集合：训练集、验证集、预测集（或测试集）。训练集的作用在于训练决策器参数，验证集的作用在于辅助调节学习模型中涉及的超参数，预测集的作用在于对选定超参数下训练获得的决策器进行性能验证，以说明学习方法的可行性和有效性。

经历了数十年的发展，现有的方法对训练集数据的利用毫无疑问是智能且充分的，这也是传统机器学习始终坚持的主要目标。从经验风险极小到结构风险极小的模型构建原理，从传统手工构建到现代端到端自动提炼的特征抽取方法，从与过拟合问题斗争的精巧正则化设计到依赖海量标记数据暴力拟合数据内在规律的深度学习策略，无一不是在训练数据上展现出的智能利用。

而当面对测试集数据或更为广义的用于预测的无标记数据时，情况却让人略有失望。该类数据通常仅是用来获得一个性能评估的结果，在实际问题中通常并不被看作是机器学习智能体训练的一部分。尽管半监督学习及相关系列的研究也在不断尝试将无标记数据纳入学习模型中，其仍然局限于一个预先收集好的、数量有限的、在学习过程中不发生改变的静态无标记集合。而真实场景中，此类所谓预测数据却是无限的、开放的、动态的、无穷无尽的、与时俱变的。该类数据中一定存在海量的信息和丰富的资源（甚至是比训练数据更为本质且重要的知识），却未被充分利用。这也导致当应用的需求逼迫我们将视野放置于如此开放且充满变化的、待预测数据的智能利用目标时，原有的机器学习智能方法似乎马上变得无所适从。以目前逐渐变得更加热点的小样本问题[56]和迁移学习问题[57]为例，其能够成为挑战与焦点的主要原因可能正在于测试数据与训练数据产生的偏差（如类别不存在、概念不一致或领域有变化），致使我们不得不突破常规，需要像对待训练数据一样尽可能用智能的方式将其嵌入学习目标之中。

同样，对于验证集，“智能”的嵌入可能也是远远不足的。传统利用验证集的方式，仅是在特定超参数下辅助训练过程中获得的结果来得到一个表现度量，从而在其指导下获得最优参数估计。这一方法对验证集的利用仍较为粗糙，从而使得对超参数的选择能力仍然非常有限，通常仅能对有限范围内、有限取值的参数进行穷举式选择。这应该仍不能称得上为“智能利用”。

我们重新来面对本节开头讨论的类似于自步学习数据加权机制的算法自动化问题，包括权值更新策略、自步正则形式，以及最优年龄参数的选择和设定的问题。我们将尝试利用“智能”构建与验证集的方式，对以上问题探索一种新型解决策略。

这一策略的基本思想是：预先收集质量较高的数据构成验证集，其代表了数据真实分布的“元知识”，因此可称为“元数据”。相比样本标记噪声带来偏差的训练数据，此类样本近似代表了无偏的分类信息。我们实质性地将此类数据嵌入学习过程，使其指导学习方法进行分类器参数和超参数的训练。注意在现实情况下，此类元数据的验证数据集也是较为容易获得的，例如在训练样本成千上万的前提下，总能以有限的资源对其标记进行精心核查从而获得相对少量、标记准确的数据并构成该验证集。这同样类似于教师对学生的教学过程：教师教给学生的是较为完备的、经过检验的、反映学科内在本质的元知识采样；学生经过实践与探索，在自己与现实的接触和习题的练习中最终掌握学科知识。教师授予学生的知识，即对应元数据集；而学生自我遴选和实践的经验，即对应此处的训练数据集。显然，元数据的作用在于辅助矫正学生在训练数据中学习产生的偏差，使其即使在大量充满噪声和异常干扰的前提下，也能在正确的轨道掌握专业知识。

基于这样的思想，我们介绍对自步学习用元学习进行改造的新型智能方法[58]。首先介绍必要的数学符号。

记训练数据为 $\{\boldsymbol{x}_i, y_i\}_{i=1}^N$，其中 $y_i \in \{0, 1\}^c$ 代表第 i 个样本归属的类别向量，N 为训练样本的数据量。$g(\boldsymbol{x}; \boldsymbol{w})$ 为待求的分类决策函数，其中 $\boldsymbol{w}$ 指分类器参数。对于第 i 个训练样本，其对应误差记为 $\ell_i^{\text{train}}(\boldsymbol{w}) = \ell(y_i, g(\boldsymbol{x}_i; \boldsymbol{w}))$。元数据记为 $\{\boldsymbol{x}_i^{\text{meta}}, y_i^{\text{meta}}\}_{i=1}^M$，其中 M 为元数据数量。通常 $M \ll N$。对于第 i 个元数据，其误差记为 $\ell_i^{\text{meta}}(\boldsymbol{w}) = \ell(y_i^{\text{meta}}, g(\boldsymbol{x}_i^{\text{meta}}; \boldsymbol{w}))$。

由于训练样本中包含标记噪声，根据以上介绍的自步学习思想，我们试图通过加权方式来增强学习器训练的鲁棒性，其基本问题如下：

$$\boldsymbol{w}^*(\Theta) = \arg\min_{\boldsymbol{w}} \frac{1}{N} \sum_{i=1}^{N} V(\ell_i^{\text{train}}(\boldsymbol{w}); \Theta) \ell_i^{\text{train}}(\boldsymbol{w}) \tag{4-27}$$

注意到，该加权机制为一个以误差为变量的权值函数 $V(\ell_i^{\text{train}}(\boldsymbol{w}); \Theta)$。这体现了自步学习或 Adaboost 这些传统样本加权方式的核心思想，即样本权值是通过误差来计算的。所不同的是，该加权函数的形式是需要通过数据来计算获得的，而不是直接固定预设由易到难(自步学习)或由难到易(Adaboost)的主观格式。为了使其涵盖更广泛的加权函数类型，我们将其定义为网络的形式。在 Shu 等[58]的初步尝试中，将其形式化为多层感知网 MLP 的标准网络形式，其网络结构为 1 - 100 - 1 的 3 层结构形式，其中隐层使用 ReLU 激活函数，输出层使用 Sigmoid 激活函数，如图 4 - 7 左端所示。从图 4 - 7 可以看到，这样的标准设置能够保证网络输出权值在[0, 1]的合理范围内。

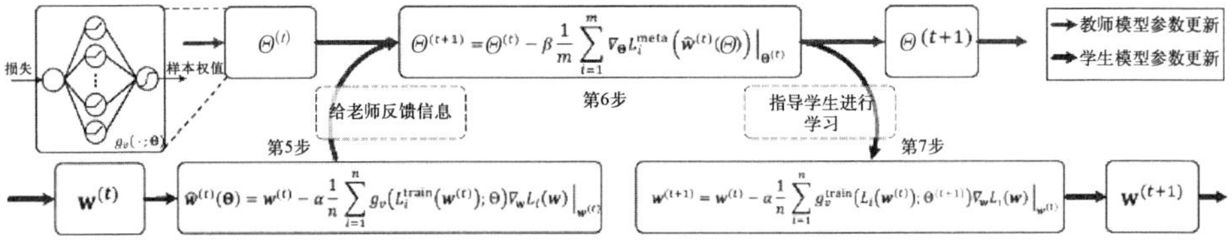

注：左上图展示了加权函数的网络形式

图 4 - 7　元学习方法的基本流程

权值函数网络(元学习器)的参数 Θ 为针对学习器参数 $\boldsymbol{w}$ 的超参数，需要通过在元数据上构建学习规则来学习获得。与传统的验证集作用相似，其目标是在该超参数下获得的学习器再在元数据集上获得尽可能高的判别精度，因此其元目标函数形式可构建为：

$$\Theta^* = \arg\min_{\Theta} \frac{1}{M}\sum_{i=1}^{M}\ell_i^{meta}(\boldsymbol{w}^*(\Theta)) \tag{4-28}$$

注意到，由于式(4 - 27)为较复杂的形式，$\boldsymbol{w}^*(\Theta)$ 通常没有显式解的形式，因此式(4 - 28)的优化一般都是无法直接执行的。借鉴 Ren 等[59]提出的双边优化技巧，Shu 等[58]构建了以下的策略，将该问题转换为可执行的合理格式。

由式(4 - 27)可知，在当前分类器参数值 $\boldsymbol{w}^t$ 的基础上，利用梯度下降的思想，可获得对其进行下步迭代更新的参数化表达：

$$\tilde{\boldsymbol{w}}^t(\Theta) = \boldsymbol{w}^t - \alpha\frac{1}{N}\sum_{i=1}^{N}V(\ell_i^{train}(\boldsymbol{w}^t);\Theta)\nabla_w\ell_i^{train}(\boldsymbol{w})\Big|_{w^t}$$

其中 α 为步长。此时，我们有了分类器参数关于超参数的函数形式，因此可以直接将其输入式(4 - 18)，进行超参数的求解与更新。我们同样采用梯度下降的更新格式，在上一步超参数 Θ^t 取值的基础上，可得到其更新公式：

$$\Theta^{t+1}=\Theta^{t}-\beta\frac{1}{M}\sum_{i=1}^{M}\nabla_{\Theta}\ell_{i}^{\mathrm{meta}}(\widetilde{\boldsymbol{w}}^{t}(\Theta))\big|_{\Theta^{t}} \tag{4-29}$$

然后，将更新的超参数数值直接带回分类器参数的更新公式，可获得其最终的更新值，更新公式如下：

$$\boldsymbol{w}^{t+1}=\boldsymbol{w}^{t}-\alpha\frac{1}{N}\sum_{i=1}^{N}V(\ell_{i}^{\mathrm{train}}(\boldsymbol{w}^{t});\Theta)\nabla_{\boldsymbol{w}}\ell_{i}^{\mathrm{train}}(\boldsymbol{w})\big|_{\boldsymbol{w}^{t}} \tag{4-30}$$

不断迭代式(4-29)与式(4-30)这两步，分类器参数 $\boldsymbol{w}^{t}$ 与元学习器超参数 Θ^{t} 即可得以不断更新，从而获得分类器最终的结果，同时在元数据指导下，获得样本加权函数 $V(\ell;\Theta)$ 的形式。该方法的基本流程如图 4-7 所示。可以观察到，在该算法中，元数据，即验证集数据，真正发挥了智能作用，自动诱导出合理的加权模式。在此框架下，类似于自步学习的执行方法，在预先已知特定误差信息的课程先验知识时，同样可将其嵌入到 $V(\ell;\Theta)$ 的更新过程中，实现类似于自步-课程学习的计算效果。

在文献[58]中，该方法应用于不同标记噪声比例的数据集 CIFAR10 和 CIFAR100[60]上，获得了良好的鲁棒性计算效果。其训练所得的样本加权函数 $V(\ell;\Theta)$，也能够有效地区分出大部分标记噪声数据，并将其权值赋为很小的数值，从而避免了此类数据对最终结果的负面影响，获得了较高的计算精度。非常有趣的是，在标记噪声下学习所得的元加权网络呈现出与自步学习权值函数非常类似的"由易到难"形态。而在类不均衡的前提下，该方法习得的元加权网络呈现出与 focal loss 一样的"由难到易"形态。而这两类加权模式是传统机器学习

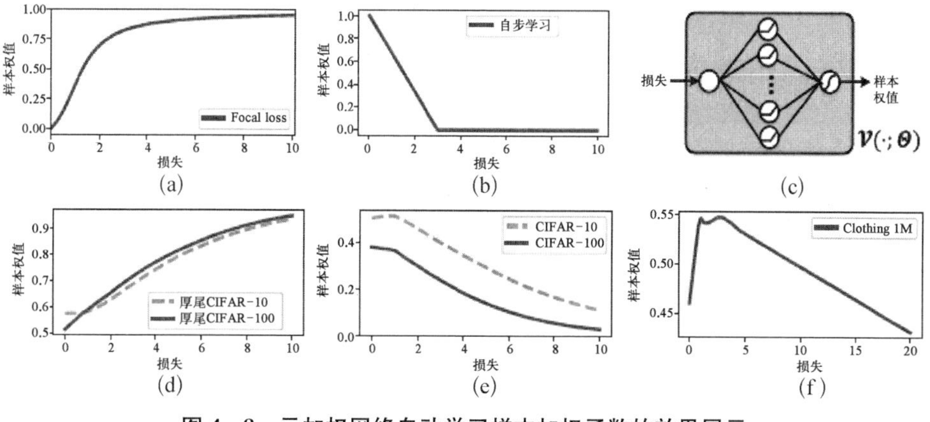

图 4-8 元加权网络自动学习样本加权函数的效果展示

(a)~(b) focal loss 与自步学习所设置的加权函数形式 (c) 元学习加权网络的结构 (d)~(f) 在类不均衡、噪声标记与实际数据两种情况下的元加权网络函数形式

认为的适合于处理两类数据偏差情形的模式，这可以说明这一方法能够自动习得与传统认知相符的模式，却避免了对数据的主观假设与耗费资源并有风险的人工设置。而在实际数据上，可以看到所习得的元加权网络呈现出内涵更为丰富的形态，能够揭示蕴藏在数据背后更为复杂的偏差规律(见图 4 - 8(f))。

4.9 总结与展望

如果从数据智能的角度来重新进行宏观审视，也许课程学习和自步学习及其元学习改进最大的意义在于，能够降低对训练数据标记质量的要求，从而将传统中无法用于有效训练的低质弱标记(甚至无标记)数据从仅供学习完成之后用以验证的测试集迁移到了有益于辅助学习器学习的训练过程之中。这种模式最大的价值可能在于，其目标并非是仅获取静态且固定的样本规律，而更倾向于在开放环境下无限且动态的抽取数据知识，在不断输入的、进行伪标记的预测样本中提炼有益信息，排除异常干扰，实现鲁棒学习。

实际上，人工智能技术近 10 年的飞速提升，更主要体现在训练数据充分利用的角度。如果穿越到 10 年前，我们很难想象机器学习能够发展到这样的程度：无须预先提取特征，无须数据和问题的先验知识，近似采用黑箱的方式，仅将海量的标记数据作为训练集，就能够针对各种问题实现机器性能超越人类的壮举。该成就除了归功于机器学习方法(特别是深度学习)的演进与计算硬件水平的飞速提升，也应该感谢海量标记数据集的收集者及他们将如此宝贵的资源在业内进行的无私分享。至少就工业界而言，人们似乎终于有了解决智能问题的方法：明确学习目标，不惜代价收集代表决策任务输入和输出端的标记数据，强力使用物理资源，以端到端方式习得最终决策器。在这种策略的驱动下，在各行各业，如人脸识别、医疗诊断、机器翻译等，智能技术所能达到的性能都在不断攀升，智能技术的发展看似一片生机蓬勃。

而这种热潮带来的一个负面的作用就是，对具有较高质量训练数据的过度侧重与依赖，或是对验证集与测试集智能功能的弱化甚至忽视。为了保证最终的智能产品性能，一些公司甚至专门设有庞大的数据标记机构，雇佣大量人力资源，产生标记样本，这一资源甚至成为公司决胜市场的关键所在。尽管至少在学术界相关的研究仍在不断推进，特别是小样本学习和元学习的研究逐渐形成热度，但是由于缺乏工业界足够资本的关注和学术界足够学者的投入，像深度学习类似的“杀手”级成果仍然看似遥遥无期。

要真正充分挖掘数据智能，这一问题又亟须考虑，特别是如何智能利用测试集的问题。一方面，有限的训练数据永远无法涵盖开放环境下无限到来的测试集的全部信息；另一方面，即使我们在一定时间内真的耗尽所能采集了具有代表全局信息的训练数据，测试集的判别特性也在随着时间发生变化：新的类别不断产生，旧的类别不断消失；新的概念/属性逐渐形成，旧的概念/属性逐渐弱化；新的判别特征逐渐涌现，旧的判别特征逐渐失效。这要求我们永远要让学习器保有开放的计算形态，从易得的、动态的、信息丰富的、弱标记或是无标记的测试数据中不断获取可供模型更新的有益信息，增强判别器对现实问题的适应性。也许只有通过这样的措施，才能让数据智能中的"数据"利用得更全面，"智能"表达得更彻底。

因此，数据智能中的"数据"构成其最为重要的因素，其每一个部分的价值都不应该轻易忽略，而应尽我们的能力与智慧，挖掘其内涵，发挥其潜能。这样的数据利用方式，也许才能称之为真正的"智能"技术。真正的数据智能技术，应该能够辅助人类在面对问题时尽可能减少人为主观因素，而让机器辅助实现自动化、一般性挖掘数据中蕴含信息和知识的自由。例如，让训练数据辅助我们实现分类器参数优化的自由；让验证数据辅助我们获得超参数设定和学习模型/算法设计的自由；让无限且多变的测试数据辅助我们避免过度拟合训练数据，在开放环境下拓宽方法适用范围的自由等。

大数据时代的来临和深度学习技术的兴起，已经为数据智能带来了前所未有的蓬勃与生机。即使在十年前，也应该没有多少学者预想到，在如此短的时间内，人工智能技术会取得如此本质性发展，能够如此广泛地渗透到科学研究的各个领域。而汹涌的浪潮之后，也许还有新的挑战和机遇在等待着我们去面对。在数据智能时代的巨著中，也许目前的成就之后仍只是逗号，更多精彩的内容也许还在等待着学者们继续去努力书写。其未来之路如何走向？让我们拭目以待。

参考文献

[1] Bengio Y, Louradour J, Collobert R, et al. Curriculum learning[C]//ICML. [s. l.]: [s. n.], 2009.

[2] Peterson G B. A day of great illumination: B. F. skinner's discovery of shaping [J]. Journal of the Experimental Analysis of Behavior, 2004, 82: 317 - 328.

[3] Sanger T D. Neural network learning control of robot manipulators using gradually increasing task difficulty[J]. IEEE Transaction on Robotics and Automation, 1994, 10(3): 323 - 333.

[4] Khan F, Zhu X, Mutlu B. How do humans teach: on curriculum learning and teaching dimension[C]//NIPS. [s. l.]: [s. n.], 2011.

[5] Elman J L. Learning and development inneural networks: the importance of starting small[J]. Cognition, 1993, 48: 781 - 799.

[6] Lapedriza A, Pirsiavash H, Bylinskii Z, et al. Are all training examples equally valuable? [EB/OL]. (2013 - 11 - 25)[2019 - 12 - 25]. http: //arxiv/1311. 6510. pdf.

[7] Weinshall D, Cohen G, Amir D. Curriculum learning by transfer learning: theory and experiments with deep networks[C]//ICML. [s. l.]: [s. n.], 2018.

[8] Wu Y X, Tian Y D. Training agent for first-person shooter game with actor-critic curriculum learning[C]//ICLR. [s. l.]: [s. n.], 2017.

[9] Shivesh R, Hansen J H L, Shivesh R, et al. Curriculum learning based approaches for noise robust speaker recognition[J]. ACM Transactions on Audio, Speech and Language Processing, 2018, 26(1): 197 - 210.

[10] Liu C, He S Z, Liu K, et al. Curriculum learning for natural answer generation[C]// IJCAI. [s. l.]: [s. n.], 2018.

[11] Lotfian R, Busso C. Curriculum learning for speech emotion recognition from crowdsourced labels[EB/OL]. [2019 - 12 - 25]. http://arxiv. org/abs/ 1805. 10339v1.

[12] Park B, Seo J B, Lee S M, et al. Curriculum learning from patch to entire image forscreening pulmonary abnormal patterns in chest-PAX-ray: intra- and extra-validations on multi-centerdatasets[C]//MIDL. [s. l.]: [s. n.], 2018.

[13] Kumar M P, Packer B, Koller D. Self-paced learning for latent variable models[C]// NIPS. [s. l.]: [s. n.], 2010.

[14] Cortes, Corinna; Vapnik, Vladimir N. Support-vector networks[J]. Machine Learning, 1995, 20 (3): 273 - 297.

[15] Hosmer D W, Lemeshow S. Applied logistic regression[M]. 2nd ed. New Jersey: Wiley, 2000.

[16] Jiang L, Meng D Y, Yu S I, et al. Self-paced learning with diversity[C]//NIPS. [s. l.]: [s. n.], 2014.

[17] Zhao Q, Meng D Y, Jiang L, et al. Self-paced learning for matrix factorization[C]// Proceeding of American Association for Artificial Intelligence. [s. l.]: [s. n.], 2015.

[18] Jiang L, Meng D, Mitamura T, et al. Easy samples first: self-paced reranking for zeroexample multimedia search[C]//Proceedings of the 22nd ACM International Conference on Multimedia. [s. l.]: [s. n.], 2014.

[19] Meng D Y, Zhao Q, Jiang L. A theoretical understanding of self-paced learning [J]. Information Sciences, 2017, 414: 319 - 328.

[20] Li H, Gong M G, Meng D Y, et al. Multi-optimization self-paced learning[C]// AAAI. [s. l.]: [s. n.], 2016.

[21] Li C, Wei F, Yan J, et al. A self-paced regularization framework for multilabel learning[J]. IEEE Transactions on Neural Networks and Learning Systems, 2018, 29 (6), 2660 - 2666.

[22] Liu S Q, Ma Z L, Meng D Y. Understanding self-paced learning under concave conjugacy theory[J]. Communications in Information and Systems, 2018, 18(1), 1 - 35.

[23] Jiang L, Meng D Y, Zhao Q, et al. Self-paced curriculum learning[C]//AAAI. [s. l.]: [s. n.], 2015.

[24] Liang J W, Jiang L, Meng D Y, et al. Learning to detect concepts from Webly-labeled video data[C]//International Joint Conference on Artificial Intelligence (IJCAI). [s. l.]: [s. n.], 2016.

[25] Chung F R K. Spectral graph theory[M]. Providence, RI: AMS, 1997.

[26] Zhang D, Meng D, Han J. Co-saliency detection via a self-paced multiple-instance learning framework [J]. IEEE Transactions on Pattern Analysis and Machine Intelligence, 2017, 39(5): 865 - 878.

[27] Jiang L, Meng D Y, Yu S, et al. Self-paced learning with diversity[C]//Conference on Neural Information Processing Systems. [s. l.]: [s. n.], 2014.

[28] Yuan M, Lin Y. Model selection and estimation in regression with grouped variables [J]. Journal of the Royal Statistical Society: Series B (Statistical Methodology), 2006, 68(1): 49 - 67.

[29] Wolpert D H, Macready W G. No free lunch theorems for optimization[J]. IEEE Transactions on Evolutionary Computation, 1997, 1(1): 67 - 82.

[30] Wang W, Zhou Z H. A new analysis of cotraining[C]//Proceedings of the 27th International Conferenceon Machine Learning (ICML - 10). [s. l.]: [s. n.], 2010.

[31] Jordan M I, Mitchell T M. Machine learning: trends, perspectives, and prospects [J]. Science, 2015, 349(6245): 255 - 260.

[32] Bengio. Will machines eliminate us? [EB/OL]. (2016 - 01 - 29)[2020 - 03 - 25]. https://www.technologyreview.com/2016/01/29/162084/will-machines-eliminate-us/.

[33] Zhou Z H. A brief introduction to weakly supervised learning[J]. National Science Review, 2018, 5(1), 44 - 53.

[34] Shu J, Xu Z B, Meng D Y. Small sample learning in big data era[EB/OL]. [2020 - 03 - 25]. http://arxiv.org/abs/1808.04572.

[35] Over P, Fiscus J, Sanders G, et al. TRECVID 2013 - an overview of the goals, tasks, data, evaluation mechanisms, and metrics[C]//TRECVID. [s. l.]: [s. n.], 2013.

[36] Over P, Awad G, Michel M, et al. Trecvid'14 - an overview of the goals, tasks, data, evaluation and metrics[C]//TRECVID. [s. l.]: [s. n.], 2014.

[37] Olivier C, Bernhard S, Alexander Z. Semi-supervised learning[M]. Cambridge: MIT Press, 2006.

[38] Blum A, Mitchell T. Combining labeled and unlabeled data with co-training[C]// Proceedings of the Eleventh Annual Conference on Computational Learning Theory. [s. l.]: ACM, 1998.

[39] Nigam K, Ghani R. Analyzing the effectiveness and applicabilbity of co-training[C]// Proceedings of the 9th International Conference on Information and Knowledge Management. [s. l.]: [s. n.], 2000.

[40] Ma F, Meng D Y, Xie Q, et al. Self-paced cotraining [C]//ICML. [s. l.]: [s. n.], 2017.

[41] Ma F, Meng D Y, Dong X Y, et al. Self-paced multi-view co-training[J]. Journal of Machine Learning Research, 2020, 21: 57.

[42] Dong X Y, Zheng L, Ma F, et al. Few-example object detection with model communication[J]. IEEE Transactions on Pattern Analysis and Machine Intelligence, 2019, 41(7): 1641 - 1654.

[43] Xu Y, Ma F, Meng D Y, et al. A co-training approach to the classification of local climate zones with multi-source data[C]//IEEE International Geoscience and Remote Sensing Symposium (IGARSS). [s. l.]: [s. n.], 2017.

[44] Lange K, Hunter D, Yang I. Optimization transfer using surrogate objective functions [J]. Journal of Computational and Graphical Statistics, 2000, 9(1): 1 - 20.

[45] Fan J, Li R. Variable selection via nonconcave penalized likelihood and its oracle properties [J]. Journal of American Statistical Association, 2001, 96 (456): 1348 - 1360.

[46] Suzumura S, Ogawa K, Sugiyama M, et al. Outlier path: a homotopy algorithm for robust SVM [C]//International Conference on Machine Learning. [s. l.]: [s. n.], 2014.

[47] Wang S, Liu D, Zhang Z. Nonconvex relaxation approaches to robust matrix recovery [C]//International Joint Conference on Artificial Intelligence. [s. l.]: [s. n.], 2013.

[48] Zhang C, Zhang T. A general theory of concave regularization for high-dimensional sparse estimation problems[J]. Statistical Science, 2012, 27(4): 576 - 593.

[49] Zhang C. Nearly unbiased variable selection under minimax concave penalty [J].

Annals of Statistics, 2010, 38(2): 894 - 942.

[50] Ma Z L, Liu S Q, Meng D Y. On convergence property of implicit self-paced objective [J]. Information Sciences, 2018, 462, 132 - 140.

[51] Rockafellar R T, Wets R J B, Variational analysis[M]. Berlin: Springer Science & Business Media, 2009.

[52] Liu S Q, Ma Z L, Meng D Y, et al. Understanding self-paced learning under Concave Conjugacy Theory[J]. Communications in Information and Systems, 2018, 18(1): 1 - 35.

[53] Fenchel W. On conjugate convex functions[J]. Canadian Journal of Mathematics, 1949, 1(1): 73 - 77.

[54] Suzumura S, Ogawa K, Sugiyama M, et al. Outlier path: a homotopy algorithm for robust SVM [C]//International Conference on Machine Learning. [s. l.]: [s. n.], 2014.

[55] Lin T Y, Goyal P, Girshick R, et al. Focal loss for dense object detection[C]// 2017 IEEE International Conference on Computer Vision. [s. l.]: [s. n.], 2018.

[56] Shu J, Xu Z B, Meng D Y. Small sample learning in big data era[EB/OL]. [2020 - 03 - 25]. http://arxiv. org/abs/1808. 04572.

[57] Sun Q R, Liu Y Y, Chua T S, et al. Meta-transfer learning for few-shot learning[EB/OL]. [2020 - 03 - 25]. http://arxiv. org/abs/1812. 02391.

[58] Shu J, Xie Q, Yi L, et al. Meta-weight-net: learning an explicit mapping for sample weighting[C]//NeurIPS. [s. l.]: [s. n.], 2019.

[59] Ren M Y, Zeng W Y, Yang B, et al. Learning to reweight examples for robust deep learning[C]//ICML. [s. l.]: [s. n.], 2018.

[60] Krizhevsky A. Learning multiple layers of features from tiny images[R]. [s. l.]: [s. n.], 2009.

5 强化学习

章宗长　郝建业　俞　扬

章宗长，南京大学人工智能学院，电子邮箱：zzzhang@nju.edu.cn
郝建业，天津大学智能与计算学部，电子邮箱：jianye.hao@tju.edu.cn
俞　扬，南京大学人工智能学院，电子邮箱：yuy@nju.edu.cn

在人类的智力活动中，寻找最优行动是一种关键能力。从人类进化早期如何围剿猎物，到现代社会如何在业务上降本增效，都涉及回答“什么是最优行动”的问题，也就是最优决策问题。

强化学习是机器学习领域中旨在寻找最优决策模型的分支领域。其“强化”的名称来自动物行为心理学，即动物普遍会通过不断地强化行为来做出适应环境的行为。其“学习”的名称指明这一类方法从经验数据中归纳决策模型。随着强化学习技术的发展，其与运筹学、演化计算、最优控制、神经网络、博弈论、统计学、信息论等学科领域产生了密切的联系。运筹学和最优控制中的强化学习又称为近似动态规划，而人工智能领域的强化学习也称为计算强化学习。

近年来，强化学习技术运用于 AlphaGo、AlphaStar、OpenAIFive 等系统中，在围棋和大规模即时战略游戏上发挥出色，甚至达到了超越人类专家的决策能力。由此强化学习的发展也受到高度关注，尤其是在强化学习的模型表达和跨环境泛化能力、在复杂场景下的学习能力和模仿能力、在对抗协作环境下的学习能力等方面。对应地，本章从强化学习的基本设定和算法出发，介绍深度强化学习、迁移强化学习、分层强化学习、逆向强化学习和多智能体强化学习，以期为读者展现强化学习领域的一个概览。

5.1 强化学习简介

强化学习要解决的是智能体在未知环境中如何通过与环境交互学习最优策略的问题。它强调与环境交互中的试错和改进，不需要预知环境模型即可利用环境提供的评价式反馈（又称奖励、强化信号）实现无教师的学习，从反馈形式来看，是介于有监督学习和无监督学习的一类学习方法。这类学习方法的区别主要表现在由环境提供的反馈信号上：在有监督学习中，环境需要为智能体提供形如“特征-标记”的教师信号，明确指出了策略的输入与输出；在无监督学习中，环境只需要提供形如“特征”的训练信息，而没有指定策略的输出；在强化学习中，环境提供的是对智能体行动好坏的一种评价（通常为形如“奖赏/惩罚”的标量信号），仅仅隐含了策略的最优输出，而没有告知正确的输出。由于环境仅提供了弱的反馈信号，智能体必须主动对环境做出试探，在产生的“行动-评价”数据中进行学习，改进行动方案以适应环境。

解决强化学习问题主要有两种途径。第一种是在动作空间中搜索，以找到在环境中表现良好的行为[1]。第二种是使用动态规划等方法来估计在状态空间执行动作的效用。本节主要叙述第二种途径的相关技术，它的特点是利用了强化学习问题的特殊结构，这种特殊结构在一般的优化问题中是不存在的。本节的部分内容参考了文献[2]。

5.1.1 强化学习模型

在标准强化学习模型中，智能体通过感知和动作与环境连接，如图 5－1 所示。在交互的每一步中，智能体感知环境的状态 s，得到观察 o；然后会根据观察决定做出一个动作 a；环境根据智能体的动作，给予智能体一个奖励 r，并进入下一步的状态 s'。智能体应该选择有利于增加期望累积奖励的动作。正式地说，强化学习模型包括：一组环境状态，S；一组动作，A；一组观察，O；一组奖励 R，通常为 $\{0, 1\}$ 或实数。当智能体能准确感知环境的状态时，有 $o=s$ 和 $O=S$。

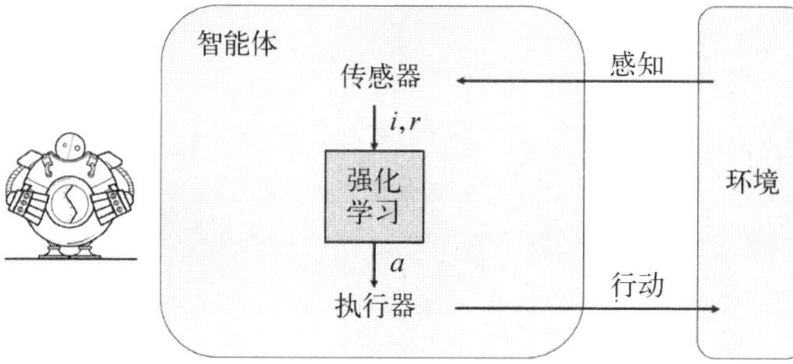

图 5－1 标准强化学习模型

我们通过下面的对话示例来理解智能体与可完全感知的环境之间交互过程。

环境： 你在状态 1 处。你有 4 个可选动作。

智能体： 我采用动作 2。

环境： 你得到了＋3 的奖励，正处在状态 5，有 2 个可选动作。

智能体： 我采用动作 1。

环境： 你得到了－5 的奖励，正处在状态 1，有 4 个可选动作。

智能体： 我采用动作 2。

环境： 你得到了＋10 的奖励，正处在状态 3，有 5 个可选动作。

⋮ ⋮

智能体的工作是找到一个策略 π。策略 π 将过去观察和动作的序列映射为动作，从而最大化一些长期的强化指标。我们假定环境是不确定性的，即在两个不同场合的相同状态下，智能体采取相同动作可能会导致不同的奖励和下一个状态。比如，在上述例子中，在两个场合下智能体都从状态 1 开始，都采用动作 2，结果产生了不同的奖励和状态。本节仅考虑稳态的环境，即进行状态转移或收到特定奖励的概率不会随着时间而改变。

强化学习和监督学习的一个主要区别是强化学习者必须在探索与利用环境间合理权衡。为了突出探索的问题，我们介绍一个非常简单的单状态案例：k -摇臂赌博机（k - armed bandit）问题。k -摇臂赌博机有 k 个摇臂，智能体每次可以拉动任何一个摇臂。当智能体拉动摇臂 i 时，赌博机会根据一些潜在的概率参数 p_i，给予智能体 0 或 1 的奖励。其中，p_i 是未知的，奖励是独立的随机事件。假设智能体有固定 h 次拉摇臂的机会，每次拉摇臂没有成本。智能体应该采取怎样的策略，才能获得最大的期望累积奖励呢？

智能体可能认为某个特定的摇臂有着相当高的期望奖励。它应该始终拉该摇臂，还是应该选择拉另一个信息较少但似乎更糟的摇臂？这些问题的答案取决于智能体要玩多长时间的游戏。游戏持续的时间越长，智能体就越应该探索，这是因为，过早地收敛于次优摇臂，会导致无法得到最大的期望累积奖励。有多种求解 k -摇臂赌博机问题的办法，常见的有 ϵ - 贪婪法、玻尔兹曼探索法、区间探索法和吉廷斯分配索引法等。

5.1.2 马尔可夫决策过程

在一般的强化学习问题中，智能体的动作不仅决定其立即奖励，而且也会影响环境的下一个状态。这样的环境可以看作是赌博机问题的网络，但是智能体在决定采取哪种动作时，必须要考虑立即奖励和下一个状态。智能体使用的长期优化模型决定了它应该如何考虑未来的价值。智能体必须能够从延迟的奖励中学习：它可能需要很长的一系列动作，得到微不足道的奖励，然后最终达到高奖励的状态。智能体必须能够根据未来可能发生的奖励来学习其动作是否合适。

很多强化学习问题可以用马尔可夫决策过程（Markov decision process，MDP）建模[3-6]。MDP 可以表示为一个五元组 (S, A, P, R)：S 为状态（state）的有限集合，集合中某个状态表示为 s，$s \in S$；A 为动作（action）的有限集合，集合中某个动作表示为 a，$a \in A$，A_s 为状态 s 下可执行的动作集合；P：$S \times A \times S \to [0, 1]$ 为状态转移函数（state transition function），$P(s' \mid s, a)$ 给出了在状态 s 使用动作 a 转移到状态 s' 的概率。R：$S \times A \to \mathcal{R}$ 为奖励函数，其

中 $\mathcal{R}\subseteq\mathbf{R}$,$\mathbf{R}$ 表示实数集合，$R(s, a)$ 给出了状态 s 和动作 a 对应的期望立即奖励。MDP 模型满足马尔可夫性质,即立即奖励和下一步的状态仅依赖于当前状态和行动,与更早的状态和行动无关。在马尔可夫决策过程中做出决策时,只需要考虑当前的状态,而不需要历史数据,这样大大降低了问题的复杂度。虽然 MDP 可以有无限(甚至不可数)的状态空间和动作空间,但是我们在这一节只讨论状态数和动作数均有限的问题的求解方法。

1. 策略与值函数

在考虑用于学习在 MDP 环境中的行为的算法之前,我们探索在给定正确模型的情况下确定最优策略的技术。通常可以用折扣奖励和平均奖励定义效用。这里,我们仅讨论基于折扣奖励的无限步数 MDP 模型的最优策略[3]。在 MDP 问题中,效用也称为累积折扣奖励、回报,效用函数也称为值函数。一个稳态 MDP 问题的策略分为两种：一种是随机性策略,表示为 $\pi(a \mid s)$：$S\times A\rightarrow[0, 1]$，其特点是输入为状态 s 和行动 a，输出为选择行动 a 的概率;另一种是确定性策略,表示为 $\pi(s)$：$S\rightarrow A$，其特点是输入为状态 s，输出为行动 $\pi(s)$。为简单起见,这一节假定策略为确定性策略。

给定策略 π 的状态值函数 V_π 表示从状态 s 起,执行策略 π 的期望回报：

$$V_\pi(s)=E_{a_t\sim\pi(s_t)}\left(\sum_{t=0}^{\infty}\gamma^t R(s_t, a_t) \mid s_0=s\right)$$

其中，E 表示期望，$\gamma\in[0, 1)$ 表示折扣因子，t 表示时间步，γ^t 为在第 t 个时间步的奖励对应的权重，$R(s_t, a_t)$ 表示智能体在第 t 个时间步获得的奖励。在用折扣奖励定义的回报中,折扣因子有两方面的作用：一是它能使得当前的奖励比未来的奖励更有价值,这是因为未来奖励能否获得有更多的不确定性;二是保证只要奖励有限,回报也将是有限数。我们把给定策略 π 的状态值函数记为 V_π。满足状态值函数的贝尔曼(Bellman)期望方程：

$$V_\pi(s)=R(s, \pi(s))+\gamma\sum_{s'\in S}P(s' \mid s, \pi(s))V_\pi(s')$$

给定策略 π 的动作值函数 $Q_\pi(s, a)$ 表示在状态 s 采取行动 a 后,执行策略 π 的期望回报：

$$Q_\pi(s, a)=R(s, a)+\gamma\sum_{s'\in S}P(s' \mid s, a)V_\pi(s')$$

从而有动作值函数的贝尔曼期望等式：

$$Q_\pi(s, a)=R(s, a)+\gamma\sum_{s'\in S}P(s' \mid s, a)Q_\pi(s', \pi(s'))$$

由 V_π 可以定义最优状态值函数 V^*：

$$V^*(s)=\max_\pi V_\pi(s)$$

其中，$V^*(s)$ 表示状态 s 的最优状态值，即智能体从状态 s 执行最优策略获得的期望回报，max 表示取最大值。V^* 具有唯一性，是状态值函数的贝尔曼最优方程的解：

$$V^*(s)=\max_a\left(R(s, a)+\gamma\sum_{s'\in S}P(s'\mid s, a)V^*(s')\right), \ \forall s\in S$$

它表示在使用最佳可用动作下，状态 s 的值是期望立即奖励加下一个状态的期望折扣值。一旦知道了最优状态值函数，就可以用下式提取一个最优策略：

$$\pi^*(s)\leftarrow\arg\max_a\left(R(s, a)+\gamma\sum_{s'\in S}P(s'\mid s, a)V^*(s')\right)$$

类似地，由 V^* 可以定义最优动作值函数 Q^*：

$$Q^*(s, a)=R(s, a)+\gamma\sum_{s'\in S}P(s'\mid s, a)V^*(s')$$

从而有

$$V^*(s)=\max_a Q^*(s, a), \ \forall s\in S$$

$$\pi^*(s)=\arg\max_a Q^*(s, a)$$

动作值函数的贝尔曼最优等式为：

$$Q^*(s, a)=R(s, a)+\gamma\sum_{s'\in S}P(s'\mid s, a)\max_{a'}Q^*(s', a')$$

有时，我们把贝尔曼期望等式和贝尔曼最优等式统称为贝尔曼等式。有了贝尔曼等式，我们就可以用动态规划方法来求解 MDP 问题的最优策略。动态规划方法是一种通用的问题求解技术，常应用于求解最优化问题。除了求解 MDP 问题的最优策略，还可以应用动态规划计算斐波那契数列、两个字符串的最长子串匹配、隐马尔可夫模型的最可能状态序列等。适合采用动态规划方法的最优化问题通常有两个要素，即最优子结构和重叠子问题。最优子结构指的是可以将原问题分解成多个子问题，如果知道了子问题的解，就很容易知道原问题的解。重叠子问题指的是分解得到的多个子问题中，有很多子问题是相同的，不需要重复计算。

MDP 的最优策略求解问题满足动态规划的两个要素。它具有最优子结构，这是因为可以把求解 MDP 的问题转变为求解贝尔曼等式的问题；而贝尔曼等式提供了递归地分解问题的方法，具体而言，就是可以用迭代的方法来求解贝尔曼等式。我们将介绍两种动态规划方法：值迭代和策略迭代。当使用值迭代时，可以用迭代的方式求解贝尔曼最优等式；当使用策略迭代时，可以用迭代的方式求解贝尔曼期望等式。

2. 值迭代

根据上面的结论，寻找最优策略的方法之一就是找到最优值函数。它可以通过值迭代算法（见算法 5－1）来确定。可以证明，使用任意有界的初始值 $V_0(s)$，只要迭代次数足够多，该算法最终都能收敛到最优状态值函数 V^* [3-4]。如果能利用先验知识，给一组好的初始值，则会加速值迭代的收敛过程。

算法 5－1 值迭代算法

(1) 对于 $\forall s \in S$，将 $V_0(s)$ 初始化为任意值
(2) 对于 $k \leftarrow 0, 1, 2, \cdots$，迭代执行以下步骤：
(3) 　　对于 $\forall s \in S$，迭代执行：
(4) 　　　　对于 $\forall a \in A$，迭代执行：

$$Q_k(s, a) = R(s, a) + \gamma \sum_{s' \in S} P(s' \mid s, a) V_k(s')$$

(5) 　　　　更新 $V(s)$：

$$V_{k+1}(s) = \max_a Q_k(s, a)$$

(6) 　　如果满足迭代终止条件，则跳出循环
(7) 根据值函数 V_{k+1} 输出确定性策略 π，使得：

$$\pi(s) \leftarrow \arg\max_a \Big(R(s, a) + \gamma \sum_{s' \in S} P(s' \mid s, a) V_{k+1}(s')\Big)$$

值迭代算法常用的终止标准为 $\| V_{k+1} - V_k \|_\infty < \epsilon$，其中 $\| \cdot \|_\infty$ 表示最大范数，ϵ 为事先给定的误差容忍度，$\| V_{k+1} - V_k \|_\infty$ 称为贝尔曼残差。可以证明，如果 $\| V_{k+1} - V_k \|_\infty$ 小于 ϵ，则由算法 5－1 输出的贪婪策略的值函数与最优策略的值函数的最大范数会小于 $2\epsilon\gamma/(1-\gamma)$，即有 $\| V_\pi - V^* \|_\infty < 2\epsilon\gamma/(1-\gamma)$ [7]。Puterman[6]基于跨度半范数讨论了另一种停止标准，但它可能导致提前终止。另外，即使值函数可能没有收敛，贪婪策略在某些有限的步骤中仍是最优的[4]。实际中，在值函数收敛之前，贪婪策略往往是最优的。

在值迭代中，对 V 的赋值不必按算法 5－1 所示严格顺序执行，而是可以异步并行执行，对应的方法称为异步值迭代方法。异步值迭代方法能保证收敛的前提是在无限次运行中，每个状态的值得到无限次的更新[8]。

基于 $V^*(s)=\max_a\left(R(s,a)+\gamma\sum_{s'\in S}P(s'\mid s,a)V^*(s')\right)$ 的更新称为全更新，这是因为它们利用来自所有可能的后继状态的信息。另一种更新称为样本更新，将出现在5.1.3节讨论的无模型方法中[8]。每次迭代都进行全更新的值迭代算法的计算复杂度是 $O(|S|^2|A|)$，其中 $|S|$ 表示状态数，$|A|$ 表示动作数。

3. 策略迭代

策略迭代算法（见算法5-2）由策略评估步骤（第3行）和策略改进步骤（第4行）构成。它的特点是直接操纵策略，而不是通过最优值函数间接找到策略。

算法 5-2 策略迭代算法

(1) 将策略 π_0 初始化为任意的确定性策略
(2) 对于 $k\leftarrow 0, 1, 2, \cdots$，迭代执行以下步骤：
(3) （策略评估）对 $\forall s\in S$，计算遵循策略 π_k 的状态值 $V_{\pi_k}(s)$：

$$V_{\pi_k}(s)=R(s,\pi_k(s))+\gamma\sum_{s'\in S}P(s'\mid s,\pi_k(s))V_{\pi_k}(s')$$

(4) （策略改进）改进在每个状态处的策略：

$$\pi_{k+1}(s)\leftarrow\arg\max_a\left(R(s,a)+\gamma\sum_{s'\in S}P(s'\mid s,a)V_{\pi_k}(s')\right)$$

(5) 如果满足迭代终止条件 $\pi_{k+1}=\pi_k$，则跳出循环
(6) 输出确定性策略 π_k

除了可以用迭代的方式求解第3行中的贝尔曼期望等式，还可以通过求解线性方程组来得到策略 π_k 的状态值函数 V_{π_k}。一旦我们知道了当前策略下每个状态的值，我们就会考虑是否可以通过改变所采取的第一个动作来提高价值。如果可以的话，我们就改变策略，从而在这种情况下采取新的动作。不难证明，这一策略改进步骤能保证严格地改进策略的性能；如果没有改进的可能，那么该策略保证是最优的[6]。由于至多有 $|A|^{|S|}$ 种不同的策略，并且在每一步都会改进策略的序列，所以该算法至多终止于指数次迭代[6]。然而在最坏的情况下，策略迭代需要多少次迭代仍然是一个开放性问题。

5.1.3 学习最优策略：无模型方法

在前一小节中，我们讨论了在有模型的情况下获得最优策略的方法。该模型由关于状态转移概率函数 $T(s,a,s')$ 和奖励函数 $R(s,a)$ 的知识组成。然而，强化学习主要关注如何在事先不知道模型的情况下获得最优策略。因此，智能体必须直接与环境交互以获取信息，然后通过适当的算法处理这些信息以生

成最优策略。

在这一点上，有两种方法可以使用：① 无模型方法，在不学习模型的情况下学得策略；② 基于模型的方法，学习模型并使用它来学得策略。我们先介绍无模型方法，基于模型的方法将在 5.1.4 节进行介绍。

强化学习中的智能体面临的最大问题是时间信度分配（temporal credit assignment）。我们如何知道刚刚采取的动作是否恰当，何时可能产生深远的影响。一种策略是等待交互到达“终点”：如果结果是好的，则对所采取的动作进行奖励；如果结果不好，则对所采取的动作进行惩罚。但是，在正在进行的任务中，我们很难知道“终点”是什么。同时，这也可能需要大量的内存。作为替代，我们将使用值迭代的观点来调整该状态的估计值，即通过基于立即奖励和下一个状态估计值的方式来调整。这类算法称为时间差分法（temporal difference, TD）[11]。下面，我们介绍 3 种不同的基于 TD 的无模型强化学习方法。

1. 行动者-评论家

行动者-评论家（actor-critic, AC）算法可视为策略迭代的自适应版本[12]，其特点是使用一种称为 TD(0)的算法[11]来计算值函数。AC 算法由两个相分离的部分组成：评论家（critic）和行动者（actor）。

评论家是一个估计的值函数，称它为评论家是因为它可用于评论行动者采取的动作。评论是以 TD 误差的形式出现的。假设评论家是一个状态值函数 V，则智能体在环境中进行一次转移的经验元组 (s, a, r, s') 对应的 TD 误差为 $r+\gamma V(s')-V(s)$，其中，s 是智能体在转移之前的状态，a 是它的动作选择，r 是它收到的立即奖励，s' 是它的结果状态。考虑到正在执行的策略是行动者中当前实例化的策略，因此评论家使用实际的外部奖励信号来学习策略的值。

评论家可以通过 TD(0)算法学习到策略的值。TD(0)算法的更新规则如下：

$$V(s) \leftarrow V(s)+\alpha[r+\gamma V(s')-V(s)]$$

因为 r 是收到的立即奖励，而 $V(s')$ 是实际发生的下一个状态的估计值，所以每当一个状态 s 被访问时，其估计值被更新为更接近 $r+\gamma V(s')$ 的值。这类似于值迭代的样本更新规则，唯一的区别是该算法的样本来自现实世界，而不是通过模拟已知的模型获得。该算法的关键思想是，$r+\gamma V(s')$ 是 $V(s)$ 的值的一个样本，它更可能是正确的，这是因为它包含了真实的 r。如果我们适当地调整学习率 α（必须慢慢地减少）并保持策略不变，则可以保证 TD(0)能收敛到最优值函数。

行动者是一个显式地表示策略的存储结构。它可以是任何 k -摇臂赌博机算法的实例,在修改后可以用来处理多状态和非平稳奖励的情况。但它不是采取最大化期望立即奖励的行动,而是根据评论家计算出 TD 误差来更新行动选择的概率。比如,在状态 s 采取行动 a,得到奖励 r,并转移到了状态 s',根据这组经验,可以计算出 TD 误差。如果 TD 误差为正数,则增加在状态 s 采取行动 a 的概率;否则,减少在状态 s 采取行动 a 的概率。通常地,可以通过吉布斯软最大化等方法达到这一目的。

如果我们想象这两部分交替工作,那么我们就可以看到类似于修改后的策略迭代的情形。由行动者实现的策略 π 是固定的,评论家学习该策略的值函数 V_π。现在,我们选定评论家并让行动者学习一个新的策略 π',新策略最大化新的值函数,以此类推。然而,在大多数的实践过程中,这两个组件是同时运行的。在一定的条件下,只有交替执行才能保证算法收敛到最优策略。Williams 和 Baird[13]研究了这类与评论家相关的算法的收敛性。

2. Q 学习

Q 学习(Q - learning)[14-15]是最有名的无模型强化学习方法之一。相比 AC 算法,Q 学习算法通常更容易实现。因为动作值函数 $Q(s, a)$ 使动作显式化,所以我们可以使用与 TD(0)基本相同的方法来在线估计动作值(亦称 Q 值)。Q 学习的 Q 值更新规则为

$$Q(s, a) \leftarrow Q(s, a) + \alpha[r + \gamma \max_{a'} Q(s', a') - Q(s, a)]$$

其中,(s, a, r, s') 是前面提到的经验元组。如果每个动作在每个状态下执行无限次,并且对 α 进行适当地衰减,则 Q 值将以概率 1 收敛到 Q^* [14,16-17]。Q 学习也可以扩展到更新多步以前发生的状态,如 TD (λ) [18]。

当 Q 值几乎收敛到它们的最优值时,智能体就应该贪婪地行动,即在每一种情况下都采取有最高 Q 值的动作。然而,在学习过程中,在探索与利用之间权衡是困难的。在一般情况下,这个问题没有好的、能被正式证明的办法。此外,Q 学习对探索不敏感,即只要足够频繁地尝试所有的状态-动作对,Q 值就会收敛到最优值。这意味着,虽然在 Q 学习中必须解决探索与利用问题,但是探索策略的细节不会影响学习算法的收敛性。

3. Sarsa

Sarsa 是另一种常见的无模型强化学习算法。与 Q 学习算法不同的是,Sarsa 算法使用下式来更新 Q 值:

$$Q(s_t, a_t) \leftarrow Q(s_t, a_t) + \alpha[r_t + \gamma Q(s_{t+1}, a_{t+1}) - Q(s_t, a_t)]$$

也就是说，它使用的是 $t+1$ 时刻的实际行动 a_{t+1} 来更新 Q 值，而不是使用 $t+1$ 时刻最大化 Q 值的行动 $\arg\max_{a_{t+1}} Q(s_{t+1}, a_{t+1})$。Sarsa 的名称源于在每一步，它使用了五元组 $(s_t, a_t, r_t, s_{t+1}, a_{t+1})$ 来更新 Q 值。

5.1.4 通过学习模型来计算最优策略

我们在上一小节介绍了如何在不知道模型 $P(s' \mid s, a)$ 或 $R(s, a)$ 的情况下学习最优策略。这些方法的优点是用在每个经验样本上的计算时间很少，缺点是它们对所收集的经验样本的利用效率极低，常常需要大量的实验才能获得良好的性能。在这一小节中，我们仍然假设事先不知道模型，但是要通过学习这些模型来得到最优策略。这些算法在计算成本小、经验样本不易获得的应用中尤为重要。

1. Dyna

先介绍确定性等价方法，其特点是先通过探索环境和保存每个动作结果的统计数据来学习 T 和 R 函数；然后，使用求解 MDP 问题最优策略的方法（如：值迭代、策略迭代）来计算最优策略。Dyna 框架[19]结合了无模型学习方法和确定性等价方法的特点。它同时使用 3 种方法，即使用经验来建立模型（$\hat{T}$ 和 $\hat{R}$）、使用经验来调整策略、使用模型来调整策略。Dyna 是在循环地与环境进行交互中运转的。给定一个经验元组 (s, a, r, s')，Dyna 的行为如下：

(1) 更新模型，在动作 a 中添加从 s 到 s' 转移的统计数据，并获得在状态 s 采取动作 a 的奖励 r，即更新模型 $\hat{T}$ 和 $\hat{R}$。

(2) 基于刚刚更新的模型，使用规则更新在状态 s 处的策略。规则为

$$Q(s, a) \leftarrow \hat{R}(s, a) + \gamma \sum_{s'} \hat{P}(s' \mid s, a) \max_{a'} Q(s', a')$$

此式即为 Q 值的值迭代更新版本。

(3) 执行 k 次额外更新。随机选择 k 个状态-动作对，并按照与以前相同的规则更新它们：

$$Q(s_k, a_k) \leftarrow \hat{R}(s_k, a_k) + \gamma \sum_{s'} \hat{P}(s' \mid s_k, a_k) \max_{a'} Q(s', a')$$

(4) 根据 Q 值选择一个在状态 s' 下执行的动作 a'，但动作 a' 可能会被探索策略替换。

2. 优先级扫描

虽然与以前的方法相比，Dyna 有了很大的改进，但相对来说，它是无导向的。当刚刚到达目标或智能体陷入死胡同时，它无济于事。这是因为它继续更

新随机状态-动作对，而不是聚焦在状态空间中"有趣"的部分上。解决这些问题的方法有优先级扫描[20]。

优先级扫描类似于 Dyna，只不过其更新不再是随机选择，并且值与状态相关联。为了做出适当的选择，我们必须让每个状态都要记得它的前驱，即那些在某种动作下有非零转移概率的状态。此外，每个状态都有一个优先级，且初始化为零。

优先级扫描优先更新具有最高优先级的 k 个状态，而不是更新 k 个随机状态-动作对。对于每个高优先级的状态 s，其计算流程如下。

(1) 记住状态的当前值：$V_{\text{old}}=V(s)$。

(2) 更新状态的值：

$$V(s)\leftarrow\max_a\left(\hat{R}(s,a)+\gamma\sum_{s'}\hat{P}(s'\mid s,a)V(s')\right)$$

(3) 将状态的优先级设置为 0。

(4) 计算值的变化：$\Delta=|V_{\text{old}}-V(s)|$。

(5) 使用 Δ 修改 s 的前驱的优先级。

如果我们已经更新了状态 s' 的 V 值，并使用 Δ 的值修改了优先级，那么 s' 的直接前驱就会被告知这个事件。任何存在动作 a 的状态 s，除非其优先级已经超过了 Δ，否则 $\hat{P}(s'\mid s,a)\neq 0$ 的优先级将被提升为 $\Delta\cdot\hat{P}(s'\mid s,a)$。

该算法的全局行为是，当现实世界的转移是"令人惊讶"的时候(如智能体偶然到达目标状态)，大量的计算专门用于将这些新信息反向传播至相关的前驱状态。当现实世界的转移是"令人厌烦"的时候(实际结果与预测结果非常相似)，那么计算继续在空间中最有价值的部分进行。

5.2 深度强化学习

近年来，深度学习作为机器学习领域一个重要的研究热点，已经在自动驾驶、自然语言翻译、语音识别、医疗、金融科技等领域取得了令人瞩目的成功[21]。深度学习的基本思想是通过多层的网络结构和非线性变换，组合低层特征、形成抽象的、易于区分的高层表示，以发现数据的分布式特征表示[22]。深度强化学习利用深度学习来自动学习大规模输入数据的抽象表征，并以此表征为依据进行自我激励的强化学习，优化解决问题的策略[23]。本节将阐述 3 类主要的深度强化学习方法，包括基于值函数的深度强化学习、基于策略梯度的深度强化学习和基于行动者-评论家的深度强化学习。

5.2.1 基于值函数的深度强化学习

2015 年，谷歌的人工智能研究团队 DeepMind 创新性地将具有感知能力的深度学习和具有决策能力的强化学习相结合，提出了深度 Q 网络算法[24]。此后，深度强化学习成为人工智能领域新的研究热点。本小节将介绍以深度 Q 网络等为代表的基于值函数的深度强化学习方法。

1. 深度 Q 网络

深度 Q 网络（deep Q - network，DQN）是首个在复杂决策环境下（Atari 游戏）实现基于端对端的深度强化学习架构。其通过利用多层神经网络估计动作值函数，通过引入经验回放机制和目标网络，以图片作为输入，在 Atari 环境下训练出超出人类玩家水平的智能体。

深度 Q 网络采用了多层网络对动作值函数 $Q(s, a)$ 进行近似，在执行策略时结合适当的探索机制，每次挑选 $Q(s, a)$ 中最大的动作 a 执行。区别于传统基于表格的 Q 学习，这里 Q 网络的更新需要定义损失函数，再通过损失函数进行反向传播来训练 Q 网络的参数。其损失函数定义为最小化 TD 误差：

$$L = E_{s, a}(Y^{\mathrm{DQN}} - Q(s, a; \theta))^2$$

其中，

$$Y^{\mathrm{DQN}} = r + \gamma \max_{a'} Q(s', a'; \theta')$$

θ'，θ 分别为目标网络和在线网络的参数集。

通过最小化上述损失函数即可对神经网络权重进行训练，学习相应的动作值函数近似。在实际使用时，可以通过梯度进行反向传播：

$$\nabla_\theta L = [r + \gamma \max_{a'} Q(s', a'; \theta') - Q(s, a; \theta)] \nabla_\theta Q(s, a; \theta)$$

深度 Q 网络的成功主要依赖于以下两个创新机制：

（1）经验回放机制。因为数据是通过智能体在环境中做序列决策获得的，所以时间上相近的数据具有非常高的相关性。如果每生成一条新数据就直接利用新数据进行神经网络的训练，那么数据间的相关性会导致神经网络训练不稳定，无法获得高质量的策略，甚至无法获得有效的策略。因此深度 Q 网络提出采用经验池存储采样样本，每次训练时随机抽取一定大小批次的样本，借此打破数据间的相关性，同时可以多次利用一些稀少关键的样本。

（2）目标网络机制。深度 Q 网络采用 TD 的思想进行训练，需要估计下一

个状态的 Q 值。然而将神经网络作为函数近似导致每次训练网络时所有状态下的 Q 值都可能受到影响，不断改变的学习目标会影响神经网络训练的稳定性。因此，深度 Q 网络中使用了两个神经网络：一个神经网络不断与环境交互、训练，称为当前网络；另外一个网络用来模拟下一个状态的 Q 值，称为目标网络。在一定训练时间后，当前网络的权重会赋值给目标网络。

最后，我们讨论深度强化学习下探索与利用的权衡问题。与一般深度学习训练网络不同，DQN 没有事先准备好的数据集以供训练，而是通过智能体在环境中不断探索尝试来产生数据集。这一方面摆脱了传统深度学习对于大数据集需求的困境，另一面也带来如何产生高质量数据集、如何利用产生的数据集进行训练的问题。产生该问题的主要原因是在初始时，智能体的策略是非常差的，如果直接对该策略采用贪婪的策略，则无法获得高质量的新数据，产生的数据集无法用来训练神经网络提升策略；如果一直采用随机探索来获得各种可能的数据，则无法利用已经提升的策略来生成更好的数据集。为权衡上述问题，深度 Q 学习刚开始可采用完全随机探索来获得各种可能的数据，并随着训练的进行，不断降低随机的概率，利用已经训练出的策略生成更高质量的数据；在不断产生新数据的同时，将数据存储在经验池中，当样本数目超出经验池大小时，替换掉旧数据；在不断替换旧数据的同时，将提升之后的神经网络探索获得的新数据放入经验池，进而逐步提高经验池样本质量。

深度 Q 网络在使用另外一个网络模拟 Q 值时，也采用该模拟值的大小来挑选最大的 Q 值，这样的做法会导致 Q 值估计偏高，进而导致训练时策略的不稳定，甚至由于 Q 值估计的错误而导致已经学到的策略突然变差。为此 Hasselt 等[25]提出深度双 Q 网络来解决这个问题。为方便读者对比，我们这里再次给出原始深度 Q 网络的目标 Q 值定义：

$$Y^{\mathrm{DQN}}=r+\gamma Q(s', \arg\max_{a'} Q(s', a'; \theta'); \theta')$$

深度双 Q 网络对此进行改进，在深度 Q 网络架构基础上，使用目标网络（由参数集 θ' 表示）来模拟 Q 值，但是使用当前网络（由参数集 θ 表示）来选取最大 Q 值的动作：

$$Y^{\mathrm{DoubleDQN}}=r+\gamma Q(s', \arg\max_{a'} Q(s', a'; \theta); \theta')$$

该做法既提高了策略的质量，又缓解了训练时策略的不稳定性问题。

2. 经验回放

我们前面介绍的深度 Q 网络的关键技术之一在于采用了经验回放机制，使得智能体不仅可以利用当前策略与环境实时交互产生即时经验轨迹，同时还能存储并重用智能体在过去得到的经验。此外，基于随机采样的经验回放技术也打破了样本在时序上的相关性，在一定程度上使数据具备独立同分布的特性，从而可以结合有监督学习的一些方法使用神经网络等复杂函数来拟合智能体的值函数。这里我们介绍几种代表性的针对经验池机制改进的深度Q学习算法。

(1) 优先级经验回放(prioritized experience replay)[26]。深度Q网络中经验回放池采用均匀采样的方式回放过去的经验，而忽略了不同时刻、不同经验的重要程度(过去的经验对于当前智能体而言，重要程度会不同)。因此，如果可以衡量智能体过去每一个状态转移(transition) (s, a, r, s') 对当前学习的帮助程度(即每条经验对促成智能体学习目标的贡献度的期望)，那么这将会对智能体学习效率的提高起到重要的作用。优先级经验回放采用TD误差来衡量该条经验的惊奇程度(或者出乎意料程度)，并使用其作为衡量经验池中不同经验优先级的标准。基于此，优先级经验回放使用不同的方式来计算样本被使用的概率：基于排名(rank-based)的方式是按照优先级进行排序，样本的优先级越大，排名越靠前，被使用的概率也就越大；基于比例(proportional-based)的方式是按照样本优先级占总优先级的比例来确定使用概率，即 $P(i)=p_i^{\alpha}/\sum_k p_k^{\alpha}$。在设计优先级经验回放架构时，为了避免更新整个经验池，我们每次只更新那些用于策略优化样本的优先级；为了保证经验池中每条经验都可以使用到，每条新样本在初始时都给予一个最高的权重；同时，采用重要性采样(importance sampling)的方式来修正改变样本分布所带来的误差。

(2) 事后经验回放(hindsight experience replay)[27]。针对某些任务下，收益过于稀疏(例如，只有到达任务终点才会有正收益，但是智能体随机探索几乎无法完成任务)而导致强化学习算法失效的问题，一般的做法基于问题的背景和专家策略，采用奖励设计(reward shaping)的方式来“扩充”收益(扩充对任务目标有意义的信息)，从而引导强化学习算法学习到目标任务。但是针对不同任务，基于奖励设计的方式都需要很深厚的领域知识，并且在某些场景下很难设计出合适的收益函数，因此Andrychowicz等[27]提出事后经验回放技术，在困难环境下来辅助智能体学习。其基本思想是，智能体的某条历史轨迹 $s_1, s_2, \cdots, s_T$，虽然没有完成原定的目标任务(对原目标任务来说，这条经验没有正收益，因此对学习原任务是没有帮助的)，但是可能对另外任务的学习有帮助意义(该条经验过程中或者最终到达的状态 s_T 可能就是某个其他任务的目标)。基于此设计，事后经验回放能够充分挖掘利用过去每条经验潜在的意义和价值，从而对帮助智能体学习(尤其是多目标、多任务环境下的学习)具有重要的促进作用。

(3) 分布式优先级经验回放(distributed prioritized experience replay)[28]。分布式经验回放通过充分挖掘分布式大规模机器学习系统的计算能力(相同时间内生成更多的样本数据,对环境探索更加充分)来加快智能体对目标任务环境的了解程度,从而加快智能体学习。其整体学习架构如图 5-2 所示。通过结合优先级经验回放,分布式优先级经验回放机制将智能体执行动作探索环境的过程与智能体学习的过程分离,采用多行动者(multi-actor)、单学习者(single-learner)的架构和分布式多进程的方式,使多个行动者与各自的环境实例交互,获取到各自的局部经验。当局部经验池样本数量达到阈值,每个行动者将从自己的经验池中采样并根据自己的值函数估计每条经验的优先级权重,以作为该条经验的权重初始值。而后,各个行动者会将计算过优先级权重的样本发送到学习者的经验池中,到此完成样本收集的过程。随后,学习者会根据收集到的样本,更新自己的策略网络和值函数网络,并同时更新样本的重要性权重。最后,学习者会定时同步自己的网络参数给所有的行动者。基于分布式优先级经验回放的多行动者、单学习者架构能够与任何异策略强化学习(off-policy reinforcement learning)算法相结合,极大提升了智能体的学习效率和在目标任务上的表现。

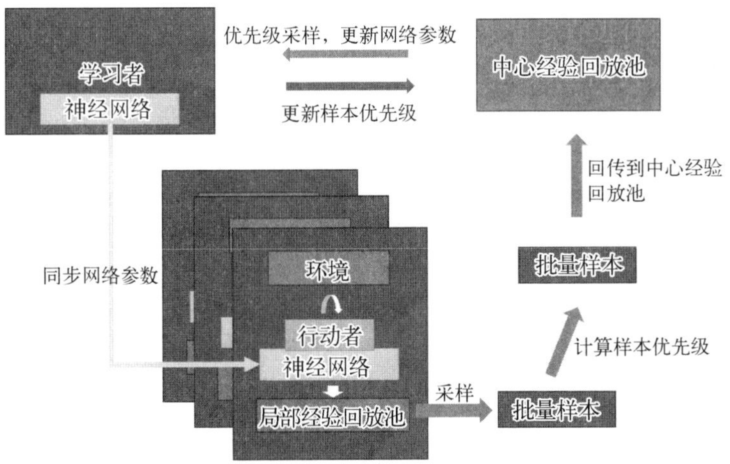

图 5-2　分布式优先级经验回放架构

3. 异步 Q 学习

Mnih 等[29]提出了异步学习架构来替代经验回放技术,以解决学习不稳定性问题。应用这种架构的、基于值函数的深度强化学习方法的主要代表便是异步 Q 学习(asynchronous Q-learning)算法。异步 Q 学习算法在每个线程中存有一份环境的拷贝,每次交互计算自己环境中样本的更新梯度并叠加到累积梯度上,每隔一定的步长使用所有线程的累积梯度对网络的参数进行更新。同时,类似于深度 Q 网络,异步 Q 学习算法也引入了目标网络,与累积梯度一起稳定训练。此外,异步学习架构本身是同策略(onpolicy)的更新方式,可结合同策略算法如 Sarsa 算法,得到异步 Sarsa 学习算法。

4. 基于竞争架构的深度 Q 网络

基于竞争架构的深度 Q 网络(dueling DQN)的结构如图 5-3 所示:通过卷积层处理图片输入,并在后续的全连接层处分叉为两部分,最终合并成 Q 值输出。

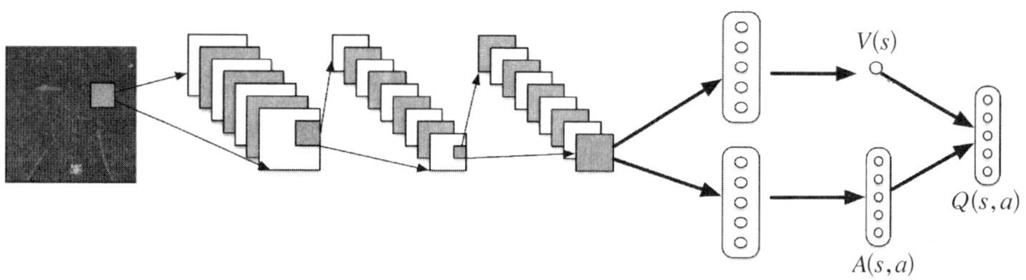

图 5-3 Dueling DQN 网络结构

Wang 等[30]借鉴强化学习将 $Q(s, a)=V(s)+A(s, a)$ 的思想进行网络结构的设计:将 DQN 最后输出 $Q(s, a)$ 的网络结构修改为标量 V' 与向量 $A'(\boldsymbol{a})$,并将最终输出写成:

$$Q(s, a_i)=V'+A'(a_i)-\frac{1}{|A|}\sum_{a_j}A'(a_j)$$

其中,a_i 表示第 i 个动作,$|A|$ 表示动作的数目[30]。

通过将 Q 值分解成 V' 与 $A'(\boldsymbol{a})$,显式将不同动作带来的估计误差分离出,使得 V' 值部分训练更加稳定,更加关注状态部分的信息,同时使得 A' 值部分能够关注更细微的动作带来的变化。

5.2.2 基于策略梯度的深度强化学习

策略梯度方法是除值函数方法外的另一主流方法,在深度学习的兴起之后,也获得了进一步的发展,并在许多领域中取得了引人注目的成果。回顾前文介绍的诸多值函数方法,其广义的概念主要包括策略评估以及策略改进两个步骤,即评估策略的值函数,基于值函数贪婪地更新策略,如此迭代。当值函数迭代至最优时，由值函数得到的策略也是最优的。区别于值函数方法，策略梯度方法直接参数化策略，如 $\pi_\theta(s)$，并对策略参数 θ 进行迭代，最大化期望回报：

$$\eta(\pi_\theta) = E_{s\sim d_{\pi_\theta}(s),\, a_t\sim\pi_\theta(s_t)}\left[\sum_{t=0}^{\infty}\gamma^t R(s_t, a_t) \mid s_0 = s\right]$$

其中，$d_{\pi_\theta}(s)$ 为给定策略 π_θ 后 状态 s 的稳态分布。此时的参数所对应的策略为最优策略。相较于值函数方法，策略梯度方法的策略参数化表示更简单，具有更好的收敛性，且通常参数化的策略为随机策略，在策略更新的过程中自然结合了随机探索。然而策略梯度方法也具有方差较高、易收敛到局部最优、对策略更新步长比较敏感等缺点。针对策略梯度方法中存在的这些问题，尤其在深度学习环境下，近几年的工作提出了一些基于策略梯度方法的深度强化学习算法，如置信域策略优化(trust region policy optimization, TRPO)算法[31]以及近端策略优化(proximal policy optimization, PPO)算法[32]等。

1. 置信域策略优化算法

上一小节提到了策略梯度方法的步长 α 的选择对策略参数 θ 的更新至关重要。策略梯度方法的策略更新公式如下：

$$\theta_{\text{new}} = \theta + \alpha\nabla_\theta J$$

当 α 较大时，策略容易发散甚至崩溃；当 α 较小时，策略收敛会变得缓慢。TRPO 算法提出了基于置信域的方法，它的特点是每次策略参数更新能够带来策略性能的单调提升。这使得该方法能够有效地优化大规模的非线性策略，例如深度强化学习中通过深度网络拟合的策略。

从策略参数更新能够带来策略性能单调提升的目标出发，TRPO 算法首先将新策略 $\tilde{\pi}$ 的目标函数(即期望回报)，表示成旧策略 π 的期望回报与另一项之和：

$$\eta(\tilde{\pi}) = \eta(\pi) + E_{s\sim d_{\pi_\theta}(s),\, a_t\sim\pi_\theta(s_t)}\left[\sum_{t=0}^{\infty} y_t A_\pi(s_t, a_t) \mid s_0 = s\right]$$

其中，$A_\pi(s_t, a_t) = Q_\pi(s_t, a_t) - V_\pi(s_t)$ 为旧策略 π 的优势函数，$E[\cdot]$ 为就策略 π 的优势函数在新策略 $\tilde{\pi}$ 所产生的轨迹上的期望。在文献[31, 33]中可以查阅这一等式的详细证明。

进一步地展开上式中的期望，即对优势函数在状态空间和动作空间展开，可得

$$\eta(\tilde{\pi}) = \eta(\pi) + \sum_s \rho_{\tilde{\pi}}(s) \sum_a \tilde{\pi}(a \mid s) A_\pi(s, a)$$

其中，$\rho_{\pi}(s)=P(s_0=s)+\gamma P(s_1=s)+\gamma^2 P(s_2=s)+\cdots$，为基于策略 π 的状态访问频率或平稳分布。上式表明，如果在任何状态 s 下，都有非负的预期优势，即 $\sum_a \tilde{\pi}(a \mid s)A_{\pi}(s, a)\geqslant 0$，则策略更新 $\pi \rightarrow \tilde{\pi}$ 可以保证性能的单调提升。

不难发现，单调性的保证严重依赖于新策略本身，为了便于策略优化的进行，TRPO 算法用旧策略采样的状态来替换新策略采样得到的状态，得到上式的第 1 次近似，即替代函数 $L_{\pi}(\tilde{\pi})$：

$$L_{\pi}(\tilde{\pi})=\eta(\pi)+\sum_s \rho_{\pi}(s)\sum_a \tilde{\pi}(a \mid s)A_{\pi}(s, a)$$

可以发现，$\eta(\tilde{\pi})$ 与 $L_{\pi}(\tilde{\pi})$ 的区别在于对状态的求和。当我们有一个参数化的策略 π_{θ}，且 $\pi_{\theta}(a \mid s)$ 为参数 θ 的可微函数时，则 L_{π} 与 η 在 π_{θ_0} 处一阶近似，即对任意的参数 θ_0 有

$$L_{\pi_{\theta_0}}(\pi_{\theta_0})=\eta(\pi_{\theta_0})$$

$$\nabla_{\theta}L_{\pi_{\theta_0}}(\pi_{\theta})\mid_{\theta=\theta_0}=\nabla_{\theta}\eta(\pi_{\theta})\mid_{\theta=\theta_0}$$

从上式中可以看出，在新旧策略参数很接近或者说策略更新步长很小的时候，提升替代函数 $L_{\pi}(\tilde{\pi})$ 也将提升策略目标函数 $\eta(\tilde{\pi})$。

基于保守策略迭代(conservative policy iteration)算法[33]，TRPO 进一步提出以下不等式

$$\eta(\tilde{\pi})\geqslant L_{\pi}(\tilde{\pi})-C\mathcal{D}_{\mathrm{KL}}^{\max}(\pi, \tilde{\pi})$$

其中，$C=\dfrac{4\epsilon\gamma}{(1-\gamma)^2}$，$\epsilon=\max\limits_{s, a}\mid A_{\pi}(s, a)\mid$。

上式表明新策略的目标函数存在下界，这个下界由替代函数 $L_{\pi}(\tilde{\pi})$ 以及新旧策略参数的 KL 散度 $\mathcal{D}_{\mathrm{KL}}^{\max}(\pi, \tilde{\pi})$ 决定。令下界 $M_i(\pi)=L_{\pi_i}(\pi)-C\mathcal{D}_{\mathrm{KL}}^{\max}(\pi_i, \pi)$，进一步得到策略更新的单调性证明：

$$\eta(\pi_{i+1})\geqslant M_i(\pi_{i+1})$$

且

$$\eta(\pi_i)=M_i(\pi_i)$$

因此，

$$\eta(\pi_{i+1})-\eta(\pi_i)\geqslant M_i(\pi_{i+1})-M_i(\pi_i)$$

上式表明，策略参数的更新如果能使下界单调不减，就能保证新策略的目标

函数单调不减。基于上式证明的单调性理论,通过将下界优化问题中KL散度的惩罚替换为置信域限制,并且用重要性采样以及平均KL散度替换最大KL散度等技巧,可获得在实际中更为有效可行且鲁棒性好的策略优化方法。最终的优化问题为

$$\max_{\theta} E_{s\sim\rho_{\theta_{\text{old}}},\ a\sim\pi_{\theta_{\text{old}}}}\left[\frac{\pi_{\theta}(a \mid s)}{\pi_{\theta_{\text{old}}}(a \mid s)} A_{\pi_{\theta_{\text{old}}}}(s,\ a)\right]$$

使得

$$E_{s\sim\rho_{\theta_{\text{old}}}}\left[\mathcal{D}_{KL}(\pi_{\theta_{\text{old}}}(\cdot \mid s) \parallel \pi_{\theta}(\cdot \mid s))\right]$$

最终,TRPO算法进行采样得到数据,基于上式,利用共轭梯度的方法求解最优的更新参数来优化策略。

2. 近端策略优化算法

TRPO算法具有强大的性能和较好的鲁棒性的同时,也存在着共轭梯度求解复杂、二阶展开计算量大的问题。近端策略优化是用一阶梯度求解TRPO得到的TRPO的一阶近似方法[32]。PPO进一步精简了TRPO中提出的损失函数,并用随机梯度下降的方法更新策略参数。

具体而言,TRPO实际上优化的是一个带惩罚的目标方程:

$$\max_{\theta} E_{s\sim\rho_{\theta_{\text{old}}},\ a\sim\pi_{\theta_{\text{old}}}}\left[\frac{\pi_{\theta}(a \mid s)}{\pi_{\theta_{\text{old}}}(a \mid s)} A_{\pi_{\theta_{\text{old}}}}(s,\ a) - \beta \mathcal{D}_{KL}(\pi_{\theta_{\text{old}}}(\cdot \mid s) \parallel \pi_{\theta}(\cdot \mid s))\right]$$

直接对上式进行随机梯度下降难以获得好的表现,这是因为系数β难以选择。基于这一点,PPO进一步提出了新的优化目标,使策略优化过程变得更简单有效。TRPO最大化的是保守策略迭代提出的替代函数,令$r_t(\theta)=\dfrac{\pi_{\theta}(a_t \mid s_t)}{\pi_{\theta_{\text{old}}}(a_t \mid s_t)}$,则有

$$L^{\text{CPI}}(\theta)=\hat{E}_t\left[\frac{\pi_{\theta}(a_t \mid s_t)}{\pi_{\theta_{\text{old}}}(a_t \mid s_t)}\hat{A}_t\right]=\hat{E}_t[r_t(\theta)\hat{A}_t]$$

如果不加惩罚项,直接最大化上式的目标将带来巨大的策略更新步长,PPO算法将惩罚设计进目标函数,提出如下更简洁的优化目标:

$$L^{\text{CLIP}}(\theta)=\hat{E}_t[\min(r_t(\theta)\hat{A}_t,\ \text{clip}(r_t(\theta),\ 1-\epsilon,\ 1+\epsilon)\hat{A}_t)]$$

其思想是通过修剪$r_t(\theta)$修改了替代函数,使得$r_t(\theta)\in[1-\epsilon,\ 1+\epsilon]$,PPO取修剪与未修剪的目标函数的下界作为最终的优化目标,这里$L^{\text{CLIP}}(\theta)$与L^{CPI}在θ_{old}处一阶近似。最终PPO算法通过随机梯度下降来优化目标函数,得到更简

洁有效的策略优化算法。

5.2.3 基于行动者-评论家的深度强化学习

基于策略梯度的深度强化学习方法需要大量的样本来更新策略，然而在很多复杂场景下，在线收集大量的样本是极其昂贵的，并且出于连续动作的特性，在线抽取批量轨迹的方式容易导致局部最优的出现。为克服此类缺陷，我们在此介绍目前主流的深度环境下基于行动者-评论家的算法，包括同策略的异步优势行动者-评论家（asynchronous advantage actor-critic，A3C）算法[29]和异策略的深度确定性策略梯度（deep deterministic policy gradient，DDPG）算法[34]。

1. 异步优势行动者-评论家算法

经验回放是一种能够有效减少环境的非静态性和状态关联性的技术，使用它可以稳定训练。与此同时，经验回放也限制了同策略的强化学习方法（如 Sarsa）的使用。此外，经验回放还需要大量的计算资源。因此，Mnih 等[29]提出了一种异步学习架构，通过在不同的环境实体里并行执行多个智能体来有效缓解样本间的状态关联性，从而缓解训练过程不稳定的问题，应用这种架构的基于策略梯度的深度强化学习算法的主要代表便是异步优势行动者-评论家算法。其架构如图 5-4 所示。

A3C 算法的异步架构从不同于经验回放的另一个角度出发，通过在不同的环境中并行地交互获取经验来集中更新梯度，同样达到了降低状态关联性和稳定学习过程的目的。除了利用在不同的环境实体并行执行多个智能体产生的经验去稳定学习过程，这种异步学习架构还可以赋予每个智能体不同的探索策略来有效探索环境，因此进一步减少状态相关性。由于不需要使用旧策略产生的经验，这种异步架构能够让同策略的强化学习方法稳定地使用。在实际应用中，这种架构还能利用 CPU 的多线程技术来节省计算资源和时间，同时获得更好的训练效果。

A3C 算法的异步架构与前面介绍的异步 Q 学习算法类似，区别在于 A3C 需要对策略进行更新。其梯度的更新方式为

$$\nabla_{\theta'} \ln \pi(a_t \mid s_t;\theta') A(s_t, a_t;\theta_v)$$

其中，θ' 和 θ_v 分别是策略网络和值网络的参数。因为优势函数可以用 $Q(s_t, a_t) - V(s_t)$ 来表示，同时 A3C 采用 n - step 的更新方式，所以 A3C 算法最终更新方式为

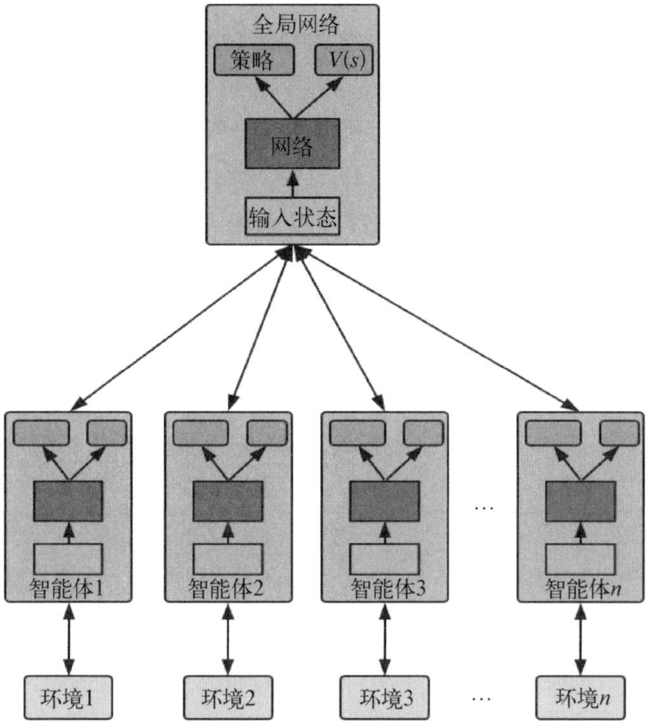

图 5-4 A3C 算法架构图

$$\sum_{i=0}^{k-1}\{\gamma^i r_{t+i}+\gamma^k[V(s_{t+k};\theta_v)-V(s_t;\theta_v)]\}$$

此外，A3C 算法可通过并行行动者和学习者以及累积梯度来提高训练的稳定性。同时，A3C 算法还可通过在策略网络与值网络的非输出层之间进行参数共享和对策略引入正则项来提升训练速度和效果。

2. 深度确定性策略梯度算法

深度确定性策略梯度算法，旨在解决连续状态和连续动作空间下的深度强化学习问题[34]。DDPG 分别使用参数 θ^u 和 θ^Q 的深度神经网络来表示确定性策略 $a=\pi(s \mid \theta^u)$ 和值函数 $Q(s, a \mid \theta^Q)$。其中智能体使用策略网络与环境交互，对应的是行动者的角色；值网络用来估计状态-动作值，并提供梯度更新过程中需要的 Q 值，对应的是评论家的角色。DDPG 算法使用随机梯度下降来更新其策略网络，实现端到端的优化。具体流程如下：

DDPG 算法定义带折扣的长期奖励计算：

$$J(\theta^u)=E_{\theta^u}[r_1+\gamma^2 r_2+\gamma^3 r_3+\cdots]$$

进而策略网络的更新公式为

$$\frac{\partial J(\theta^{u})}{\partial\theta^{n}}=E_{s}\left[\frac{\partial Q(s,a;\theta^{Q})}{\partial a}\frac{\partial\pi(s;\theta^{u})}{\partial\theta^{u}}\right]$$

同时,DDPG 值网络的更新方式采用类似深度 Q 网络下的更新方法:

$$\frac{\partial J(\theta^{Q})}{\partial\theta^{Q}}=E_{s,a,r,s'\sim D}\left[(y-Q(s,a;\theta^{Q}))\frac{\partial Q(s,a;\theta^{Q})}{\partial\theta^{Q}}\right]$$

其中,y 代表基于目标网络所估计的目标 Q 值。DDPG 算法使用经验回放机制,采集一定的 (s, a, r, s') 样本用于更新 Q 值网络,并将此 Q 值传递给行动者网络,用于更新策略网络 $\pi(s;\theta^{u})$。DDPG 算法在一些深度强化学习问题上表现出了较高的稳定性,并且其训练所需时间相比 DQN 也较少。总体来看,基于行动者-评论家框架的深度确定性策略梯度算法效率更高,训练速度更快。

5.3 迁移强化学习

迁移强化学习是近年来强化学习领域的研究热点。简单来说,其是将迁移学习中的学习方式应用在强化学习的学习过程中,从而帮助强化学习在学习目标任务时,可以借鉴先前相似任务所学到的知识,以提高目标任务的学习效率。

传统强化学习的学习过程大致为智能体通过与环境进行不断交互试错,在面对当前状态时,根据当前策略执行动作,而执行不同的动作,环境便会反馈不同的奖励,智能体要做的就是在每个状态,决策出最有利于其最终结局的行为。强化学习有别于监督学习,其学习过程不需要监督数据,这也就导致了其在目标任务的学习过程中会在环境中进行大量无意义的动作和状态探索。对于复杂的任务,其学习过程对采样量要求巨大,且训练时间长,而当任务发生轻微改变时,原本训练好的策略直接使用在新任务上的表现可能也会不尽如人意。基于此,研究者们提出了迁移强化学习的概念。

举个例子,在一个七自由度机械臂的抓取任务中,我们有两条不同长度的机械臂,我们希望可以使用强化学习对这两条机械臂进行自主训练,使它们都可以出色地完成抓取任务。现在,我们已经耗费了很多时间对其中的一条机械臂完成了训练,它可以出色地完成我们指定的抓取任务。接下来,我们该对第 2 条机械臂进行训练,这时有 3 种方式可以选择。第一,我们将第 1 条机械臂训练得到的策略直接应用在第 2 条机械臂的抓取任务中,因为它们的状态空间和动作空间相同，所以直接将策略迁移过来是没有问题的，但是，直接迁移过来的策略的表现则会很差，使第2条机械臂无法完成抓取任务。第二，同训练第1条机械臂一样，我们对第2条机械臂的抓取任务依然从零开始训练，但是训练过程依然需要耗费大量时间，不过其优点是训练完成的策略可以完成我们指定的抓取任务。第三，由于两条机械臂在抓取任务的过程中存在大量相似点，所以我们借鉴第1条机械臂训练过程的一些有用信息，用以辅助第2条机械臂的训练，使其通过少量样本便完成训练，出色地完成抓取任务。显然，第3种训练方式要比前两种方式高效聪明得多。因为这两条机械臂在抓取任务中的很多特性是相似的，它们的状态空间和动作空间相同，要完成的任务相同，仅有智能体外形不同。在进行知识迁移时，比如，在第1条机械臂的训练过程中，智能体已经学会先靠近物体再进行抓取操作，这个知识对第2条机械臂待执行的任务是同样适用的；若没有进行此知识的引入，第2条机械臂依然会尝试大量靠近或远离物体的探索行为，最后才慢慢学会应该先靠近物体，从而浪费大量时间。当然，此处只是列举了状态空间和动作空间都相同、源任务和目标任务也相同的一种特例，而迁移强化学习的适用范围远不止于此；不过类似地，在不同情景设定下，迁移的思想均相同，所不同的只有迁移方式和所迁移的知识类型。

因此，在使用强化学习对目标任务进行学习的过程中，结合迁移学习的学习高效性是其有效提升自身学习效率的手段，在面对目标任务时，借鉴与其相似任务上的经验(数据、策略、参数、知识等)，可以帮助强化学习在目标任务上高效的学习策略。

5.3.1 迁移强化学习的定义

迁移强化学习是从一系列不同的源任务中获取知识并应用于目标任务，以提高目标任务的学习性能。而源任务与目标任务均建立在MDP的基础上，我们定义任务 M 为四元组 (S_M, A_M, P_M, R_M)。状态-动作空间 $S_M \times A_M$ 定义了任务所在领域(domain)，状态转移函数 T_M 和奖励函数 R_M 定义了任务目标。任务空间可表示为 $=\{M\}$，使 ρ 为任务空间 Φ 上的一个概率分布，则源任务空间(source task space)可表示为 $\Psi=\langle \Phi, \rho \rangle$，且目标任务 M_T 也应服从此概率分布，即 $M_T \sim \rho$。当源任务与目标任务均服从同一个概率分布时，迁移强化学习在进行知识迁移时，便可在目标任务中产生很好的泛化性，并取得较好的性能表现[35]。

在迁移强化学习中，为了描述迁移任务的难易程度，我们需要描述源任务与目标任务间的差异。两个不同的强化学习任务可能有不同的状态空间、动作空间，也可能有不同的状态转移函数或任务目标。举例而言，当我们想把开轿车（源任务）的知识迁移到开公交车（目标任务）时，可能存在的差异包括轿车在高速公路上运行而公交车在城市内部运行（状态空间不同）、轿车是自动挡而公交车是手动挡（动作空间不同）、车辆的发动机动力不同（状态转移函数不同）、公交车需要载客（任务目标不同）等。通常，在不同的环境下，我们需要选择不同的迁移学习方法。根据所迁移的知识类型的不同，迁移强化学习方法可大致分为4类，分别为样例迁移（instance transfer）、表示迁移（representation transfer）、参数迁移（parameter transfer）和关系迁移（relational-knowledge transfer），下面将分别进行讨论。

5.3.2 基于样例迁移的迁移强化学习

不同于动态规划算法，强化学习的动态环境和奖励是未知的，所有的强化学习算法都需要智能体与环境进行交互采样来学习，而直接将源任务的采样轨迹迁移到目标任务上是迁移强化学习中最直观和最简单的想法。因此，基于样例迁移的迁移强化学习算法的主要思路是将源任务中的采样样例直接迁移到目标任务中，以帮助目标任务进行学习。

但在样例迁移中，若源任务中的采样样例与目标任务中的采样样例相差较大，便很有可能对目标任务的学习造成抑制作用，也就是我们常说的负迁移（negative transfer），因此，选择将源任务中的哪些样例迁移到目标任务中进行学习是样例迁移的核心问题。而对于此类问题的解决办法，大多是根据源任务样例与目标任务的相似相关性来进行样例选择[36-37]。如 Lazaric 等[36]提出的基于样例迁移的迁移强化学习算法，首先在每一个源任务 $M_S=(S\times A\times S\times R)^{N_S}$ 中收集 N_S 条采样轨迹，并在目标任务 $M_t=(S\times A\times S\times R)^{N_t}$ 中收集 N_t 条采样轨迹 ($N_t \ll N_s$)；该算法将 M_S 和 M_t 作为输入，不同于以往将所有源任务的采样轨迹作为输出的算法，其将源任务与目标任务进行相似性测量后，挑选出一批与目标任务更相似的源任务 M_{Sl} ($M_{Sl}\subseteq M_S$)，并从 M_{Sl} 中挑选采样轨迹进行迁移。假设所挑选出的采样轨迹足够多，可以精确估计 M_{Sl} 中每一个源任务的 MDP，则源任务 M_{Sl} 与目标任务 M_t 的相似性度量为：

$$\Lambda_{Sl}=\frac{1}{N_t}\sum_{n=1}^{N_t}P(\langle s_n, a_n, s_n', r_n \mid M_{Sl}\rangle)$$

其中，$P(\langle s_n, a_n, s_n', r_n \mid M_{Sl}\rangle)$ 是 M_{Sl} 的转移概率。这个相似性测量方法更容易说明哪些源任务的采样轨迹更容易产生目标任务的轨迹[36]。

但直接基于样例迁移的迁移强化学习有颇多使用限制，其主要是在源域与目标域有较多重叠特征时使用。

5.3.3 基于表示迁移的迁移强化学习

直接基于样例迁移的迁移强化学习有颇多使用限制。有时，我们对目标任务知之甚少，直接进行样例迁移效果很差，这就需要从源任务中抽象出此类任务的一般特性进行迁移，也就是基于表示迁移的迁移强化学习。

在基于表示迁移的迁移强化学习中，最常见的一种方式是在源任务中的动作集合中增加选项（option），试图寻找并复用任务之间的公共“子过程”。“选项”的概念在1999年由Sutton等[38]提出，是一种对动作的抽象。一般地，选项可表示为一个三元组 $\langle I, \pi, \beta\rangle$。其中，$\pi: S\times A \to [0, 1]$ 表示此选项中的策略；$\beta: S \to [0, 1]$ 表示终止条件，$\beta(s)$ 表示状态 s 有 $\beta(s)$ 的概率终止并退出此选项；$I \subseteq S$ 表示选项的初始状态集。当且仅当 $s \in I$，选项 $\langle I, \pi, \beta\rangle$ 在状态 s 上可用。当选项开始执行时，智能体通过该选项的 π 进行动作选择直到终止。另外，一个单独的动作 a 也可以是一个选项，通常称为一键式选项（one-step option）：$I=\{s: a \in A_s\}$，并且对任意的状态 s 都有 $\beta(s)=1$。

在离散MDP中，由于动作空间中各动作相互独立，增加选项并不会影响任务所能达到的最优策略，只是当环境到达某一状态区域内，便复用学好的选项下的一系列动作序列，大大加快目标任务的学习效率。但选项的迁移方式有一定的使用限定条件，即要求源任务和目标任务均为离散MDP的表示形式，且状态空间和动作空间相同，唯一不同的是奖励函数，源任务和目标任务大多共享一个通用的动态结构。基于选项表示迁移的迁移强化学习有相似的迁移过程：我们从源任务中采样出一批策略轨迹 (s_i, a_i, r_i, s_{i+1}) 用以估计源任务的MDP；在MDP的估计过程中选取一组相关的子目标，并与一组选项进行对应学习；当目标任务的环境到达各选项的适应状态时，便调用选项下的动作，从而加快目标任务的学习过程[39]。尽管已经对源任务和目标任务的状态-动作空间进行了一致化限定，如何在MDP的估计过程中识别子目标并进行相应的选项学习仍然是一个难点。McGovern和Barto[40]定义了瓶颈状态的概念，即在源任务的最优策略中经常遇到的状态，可以认为其在相似MDP中的最优策略中也是关键状态。另外，也有很多研究者是通过对连接不同区域的状态进行识别，而进行选项学习[41-42]。

另一种基于表示迁移的迁移强化学习的迁移方式是动作空间的迁移（action space transfer）。Sherstov和Stone[43]对源域任务加以随机噪声扰动，从而衍生出多个不同且相似的任务，对于每个任务，都进行学习得到一个最好的策略，从而每个任务都得到一组最优的动作集合，在整个动作空间中去除掉所有任务的非最优动作，并将此集合迁移至目标任务的学习过程中，使得目标任务在学习时偏爱选取相似任务中的最优动作，从而加快目标任务的学习过程。但是，当源任务与目标任务很相似而加噪声扰动后的任务与源任务区别较大时，在对目标任务进行动作空间迁移时便会保留大部分动作，以防止最优动作的丢失。

最后提到的基于表示迁移的迁移强化学习的迁移方式就是特征迁移(feature transfer)。特征迁移与选项迁移类似，均需要源任务与目标任务具有相同的动态环境，且在学习过程中均将源任务进行子任务或子目标的切分；不同的是，选项迁移的目的是加快目标任务的学习过程，而特征迁移的目的则是在目标任务中近似最优的值函数。不少学者在进行特征迁移时所采用的思路是将源任务进行子目标划分后，对每个子目标都学习一个独立的最优值函数，并加到特征集中，当目标任务的子目标遇到某一分割状态区域时，便可根据特征集中的特征得到其值函数，从而在整体上逼近目标任务上全局最优的值函数[44-45]。

5.3.4 基于参数迁移的迁移强化学习

早期的基于表示迁移的迁移强化学习均有源任务与目标任务的动态环境相似的假设，以保证选项迁移和特征迁移等表示迁移方法在目标任务上的有效性。而参数迁移的主要目标是学得源任务上的参数分布，在目标任务中使用少量样本去调整参数分布，从而得到目标任务的策略。在近期的研究中，如 Finn 等[46]提出一种与模型无关的元学习(model-agnostic meta-learning，MAML)算法，其工作原理如图 5-5 所示。MAML 算法能够匹配任何使用梯度下降算法训练的模型，其通过在所有源任务上训练出的一个通用模型，在目标任务中只使用少量的梯度迭代步和训练数据样本就能在该任务上生成表现性能较好的网络模型。

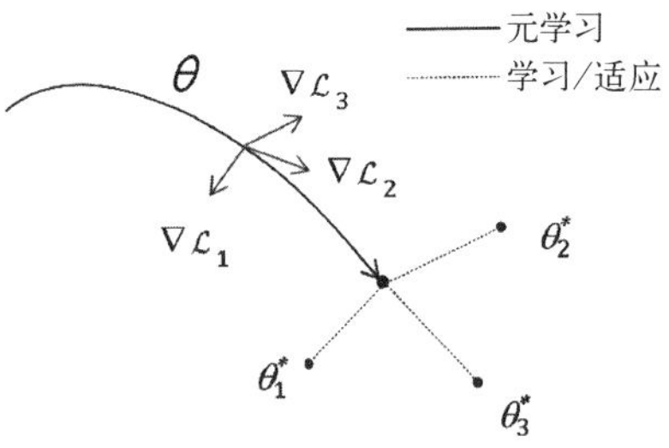

图 5-5 MAML 算法工作原理

OpenAI 公司的 Peng 等[47]在机械臂操作任务中引入长短时记忆(long short-term memory，LSTM)单元，通过观察实体机械臂在真实环境中的序列状态，便可以自适应得到由模拟器迁移到物理世界中的对应策略。考虑到模拟器与真实环境所存在的仿真误差，其做法为，在模拟器环境中的仿真训练加入随机化的动态特性，包括机械臂的连杆质量、关节的阻尼系数和桌子的高度等 95 个随机参数，使得其训练出的通用策略在真实环境中具有较好的泛化性。类似地，Zhang 等[48]同样在模拟器中对机械臂的操作任务进行迁移研究；不同的是，其在各个不同参数配置下的源环境中训练多个策略模型，对于目标环境，只需要智能体执行一系列动作，便可以对目标环境进行探索、返回目标环境特征，对目标环境进行识别，从而有效地对源环境中训练的多个策略进行组合，其工作流程如图 5－6 所示。在此过程中，其目的是优化智能体在目标环境中所需执行的系列动作，从而得到源任务下多个策略的最优组合。

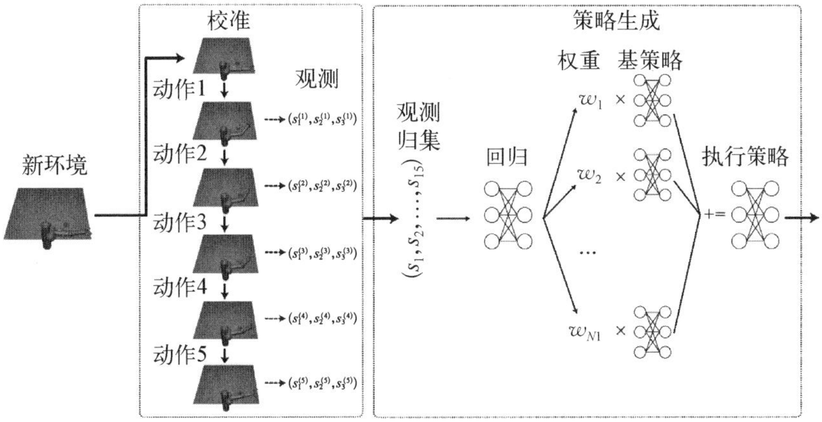

图 5－6　目标环境的识别与源环境策略的组合过程

5.3.5　基于关系迁移的迁移强化学习

关系迁移主要是通过一阶逻辑去表达物体间的关系，并将此关系迁移至目标任务中，从而加快目标任务的学习过程，或为目标任务提供一个较好的初始策略，此类任务在路径规划、室内场景任务中都较为常见。Torrey 在其博士论文中提出了基于建议（advice-based）的迁移学习方法，通过从源环境中学习得到由一阶逻辑知识构成的建议（advice）来对目标环境中的强化学习进行指导[49]。这些建议可以看作是一些并非完全正确的先验知识，它们描述了在特定的状态下智能体的最优动作或应避免执行的动作。该方法能够比较有效地避免负迁移问题，从而使得该方法有较好的泛化性，能适用于不同的问题。Torrey 等[50]在另一工作中提出了通过迁移关系宏（relational macros）来加速强化学习效率的方法。该方法通过将智能体在源任务上的经验构建成一个或多个有限自动机，即“宏操作”（macro operator），以指导智能体执行较好的动作。该方法能够帮助智能体避免传统强化学习在学习初始阶段的随机探索，可以为智能体提供一个较好的初始策略。

5.3.6 迁移强化学习的评估

在一个强化学习迁移任务中，对迁移效果的评估有诸多评价指标，在进行实验时我们需要考虑任务本身的特点和性质来选择合适的评价指标。举个简单的例子，在我们考虑迁移学习的训练时间时，是否需要考虑智能体在源任务上学习的用时就取决于我们所选择的源任务：当源任务本身较复杂或较难学习时，将智能体在源任务上使用的时间计入总训练时间是比较合理的；而当源任务是可以快速完成或可以通过重用现有的知识来完成时，我们就可以将源任务上的用时作为沉没成本，不计入我们对训练时间的评估。

常见的迁移效果的评价指标包括[51]：

(1) 快速启动(jumpstart)，指智能体通过迁移在目标任务上初始性能的提升率。

(2) 渐进性能(asymptotic performance)，指智能体通过迁移在目标任务上最终能达到的渐进性能。

(3) 总奖励(total reward)，指较之于直接在目标任务上学习，智能体通过迁移能提高的累积奖励。

(4) 迁移率(transfer ratio)，指智能体通过迁移提高的累积奖励占总累积奖励的百分比。

(5) 学习用时(time to threshold)，指智能体通过迁移学习达到目标任务上的某个给定奖励阈值的总用时。

5.4 分层强化学习

强化学习在面对复杂问题时，会面临很大挑战。这里的复杂问题有很多种情况，比如状态维度过多、动作维度过大、奖励比较稀疏，以及游戏步长过长，都会导致强化学习难以进行。当状态维度过多、动作维度太大时，需要学习的参数急速增长，策略就会变得很复杂，从而难以训练。这种情况我们常常又称为维度灾难。而当奖励较为稀疏时，由于缺少连续合适的奖励，策略学习就会变得十分困难。如果游戏步长过长，那么探索的空间就会过大。为了应对这些问题，研究者们提出了分层强化学习的概念。

试想一个出租车接送乘客的任务，动作包括“油门”“刹车”“打方向盘”“开门接人”“开门送人”等。我们往往需要执行很长的动作序列，才能完成任务，拿到一个奖励。此时，奖励已经十分滞后，回传到前面的动作已经十分稀薄。强化学习就很难进行下去。这个时候，如果对整个问题进行抽象和分层（见图 5－7），将任务分为接人和送人。接人的子任务包含“开门接人”这个基本动作，以及导航这个子策略；导航又是由东南西北 4 方向开车组成的，而向各个方向开车又是由基本动作“油门”“刹车”“打方向盘”组成。送人的子任务包含了“开门送人”，以及导航的子任务；在这里，导航的子任务可以与接人子任务中的导航共用。

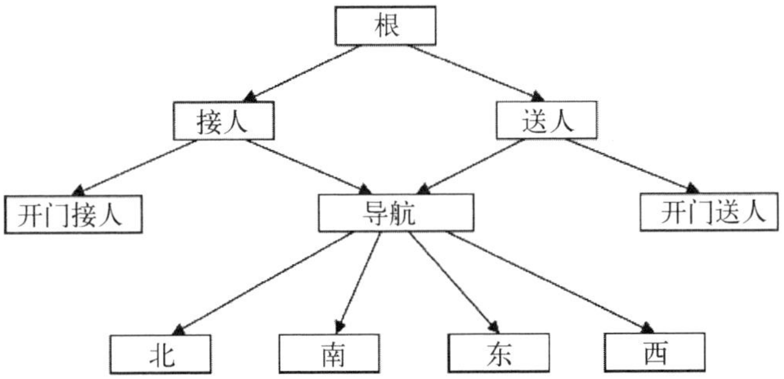

图 5－7　出租车问题的抽象和分层

进行了这样的抽象之后，对于上层的策略来说，整个事件的动作序列就不是很长了，从根节点开始，只要选取一个动作（例如接人），经过子策略的执行，就可以拿到奖励。而对于接人的任务，这里又不需要关注每一个“油门”“刹车”和“方向盘”，只需要关注何时导航，导航到了再“开门接人”即可拿到奖励。而导航子任务的训练，也不需要关心到底是接人还是送人，只需要给定一个目标点，能从起始点开过去就可以了。分层强化学习，可使得上层策略学习时的步长缩短，更容易学习，从而使得下层策略更容易学习。此外，下层策略还可以复用给类似的任务，比如，我们这次要驾驶出租车去完成别的任务，此时导航的模块还是可以复用的。因此分层强化学习在传统强化学习无法解决的复杂问题上就显得十分必要了。

分层强化学习是将复杂的强化学习问题分解成一些容易解决的子问题（sub-problem），通过分别解决这些子问题，最终解决原本的强化学习问题[38,52-57]。不同的分层强化学习方法有着不同的形式化表现形式。经典的分层强化学习方法可以大致分为 3 大类，分别为基于选项的强化学习、基于 MaxQ 函数分解（MaxQ value function decomposition）的分层强化学习、基于分层抽象机（hierarchical of abstract machine，HAM）的分层强化学习。最近深度学习领域的成就带动了深度强化学习的出现，也带动了一些基于深度学习的分层强化学习方法[58-64]的出现，我们这里对其中一些进行简要介绍。

5.4.1 基于选项的分层强化学习

在经典分层强化学习中，最常用到的方法是基于选项的分层强化学习。我们曾在5.3.3节给出过选项规范的数学定义，通俗点来讲，选项就是对于动作的抽象。如图5-8所示，上面为一般的强化学习在一个马尔可夫决策过程上做决策，每一个时间片都需要做出动作，因此整个动作序列就很长，会出现前面所说的难以训练的问题。而选项是一种对于动作的抽象，因此使用选项强化学习的步长就会相对变短，从而使得训练变得更加容易。

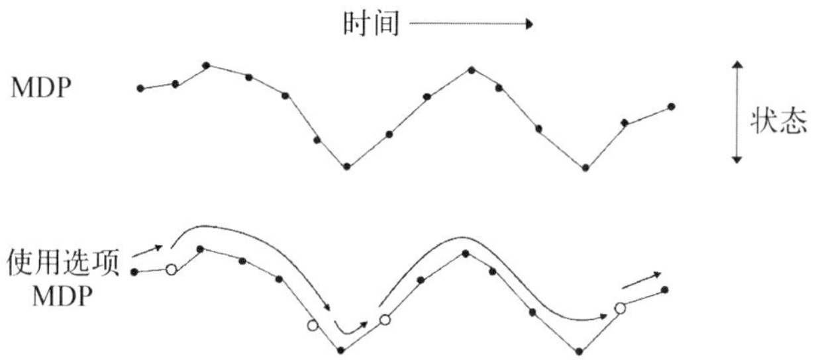

图5-8 MDP与使用选项的MDP的对比图

举个例子，如果我们想要一辆出租车“右转90°”，我们就需要“打转向灯”“看后视镜”“减速”“向右打方向盘”“回正”，当车辆在新的道路上正确行驶后，我们才算是完成了“右转90°”的任务。这很明显是一个复杂的动作序列，我们可以将其抽象成一个选项。选项有3个部分，第1个部分就是可以进入这个选项的初始状态I。对于“右转90°”这个实际的问题，能进入这个选项的初始状态是可以右转的状态，比如在有红绿灯的路口，右转灯亮起，再比如当前出租车行驶的车道允许右转等，这些都是可以进入这个选项的初始状态。第2个部分就是选项内部的策略π，当进入这个选项之后，智能体就将执行这个选项的策略来控制选项执行中的动作选择。在这个例子中，我们首先要“打转向灯”，然后“看后视镜”观察；如果有异常情况，我们可能会踩刹车；如果无异常我们就“减速”“向右打方向盘”；这些动作选择都是由选项内部的策略控制的。第3个部分是终止条件β，用来控制何时应该退出这个选项。在这个例子中，如果我们的车成功转向，在新的路上正常行驶，就会被判断这个选项执行完毕。当然，如果遇到其他突发情况，比如后方有人，转向失误等，此时也应该退出当前选项，这是因为当前的选项只是处理右转90°的操作，并不能应对一些其他的情况。

正如上面所说，选项是对于动作的一个抽象，实际上可以认为是一组复杂的动作。因此，在使用选项的时候，我们仍然需要一个上层策略，用来选择选项(这里可以把动作当作是一种特殊的选项，它只执行一步，就会立刻退出，策略就是执行动作)。基于选项的方法是经典分层强化学习中很常用、也是很重要的一类方法。在最近的深度强化学习中，也有方法将选项的思想加入到强化学习的训练中，使得深度分层强化学习成为可能[60]。

5.4.2 基于 MaxQ 函数分解的分层强化学习

另外一种经典分层强化学习算法，MaxQ 函数分解(MaxQ value function decomposition)，是由 Dietterich[52] 于 2000 年提出。这是对传统强化学习方法——Q 学习算法的改进。

MaxQ 函数分解首先将原问题的马尔可夫决策过程 M 划分为多个子任务 $\{M_0, M_1, \cdots, M_n\}$。$M_0$ 为根子任务，解决了 M_0 就意味着解决了原问题 M。对于每一个子任务 M_j，都有一个终止断言(termination predicate) T_j 和一个动作集合 A_j。这个动作集合中的元素既可以是其他子任务，也可以是一个 MDP 中的动作。一个子任务的目标是转移到一个状态，可以满足终止断言，使得此子任务完成并终止。我们需要学到一个高层次的策略 $\pi=\{\pi_0, \pi_1, \cdots, \pi_n\}$，其中 π_i 为子任务 M_i 的策略。MaxQ 函数分解的方法其实与基于选项的分层强化学习方法类似，都是对动作的抽象，将多个动作抽象成为一个动作，用子策略执行，并且都有一个终止断言来判断是否应该退出当前的子任务。但是与基于选项的分层强化学习不一样的是，基于 MaxQ 函数分解的分层强化学习的每个子任务中的动作都可以是下一个子任务，而选项中的每一个动作都是原本 MDP 中的一个基本动作。因此 MaxQ 函数分解方法可以自然地形成多个层次的结构。

其实图 5-7 就来源于 MaxQ 函数分解方法解决出租车接送问题。出租车接送问题是指一个出租车智能体需要到特定位置接一位乘客并且把他送到特定的位置让其下车。对于这个强化学习问题，智能体首先选择“接人”，然后执行“接人”的子任务“导航”，直到到达乘客所在地，“接人”子任务再选择动作“开门接人”，乘客上车；之后智能体选择“送达”子任务，“送人”子任务选择“导航”，直到到达乘客目的地，“送人”子任务再选择动作“开门送人”，乘客下车，任务完成。

5.4.3 基于分层抽象机的分层强化学习

第 3 种经典分层强化学习方法是由 Parr 和 Russell[65] 提出的分层抽象机

(HAM)方法。HAM 的主要思想是将当前所在状态以及有限状态机的状态结合,从而选择不同的策略。令 M 为一个有限 MDP, S 为状态集合, A 为动作集合。$\{H_i\}$ 为一个有限状态机的集合,其中每个有限状态机 H_i 都有一个状态集合 S_i、一个概率转移方程 δ_i,以及一个随机函数 $f_i: S \to S_i$。每个状态机都有 4 种类型的状态,分别为动作(action)、调用(call)、选择(choice)以及停止(stop)。动作类型的状态会根据状态机的具体状态执行一个 MDP 中的动作。在调用类型的状态时,当前状态机 H_i 将被挂起,开始初始化下一个状态机 H_j,即把 H_j 的状态设置为 $f_j(s_t)$,其中 j 的值根据 m_t^i 得出, m_t^i 表示第 i 个状态机在时刻 t 的状态。选择类型的状态则是非确定性地选择当前状态机的下一个状态。停止状态则是停止当前状态机的活动,恢复调用它的状态机的活动,同时智能体根据之前选择的动作进行状态转移并得到奖励。如果在这个过程中没有选择出动作,例如某个状态机 H_i 刚被调用就被随机函数 f_i 初始化到了一个停止状态以至于返回时并没有选出要执行的动作,则 M 保持当前的状态。

这个方法使用状态机的思想,利用有限状态机来指示当前处于一种什么样的过程,或者目前处于抽象层面的哪一个子任务,结合子任务与当前的外界状态 s 综合判断来选择具体的动作。用状态机内部的状态切换来判断当前子任务执行的进度。用更通俗的语言解释 HAM 的工作方式,即当状态机的状态是“动作”类型的时候,智能体就会根据状态机的状态和实际环境的状态来选择具体的动作;当状态机的状态是“调用”的时候,当前的状态机就会挂起,并且调用下一个状态机,这个过程相当于多层抽象(当前状态可以用另外的一个子任务来完成,因此挂起当前的状态机并且调用对应子任务的状态机已经执行);当状态机的状态类型是“停止”的时候,表示这个子任务的使命已经结束,此时当前状态机将会停止工作,并且激活其父状态机,继续执行;当状态机的状态是“选择”的时候,会切换状态机的状态,但是并不会真正的执行动作,这也给了状态机自我调整的机会。

5.4.4 深度分层强化学习和自动分层

最近,深度学习取得了引人注目的发展和成功,深度强化学习方法也纷纷出现。有些是用神经网络做 Q 函数,利用神经网络强大的拟合性能以及卷积层对于图像输入的处理能力,在 Atari 游戏上取得很好的效果,比如 DQN, double-DQN 等。还有一类方法用神经网络做策略网络,再使用策略梯度的方法进行优化,直接学习得到一个策略网络,例如行动者-评论家,优势行动者-评论家(advantage actor-critic), TRPO, PPO 等。但是深度强化学习仍然无法解决复杂问题上强化学习面临的窘境,比如游戏步长过长、奖励比较稀疏或者奖励滞后等情况。因此,有人提出了一些深度分层强化学习的方法。比如 Florensa 等[58]提出的基于随机神经网络的分层强化学习(stochastic neural network for hierarchical reinforcement learning, snn4hrl)方法,该方法先通过人工给出合适的奖励,诱导各个子策略的训练,最后再训练上层策略网络选择合适的子策略来执行。

此外,经典的分层强化学习大多需要人为划分。例如基于选项的分层强化学习,需要人工来设计选项。MaxQ 函数分解方法需要人为地将原本问题的马尔可夫过程划分成多个子任务。基于分层抽象机的分层强化学习需要人工设计各个抽象机,包括其中的各种状态、转移方程、终止条件等。前面提到的深度分层强化学习方法 snn4hrl 也需要专家知识结合实际的问题来设计合适的奖励以诱导子策略的训练。这需要耗费大量的人力物力,还需要一定的专家知识,并且对于每一个新的任务,都需要重新设计。有些问题十分困难,人类专家也很难对里面的层次结构进行精确划分。因此如何使分层强化学习能够尽量地脱离大量的人力和专家知识成为问题的关键。

有人提出利用蚁群算法启发式地寻找合理的划分点[59]。文献[59]利用蚁群算法根据信息素的变化程度寻找"瓶颈"(bottleneck),瓶颈像一座桥梁一样连接着问题空间中不同的连续区域。图 5 - 9 为一个网格世界(grid world)问题,智能体需要从状态 s 出发到达状态 g。通过蚁群算法分析信息素的变化程度找出瓶颈在两个房间的窄门处,即图中的状态 v 附近。

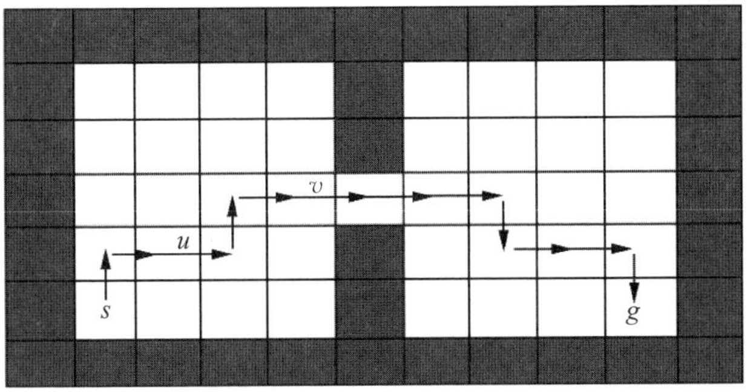

图 5 - 9　通过蚁群算法找到从 s 到 g 的最短路径

通过多次探索留下的信息素密集程度来找到瓶颈即可将问题空间划分,再使用基于选项的分层强化学习便可解决。这是一个启发式的自动分层方法。近些年,深度学习快速发展,深度模型有着非常好的拟合能力,有人想利用深度模型的拟合能力来做分层强化学习的自动分层。Bacon 等[60]结合了选项和基于行动者-评论家的深度强化学习,提出了选项评论家(option-critic)方法。该方法旨在通过神经网络强大的学习能力，模糊发现选项与学习选项之间的界限，直接通过神经网络一起训练。该方法在一些游戏上取得了比不使用分层强化学习的DQN更好的结果。Frans等[61]提出了元学习共享层次结构(meta learning shared hierarchies, MLSH)。这个方法从一些类似的但不完全相同的任务中提取子策略。如图5-10，每次从所有类似的任务中选取一个任务，上层策略θ完全随机初始化，沿用上一次训练的n个子策略网络$\phi_1 \sim \phi_n$，固定子策略，先将上层策略学得尽量好，最后再同时优化上层策略和n个子策略，重复上面的步骤。这样的训练过程可以让子策略在多个类似但不同的任务中学习，从而学习到各个任务的一些"共通点"，即技能(skill)，从而达到自动分层的目的。然后通过训练上层策略来选择使用子策略，以解决这一类问题。

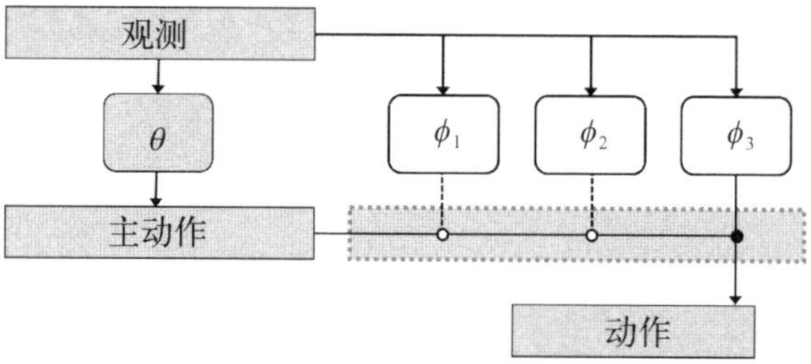

图5-10 MLSH分层强化学习方法的结构

还有一些其他的自动分层方法，这里就不再一一赘述。但是这些自动分层强化学习方法也都有着自己的局限性和问题。比如，大多数的方法都规定，上层策略每隔固定的步数才做一次决策(如果每个时间片都做决策，则使用上层策略来缩短学习步长的目的就无法达到)，但是很明显这种固定时间切换一次上层策略的做法是很有问题的。举个例子，我们用分层强化学习做一个赛车游戏的AI，有"直道"和"弯道"两种子策略。如果我们每隔10帧做一次上层策略的决策，有可能"直道"策略不能及时地切换到"弯道"策略，导致赛车撞墙等。因此固定时间切换上层策略的方法虽然简化了问题，但是是有风险的。此外，目前大部分的自动分层强化学习方法都只能在特定的问题设定上取得较好的成绩，还没有一个成熟通用的方法，因此还需进一步研究和探索。

5.5 逆向强化学习

在之前的章节中，我们介绍了强化学习及其各种分支。作为解决决策问题的一种重要途径，强化学习强调智能体在与环境不断交互的过程中通过反馈的指导，逐步修正所执行的策略，使得累积的奖励(正反馈)极大化。一般地，强化学习通过最大化累积的奖励来表达任务中具有实际意义的学习目标，而这些奖励由人工设置的奖励函数获得。比如，对于解决棋类游戏的决策问题，强化学习的奖励函数可以人为地设置为：当落子后游戏胜利，智能体获得奖励 1；当落子后失败，智能体获得奖励−1；当落子后仍不分输赢，智能体获得奖励 0。不难发现，利用以上所给的奖励函数构成的累积奖励能够合理表达智能体希望在棋类游戏中胜出的实际学习目标。但是，在很多情境中，尤其是在学习目标较为模糊、甚至复杂的问题情境中，人为设置的奖励函数往往很难完美地表达实际学习目标。比如，在自动驾驶问题情景中实际的学习目标非常复杂：智能体被要求在行车过程中同时实现安全、平稳、迅捷等目标，而这些目标很难通过人工设置的奖励函数进行权衡。如何人为设置合理的奖励函数，已经成为强化学习解决学习目标复杂的决策问题的瓶颈。

本节中，我们将介绍逆向强化学习的知识。逆向强化学习不要求智能体预先获知奖励函数或任何强化信号，而是通过专家策略的信息推断出奖励函数，最终利用求得的奖励函数还原出专家策略。对于学习目标复杂的决策问题，逆向强化学习有望替代强化学习成为一种更具潜力的解决方法。这是因为在这些问题情境中，相比较于强化学习所需的奖励函数，逆向强化学习所需的专家策略信息更易获得。让我们回到自动驾驶问题情境中。假设我们邀请一批司机师傅，这些司机师傅来自日常生活中已经具有丰富驾驶经验的出租车司机，他们能够熟练地完成既安全平稳又迅捷的驾驶任务。如果让这些司机师傅指导智能体实现自动驾驶，他们往往很难合理地量化在驾驶任务过程中的目标，更难以对各个目标进行权衡。但是，司机师傅们能够轻而易举地示范出一个个既安全平稳又迅捷的驾驶轨迹。

在本节中，我们将先给出逆向强化学习的基本概念，接着介绍逆向强化学习的一般方法和基于最大熵的逆向强化学习方法，最后介绍一种结合了深度学习领域知识的逆向强化学习方法。

5.5.1 基本概念

逆向强化学习[66]可以看作是强化学习的“逆向过程”：通过已知专家策略的信息推断未知的奖励函数。接着，智能体利用求得的奖励函数经过强化学习做出与专家策略表现相当的策略。这里所说的专家可以理解为实际应用中经验丰富的“高手”。逆向强化学习与强化学习有着密切的关系，逆向强化学习同样基于马尔可夫决策过程，不同的是其过程中的奖励函数是未知的。

逆向强化学习的产生来源于两种动力：学者们想要探究人类或者生物行为决策背后的实际动机或目的(即奖励函数)；学者们想要通过求解“高手”行为背后的奖励函数来复现与“高手”表现相当的策略。在本节内容中，我们将着眼于解决决策问题，因此将后者作为讨论的重点。

逆向强化学习是如何复现与“高手”相当的策略的呢？接下来，我们回到汽车驾驶的问题情境中，思考一个“新手”司机是如何向出租车司机学习并复现与“高手”司机表现相当的策略。在初学驾驶的阶段中，作为一名新手，司机对自己的驾驶动机并不是特别清楚，仅仅依靠常识希望驾驶尽可能安全，因此在转动方向盘以及在踩油门和刹车的选择中都表现得非常谨慎。显然，新手司机在初学阶段的策略与出租车司机还相差甚远。接着，新手司机通过观察出租车司机的行为来比较相互的行为差异，发现自己的行为过于谨慎，并推断出这种行为是因为自己过分的要求驾驶的安全。通过调节对安全的过分要求，新手司机开始愿意尝试更大的油门，从而减小了在踩油门的行为中与出租车司机的差异。新手司机通过不断比较与出租车司机行为的差异，推断出导致相互间行为差异的背后动机，在调整动机之后再根据新的动机产生新的驾驶行为，从而不断缩小与出租车司机的行为差异。

我们提到逆向强化学习不需要获知奖励函数的信息，但是这并不意味着逆向强化学习在学习过程中不需要奖励函数的指导。实际上，奖励函数在逆向强化学习中扮演着极其重要的角色。在学习驾驶的任务中，我们可以看到在初始阶段，奖励函数即驾驶动机是未知的，但是奖励函数仍然在逆向强化学习的过程中得到运用。其中奖励函数作为一个“媒介”，通过不断调整奖励函数从而指导新手缩小与驾驶“高手”行为的差异。细心的读者们可能已经注意到，在整个逆向强化学习的过程中，利用奖励函数产生新的行为策略的子过程正是运用了本章前几节所介绍的强化学习。

将上面的过程抽象出来，可以获得逆向强化学习的流程：

(1) 初始化一个随机的奖励函数，并根据该奖励函数进行强化学习获得初始策略。

(2) 通过比较“高手”行为轨迹样本与自己的行为轨迹样本的差异，调整奖励函数。

(3) 利用奖励函数进行强化学习，调整自己的行为策略。

(4) 当两个策略的差异不大，则完成学习，否则回到第(2)步。

以上从较通俗的角度介绍了逆向强化学习的基本概念，下面从数学视角公式推导，对这个问题进行深入分析。

5.5.2 求解奖励函数

在前文中，我们提到逆向强化学习将利用专家策略的信息求解奖励函数，获得的奖励函数再借助强化学习即可调整策略。那么，逆向强化学习是如何利用专家策略的信息来求解奖励函数的呢？

我们定义专家策略为 π_E，由专家策略 π_E 产生的专家行为轨迹样本集合表示为 $T_{\pi_E}=\{T^1, T^2, \cdots, T^m \mid \pi_E\}$，其中 $T_i=\{s_o, a_o, s_1, a_1, \cdots, s_H, a_H \mid \pi_E\}$ 表示一个轨迹由有限个状态、动作组合构成，H 代表轨迹的长度。

逆向强化学习存在一个非常重要的假设，即假设专家策略是基于一个奖励函数的最优策略。当然，这个奖励函数是未知的，是需要我们求解的。我们将利用这个假设去寻找这个藏于专家策略“背后”的未知奖励函数。

根据最优策略的定义，在任意状态处 $s \in S$，最优策略的值一定大于等于其他策略的值。又根据专家策略是未知奖励函数的最优策略的假设，我们寻找的奖励函数将使得专家策略在任意状态处都具有比其他策略更优或者相当的策略值。在数学上，我们可以表示为

$$V_{\pi_E}(s) \geqslant V_\pi(s), \ \forall s \in S$$

$$Q(s, \pi_E(s)) \geqslant Q(s, \pi(s)), \ \forall s \in S$$

根据专家策略即最优策略的假设，我们可以得到专家策略在状态 s 处所采取的动作 $\pi_E(s)$ 就是最优动作。并且，我们可以把其他策略理解为在状态 s 处除 $\pi_E(s)$ 以外的其他动作。我们可以把其他的动作表示为 $A-\pi_E(s)$，那么状态-动作组合 $(s, \pi_E(s))$ 的动作值也将大于等于其他动作的动作值。我们可以把上式写作：

$$Q_{\pi_E}(s, \pi_E(s)) \geqslant Q_{\pi_E}(s, a), \ \forall s \in S, a \in A-\pi_E(s)$$

再根据贝尔曼期望等式，我们可以得到：

$$\sum_{s' \in S} P(s' \mid s, \pi_E(s)) V_{\pi_E}(s') \geqslant$$
$$\sum_{s' \in S} P(s' \mid s, a) V_{\pi_E}(s'), \ \forall s \in S, a \in A-\pi_E(s)$$

我们将先关注离散状态空间的奖励函数求解问题，在大状态空间下的求解问题将在后文中介绍。在离散状态空间的条件下，我们可以把状态转移概率表

示为一个向量。同样地,也可以把下一个状态的值函数表示为一个向量:

$$\boldsymbol{P}_{\pi_{\mathrm{E}}(s)}\boldsymbol{V}_{\pi_{\mathrm{E}}} \geqslant \boldsymbol{P}_a\boldsymbol{V}_{\pi_{\mathrm{E}}},\ \forall s,\ s' \in S,\ a \in A - \pi_{\mathrm{E}}(s)$$

如果我们将值函数根据贝尔曼期望等式展开,可以获得:

$$V_\pi(s) = R(s,\ \pi(s)) + \gamma\sum_{s'} P_{s,\ \pi(s)}(s')V_\pi(s')$$

同样将上式转化成矩阵和向量计算的形式,我们可以得到专家策略的值函数:

$$\boldsymbol{V}_{\pi_{\mathrm{E}}} = \boldsymbol{R}_{\pi_{\mathrm{E}}} + \gamma\boldsymbol{P}_{\pi_{\mathrm{E}}}\boldsymbol{V}_{\pi_{\mathrm{E}}}$$

将上式右边的最后一项移项,接着合并同类项,在等式两边同时乘以值函数系数的逆,我们可以得到:

$$\boldsymbol{V}_{\pi_{\mathrm{E}}} = (\boldsymbol{I} - \gamma\boldsymbol{P}_{\pi_{\mathrm{E}}})^{-1}\boldsymbol{R}_{\pi_{\mathrm{E}}}$$

将上式带入不等式 $\boldsymbol{P}_{\pi_{\mathrm{E}}(s)}\boldsymbol{V}_{\pi_{\mathrm{E}}} \geqslant \boldsymbol{P}_a\boldsymbol{V}_{\pi_{\mathrm{E}}}$ 中,我们可以得到:

$$\boldsymbol{P}_{\pi_{\mathrm{E}}(s)}(\boldsymbol{I} - \gamma\boldsymbol{P}_{\pi_{\mathrm{E}}})^{-1}\boldsymbol{R}_{\pi_{\mathrm{E}}} \geqslant \boldsymbol{P}_a(\boldsymbol{I} - \gamma\boldsymbol{P}_{\pi_{\mathrm{E}}})^{-1}\boldsymbol{R}_{\pi_{\mathrm{E}}},\ \forall s,\ s' \in S,\ a \in A - \pi_{\mathrm{E}}(s)$$

对上式移项可得:

$$(\boldsymbol{P}_{\pi_{\mathrm{E}}(s)} - \boldsymbol{P}_a)(\boldsymbol{I} - \gamma\boldsymbol{P}_{\pi_{\mathrm{E}}})^{-1}\boldsymbol{R}_{\pi_{\mathrm{E}}} \geqslant 0,\ \forall s,\ s' \in S,\ a \in A - \pi_{\mathrm{E}}(s)$$

通过求解上式,我们就可以获得"想要的"奖励函数了。事实上,仅仅通过求解该式并不妥当。这是因为该式的限制太弱了,具体地,这将导致数学上的不适定性问题(ill-posed problem)。不适定性问题来自不等式求解的解并不唯一,即存在很多的奖励函数满足不等式的求解。比如,一个奖励函数在任何状态处的奖励均为 0,显然这个奖励函数能够满足这个不等式,但是这个奖励函数不具有任何实际意义。

我们可以通过一种启发式的方法来解决这个问题。这个启发式的方法可以归结为:限制奖励函数的奖励区间;仅考虑专家策略与次优策略的差异;加入关于奖励的惩罚项。为什么要限制奖励函数的奖励区间?在强化学习中奖励的设置实际上是一个相对的概念,设想我们在奖励函数中加入一个常数,那么每一个动作值函数都将加上一个关于折扣因子结合该常数的和函数,这个和函数也可以看作一个常数。也就说将奖励函数在一定条件下进行改变之后,并不影响智能体的最优策略。因此,反观奖励函数的灵活性,我们启发式地将奖励函数控制在一个有限范围之内,比如将奖励区间限制为[−1, 1],从而缩小在不等式中奖励函数的求解范围。为什么弃用与其他所有动作的差异，而仅考虑专家策略与次优策略的差异？这是为了尽可能地扩大专家策略与次优策略的差异，可以理解为让奖励函数能够更加“突显”出专家策略作为最优策略的优势。同时，为了让强化学习的过程尽可能简单，我们希望奖励矩阵的 L_1 范数尽可能小。换句话说，加入的惩罚项试图使得奖励函数分配的奖励更加合理，能够突显出专家策略的最优。

于是，我们可以把目标函数变为

$$\max_{\boldsymbol{R}_{\pi_E}}\{\min_a\{(\boldsymbol{P}_{\pi_E(s)}-\boldsymbol{P}_a)(\boldsymbol{I}-\gamma\boldsymbol{P}_{\pi_E})^{-1}\boldsymbol{R}_{\pi_E}\}-\lambda\|\boldsymbol{R}_{\pi_E}\|_1\}$$

使得

$$(\boldsymbol{P}_{\pi_E(s)}-\boldsymbol{P}_a)(\boldsymbol{I}-\gamma\boldsymbol{P}_{\pi_E})^{-1}\boldsymbol{R}_{\pi_E}\geqslant 0,\ \forall s,\ s'\in S,\ a\in A-\pi_E(s)$$

$$|\boldsymbol{R}_{\pi_E}|\leqslant R_{\max}$$

这个带约束的目标函数，就是在离散状态空间下逆向强化学习求解的最终目标。通过求解这个目标，就能获得合适的奖励函数。

5.5.3 大状态空间下的奖励函数求解

接下来，我们将介绍逆向强化学习如何在大状态空间下求解奖励函数。当状态空间变大时，意味着我们想要求解的奖励矩阵中的元素变多。如果我们仍然保持约束条件和惩罚项不变，那么奖励矩阵对每个元素分配的值将变得稀疏。简单来说，当状态空间变大时，奖励函数中要求解的变量增多以致难以求解。显然，一种直接的方法就是将奖励函数假设为一个线性函数，从而将大状态空间映射到一个低维空间。假设该线性函数由个数有限的基函数构成：

$$R(s,\ a)=\omega_1\phi_1+\omega_2\phi_2+\cdots+\omega_d\phi_d$$

其中，ϕ_i 表示第 i 个基函数，ω_i 表示第 i 个基函数对应的权重。通过对奖励函数的假设，在大状态空间下的逆向强化学习转化为对基函数的系数进行求解。其中，基函数是预先设置好的函数，常见的如高斯函数。参数化的奖励函数可以有效地将逆向强化学习拓展到大状态空间问题。

根据状态值函数的定义可得，当奖励函数变换为新的假设形式之后，将其带入状态值函数中，状态值函数的形式也可以进行相应改变：

$$V_\pi(s)=\sum_{i=0}^{d}\omega_i V_\pi^i(s)$$

回想专家策略是最优策略的假设,将其整理为期望形式

$$E_{s'\sim P_{a,\pi_E(s)}}[V_{\pi_E}(s')] \geqslant E_{s'\sim P_{s,a}}[V_{\pi_E}(s')], \ \forall s, s' \in S, a \in A - \pi_E(s)$$

将不等式右边移项,接着展开然后合并同类项,得到在大状态空间下逆向强化学习求解的初步目标:

$$\sum_{i=0}^{d} \omega_i (E_{s'\sim P_{a,\pi_E(s)}}[V_{\pi_E}^i(s')] - E_{s'\sim P_{s,a}}[V_{\pi_E}^i(s')])$$

但是,在大状态空间下,试图让每一个状态下的专家策略都能够在实际中满足最优动作的假设有点不切实际。因此,我们加入一个惩罚设置 p:当出现在某一状态下专家策略的动作并不是最优动作时,就给予一个惩罚,以使该情况尽少发生。于是,我们可以将大状态空间下的逆向强化学习的目标函数表示为

$$\max_{\omega}\left\{\sum_{s}\min_{a}\left\{p\left(\sum_{i=0}^{d}\omega_i(E_{s'\sim P_{a,\pi_E(s)}}[V_{\pi_E}^i(s')] - E_{s'\sim P_{s,a}}[V_{\pi_E}^i(s')])\right)\right\}\right\}$$

使得

$$|\omega_i| \leqslant \omega_{\max}, \ i=1, 2, \cdots, d$$

5.5.4 基于最大熵的逆向强化学习

在前文中,我们提到了逆向强化学习中存在的不适定性问题。显然,运用启发式的方法来解决不适定性问题并不“科学”。下面介绍一种更加“科学”的方法来解决逆向强化学习中的不适定性问题。相信细心的读者们已经想到,解决这个不适定性问题实际上就是在逆向强化学习可行解的奖励函数集合中缩小搜索范围,找到唯一的解。那么,什么样的解是科学合理的呢?一种求解的方法是在逆向强化学习中引入最大熵模型[67]。

熵表示了随机变量的不确定性,换句话说,表示了变量信息的价值。熵的值越大,表示随机变量越不确定,即获知这个变量信息的价值也就越大。最大熵模型的思想在实际应用中比较常见,下面用一个掷骰子的例子进行介绍。掷出一枚骰子,猜想骰子朝上的点数为 6 出现的概率为多少,一种“下意识”的猜想是 1/6。这种“下意识”的猜想就是符合了最大熵模型的思想。当我们仅仅只知道投掷一枚骰子,而不知道其他关于骰子模型的信息时,我们会假设骰子任何点数朝上的概率都是相等的。而这个等概率的假设正是模型的熵最大的情况。当我们需要建立一个概率模型时,往往需要一些约束条件。但是这些约束条件并不

能够限制出唯一的模型，即存在很多个模型都能够满足约束条件。这些模型在约束的子空间上的表现是一致的，但是在没有约束的子空间上的表现则是不同的。那么，根据最大熵的思想，在未被约束的子空间上概率模型应该拥有均等的概率。因此，利用最大熵模型的思想限制未被条件约束的子空间，我们就能够确定唯一的概率模型。

那么如何在逆向强化学习中引入最大熵模型呢？一种直接的方法就是在逆向强化学习的目标函数中加入一个关于模型熵的惩罚项，鼓励奖励函数使得模型的熵最大化。

回想上一节中奖励函数的线性函数表示形式，我们可以把逆向强化学习要求解的奖励函数具体为对基函数的系数 ω 的求解。依照最大熵模型的思想，代表奖励函数的 ω 的概率模型将使得策略产生的轨迹尽可能“平均”，即最大化策略的熵。我们可以把熵表示为[68]

$$H(A^h \mid S^h) = -\sum_{t=1}^{h} \sum_{\substack{s_{1:t} \in S^t \\ a_{1:t} \in A^t}} P(a_{1:t}, s_{1:t}) \ln(P(a_t \mid s_t))$$

其中，$a_{1:t}$ 和 $s_{1:t}$ 分别为 $a_1, a_2, \cdots, a_t$ 和 $s_1, s_2, \cdots, s_t$ 的简写，

$$\begin{aligned} P(a_{1:t}, s_{1:t}) &= P(a_{1:t}, s_{1:t}) P(s_t \mid a_{1:t}, s_{1:t}) P(a_t \mid s_t) \\ &= P(a_{1:t}, s_{1:t}) T(s_{t-1}, a_{t-1}, s_t) \pi(a_t, s_t) \end{aligned}$$

将熵作为惩罚项带入到目标函数，并结合惩罚项系数 λ_H 来调整惩罚项对于目标函数的影响。我们得到新的目标函数：

$$\max_{\omega} \left\{ \sum_{s} \min_{a} \left\{ p\left(\sum_{i=0}^{d} (E_{s' \sim P_{a, \pi_E(s)}} [V^i_{\pi_E}(s')] - E_{s' \sim P_{s, a}} [V^i_{\pi_E}(s')]) \right) \right\} - H(A^h \mid S^h) \right\}$$

$$\text{s.t.} \ |\omega_i| \leqslant \omega_{\max}, \ i = 1, 2, \cdots, d$$

逆向强化学习能够先了解专家策略背后的“意图”，并根据这种“意图”进行决策，而不是简单地照搬专家策略，这使得逆向强化学习具有更好的泛化能力：在专家策略的信息中可能存在一些状态从未出现的情况，对于这些状态专家策略无法提供他们的最优动作，传统的模仿学习对于这种情况是束手无策的，而逆向强化学习能够根据奖励函数求解这些状态的最优动作。

但是逆向强化学习同样存在着许多的不足。奖励函数的假设形式存在很大的局限性。由于线性函数的表达能力很弱，逆向强化学习利用线性函数表达高维的状态空间将产生较大的误差。另外，在逆向强化学习过程中的强化学习步

骤将消耗大量的计算资源。逆向强化学习在每一次迭代过程中都将进行强化学习,而强化学习求解最优策略本身就是一个很大的循环运算过程,一个计算密集型的工作。由于受到这些不足的约束,逆向强化学习难以扩展到复杂的实际情景应用中。

下面,我们将介绍生成对抗模仿学习算法。这种算法将逆向强化学习与生成对抗网络结合,从而解决上述两个逆向强化学习的不足。

5.5.5 生成对抗模仿学习算法

在正式介绍生成对抗网络的模仿学习算法之前,我们先简单介绍生成对抗网络,从而帮助读者加深对算法的理解。

生成对抗网络[69]是最近在深度学习领域中的一个热点研究课题,其主要应用于图像处理领域。在过去,深度学习一直致力于建立一个分类模型,比如对一幅图像中的对象做分类,判断其到底是猫是狗。而生成对抗网络研究的是一个生成模型,比如向模型提供大量人脸照片,让模型自己生成一副人脸图像。也就是说,生成对抗网络研究的是一个能够根据大量已知的样本,产生相似样本的生成模型。

那么生成对抗网络是如何构建生成模型的呢?生成对抗网络的名字源于算法中存在着的两个不同网络:生成网络和对抗网络。在算法中,生成网络和对抗网络扮演着两个截然不同的角色。

下面,我们将用一个生活中的例子来解释生成对抗网络。我们把生成网络比喻为一个山寨团伙,把对抗网络比喻为一个真伪鉴别师,把样本比喻为山寨手机或者大牌手机。这个山寨团伙的任务是生产一部手机,而山寨团伙的目的是使得这部手机跟大牌手机尽可能相似。由于山寨团伙生产的初代产品在外观上与大牌手机仍有差距,所以真伪鉴别师能够轻松判断手机的真伪。这激励山寨团伙在外观上进行改良,他们生产的第二代手机在外观上与大牌手机相差无几。真伪鉴别师在外观上已经无法给出判断,这激励鉴别师从别的角度进行判断,经过思考后他们发现山寨手机在操作系统上与大牌手机的差别,并根据这个差别给出手机真伪判断。这激励了山寨团伙去改良手机的操作系统。经过山寨团伙与真伪鉴别师反复的对抗,山寨团伙在各个细节上都进行了改良,以致真伪鉴别师无法对手机的真伪进行准确判断。最终,山寨团伙生产的山寨手机能够以假乱真,与大牌手机相差无几。

通过这个例子,相信读者们已经对生成对抗网络的结构以及算法训练生成模型的方式有了一定的了解。在生成对抗网络中,我们将生成网络称为生成器

G,将对抗网络称为判别器 D。生成器输入噪声然后生成样本,我们可以把这个过程理解为卷积的“逆过程”。判别器的输入为真实样本或生成器生成的样本,然后判断样本是否来自真实样本。生成器的目标为尽可能使得生成的样本被判别器认为来自真实样本;判别器的目标为尽可能对样本的来源做出准确的判断。生成对抗网络训练的目标函数可以看作是双人博弈游戏,即生成器和判别器不断对抗的训练过程:

$$\min_{G}\max_{D} V(D, G)=E_x[\ln D(x)]+E_z[\ln(1-D(G(z)))]$$

其中,x 表示真实样本;z 表示输入生成器的噪声;$G(z)$ 表示生成器生成的样本。当生成器生成的样本使得判别器判别为真的概率为 1/2 时,生成的样本已经能够以假乱真,此时训练结束。

生成对抗网络与逆向强化学习有很多的相似之处,它们都希望根据提供的真实样本复原出与真实样本相似的样本。并且,它们都构建一个生成模型:生成对抗网络的生成模型实现噪声到样本的映射,而逆向强化学习中的策略则是实现状态到动作的映射。相似之处还在于,从训练的目标函数中可以看到,它们都存在一个 min max 的最大最小化训练机制。

正是因为这些相似性,逆向强化学习能够很好地将生成对抗网络的训练方式结合起来[70]。我们可以把逆向强化学习的策略表示为生成对抗网络中的生成器。我们知道在逆向强化学习中,奖励函数扮演着至关重要的角色,那么如何将奖励函数融入生成对抗网络的算法框架中呢?实际上,奖励函数与生成对抗网络中的判别器作用高度相似,都起到了指导生成模型更新的“媒介”作用。因此,我们可以巧妙地把奖励函数表示为生成对抗网络中的判别器。奖励函数的输入为状态-动作组合,输出为实数值。设想把状态-动作组合作为样本,并把奖励的实数值归一化到 [0, 1] 区间,这样奖励函数是否与判别器输入样本、输出判别概率值的形式更加相似了呢?事实上,结合了生成对抗网络的逆向强化学习正是这么做的。值得注意的是,策略的输出不能简单地直接作为奖励函数的输入,而要结合当前的状态才能作为奖励函数的输入,这点与生成对抗网络中生成器直接生成可以作为判别器输入的样本是有所不同的。下面,我们给出将逆向强化学习结合生成对抗网络的目标函数:

$$\min_{\pi}\max_{\omega} U(\pi, \omega)=E_{(s, a)\sim\pi}[\ln D_{\omega}(s, a)]+ E_{(s, a)\sim\pi_E}[\ln(1-D_{\omega}(G(s, a)))]$$

其中，$\ln D_\omega(s, a)$ 表示的正是奖励函数。由于结合了生成对抗网络，逆向强化学习中的策略和奖励函数都是由神经网络模块近似而成的。借助神经网络的优势，这种奖励函数将获得远超前文中提到的假设形式为线性函数的表达能力，更不需要像线性函数那样人工预先设置基函数。而且，我们可以看到，结合了生成对抗网络的逆向强化学习“直接”将策略作为求解的目标。下面，请读者们仔细来看“直接”为何。从理论上我们知道这种方法仍然需要借助奖励函数作为求解策略的媒介，那么“直接”一词何来呢？实际上，从训练的角度来看，策略在从训练初始到训练终止获得最优策略的过程中从未有断，也就是说策略在训练中作为算法直接的求解目标。而反观传统的逆向强化学习，策略并非作为逆向强化学习直接求解的目标，策略从初始策略调整为最优策略的过程经过很多轮次的强化学习。正是如此，直接将策略作为求解的目标能够避开在每次迭代训练中进行强化学习的计算密集型子过程。因此，这种方法能够适用于空间维度更高且场景更复杂的问题。由于直接将策略作为求解的目标，我们将结合了生成对抗网络的逆向强化学习称为生成对抗模仿学习，如图 5-11 所示。

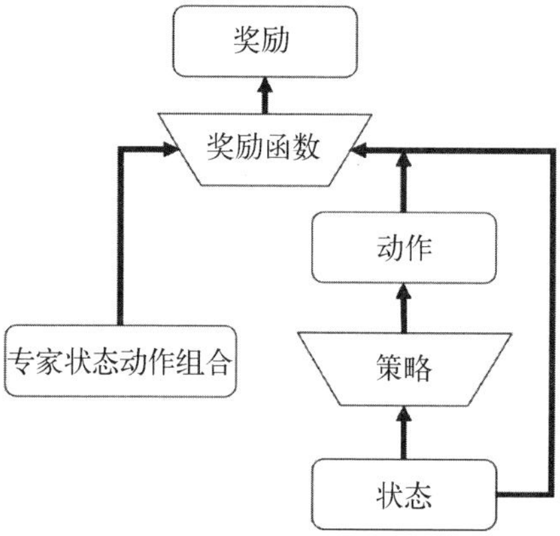

图 5-11　生成对抗模仿学习图示

本节我们介绍了 3 种在逆向强化学习中求解奖励函数的方法以及生成对抗模仿学习。实际上，逆向强化学习是一个不断迭代更新的过程。求解奖励函数只是逆向强化学习中的一个关键步骤，逆向强化学习的最终学习目标是复原出与专家策略表现相当的策略。为了达到这个学习目标，逆向强化学习在求解完奖励函数之后，还需要经过强化学习改进策略，并用新的策略再与专家策略进行比较，从而求解新的奖励函数。经过不断的迭代，使得智能体的策略能够逐步逼近专家策略。逆向强化学习的关键在于假设存在一个奖励函数使得专家策略就是最优策略。于是，对于提供的专家策略信息，逆向强化学习能够通过先求解奖励函数的方式复原出与专家策略表现相当的策略。逆向强化学习具有较好的泛化能力，但是也存在着许多的不足：奖励函数的假设形式存在很大的局限性，在逆向强化学习过程中的强化学习步骤将消耗大量的计算资源。而生成对抗模仿学习算法很好地结合了深度学习领域中的前沿知识，很好地解决了逆向强化学习的这两个缺点，从而将逆向强化学习拓展到更复杂的实际情境中。

5.6 多智能体强化学习

多智能体强化学习，顾名思义，是指处在同一个环境下的多个智能体相互交互、影响和学习的过程[71-72]。实际应用中的多智能体场景很多，如群体机器人系统[73]、分布式无线传感器系统[74]、智能交通系统[75]、云计算下的资源分配[76]、各种分布式环境下的任务分配问题[77-78]、多人对战游戏等。我们先谈一下为什么要引入多智能体强化学习。前几节主要从单智能体的角度介绍了强化学习的各类方法，对于存在多个智能体的环境，我们很自然可以想到把多个智能体建模为一个整体，进而将其转化为单个个体的学习优化问题。这主要存在几方面的问题：首先，在非合作式环境下，各智能体背后代表着不同的利益体，因此它们彼此间没有意愿遵循统一集中式管控；其次，即便在合作式环境下，假设存在一个集中式的智能体来进行统一决策，这也往往是不现实的，例如，对于群体机器人系统或分布式传感器系统，由于每个机器人或传感器的通信和感知（传感器）能力限制，各智能体只能依赖于局部观察学习和应急决策；最后，问题复杂度（策略空间）随着智能体数目的增加呈指数级增长，因此拆解为多个智能体学习的子问题，会在很大程度上降低问题复杂度，加快整体学习的效率。

多智能体强化学习研究可追溯到20世纪90年代，我们通常可将多智能体强化学习所处环境划分为两大类：合作式多智能体环境和非合作多智能体环境[79]。在合作式多智能体环境下，个体彼此间通常存在合作意愿和动机，典型例子如合作式博弈（cooperative game）（见图5－12），即博弈各方在任何结果下所获收益都是相同的。该性质决定了各智能体只有相互协作才可以实现共赢；相反，在非合作式环境下个体间利益往往存在冲突，因此个体间往往没有意愿主动合作。代表性例子如零和博弈（zero-sum game）（见图5－13），任何一方利益的增加都是建立在对手利益损失的基础上的。当然，现实中大部分情况都是介于合作式博弈和零和博弈之间，统称为一般和博弈（general-sum game），即各方利益不存在绝对冲突，互相协作远胜于彼此拆台。代表性的例子如囚徒困境问题（prisoner's dilemma game）（见图5－14）：双方合作（C，C）时各自收益要远高于互相背叛（D，D）。

各自收益		参与者2的行动	
		C	D
参与者1的行动	C	1，1	0，0
	D	0，0	1，1

图5－12　合作式博弈

各自收益		参与者 2 的行动	
		C	D
参与者 1 的行动	C	−1, 1	1, −1
	D	1, −1	−1, 1

图 5-13 零和博弈

各自收益		参与者 2 的行动	
		C	D
参与者 1 的行动	C	3, 3	0, 5
	D	5, 0	1, 1

图 5-14 囚徒困境问题

5.6.1 多智能体学习目标

在详细介绍多智能体学习算法之前，我们先讨论多智能体学习的目标和最优策略。区别于单个个体学习问题，在多智能体环境下，我们很难给出一个清晰的定义。以上述 3 种博弈为例，不难看出只有合作式博弈才具有清晰的最优目标，即双方协作到(C, C)或(D, D)，而对于后两种博弈，从不同个体角度出发可以给出不同的最优目标。因此，不同于单个个体环境，多智能体环境下并不存在绝对的最佳策略：对于任意单个智能体而言，其最佳策略取决于其所处环境(即博弈性质)及其他个体的行为。如在合作式博弈(见图 5-12)下，只有当参与者 2 也选择行为 C 时，行为 C 才是参与者 1 的最佳策略。在对手行为及博弈环境均未知的情况下，只有通过自适应学习的方式才能够不断朝着最优的目标迈进。

基于博弈论的指导，我们通常可将纳什均衡解概念引入到多智能体系统，研究如何设计有效的多智能体学习算法，实现多智能体间快速收敛到相应博弈下的纳什均衡解。代表性算法如最小最大化 Q 学习(minimax Q-learning)[80]，纳什 Q 学习(Nash Q-learning)[81]，关联 Q 学习(correlated Q-learning)[82]等。然而纳什均衡解本身具有一定的局限性，在很多情况下纳什均衡解并非最优。因此，我们可进一步优化纳什均衡解，如帕累托最优的纳什均衡(Pareto-optimal Nash equilibrium，PONE)，社会最优(social optimization，SO)、纳什均衡所支持的帕累托最优(Pareto-optimal outcomes sustained by Nash equilibrium，POSNE)[83]、纳什均衡所支持的社会最优(socially optimal outcome sustained by Nash equilibrium，SOSNE)[84]等。

PONE 是指满足帕累托最优属性的纳什均衡；SO 是指各智能体总体利益最大化的结果。在很多情况下 PONE 与 SO 是相互矛盾的：如囚徒困境问题下追求 PONE 则意味着社会利益最小化。为此，POSNE 则将 PONE 定义扩展到无限重复博弈，即指在无限重复博弈下满足帕累托最优属性的纳什均衡。SOSNE 则结合了社会最优与无限重复博弈下纳什均衡的概念，定义为在无限重复博弈下满足社会最优属性的纳什均衡。以 Stacklberg 博弈为例(见图 5-

15)，图 5－16 中三角形内部及边缘的任意一点代表了该博弈双方所有可能的收益集（payoff profile）。我们可以很容易验证，在基于极限平均（limit-of-means）的无限重复博弈下，任意一种合法的收益集一定落在该三角形的内部或边缘。此外，我们不难得到收益集（2，1）为该博弈的 minimax 收益集，因此图 5－16 中以（2，1）为初始点的垂直虚线和水平虚线与三角形边包围的区域（minimax、SO、c 点所围区域）内所有的点都是该无限重复博弈下的纳什均衡。在此区域内，点 SO(U，R)所对应的结果是社会最优，同时显然该点也是帕累托最优。因此，点 SO 既是 SOSNE 也是 POSNE。一般而言，任何一个 SOSNE 必然是 POSNE，反之则不一定成立。例如，图 5－16 中边（SO，c）上任意一点都为 POSNE，但只有顶点 SO 才是 SOSNE。

各自收益		参与者 2 的行动	
		L	*R*
参与者 1 的行动	*U*	1，0	3，2
	D	2，1	4，0

图 5－15　Stacklberg 博弈

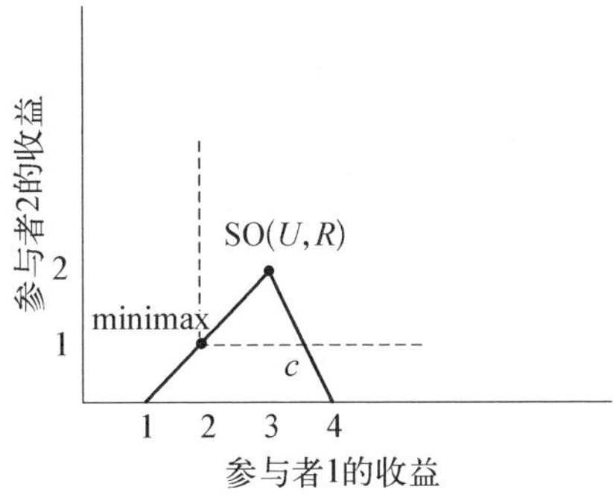

图 5－16　Stacklberg 博弈下的收益空间

最后我们简单介绍常见的多智能体学习模型。通常我们可将多智能体博弈框架分为两大类：固定对手重复博弈框架和群体博弈框架。固定对手重复博弈框架可以简单理解为传统的重复博弈，同时每轮参与博弈的个体是不变的；而在群体博弈框架下，任意智能体的交互对手是动态变化的，其与智能体之间的网络拓扑结构密切相关。此外，两者另一重要区别在于固定对手重复博弈框架通常研究少量个体的交互行为，而群体博弈框架侧重于研究海量个体交互所产生的群体（智能）行为。从学习特征角度而言，固定对手重复博弈框架侧重于个体学习，即从自身的交互经验中学习；而在群体博弈框架下除了个体学习之外，社会学习也同等重要，即如何利用其他交互个体的经验，加快自身的学习效率。由于篇幅限制，我们这里着重介绍固定对手重复博弈框架下的工作，主要包括基于表格表征的多智能体强化学习和深度多智能体强化学习。

5.6.2　基于表格表征的多智能体强化学习

如何利用多智能体学习技术促进智能体间有机协调进而尽可能最大化各自

收益的研究可追溯到20世纪90年代。其中一大类工作是围绕合作式博弈展开的,在合作式博弈下最优的纳什均衡和群体利益最大化目标是一致的,Clause和Boutilier[85]首次提出了两类基于强化学习的个体学习策略:个体行为学习(independent action learner,IAL)和联合行为学习(joint action learner,JAL)。然而合作式博弈通常面临着如帕累托选择问题(Pareto-selection problem)、阴影均衡问题(shadowed equilibrium problem),以及环境随机性等一系列问题,后续研究者相继提出了各种基于Q学习的变种算法来克服上述协调障碍[85-88]。例如Lauer和Riedmiller[86]提出了一种基于乐观性假设和协调机制的分布式Q学习算法来解决智能体间失调问题,该方法从理论上保证在进行合作式博弈时,策略收敛到整体利益最优的纳什均衡。然而该策略无法解决在随机合作式博弈下随机性所带来的干扰。为此,Kapetanakis和Kudenko[87]提出了FMQ学习策略,该策略同时考虑每个行为所可能获得的最大收益和其对应的频率信息,以克服博弈随机性带来的干扰。Panait等[88]进一步提出可以在不同学习阶段采用不同的乐观率:在学习初期可采用较高的乐观率进行Q值更新,后期则逐渐减小乐观率。Matignon等[89]对上述相关工作做了系统性总结分析,感兴趣的读者可参考文献[89]。

除合作式博弈之外,具有普适性的一般和博弈,也存在很多以纳什均衡为学习目标所提出的各种多智能体学习算法[80-82,90-95]。这里我们给出以纳什均衡为学习目标,以Q学习算法为基础的通用性多智能体Q值更新方式:

$$Q_i(s, a) \leftarrow Q_i(s, a) + \alpha[R_i(s, a) + \gamma V_i(s') - Q_i(s, a)]$$

其中,Q函数由原来的动作值函数扩展为联合动作值函数;函数V计算在当前状态下各方Q值所表示的博弈纳什均衡收益。如果该算法收敛到纳什均衡,那么在任意状态下该博弈所对应的纳什均衡策略的组合即构成了该马尔可夫博弈下的均衡策略。基于该类Q值更新方式的算法框架如算法5-3所示。

总之,以纳什均衡为目标的多智能体学习算法大部分都是由传统强化学习算法(如Q-learning)扩展而来,将纳什均衡解显式地融合到强化学习策略的更新过程当中。该类算法通常假设每个智能体均按照同样的算法更新自身策略,而且当存在多个纳什均衡解时,需要引入额外的协调机制来保证所有个体均能选择一致的均衡。此外,该类算法往往要求每个智能体能够观察到其他个体行为和收益,然而在很多情况下我们无法获得这些信息。此外,另一大类以纳什均衡为学习目标的多智能体强化学习算法是基于策略梯度的[96-98],该类算法的好处在于其不需要知道其他个体的行为和收益。基于策略梯度的算法可以理解为

算法 5-3　以纳什均衡为学习目标的多智能体 Q 学习算法

(1) 对于 $\forall s, a, j$，将 $Q_j(s, a)$ 初始化为任意值。
(2) 将 s 设置为当前状态
(3) 根据 s 状态下的 Q_j 值，建立一个博弈 $G(s)$，$\forall j \in A_g$
(4) 选择一个策略 $\pi_i(s) = \text{Equilibrium}_i(G(s))$
(5) 对于 $t \leftarrow 0, 1, \cdots, T$，迭代执行以下步骤：
(6) 　　以一定的探索率遵循策略 $\pi_i(s)$ 选择行为
(7) 　　观察到联合行为 a
(8) 　　获得每个智能体的收益 $R_i(s, a)$
(9) 　　观察下一时刻状态 s'
(10) 　　根据 s' 状态下的 Q_j 值，建立一个博弈 $G(s')$，$\forall j \in A_g$
(11) 　　计算策略 $\pi_i(s') = \text{Equilibrium}_i(G(s'))$ 及其收益
(12) 　　对于 $\forall j$，按照公式更新 $Q_j(s, a)$

$$Q_i(s, a) \leftarrow Q_i(s, a) + \alpha[R_i(s, a) + \gamma V_i(s') - Q_i(s, a)]$$

(13) 　　$s \leftarrow s'$
(14) 对于 $\forall s \in S$，执行：
(15) 　　构造 $G(s)$ 矩阵
(16) 　　计算 $\pi_i(s) = \text{Equilibrium}_i(G(s))$
(17) 输出 $\pi_i(s)$，$\forall s$

一种短视理性算法，其仅需要根据自身策略的当前表现，朝着增加自身平均收益的梯度方向调整策略。给定任意固定对手策略，该类算法通常可学习到最佳响应策略。因此，不难想象当各方参与者都采用策略梯度算法，并且均已收敛到各自的固定策略时，所有参与者显然也已收敛到纳什均衡。

然而我们注意到，只有合作式博弈才具有以下优良特性：满足帕累托最优属性的纳什均衡解同时也是社会最优的。对于一般和博弈而言，其纳什均衡解往往与社会最优解背道而驰。因此，在一般和博弈下，一味追求自身利益最大化(短期理性)的学习算法往往最终导致个体及群体利益均受损害。为此，针对非合作式博弈，很多学者相继提出了以非纳什均衡为目标的多智能体学习算法[80-81,95,99-100]，以规避短视理性所带来的弊端，促使理性个体能够最终协调到优于纳什均衡的结果，如帕累托最优的纳什均衡[100]、社会利益最优[81]。其代表性博弈如图 5-17 所示。这里我们

	b_1	b_2	b_3
a_1	10, 10	15, 9	4, 0
a_2	0, 15	0, 0	1, 0
a_3	0, 4	0, 1	5, 5

图 5-17　纳什均衡和帕累托均衡不一致的博弈

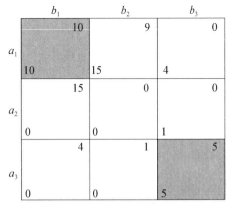

期望双方协调到(a_1, b_1),而(a_3, b_3)却是该博弈下唯一的纳什均衡。如果双方都采用短视理性的学习策略,那么最终将收敛到次优的纳什均衡结果(a_3, b_3)。

为解决上述问题,Sen 等[100]提出一种引入策略暴露(action revealing)机制和信任机制的学习策略,以实现在一般和博弈下智能体间协作到帕累托最优。策略暴露机制允许各智能体选择是否将其策略暴露给其他智能体,而其他智能体可以根据这个信息来做出最佳决策。因此在策略暴露机制下,以 Q 值学习为例,每个智能体维护 2 个 Q 值表:Q_r 和 Q_{nr}。其中 Q_r 保存在该智能体选择将行动暴露时对每个行动收益的估计,而 Q_{nr} 保存在智能体选择不暴露其行动时对每个行动收益的估计。Q 值的更新仍可采用传统 Q 学习方法:

$$Q(a, b) \leftarrow Q(a, b) + \alpha[r - Q(a, b)]$$

其中,(a, b) 是两个智能体的联合行动;r 是其在该联合行动下所获得的收益;α 为学习率。基于玻尔兹曼探索的策略选择过程可以扩展如下:

选择任一行为 a_{nr} 并选择不暴露该行为的概率为

$$\frac{\exp[E_{nr}(a_{nr})/T]}{\sum_{a_{nr}} \exp[E_{nr}(a_{nr})/T] + \sum_{a_r} \exp[E_r(a_r)/T]}$$

选择任一行为 a_r 并选择暴露该行为的概率为

$$\frac{\exp[E_r(a_r)/T]}{\sum_{a_{nr}} \exp[E_{nr}(a_{nr})/T] + \sum_{a_r} \exp[E_r(a_r)/T]}$$

其中,$E_{nr}(a_{nr}) = \sum_b p_b Q_{nr}(a_{nr}, b)$,$p_b$ 表示如果没有选择暴露行动时对手选择行动 b 的概率;$E_r(a_r) = \sum_b p_{b|a} Q_r(a_r, b)$,$p_{b|a}$ 表示当选择暴露行动 a 时对手选择行动 b 的概率。

该方法可以保证在如图 5-17 所示的博弈下协调到最优结果(a_1, b_1)。这是因为对于左侧选手而言,其选择行为 a_1 并将其暴露给对方,可以促使对方也同样选择行为 a_1,从而双方均获得较高收益 10;而如果双方均不暴露自身行为,那么最终则会收敛到次优的均衡收益 5。该方法较好地解决了满足上述特征的一大类博弈问题;然而,仍无法解决很多博弈,如我们前面提及的囚徒困境问题。为此,Banerjee 和 Sen[83]提出了一种基于对手行为的联合学习策略,实验结果表明在满足特定条件的囚徒困境博弈下,该策略可最终收敛到双方合作的帕累托最优,即实现整体利益最大化。然而该方法必须要求囚徒困境博弈满足某类特定属性,因而不具有通用性。Crandall 和 Goodrich[99]提出一种基于教育和跟随的学习方法：教育策略负责指引对手配合采用预期的行为，当对手不配合时对其惩罚；在教育的同时根据跟随策略选择对自身最有利的行为，但该方法具有一定的误导性。

为解决上述问题，Hao 和 Leung[84]提出一种基于决策授权机制的教育和跟随理性学习策略，针对短视理性对手，可以保证在一般和博弈下双方有意愿协作到纳什均衡策略所支持的社会利益最优结果。该工作基于我们前面所介绍的 SOSNE 解概念，提出一种全新的基于决策委托（action entrustment）机制的自适应学习算法 TaFSO（teach and follow towards social optimality）。该算法包含两部分：教育策略和跟随策略。委托机制允许每个智能体引入了一个额外行动 F，即允许每个智能体自由选择是否委托其对手为其做决策。在博弈过程中，如果对方选择行动 F 并且 TaFSO 智能体被选为联合行动的决策者，TaFSO 算法则选择该博弈下 SOSNE 结果所对应的联合行动作为双方策略；如果对方不选择行动 F，则 TaFSO 算法对其进行教育（惩罚），在惩罚对方的同时尽可能最大化自身利益，这也是 TaFSO 算法核心所在。为此，TaFSO 算法为每一个行动定义一个函数 $T_i^t(a)$，来评估该行动能否用来惩罚对手。

$$T_i^t(a) = D_i^t(a) - \min\{G_j^t,\ u_j(s_1,\ s_2) - \text{minimax}_j\}$$

其中，$D_i^t(a)$ 用来评估行动 a 惩罚对手的程度，其定义为对手遵循 SOSNE 对应策略与自行决策所获收益的差值：

$$D_i^t(a) = u_j(s_1,\ s_2) - E[u_j(a,\ b)]$$

其中，$E[u_j(a,\ b)]$ 表示 TaFSO 智能体预测选择行为 a 对手的平均收益。而 $E[u_j(a,\ b)]$ 则表示目前该对手不采取委托策略所获得的额外收益。如果 $T_i^t(a) \geqslant 0$，那么意味着采取行动 a 可以抵消掉对手的非法所得，即可以达到惩罚对手的目的。在此基础上，我们可进一步定义惩罚行动的候选集 $C_i^t(a)$，$C_i^t(a) = \{a \mid T_i^t(a) \geqslant 0,\ a \in A_i\}$。如果该集合为空，那么就选择 $T_i^t(a)$ 值最大的行动作为候选行动。

最后，我们可以借助于任意一种短视理性学习算法（如 Q 学习算法），在候选集 $C_i^t(a)$ 中选择一个对当前 TaFSO 智能体而言最佳的行动。TaFSO 算法可以较好地解决如囚徒困境博弈下合作问题：如果对手选择行为 F，那么 TaFSO 算法指引双方共同选择互相合作；反之，选择行为 D 来与之抗衡。不难想象在该情况下任何理性个体都会选择行为 F，从而达到双方合作共赢的结果。

5.6.3 深度多智能体强化学习

上节讲述了在状态空间较小的情况下，基于表格表示的多智能体强化学习算法。当环境状态过大时，我们通常需要采用函数估计来表示 V 值或 Q 值。目前最常用的方式是采用深度神经网络来对 V 值或 Q 值进行拟合，或者直接估计策略空间。类似上一节，我们仍从合作式和非合作式环境两个角度介绍深度多智能体强化学习算法。

1. 合作式环境下深度多智能体强化学习-策略更新优化问题

在合作式环境下，最直接的做法是将个体行为学习策略拓展到深度环境下，即每个智能体独立持有基于深度神经网络拟合的值网络、策略网络，并基于自己的交互经验学习独立更新。然而，由于对手不断变化导致的环境非静态性，深度 Q 网络(DQN)的经验回放机制在多智能体环境下失效，过期的经验不能用于多智能体环境下独立 Q 网络的更新。同样，多智能体环境下采用独立行动者-评论家(independent actor-critic, IAC)学习也存在类似的问题。

目前主要的解决方法是通过设计新的经验回放机制来缓解由于对手不断变化引起的环境非静态性问题[101-103]。这里我们列出代表性的多智能体经验回放方法。

(1) 多智能体重要性采样(multi-agent importance sampling)[101]。其思想是假如一个智能体 a 能够知晓其他智能体的策略，那么环境对于它而言就是完全稳定的。通过将 t_c 时刻的其他智能体动作的联合概率 $\pi_{-a}^{t_c}(u_{-a} \mid s) = \prod_{i\in -a}\pi_i^{t_c}(u_i \mid s)$($u_{-a}$ 和 π_{-a} 分别表示除智能体 a 以外的其他智能体的联合动作和联合策略)放入回放经验池(replay memory)，然后在 t_r 时刻基于重要性采样的损失函数来更新 Q 网络：

$$L(\theta)=\sum_{i=1}^{b}\frac{\pi_{-a}^{t_r}(u_{-a} \mid s)}{\pi_{-a}^{t_i}(u_{-a} \mid s)}[(Y^{\mathrm{DQN}}-Q(s, u; \theta))^2]$$

(2) 多智能体指纹(multi-agent fingerprint)[101]。通过在智能体的观察(observation)中加入训练迭代次数 e 以及探索率 ϵ 对其他智能体策略变化进行模糊追踪，从而达到稳定智能体学习的效果。

(3) 同步经验回放轨迹(concurrent experience replay trajectory, CERT)[102]。针对多智能体经验回放中的经验不同步、不一致的问题，CERT 作为一种多智能体经验回放结构，将多个智能体的经验按智能体序号 i、片段 e、时刻 t 3 个维度堆叠存放，使得同步(同片段同时刻)经验能同步存放。CERT 的经验回放储存形式，能在强化学习算法进行经验回放时提供同步经验的采样，使得多智能体能进行稳定更新以及均衡选择。

(4) 基于仁慈机制的经验回放[103]。仁慈智能体(lenient agent)将状态-动作对映射到一个随时间衰减的温度值(decaying temperature value) $T_t(s_t, a_t)$。这个温度控制着智能体在经验回放中采样 Q 值的负更新的仁慈程度 $l(s_t, a_t)=1-\exp[-KT_t(s_t, a_t)]$。给定 TD 误差，$\delta=Y_t^{\mathrm{DQN}}-Q_t(s_t, a_t; \theta_t)$，以及随机变量 $x\sim U(0, 1)$，$Q_t(s_t, a_t; \theta_t)$ 为

$$Q_t(s_t, a_t; \theta_t)=\begin{cases}Q_t(s_t, a_t)+\alpha\delta & \delta>0 \text{ 或 } x>l(s_t, a_t)\\ Q_t(s_t, a_t) & \delta\leqslant 0 \text{ 且 } x<l(s_t, a_t)\end{cases}$$

仁慈值(leniency)对 Q 值函数乐观的更新方式，使得智能体在一些完全合作式(fully-cooperative)环境下能收敛到最优的联合策略(optimal joint policy)。

另一大类做法是将联合行为学习策略拓展到深度环境下，并设计深度多智能体强化学习网络架构。通常其可分为以下两类：集中式训练-分布式执行与集中式训练-集中式执行。

(1)“集中式训练-分布式执行”的架构。通过训练时对全局信息的充分利用来帮助多智能体的学习[104-106]。其典型架构设计如图 5－18 所示的多智能体行动者-评论家(multi-agent actor-critic/ multi-agent deep deterministic policy gradient，MAAC / MADDPG)架构[104]。其中多个评论家 Q_1，$Q_2\cdots$，Q_n 均基于全局的状态 $\{o_1, o_2, \cdots, o_n\}$ 和联合的动作信息 $\{a_1, a_2, \cdots, a_n\}$ 输出对应的行动者的动作 Q 值，与之对应的多个行动者基于局部的观察 $\{o_1, o_2, \cdots, o_n\}$ 学习随机性或者确定性策略 $\{\pi_1, \pi_2, \cdots, \pi_n\}$，输出各自的动作 $\{a_1,$

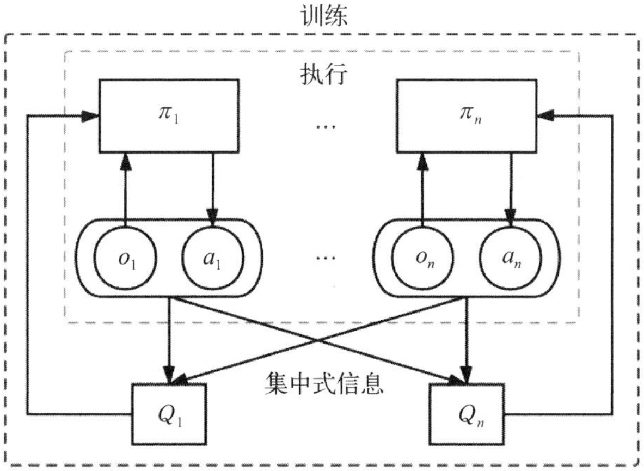

图 5－18　MAAC/MADDPG 集中式训练-分布式执行示意图

a_2, …, a_n}。由于全局信息只是在训练时被评论家依赖，在完成训练之后真正执行的时候，行动者只需要局部的观察，所以这是一种集中式训练-分布式执行的学习范式。

另一种典型的架构则是在集中式训练的过程中加入了显式的通信协议学习(communication protocol learning)[106]。如图 5-19 所示的可微分互联智能体学习(differentiable inter-agent learning, DIAL)架构，智能体 i 接受各自的观察 o_i 以及来自其他智能体的通信信息向量 $\boldsymbol{m}_{-i}$，输出通信信息 $\boldsymbol{m}_i$ 以及经过 Q_i 网络得到的动作 a_i。每个智能体在当前时刻输出的通信信息将作为下一时刻其他智能体的通信输入。通信控制单元在集中式训练和分布式执行时分别对通信信息进行不同的处理：在集中式训练时，经过通信控制单元的通信信息 $\boldsymbol{m}_i$ 是实值向量，智能体充分利用全局通信条件通过反向传播来学习通信内容；在分布式执行时，由于通信限制的存在，通信信息 $\boldsymbol{m}_i$ 在通信控制单元变换为离散的信号。

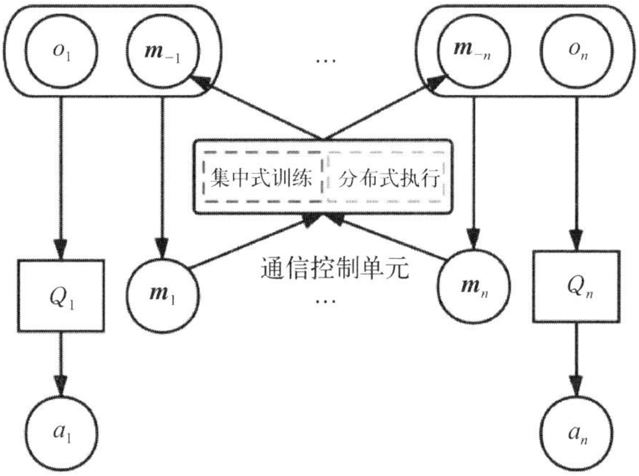

图 5-19　DIAL 基于通信的集中式训练-分布式执行示意图

(2)“集中式训练-集中式执行”架构。该架构下的多个决策智能体可看作由多个子网络构成的一个大决策网络，将多个智能体的局部观察或全局信息作为输入，输出多个智能体的动作[107-109]。如图 5-20 左图所示的 CommNet 架构[107]，{s_1, s_2, …, s_n} 是多个智能体各自的观察，{a_1, a_2, …, a_n} 为各自对应的动作。集中式训练-集中式执行的架构在训练和执行时都需要全局或其他智能体的一些信息，并充分利用这些信息，智能体之间的通信和信息共享以及基于全局信息的推断是这类架构常见的设计。图 5-20 右图展示了左图整体架构中相邻两层网络 f_{i-1} 和 f_i 之间的具体结构[107]。其在多智能体决策前馈网络层间设计通信信道(communication channel),通过各智能体独立推断信息的汇总、处理和广播,实现了在一种集中式下的多智能体通信协调决策方式。

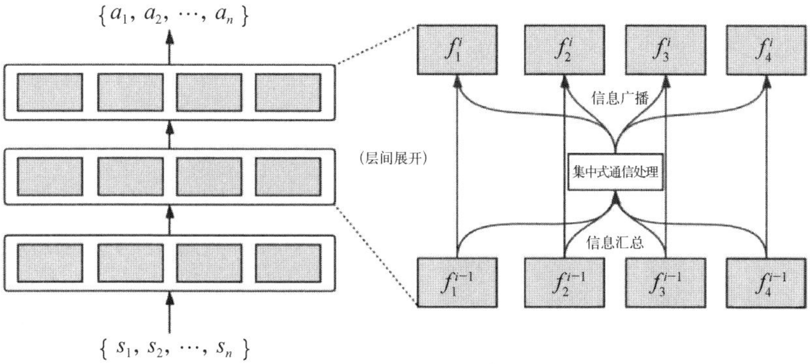

图 5-20 CommNet:基于通信的集中式训练-集中式执行示意图

同样基于集中式训练-集中式执行的架构,主仆模式的深度多智能体强化学习网络架构设计(master-slave multi-agent reinforcement learning, MS-MARL)[108]结合了 Master-Slave 结构以及 CommNet 智能体间通信的思想。Slave 智能体根据局部的观察进行推断,同时将各自的局部推断(隐藏状态)汇总至 Master 智能体;Master 智能体根据全局的状态以及各智能体的局部情况做出引导各智能体决策的反馈信号;Slave 智能体接受来自 Master 的反馈信息,结合自己的局部信息推断输出最终动作。Master 智能体提取全局的信息并抽象给出引导信号,而 Slave 智能体真正与环境进行交互,两者的关系类似于教练和球员。MS-MARL 与 CommNet 的区别在于:CommNet 的通信信号直接广播至下一层的各智能体;MS-MARL 中各智能体的隐藏状态集中至 Master 智能体,由其结合全局信息进行推断,且 Master 智能体不直接做出动作来影响环境,而是给出反馈信号以影响下一时刻 Slave 智能体的决策。除此之外,多智能体双向协作网络(multi-agent bi-directionally coordinated network,BiCNet)[109]是结合了 DIAL 和 CommNet 的集中式通信思想的另一种集中式训练-集中式执行架构。BiCNet 由一个多智能体行动者网络和一个多智能体评论家构成,两个网络均采用双向递归神经网络(bi-directional RNN)的架构。多智能体评估网络基于共享的观察和各自的动作输出各智能体的 Q 值,多智能体策略网络基于共享的观察和局部的信息输出各个智能体的动作。

2. 合作式环境下深度多智能体强化学习的信度分配问题

合作式多智能体在与环境交互过程中通常只能获得一个整体的奖励信号,

整体信号作为每个智能体策略更新的依据往往充满噪声,这导致多智能体难以学习到优良的策略,使某些智能体“不劳而获”(lazyagent),或者智能体因收到“错误的”收益信号(由其他智能体的行为导致)而错误地估计(一般是高估)了当前自己的行为,进而学习到错误的行为策略。因此,计算在每次交互中各个智能体对整体奖励的贡献度是十分必要的,特别是在智能体数量很多的时候。传统的信度分配[110-111]手段是差异奖励,即每个智能体的信度为整体奖励减去这个智能体的动作被置为默认动作后的整体奖励。但是这种技术需要环境模拟器或者预估奖励函数,同时默认动作也难以确定。例如基于智能电网领域的背景知识为多智能体 RDQN(recurrent deep Q network)框架中的每个智能体构造了奖励函数,避免了模拟器反复模拟的开销和默认动作的选取问题[112]。但是,基于领域知识的构建方式并不通用且有时不能巧妙地构造。因此,我们需要更加通用的信度分配机制来解决泛化的问题。

其中,奖励设计(reward shaping)是目前最常用的解决信度分配的方法[105],如下式所示:

$$A^a(s, \boldsymbol{u}) = Q(s, \boldsymbol{u}) - \sum_{u'^a} \pi^a(u'^a \mid h^a) Q(s, (u'^a, \boldsymbol{u}^{-a}))$$

其中,$Q(s, \boldsymbol{u})$ 评估联合状态 s 与联合动作 $\boldsymbol{u} = (u^a = i, \boldsymbol{u}^{-a})$ 下的期望回报。针对智能体 a,其动作 $u^a = i$ 的贡献程度(advantage)就等于,当前动作 $u^a = i$ 与其他智能体对应所选的动作集合 $\boldsymbol{u}^{-a}$ 组合在当前状态 s 下的期望回报 $Q(s, \boldsymbol{u})$,减去智能体 a 所有可选动作 u'^a 与其他智能体动作集合 $\boldsymbol{u}^{-a}$ 的组合在当前状态 s 下期望回报 $Q(s, (\boldsymbol{u}^{-a}, u'^a))$ 的加权平均值。基于奖励设计的思想,一种针对离散动作空间的通用多智能体深度强化学习的信度分配网络架构如图 5 - 21 所示。输入层为所有智能体的联合状态 $\boldsymbol{S}$ 与智能体 a 以外其他智能体的联合动作 $\boldsymbol{u}^{-a}$,输出层为智能体 a 所有可选动作对应的 Q 值,则智能体 a 的任意可选动作 $u^a = i$ 的优势函数可通过上式计算而得,进而可衡量出每个智能体各个动作的贡献程度。

3. 非合作式环境下深度多智能体强化学习的对手建模

在非合作式环境下,区别于传统重复博弈,我们通常需要对对手行为进行细粒度建模预测,并在此基础上调整自身策略。以囚徒困境博弈为例,传统囚徒困境博弈只存在两个动作:合作和竞争。而在现实环境中囚徒困境问题通常需要对合作和竞争行为进行细粒度的刻画。

我们在 5.6.1 节多智能体学习目标中已经初步了解了矩阵形式的囚徒困境,即博弈双方可以选择背叛动作 D 或者合作动作 C,不论对方采取什么动作,

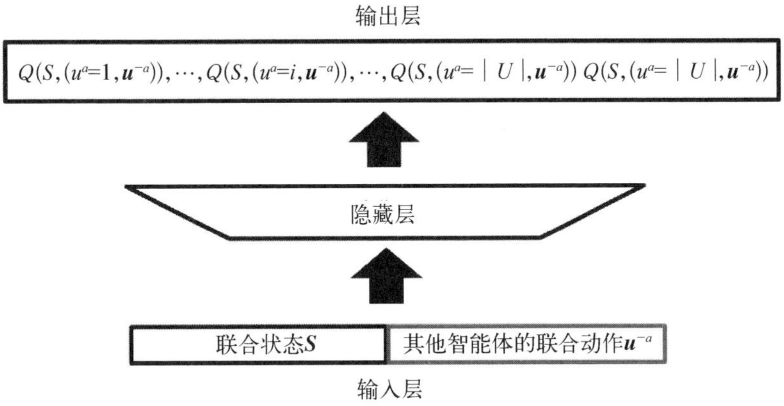

图 5-21 通用的信度分配网络架构

一方采用背叛动作获得的收益更大，但是如果双方都采取背叛动作，那么双方的各自收益和总收益并没有双方均采取合作动作时的高(见图 5-22)，即满足以下条件：

(1) 当 $R>P$ 时，同时合作比同时背叛更好。

(2) 当 $R>S$ 时，合作会被对手利用。

(3) 当 $2R>S+T$ 时，同时合作的总收益比一方合作、另一方背叛的总收益高。

(4) 当 $T>R$ 时，在对手选择合作时，选择背叛的一方会获得更高的收益。

各自收益		参与者 2 的行动	
		C	D
参与者 1 的行动	C	R，R	S，T
	D	T，S	P，P

图 5-22 矩阵形式的囚徒困境

(5) 当 $P>S$ 时，在对手选择背叛时，选择背叛的一方能够确保自己的收益。

序列囚徒困境(sequential prisoner's dilemmas，SPD)[113]传统矩阵形式的囚徒困境扩展到马尔可夫博弈的环境中，通过将一个马尔可夫博弈约减成矩阵形式，判断矩阵是否符合上述囚徒困境的 5 个条件来衡量一个序列的博弈是否为序列囚徒困境。即，参与序列博弈的双方存在一个策略集合 Π，当双方分别选择策略 π^1，π^2 时，我们可以分别计算双方的值函数 $V_1^{(\pi^1,\pi^2)}(s)$ 和 $V_2^{(\pi^1,\pi^2)}(s)$，如果存在两个策略 π^D 和 π^C，使得计算出的 $R(s)$、$P(s)$、$S(s)$、$T(s)$：

$$R(s)=V_1^{\pi^C,\pi^C}(s)=V_2^{\pi^C,\pi^C}(s)$$

$$P(s)=V_1^{\pi^D,\pi^D}(s)=V_2^{\pi^D,\pi^D}(s)$$

$$S(s)=V_1^{\pi^C,\pi^D}(s)=V_2^{\pi^D,\pi^C}(s)$$

$$T(s)=V_1^{\pi^D,\pi^C}(s)=V_2^{\pi^C,\pi^D}(s)$$

满足矩阵形式囚徒困境的要求，那么我们称这个序列博弈为序列囚徒困境，更一般的定义为序列社会困境[114]（sequential social dilemma，SSD），只需要满足条件(4)与条件(5)中的一个即可。

我们通常可以从两个角度来解决这个问题：一是对 Q 值函数做（线性）合成[115]，二是对策略做（线性）合成[113]。

对动作值函数进行线性合成的深度神经网络架构如图 5－23 所示，由于智能体的收益与对手的策略相关，所以将对手的信息编码进动作值函数 $\hat{Q}$ 可以更准确地估计当前真正的动作值函数。可通过借鉴混合专家（mixture-of-expert）的思想进行网络结构设计：隐式地将状态信息与自己的状态输入一个神经网络，输出一系列策略的 Q_1，Q_2，…，Q_n，同时将对手的信息编码单独输入另一个神经网络，获得的输出为对应策略的权重 w_1，w_2，…，w_n，进一步计算 Q 值的加权和 $Q(s, a)=\sum_i w_i Q_i(s, a)$。希望网络能够根据对手的行为来调整不同策略的权重，获得针对不同行为对手的最佳策略。

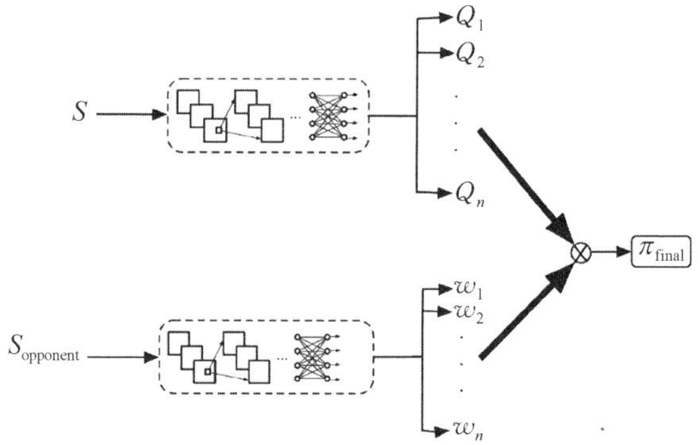

图 5－23　基于动作值函数线性合成的深度神经网络架构

基于策略合成的网络架构如图 5－24 所示。在 SPD 中，由于合作与竞争并不是单一的动作，所以如果直接最大化自身收益或总收益只会获得两个策略，无法获得更小粒度的合作-竞争策略。针对这样的问题，可以采用加权目标奖励（weighted target reward）与 IAC/JAC 的结合来训练不同合作程度策略的算法。此外由于合作-竞争体现在一系列的动作中，无法直接通过观察对手动作和收益来判断对手的合作程度，所以可以采用单独的网络来检测合作程度。在与一个对手博弈时，如果对手的策略变化较快，基于策略梯度的方法无法快速调整策略，可以采用已有策略做线性合成来生成当前使用的策略：

$$\pi_i^{w_c} = w_c \pi_i^c + (1 - w_c) \pi_i^d$$

其中，π_i^c 为合作的策略；π_i^d 为竞争的策略；w_c 为合作策略的权重。

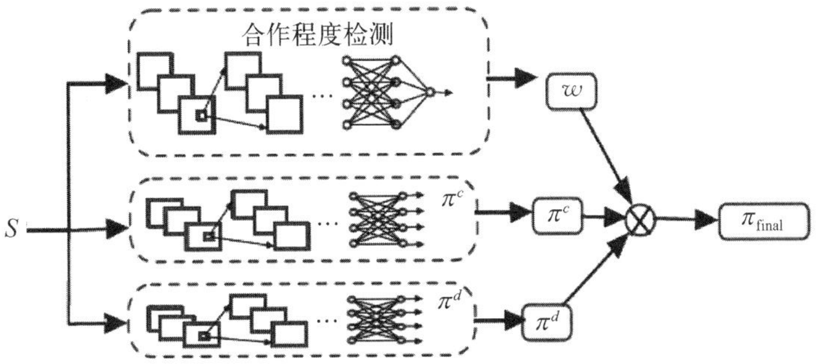

图 5-24　基于策略合成的网络架构

最后，通过检测对手的合作程度，再依据对手的策略来动态调整自己的合作程度，通过实验验证算法在 SPD 的环境中能够达成：如果对手合作，那么就合作共赢；如果对手自私，那么就尽可能确保自身收益。

参考文献

[1] Williams R J. Simple statistical gradient-following algorithms for connectionist reinforcement learning[J]. Machine Learning, 1992, 8: 229-256.

[2] Kaelbling L P, Littman M L, Moore A W. Reinforcement learning: a Survey[J]. Journal of Artificial Intelligence, 1996, 4: 237-285.

[3] Bellman R. Dynamic programming [M]. Princeton: Princeton University Press, 1957.

[4] Bertsekas D P. Dynamic programming: deterministic and stochastic models[M]. Englewood Cliffs: Prentice-Hall, 1987.

[5] Kochenderfer M J. Decision making under uncertainty: theory and application [M]. Cambridge: MIT Press, 2015.

[6] Puterman M L. Markov decision processes: discrete stochastic dynamic programming [M]. New York: John Wiley & Sons, Inc., 1994.

[7] Williams R J, Baird III L C. Tight performance bounds on greedy policies based on imperfect value functions[R]. Boston: Northeastern University, 1993.

[8] Bertsekas D P, Tsitsiklis J N. Parallel and distributed computation: numerical

methods[M]. Englewood Cliffs: Prentice-Hall, 1989.

[9] Singh S P. Learning to solve Markovian decision processes[D]. Massachusetts: University of Massachusetts, 1993.

[10] Sutton R S, Barto A G. Reinforcement Learning: an Introduction[M]. 2nd ed. Cambridge: MIT Press, 2018.

[11] Sutton R S. Learning to predict by the method of temporal differences[J]. Machine Learning, 1988, 3(1): 9 - 44.

[12] Barto A G, Sutton R S, Anderson C W. Neuronlike adaptive elements that can solve difficult learning control problems[J]. IEEE Transactions on Systems, Man, and Cybernetics, 1983, 13(5): 834 - 846.

[13] Williams R J, Baird III L C. Analysis of some incremental variants of policy iteration: first steps toward understanding actor-critic learning systems [R]. Boston: Northeastern University, 1993.

[14] Watkins C J C H. Learning from delayed rewards [D]. Cambridge: King's College, 1989.

[15] Watkins C J C H, Dayan P. Q - learning[J]. Machine Learning, 1992, 8(3): 279 - 292.

[16] Tsitsiklis J N. Asynchronous stochastic approximation and Q - learning[J]. Machine Learning, 1994, 16(3): 185 - 202.

[17] Jaakkola T, Jordan M I, Singh S P. On the convergence of stochastic iterative dynamic programming algorithms[J]. Neural Computation, 1994, 6(6): 1185 - 1201.

[18] Peng J, Williams R J. Incremental multi-step Q-learning[C]//Proceedings of the 11th International Conference on Machine Learning (ICML). New Brunswick: Rutgers University, 1994.

[19] Sutton R S. Integrated architectures for learning, planning, and reacting based on approximating dynamic programming [C]//Proceedings of the 7th International Conference on Machine Learning (ICML). Austin: [s. n.], 1990.

[20] Moore A W, Atkeson C G. Prioritized sweeping: Reinforcement learning with less data and less real time[J]. Machine Learning, 1993, 13: 103 - 130.

[21] 特伦斯·谢诺夫斯基. 深度学习[M]. 姜悦兵,译. 北京:中信出版社,2019. 2.

[22] LeCun Y, Bengio Y, Hinton G. Deep learning[J]. Nature, 2015, 521(7553): 436 - 444.

[23] 刘全,翟建伟,章宗长,等. 深度强化学习综述[J]. 计算机学报,2018,41(1):1 - 27.

[24] Mnih V, Kavukcuoglu K, Silver D, et al. Human-level control through deep reinforcement learning[J]. Nature, 2015, 518(7540): 529 - 533.

[25] van Hasselt H, Guez A, and Silver D. Deep reinforcement learning with double Q-

learning[C]//Proceedings of the 30th AAAI Conference on Artificial Intelligence (AAAI). Phoenix: [s. n.], 2016.

[26] Schaul T, Quan J, Antonoglou I, et al. Prioritized experience replay[C]//Proceedings of the 4th International Conference on Learning Representations (ICLR). San Juan: [s. n.], 2016.

[27] Andrychowicz M, Wolski F, Ray A, et al. Hindsight experience replay[C]//Proceedings of the 31st Conference on Neural Information Processing Systems (NIPS). Long Beach: [s. n.], 2017.

[28] Horgan D, Quan J, Budden D, et al. Distributed prioritized experience replay[C]//Proceedings of the 6th International Conference on Learning Representations (ICLR). Vancouver: [s. n.], 2018.

[29] Mnih V, Badia A P, Mirza M, et al. Asynchronous methods for deep reinforcement learning [C]//Proceedings of the 4th International Conference on Learning Representations (ICLR). New York: [s. n.], 2016.

[30] Wang Z, Schaul T, Hessel M, et al. Dueling network architectures for deep reinforcement learning [C]//Proceedings of the 33rd International Conference on Machine Learning (ICML). New York: [s. n.], 2016.

[31] Schulman J, Levine S, Moritz P, et al. Trust region policy optimization[C]//Proceedings of the 32nd International Conference on Machine Learning (ICML). Lille: [s. n.], 2015.

[32] Schulman J, Wolski F, Dhariwal P, et al. Proximal policy optimization algorithms [J]. arXiv preprint arXiv: 1707.06347, 2017.

[33] Kakade S, Langford J. Approximately optimal approximate reinforcement learning [C]//Proceedings of the 19th International Conference on Machine Learning (ICML). Sydney: University of New South Wales, 2002.

[34] Lillicrap T P, Hunt J J, Pritzel A, et al. Continuous control with deep reinforcement learning [C]//Proceedings of the 4th International Conference on Learning Representations (ICLR). San Juan: [s. n.], 2016.

[35] Wiering M, van Otterlo, M. Reinforcement Learning: State-of-the-Art[M]. Berlin: Springer, 2012.

[36] Lazaric A, Restelli M, Bonarini A. Transfer of samples in batch reinforcement learning[C]//Proceedings of the 25th International Conference on Machine Learning (ICML). Helsinki: [s. n.], 2008.

[37] Dai W, Yang Q, Xue G R, et al. Boosting for transfer learning[C]//Proceedings of the 24th International Conference on Machine Learning (ICML). Corvallis: [s. n.], 2007.

[38] Sutton R S, Precup D, Singh S. Between MDPs and semi-MDPs: a framework for temporal abstraction in reinforcement learning[J]. Artificial intelligence, 1999, 112(1/2): 181 - 211.

[39] Bonarini A, Lazaric A, Restelli M. Incremental skill acquisition for self-motivated learning animats[C]//Proceedings of the 9th International Conference on Simulation of Adaptive Behavior (SAB). Rome: [s. n.], 2006.

[40] McGovern A, Barto A G. Automatic discovery of subgoals in reinforcement learning using diverse density[C]//Proceedings of the 18th International Conference on Machine Learning (ICML). Williams Town: Williams College, 2001.

[41] Menache I, Mannor S, Shimkin N. Q-cut — dynamic discovery of sub-goals in reinforcement learning[C]//Proceedings of the 14th European Conference on Machine Learning (ECML). Helsinki: [s. n.], 2002.

[42] Şimşek Ö, Wolfe A P, Barto A G. Identifying useful subgoals in reinforcement learning by local graph partitioning [C]//Proceedings of the 22nd International Conference on Machine Learning (ICML). Bonn: [s. n.], 2005.

[43] Sherstov A A, Stone P. Improving action selection in MDP's via knowledge transfer [C]//Proceedings of the 20th National Conference on Artificial Intelligence (AAAI). Pittsburgh: [s. n.], 2005.

[44] Mahadevan S, Maggioni M. Proto-value functions: a Laplacian framework for learning representation and control in Markov decision processes [J]. Journal of Machine Learning Research, 2007, 8: 2169 - 2231.

[45] Ferrante E, Lazaric A, Restelli M. Transfer of task representation in reinforcement learning using policy-based proto-value functions [C]//Proceedings of the 7th international joint conference on Autonomous agents and multiagent systems (AAMAS). Estoril: [s. n.], 2008.

[46] Finn C, Abbeel P, Levine S. Model-agnostic meta-Learning for fast adaptation of deep networks[C]//Proceedings of the 34th International Conference on Machine Learning (ICML). Sydney: [s. n.], 2017.

[47] Peng X B, Andrychowicz M, Zaremba W, et al. Sim-to-real transfer of robotic control with dynamics randomization[EB/OL]. arXiv preprint arXiv: 1710. 06537, 2017.

[48] Zhang C, Yu Y, Zhou Z H. Learning environmental calibration actions for policy self-evolution[C]//Proceedings of the 27th International Joint Conference on Artificial Intelligence (IJCAI). Stockholm, Sweden: [s. n.], 2018.

[49] Torrey L. Relational transfer in reinforcement learning [D]. Madison, USA: University of Wisconsin, 2009.

[50] Torrey L, Shavlik J, Walker T, et al. Relational macros for transfer in reinforcement

learning [C]//Proceedings of the International Conference on Inductive Logic Programming. Corvallis: [s. n.], 2007.

[51] Taylor M E, Stone P. Transfer learning for reinforcement learning domains: a survey [J]. Journal of Machine Learning Research, 2009, 10(1): 1633 - 1685.

[52] Dietterich T G. Hierarchical reinforcement learning with the MAXQ value function decomposition [J]. Journal of Artificial Intelligence Research, 2000, 13: 227 - 303.

[53] Gil P, Nunes L. Hierarchical reinforcement learning using path clustering [C]// Proceedings of 8th Iberian Conference on Information Systems and Technologies. Lisboa, Portugal: [s. n.], 2013.

[54] Stulp F, Schaal S. Hierarchical reinforcement learning with movement primitives [C]//Proceedings of 11th IEEE - RAS International Conference on Humanoid Robots. Bled, Slovenia: [s. n.], 2011.

[55] Du X, Li Q, Han J. Applying hierarchical reinforcement learning to computer games [C]//Proceedings of IEEE International Conference on Automation and Logistics. Xi'an: [s. n.], 2009.

[56] Ghavamzadeh M, Mahadevan S. Learning to communicate and acting using hierarchical reinforcement learning [C]//Proceedings of the 4th International Joint Conference on Autonomous Agents and Multiagent Systems (AAMAS). Utrecht, Netherlands: [s. n.], 2005.

[57] Mehta N, Tadepalli P. Multi-agent shared hierarchy reinforcement learning [C]// ICML Workshop on Rich Representations for Reinforcement Learning. Bonn, Germany: [s. n.], 2005.

[58] Florensa C, Duan Y, Abbeel P. Stochastic neural networks for hierarchical reinforcement learning [C]//Proceedings of the 5th International Conference on Learning Representations. Toulon, France: [s. n.], 2017.

[59] Mohsen G, Taghizadeh N, et al. Automatic abstraction in reinforcement learning using ant system algorithm [C]//Proceedings of AAAI Spring Symposium: Lifelong Machine Learning. Stanford, USA: [s. n.], 2013.

[60] Bacon P, Harb J, Precup D. The option-critic architecture [C]//Proceeding of 31st AAAI Conference on Artificial Intelligence (AAAI). San Francisco: [s. n.], 2017.

[61] Frans K, Ho J, Chen X, et al. Meta learning shared hierarchies [C]//Proceedings of the 6th International Conference on Learning Representations. Vancouver: [s. n.], 2018.

[62] Kulkarni T D, Narasimhan A, Saeedi A, et al. Hierarchical deep reinforcement learning: Integrating temporal abstraction and intrinsic motivation [C]//Proceedings of

the 30th International Conference on Neural Information Processing Systems (NIPS). Barcelona, Spain: [s. n.], 2016.

[63] Nachum O, Gu S, Lee H, Levine S. Data-efficient hierarchical reinforcement[C]//Proceedings of the 32nd International Conference on Neural Information Processing Systems (NeurIPS). Montreal, Canada: [s. n.], 2018.

[64] Tang H, Hao J, Lv T, et al. Hierarchical deep multiagent reinforcement learning with temporal abstraction [EB/OL]. [2019 - 12 - 25]. http://arxiv. org/abs/1809.09332v2.

[65] Parr R, Russell S. Reinforcement learning with hierarchies of machines [C]//Proceedings of the 11th International Conference on neural information processing systems. Colorado: [s. n.], 1998.

[66] Ng A Y, Russell S J. Algorithms for inverse reinforcement learning[C]//Proceedings of the 17th International Conference on Machine Learning. San Francisco: [s. n.], 2000.

[67] Ziebart B D, Maas A, Bagnell J A, et al. Maximum entropy inverse reinforcement learning[C]//Proceedings of the 23rd AAAI Conference on Artificial Intelligence (AAAI). Illinois: [s. n.], 2008.

[68] ZiebartT B D, Bagnell J A, Dey A K. Maximum causal entropy correlated equilibria for Markov games [C]//Proceedings of the 10th International Conference on Autonomous Agents and Multiagent Systems (AAMAS). Taipei: [s. n.], 2011.

[69] Goodfellow I J, Pouget-Abadie J, Xu B, et al. Generative adversarial nets[C]//Proceedings of the 27th International Conference on Neural Information Processing Systems (NIPS). Montreal: [s. n.], 2014.

[70] Ho J, Ermon S. Generative adversarial imitation learning[C]//Proceedings of the 30th International Conference on Neural Information Processing Systems (NIPS). Barcelona: [s. n.], 2016.

[71] Tuyls K, Weiss G. Multiagent learning: basics, challenges, and prospects[J]. AI Magazine, 2012, 33(3): 41.

[72] Mannor S, Shamma J S. Multi-agent learning for engineers[J]. Artificial Intelligence, 2007, 171(7): 417 - 422.

[73] Claes D, Robbel P, Oliehoek F A, et al. Effective approximations for multi-robot coordination in spatially distributed tasks[C]//Proceedings of the 14th International Conference on Autonomous Agents and Multiagent Systems (AAMAS). Istanbul: [s. n.], 2015.

[74] 汪伟,张效义,胡赟鹏.基于无线传感网的分布式协调调制识别算法[J].计算机应用研究,2014,31(5): 1524 - 1527.

[75] 郑延斌,王宁,段领玉.基于博弈学习的多 Agent 城市交通协调控制[J].计算机应用,2014,34(2):601-604.

[76] Wang W Y, Jiang Y C, Wu W W. Multiagent-based resource allocation for energy minimization in cloud computing systems[J]. IEEE Transactions on Systems, Man, and Cybernetics: Systems, 2015, 47(2): 205-220.

[77] Flushing E F, Gambardella L M, Caro G A, et al. On decentralized coordination for spatial task allocation and scheduling in heterogeneous teams[C]//Proceedings of the 15th International Conference on Autonomous Agents and Multiagent Systems (AAMAS). Singapore: [s. n.], 2016.

[78] Wang W Y, Jiang Y C. Multiagent-based allocation of complex tasks in social networks[J]. IEEE Transactions on Emerging Topics in Computing, 2015, 3(4): 571-584.

[79] Panait L, Luke S. Cooperative multi-agent learning: the state of the art[J]. Journal of Autonomous Agents and Multi-Agent Systems, 2005, 11(3): 387-434.

[80] Littman M L. Markov games as a framework for multi-agent reinforcement learning [C]//Proceedings of the 11th International Conference on Machine Learning (ICML). New Brunswick: Rutgers Unversity, 1994.

[81] Hu J L, Wellman M P. Nash Q-learning for general-sum stochastic games[J]. Journal of Machine Learning Research, 2003, 4: 1039-1069.

[82] Greenwald A, Zinkevich M, Kaelbling P. Correlated-Q learning[C]//Proceedings of the 20th International Conference on Machine Learning (ICML). Washington: [s. n.], 2003.

[83] Banerjee D, Sen S. Reaching Pareto-optimality in prisoner's dilemma using conditional joint action learning[J]. Journal of Autonomous Agents and Multi-Agent Systems, 2007, 15(1): 91-108.

[84] Hao J Y, Leung H F. Introducing decision entrustment mechanism into repeated bilateral agent interactions to achieve social optimality[J]. Journal of Autonomous Agents and Multi-Agent Systems, 2015, 29: 658-682.

[85] Claus C, Boutilier C. The dynamics of reinforcement learning in cooperative multiagent systems[C]//Proceedings of the 5th AAAI Conference on Artificial Intelligence (AAAI). Madison: [s. n.], 1998.

[86] Lauer M, Riedmiller M. An algorithm for distributed reinforcement learning in cooperative multi-agent systems[C]//Proceedings of the 17th International Conference on Machine Learning (ICML). Stanford: Standford University, 2000.

[87] Kapetanakis S, Kudenko D. Reinforcement learning of coordination in heterogene-ous cooperative multi-agent systems [C]//Proceedings of the 3rd International Joint

Conference on Autonomous Agents and Multiagent Systems (AAMAS). New York: Columbia University, 2004.

[88] Panait L, Sullivan K, Luke S. Lenient learners in cooperative multiagent systems [C]//Proceedings of the 5th International Joint Conference on Autonomous Agents and Multiagent Systems (AAMAS). Hakodate: [s. n.], 2006.

[89] Matignon L, Laurent G J, Le Fort-Piat N. Independent reinforcement learners in cooperative markov games: a survey regarding coordination problems [J]. The Knowledge Engineering Review, 2012, 27(1): 1 - 31.

[90] Busoniu L, Babuska R, De Schutter B. A comprehensive survey of multiagent reinforcement learning[J]. IEEE Transactions on Systems, Man, and Cybernetics, Part C: Applications and Reviews, 2008, 38(2): 156 - 172.

[91] 高阳,周志华,何佳洲,等. 基于 Markov 对策的多 Agent 强化学习模型及算法研究[J]. 计算机研究与发展,2000,37(3): 257 - 263.

[92] 李晓萌,杨煜普. 基于 Markov 对策和强化学习的多智能体协作研究[J]. 上海交通大学学报,2011,35(2): 288 - 292.

[93] Bowling M, Veloso M. Multiagent learning using a variable learning rate[J]. Artificial Intelligence, 2002, 136: 215 - 250.

[94] Zhang C, Lesser V R. Multi-agent learning with policy prediction[C]//Proceedings of the 24th AAAI Conference on Artificial Intelligence (AAAI). Atlanta: [s. n.], 2010.

[95] Hu Y, Gao Y, An B. Multiagent reinforcement learning with unshared value functions [J]. IEEE Transactions on Cybernetics, 2015, 45(4): 647 - 662.

[96] Singh S, Kearns M, Mansour Y. Nash convergence of gradient dynamics in general-sum games [C]//Proceedings of the 16th Conference on Uncertainty in Artificial Intelligence (UAI). Stanford: Standford University, 2000.

[97] Bowling M, Veloso M. Multiagent learning using a variable learning rate[J]. Artificial Intelligence, 2002, 136(2): 215 - 250.

[98] Abdallah S, Lesser V. A multiagent reinforcement learning algorithm with non-linear dynamics[J]. Journal of Artificial Intelligence Research, 2008, 33: 521 - 549.

[99] Crandall J W, Goodrich M A. Learning to compete, coordinate, and cooperate in repeated games using reinforcement learning[J]. Machine Learning, 2011, 82(3): 281 - 314.

[100] Sen S, Airiau S, Mukherjee R. Towards a Pareto-optimal solution in general-sum games[C]//Proceedings of the 2nd International Joint Conference on Autonomous Agents and Multiagent Systems (AAMAS). Melbourne: ACM, 2003.

[101] Foerster J N, Nardelli N, Farquhar G, et al. Stabilising experience replay for deep multi-agent reinforcement learning [C]//Proceedings of the 34th International

Conference on Machine Learning (ICML). Sydney: [s. n.], 2017.

[102] Omidshafiei S, Pazis J, Amato C, et al. Deep decentralized multi-task multi-agent reinforcement learning under partial observability [C]//Proceedings of the 34th International Conference on Machine Learning (ICML). Sydney: [s. n.], 2017.

[103] Palmer G, Tuyls K, Bloembergen D, et al. Lenient multi-agent deep reinforcement learning[EB/OL]. [2019-12-25]. http://arxiv.org/abs/1707.04402.

[104] Lowe R, Wu Y, Tamar A, et al. Multi-agent actor-critic for mixed cooperative-competitive environments [C]//Proceedings of the 31st Conference on Neural Information Processing Systems. Long Beach: [s. n.], 2017.

[105] Foerster J, Farquhar G, Afouras T, et al. Counterfactual multi-agent policy gradients[EB/OL]. [2019-12-25]. http://arxiv.org/abs/1705.08926.

[106] Foerster J, Assael Y M, de Freitas N, et al. Learning to communicate with deep multi-agent reinforcement learning[C]//Proceedings of the 30th Conference on Neural Information Processing Systems. Barcelona: [s. n.], 2016.

[107] Sukhbaatar S, Szlam A, Fergus R. Learning multiagent communication with backpropagation[C]//Proceedings of the 30th Conference on Neural Information Processing Systems. Long Barcelona: [s. n.], 2016.

[108] Peng P, Yuan Q, Wen Y, et al. Multiagent bidirectionally-coordinated nets for learning to play starcraft combat games[EB/OL]. [2019-12-25]. http://arxiv.org/abs/1703.10069.

[109] Kong X, Xin B, Liu F, et al. Revisiting the master-slave architecture in multi-agent deep reinforcement learning[EB/OL]. [2019-12-25]. http://arxiv.org/abs/1712.07305.

[110] Wolpert D H, Tumer K. Optimal payoff functions for members of collectives [J]. Advances in Complex Systems, 2001, 4(2/3): 265-280.

[111] Tumer K, Agogino A. Distributed agent-based air traffic flow management[C]//Proceedings of the 6th International Joint Conference on Autonomous Agents and Multiagent Systems (AAMAS). Honolulu: ACM, 2007.

[112] Yang Y D, Hao J Y, Sun M Y, et al. Recurrent deep multiagent Q-learning for autonomous brokers in smart grid[C]//Proceedings of the 27th International Joint Conference on Artificial Intelligence (IJCAI). Stockholm: [s. n.], 2018.

[113] Wang W X, Hao J Y, Wang Y X, et al. Towards cooperation in sequential prisoner's dilemmas: a deep multiagent reinforcement learning approach[EB/OL]. [2019-12-25]. http://arxiv.org/abs/1803.00162.

[114] Leibo J Z, Zambaldi V, Lanctot M, et al. Multi-agent reinforcement learning in sequential social dilemmas[C]//Proceedings of the 16th Conference on Autonomous

Agents and Multiagent Systems (AAMAS). Sao Paulo: [s. n.], 2017.

[115] Hernandez-Leal P, Kaisers M. Towards a fast detection of opponents in repeated stochastic games [C]//AAMAS Workshop on Transfer in Reinforcement Learning. Sao Paulo: [s. n.], 2017.

6 迁移学习

龙明盛

龙明盛，清华大学软件学院信息系统与工程研究所，电子邮箱：mingsheng@tsinghua.edu.cn

在前面的章节中，我们介绍了机器学习中的经典范式——监督学习。通常监督学习需要准备一定规模的标注数据，并且这些数据需要和真实数据的分布一致。标注数据可拆分为训练集、验证集和测试集3个部分。训练的主要过程如下：首先，根据先验知识选择、设计机器学习算法；然后，用训练集进行模型训练；再次，利用验证集选择合适的参数，使模型达到最佳效果；最后，用测试集对最终模型作出评价。训练和测试时的数据需要满足独立同分布假设，否则在训练集和验证集上得到的模型就难以在测试集上获得理想的表现。然而，在现实问题中，真实的测试数据和应用场景往往存在诸多不确定性，多数情况下并不能保证独立同分布假设的成立。此外，数据标注本身是一件成本很高的工作，而成功的监督学习依赖于大规模的标记训练数据，这使得机器学习的应用受到极大的限制。为了解决上述问题，在机器学习领域，人们从1995年开始研究迁移学习(transfer learning)[1]。

迁移学习的思想是将源域上学到的知识迁移到目标域，从而帮助目标任务的学习(见图6-1)。实际上，源域和目标域往往来自不同的数据分布，因此迁移学习一般会寻找数据间的隐含关系来提高模型的迁移能力。增强机器学习模型的迁移能力可以提高模型训练的初始性能、收敛速度和最终泛化性(见图6-1)。

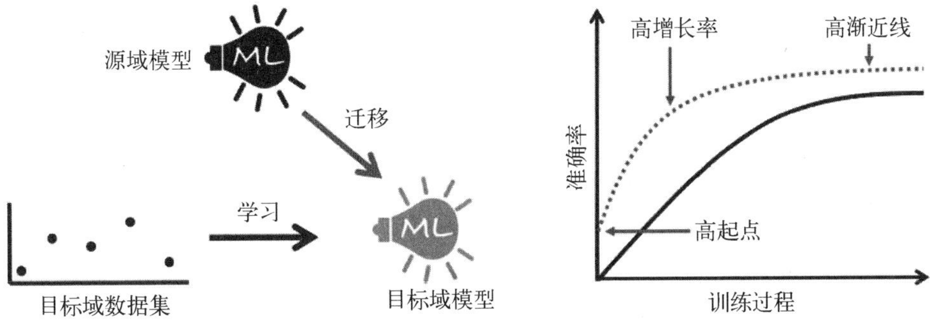

图6-1　迁移学习(左)及其对目标域任务训练的影响(右)

迁移学习可以充分释放信息爆炸时代的大数据价值。过去几十年，互联网的高速发展产生了海量的数据，这使得严重依赖大规模数据的深度网络的有效训练成为可能。然而，大部分的数据没有标注，或者标注与实际应用中的任务无关。为了充分挖掘这些海量数据的潜在价值，迁移学习将模型的训练分成了两个阶段。首先在海量数据上进行上游任务的训练，得到预训练模型，这个模型包含了在海量数据上学到的通用知识；然后在小规模标注数据上将预训练模型迁移到下游任务，得到一个适用于特定任务的模型。因此，在大数据时代迁移学习会发挥日益重要的作用。

迁移学习能够节省数据标注成本，因此具有巨大的商业价值。在机器学习国际顶级会议 NeurIPS 2016 上，吴恩达（Andrew Ng）认为迁移学习会在 2016 年以后，紧随监督学习成为机器学习商业价值的另一个重要推动力（见图 6－2）[2]。

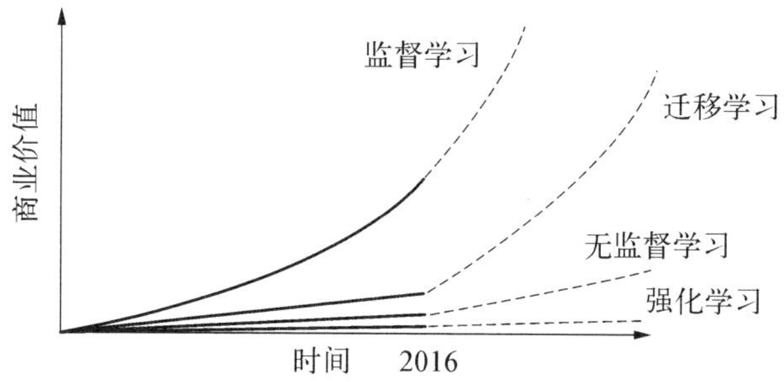

图 6－2　机器学习商业价值驱动力[2]

迁移学习可以应对训练集和测试集的独立同分布假设不成立时的情形。在机器学习国际顶级会议 NeurIPS 2019 上，图灵奖得主 Yoshua Bengio 认为，对于未来深度学习而言，处理数据分布的变化是一个重要的目标，我们需要在机器学习算法中有新的数据假设，以提高模型在不同数据域之间的泛化能力。获得这种泛化能力的一种思路是元学习[3]（迁移学习的高级形式）：通过练习对新环境的泛化，来提高泛化至新环境的能力。

迁移能力也是智能的一个重要组成部分。著名学术期刊 *Scientific Report* 最近的脑科学的研究表明，对于没有明显关联的两个任务，神经元的迁移效应依然存在，这种机制有助于提高神经元学习的效率[4]。孩童可以基于少量的数据进行学习，在一定程度上是因为他们有适应和迁移的能力，可以利用此前学到的东西辅助学习。因此，迁移学习的发展也有助于通用人工智能的实现。

迁移学习目前还在发展和完善中。本章将从概念、理论、方法、应用等几个方面对迁移学习加以阐述，试图让读者对这一领域有一个较为完整的认识。在保证迁移学习知识体系完整性的同时，本章对已有工作进行筛选，为读者选取迁移学习领域内具有代表性的、获得广泛关注的、代表前沿方向的若干研究成果。本章具体安排如下：第 1 节介绍迁移学习的概念，简述迁移学习中需要考虑的几个重要问题和主流方法；第 2 节概述现有迁移学习理论，将重点介绍两项具有里程碑意义的工作；第 3－5 节介绍 3 类不同的迁移学习方法，分别是归纳迁移学习、转导迁移学习和无监督迁移学习；第 6 节介绍迁移学习的相关范式；第 7 节介绍迁移学习典型应用。

6.1 迁移学习的概念

6.1.1 迁移学习的定义

迁移学习涉及领域和任务两个重要概念,分别描述如下。

领域(domain)描述一组采集或者生成方式一致的数据[1],由特征空间 $\mathcal{X}$ 和边缘概率分布 $P(x)$ 组成,即 $\mathcal{D}=\{\mathcal{X}, P(x)\}$, $x \in \mathcal{X}$。领域 $\mathcal{D}_1=\{\mathcal{X}_1, P_1(x)\}$ 和 $\mathcal{D}_2=\{\mathcal{X}_2, P_2(x)\}$ 不同,当且仅当特征空间不同 $(\mathcal{X}_1 \neq \mathcal{X}_2)$,或者是边缘概率分布不同 $(P_1(x) \neq P_2(x))$。

例如,在文档分类任务中,每个文档可以用一个特征向量表达,那么 $\mathcal{X}$ 是文档向量所在的空间。当 $\mathcal{X}_1$ 和 $\mathcal{X}_2$ 来自不同的语言时,$\mathcal{X}_1 \neq \mathcal{X}_2$;当 $\mathcal{X}_1$ 和 $\mathcal{X}_2$ 侧重不同的话题时,$P_1(x) \neq P_2(x)$。

任务(task)是一组数据已知或者未知的标记规则[1],由类别空间 $\mathcal{Y}$ 和预测模型 $f(\cdot)$ 组成,即 $\mathcal{T}=\{\mathcal{Y}, f(\cdot)\}$。预测模型 $f(\cdot)$ 无法直接观察得到,但是可以由训练数据学习得到。预测模型 $f(\cdot)$ 可以用来预测样本 x 的标签 $f(x)$,从概率角度,$f(x)$ 可以看作是给定样本 x 时标记为 y 的条件概率分布 $P(y \mid x)$。

例如,在二分类问题中,标记空间 $\mathcal{Y}=\{-1, +1\}$,预测函数 $f(x)$ 的输出为 $\{P(-1 \mid x), P(+1 \mid x)\}$,它表示了样本 x 标记为 -1 或者为 $+1$ 的概率。在回归问题中,标记空间 $\mathcal{Y}$ 为连续值,预测函数 $f(x)$ 的输出为标记空间 $\mathcal{Y}$ 中的某个值。两个任务 $\mathcal{T}_1=\{\mathcal{Y}_1, f_1(\cdot)\}$ 和 $\mathcal{T}_2=\{\mathcal{Y}_2, f_2(\cdot)\}$ 不同,当且仅当 $\mathcal{Y}_1 \neq \mathcal{Y}_2$ 或者 $f_1(\cdot) \neq f_2(\cdot)$。

迁移学习的基本思想是利用一些领域作为辅助,以期在若干个目标领域的特定任务上取得较好的学习效果。为了简化,本节只考虑从一个源领域 $\mathcal{D}_s$ 到一个目标领域 $\mathcal{D}_t$ 的情况。源领域 $\mathcal{D}_s=\{(x_s^1, y_s^1), (x_s^2, y_s^2), \cdots, (x_s^{n_s}, y_s^{n_s})\}$,其中 $x_s^i \in \mathcal{X}_s$ 是数据实例,$y_s^i \in \mathcal{Y}_s$ 是对应的类别标签。目标领域 $\mathcal{D}_t=\{(x_t^1, y_t^1), (x_t^2, y_t^2), \cdots, (x_t^{n_t}, y_t^{n_t})\}$,其中 $x_t^i \in \mathcal{X}_t$, $y_t^i \in \mathcal{Y}_t$。在定义了源领域和目标领域后,我们给出迁移学习的定义。

定义 6.1 迁移学习[1]:给定一个源领域 $\mathcal{D}_s$ 和学习任务 $\mathcal{T}_s$,一个目标领域 $\mathcal{D}_t$ 和学习任务 $\mathcal{T}_t$,迁移学习是指从源领域到目标领域的知识迁移过程,即在 $\mathcal{D}_s \neq \mathcal{D}_t$ 或者 $\mathcal{T}_s \neq \mathcal{T}_t$ 的情况下,利用从源领域 $\mathcal{D}_s$ 和学习任务 $\mathcal{T}_t$ 所获得的知

识，降低目标领域预测函数 $f_t(\cdot)$ 的泛化误差。

6.1.2 迁移学习的问题设定

在迁移学习中，我们通常关心 3 个研究问题：迁移的对象、迁移的时机、迁移的方式[1]。

迁移的对象是指，不同领域或者不同任务中可以迁移的知识。在迁移学习任务中，应该选择领域间共享的知识进行迁移，而尽量削弱某个领域特有知识的影响。例如，对于某件物体的照片与描述该物体的素描，物体的轮廓、结构是可迁移的，而物体的色彩和表面材质则往往不具备迁移性。

迁移的时机是指使用迁移手段的条件，即利用领域间相关性的难易程度。源领域与目标领域虽然具备某方面的相关性，但如果这种相关性较弱、难以利用，应用迁移手段反而会带来负面效果，这一现象称为负迁移。选择合适的迁移时机，可以在一定程度上避免负迁移现象的出现。

在选定迁移的对象、迁移的时机后，用什么手段完成源领域到目标领域的知识迁移就成了最为关键的问题，这就是迁移的方式。迁移的方式是迁移学习方法的核心部分。

从迁移学习的定义可以看出，迁移学习包含若干种不同的情形，而迁移的对象、时机和方式在不同情形下也有所不同。按照迁移的对象可以将迁移学习方法分成样本迁移(instance transfer)方法，表征迁移(representation transfer)方法和参数迁移(parameter transfer)方法。按照源领域和目标领域、源任务和目标任务之间的关系，可以将迁移学习分成归纳迁移学习(inductive transfer learning)、转导迁移学习(transductive transfer learning)和无监督迁移学习(unsupervised transfer learning)[1]。它们与监督学习的区别见表 6-1。

表 6-1　监督学习和迁移学习的区别

学习范式	方法分类	源领域和目标领域	源任务和目标任务
监督学习	—	相同	相同
迁移学习	归纳迁移学习	相同	不同但是相关
	转导迁移学习	不同但是相关	相同
	无监督迁移学习	不同但是相关	不同但是相关

(1) 在归纳迁移学习中，目标任务和源任务是不同的。因此，为了在目标领域得到预测模型 $f_t(\cdot)$，目标领域上必须包含一定的标记数据。根据源领域是

否包含标记数据，我们可以将归纳迁移学习进一步划分成以下两类：

(a) 源领域包含大量的标记数据。正常情况下，$n_s \gg n_t$。

(b) 源领域没有标记数据。此时，我们需要设计一个合适的源任务，该任务不需要标注数据即可训练。同时源任务和目标任务需要有较强的相关性，使得源任务上学到的知识可以迁移到目标任务上。自然语言处理一般采用语言模型(language model)[5]作为源任务，计算机视觉一般采用协同训练(co-training)[6]作为源任务。

(2) 在转导迁移学习中，源任务和目标任务是相同的，但是源领域和目标领域是不同的。这种场景往往要求源领域包含较多的标记数据，而目标领域则不需要包含标记数据。方法的核心问题是如何建立源领域数据和无标记目标领域数据的关联，从而将源领域得到的模型运用在目标领域数据上。根据源领域和目标领域数据之间的关联，转导迁移学习可以进一步划分成以下两类：

(a) 源领域和目标领域的特征空间不同，即 $\mathcal{X}_s \neq \mathcal{X}_t$。

(b) 源领域和目标领域的特征空间相同，但是数据的边缘概率分布不同，即 $P(x_s) \neq P(x_t)$，这种情况也称为领域适应(domain adaptation)。

(3) 在无监督迁移学习中，源任务和目标任务不相同，并且源领域和目标领域也不相同。无监督迁移学习的目标是以源领域数据在无监督学习中的特性帮助目标领域数据更好地完成无监督学习，例如生成(generation)、聚类(clustering)、降维(dimensionality reduction)、密度估计(density estimation)等。因此，源领域和目标领域都不包含标记数据。

6.2 迁移学习的理论基础

6.2.1 数据集偏移及其原因

传统机器学习的研究普遍假设训练集、验证集、测试集都来源于同一个数据分布。当这些数据的分布存在差异时，原有方法还能否达到同样的效果是一个必须考虑的问题。这种训练数据与测试数据的分布差异称为数据集偏移(datasets shift)。迁移学习的提出在很大程度上正是为了解决数据集偏移带来的问题。

数据集偏移的具体原因恐怕是无法穷举的，本节参考文献[7]简单阐述几种主要的数据集偏移类型。

(1) 协变量偏移。对于目标 y 和协变量 x，数据集依据 $P(y \mid x)P(x)$ 计算联合分布 $P(x, y)$，从而生成数据。如果模型训练与测试时仅在协变量分布 $P(x)$ 上存在分布差异，则称这种数据集偏移为协变量偏移。这种数据集偏移往往意味着，数据集的使用与协变量 x 存在差异的特征无关。举例来说，不同人种的样貌是存在差异的，但是对性别的判断与人种是无关的，因此用以辨别不同人种性别的数据集之间就存在协变量偏移。其中根据 $P(x)$ 的分布差异原因，还可以分为以下具体情况：

(a) 采样偏移，指受采样策略影响造成的分布不一致。这种数据集偏移往往受限于环境条件对观测的影响。无论在哪种环境中采集数据样本，环境总有很大可能会影响数据的特点。应对这种数据集偏移的方式就是在尽可能丰富的场景中采集数据。

(b) 不平衡数据，指出于特殊目的、有意的数据集收集方式带来的分布不一致。这种数据集偏移来源于数据采集者的主观意愿。数据采集的目的往往是针对某一种应用，当与其他应用采集到的数据共同使用时就会发生这种偏移。这种偏移虽然常见，但是通常可以通过再次采样来缓解。

(c) 源因子偏移。如果数据集由多个不同来源的数据组成，源因子偏移是指由于数据集的组成成分变化带来的偏移。比如，投票期望与投票者职业有关，那么不同地区的职业成分组成不同，会造成源因子偏移，进而影响投票期望的估计。

(2) 先验概率偏移。先验概率偏移发生在生成式模型中，模型表示为 $P(x \mid y)P(y)$，如果两个数据集仅在数据标记 y 的分布 $P(y)$ 上不一致，而 $P(x \mid y)$ 一致，则称为先验概率偏移。举例来说，通常认为人的智力水平 y 与其获得的学历 x 有关，如果一个地区的高学历人口量大于另一个地区的，则说明该地区人口的整体学历水平较高，或者学历水平相同但该地区的教育水平更加优越，即此地区的先验学历水平 y 较高。

(3) 领域偏移，指由衡量标准、刻画方式的变化造成的分布差异，即表示数据 x 与 y 之间的对应关系 $P(x \mid y)$ 或者 $P(y \mid x)$ 不同。比如，亚洲一些国家以点头表达否定，而摇头表达肯定，其与中国人的习惯相反，这就是一种领域偏移。再比如，相同面值的货币，美元与日元的价值相去甚远，这就是衡量标准带来的领域偏移。

6.2.2 转导迁移学习经典理论

无监督领域适应是在源领域有标记数据而目标领域没有标记数据的情况

下，使用源领域数据辅助目标领域模型训练的任务场景，是转导迁移学习的核心场景之一。形式化地讲，我们约定在目标领域上数据和标签的联合分布和数据的边缘分布分别由 P 和 P_x 代表，在源领域上数据和标签的联合分布和数据的边缘分布分别由 Q 和 Q_x 代表。某函数 $f(x)$ 在分布 P 上的期望由 $E_P f$ 表示，在该分布上抽样得到的数据集 $\hat{P}$ 的平均值由 $E_{\hat{P}} f$ 表示。假定损失函数为 L，而模型假设定义为 h，则领域适应的目标为，在无标注数据集 $\hat{P}_x$ 和有标注数据集 $\hat{Q}$ 上训练模型 h 使得期望误差 $E_P L(h(x), y)$ 最小。由于缺少同分布下的有标注数据集 $\hat{P}$，而数据集 $\hat{Q}$ 是从不同的分布采样得到的，这为领域适应带来了困难。

文献[8 - 10]针对这一场景提出了严格的领域适应泛化误差界，是领域适应理论的经典工作。Ben-David 等[8]首先针对基于 01 损失函数的分类领域适应问题进行了严格的理论分析，将分布距离统计量引入泛化误差上界中，用来衡量分布差异对领域适应任务效果带来的影响。文献[8]首先引入了统计学中常用的积分分布距离以及总方差分布距离：

定义 6.2 积分分布距离，总方差分布距离[8]：对于函数空间 $\mathcal{F}=X^{[0,1]}$，定义该样本空间 X 上两个分布 P 和 Q 基于 $\mathcal{F}$ 的积分分布距离：

$$d_{\mathcal{F}}(P, Q)=\sup_{f\in\mathcal{F}}|E_P f - E_Q f| \tag{6-1}$$

如果令函数空间 $\mathcal{F}=X^{[0,1]}$ 是从样本空间 X 映射到 $[0, 1]$ 的所有可测函数的集合，则基于 $\mathcal{F}$ 的积分分布距离为总方差分布距离 $d_1(P, Q)$。

总方差分布距离能够控制有界可测函数族在两个分布上的差距，而在分类中使用的 01 损失函数又以 1 为上界，从而也就可以期待该距离可以控制两个分布上期望误差的差距。以总方差分布距离为基础，可以得到如下的领域适应误差界。

定理 6.1 领域适应误差界[10]：假设任意分类器 h 在领域 $\mathcal{D}$ 上的期望误差 $\epsilon_{\mathcal{D}}(h)=E_{\mathcal{D}}\mathbf{1}[h(x)\neq y]$，那么，对于假设空间 $\mathcal{H}$ 中的任意的分类器 h，如下不等式关系成立：

$$\epsilon_P(h)\leqslant \epsilon_Q(h)+d_1(P_x, Q_x)+\lambda_{\mathcal{H}}(P, Q) \tag{6-2}$$

式中，$\lambda_{\mathcal{H}}(P, Q)=\epsilon_P(h^*)+\epsilon_Q(h^*)$，$h^*$ 为假设空间中使得联合最优误差 $\epsilon_P(h^*)+\epsilon_Q(h^*)$ 达到最小的理想假设。

这个上界对在领域适应问题中目标领域上的期望误差受哪些因素影响给出了形式化的描述。上界中的第 1 项 $\epsilon_Q(h)$ 为源领域误差，是分类器在源领域的监督学习中致力于最小化的目标。第 3 项 $\lambda_{\mathcal{H}}(P, Q)$ 为理想误差，是分类器在源领域与目标领域上能达到的误差之和的最小值，由于目标领域上的联合分布 P 未知，其在领域适应问题中是难以求解的。一般来说，在表达力足够好的特征空间上都可以保证一个较小的联合最优误差，因此常假设 $\lambda_{\mathcal{H}}(P, Q)$ 足够小。而第 2 项 $d_1(P_x, Q_x)$ 则是分布距离项，表达了分布差异可能造成的最大精度损失，同时不涉及目标领域上未知的联合分布 P，而只涉及边缘分布 P_x。以上的上界形成了领域适应的一类标准理论框架，即目标领域误差可以由上述 3 项控制，而源领域误差 $\epsilon_Q(h)$ 和分布距离项 $d_1(P_x, Q_x)$ 则是其中起主要作用的两项。

但以上的基于总方差分布距离定义的分布距离项有一个缺点，即难以基于有限的数据进行估计。首先观察第 1 项 $\epsilon_Q(h)$，虽然分布 Q 未知，但是我们可以通过损失函数在 Q 上抽样得到的数据集 $\hat{Q}$ 的平均误差 $\epsilon_{\hat{Q}}(h)$ 来估计 $\epsilon_Q(h)$ 的值。对于容量为 n 的抽样，有 $1-\delta$ 的概率可以使得如下情况成立：

$$\epsilon_Q(h) \leqslant \epsilon_{\hat{Q}}(h) + \sqrt{\frac{2d\ln\frac{\mathrm{e}n}{d}}{n}} + \sqrt{\frac{\ln\frac{1}{\delta}}{2n}} \tag{6-3}$$

式中，d 是假设空间 $\mathcal{H}$ 的 VC 维度(Vapnik-Chervonenkis dimension)，是分类假设空间复杂度的衡量指标。可以看到，泛化误差 $\epsilon_Q(h) - \epsilon_{\hat{Q}}(h)$ 是与 $O(\sqrt{d/n})$ 同阶的统计量。当 n 足够大时，则可以保证 $\epsilon_{\hat{Q}}(h)$ 是 $\epsilon_Q(h)$ 的真实反映。但总方差分布却不具有这样的良好性质。文献[11]说明，当我们试图从抽样上的分布距离 $d_1(\hat{P}_x, \hat{Q}_x)$ 来准确估计原分布的分布距离 $d_1(P_x, Q_x)$ 时，需要的样本容量 n 至少是特征维度的指数级，在现实应用中难以实现。这会导致我们虽然能够从 P_x 和 Q_x 中抽样获取数据集，却不能准确地估计 $d_1(P_x, Q_x)$ 的值，从而也就不能从数据集准确计算定理 6.1 给出的误差上界。

为了解决这一问题，Ben-David 等[8]将以上的理论上界做了进一步改进，解决了分布距离难以通过抽样估计的问题，这是分类问题场景下领域适应工作的经典理论依据。文献[8]提出，在二分类问题上，积分分布距离所基于的 $\mathcal{F}$ 集合不必包含所有的有界可测函数，而可以收缩到一个由假设空间 $\mathcal{H}$ 诱导的集合，即基于 $\mathcal{H}$ 的对称差函数族：

$$\mathcal{H}\Delta\mathcal{H} = \{x \mapsto \mathbf{1}[h'(x) \neq h(x)]:\ h, h' \in \mathcal{H}\} \tag{6-4}$$

式中，$\mathcal{H}$ 是数据的分类器假设空间；$\mathbf{1}[\cdot]$ 为 01 损失函数，一般将函数 $x \mapsto \mathbf{1}[h'(x) \neq h(x)]$ 简写成 $\mathbf{1}[h' \neq h]$。基于此定义，文献[8]将二分类领域适应

问题变换为如下定义：

定义 6.3 $\mathcal{H}\Delta\mathcal{H}$ 散度[9]：给定样本空间 X 上两个不同的领域，其分布分别为 P 和 Q，令 $\mathcal{H}$ 是两个领域共享的分类器假设空间，那么，对于任意一组分类器 $h\in\mathcal{H}$，定义两个领域上的 $\mathcal{H}\Delta\mathcal{H}$ 散度：

$$d_{\mathcal{H}\Delta\mathcal{H}}(P_x, Q_x)=\sup_{h,h'\in\mathcal{H}}|E_{P_x}\mathbf{1}[h'\neq h]-E_{Q_x}\mathbf{1}[h'\neq h]| \tag{6-5}$$

基于 $\mathcal{H}\Delta\mathcal{H}$ 差异，文献[9]定义了领域适应问题中目标领域的期望误差界：

定理 6.2 基于 $\mathcal{H}\Delta\mathcal{H}$ 散度的领域适应误差界[8]：在与定理 6.1、定义 6.3 相同的条件下，对于假设空间 $\mathcal{H}$ 中的任意分类器 h，如下不等式关系成立：

$$\epsilon_P(h)\leqslant\epsilon_Q(h)+d_{\mathcal{H}\Delta\mathcal{H}}(P_x, Q_x)+\lambda_{\mathcal{H}}(P, Q) \tag{6-6}$$

式中，$\lambda_{\mathcal{H}}(P, Q)$ 的定义与定理 6.1 一致。

可以看到以上误差界和定理 6.1 有着一样的结构，只是分布距离项是定理 6.1 中总方差分布距离的严格下界，所以定理 6.2 是对目标误差项 $\epsilon_P(h)$ 更精确的估计。同时，文献[9]进一步证明了，$\mathcal{H}\Delta\mathcal{H}$ 散度 可以在有限的抽样上进行估计，由此得到了领域适应问题的泛化误差界。

定理 6.3 基于 $\mathcal{H}\Delta\mathcal{H}$ 散度的领域适应泛化误差界[9]：在与定理 6.1、定义 6.3 相同的条件下，假设 $\hat{Q}$ 和 $\hat{P}_x$ 的容量分别为 n 和 m，对于假设空间 $\mathcal{H}$ 中的任意分类器 h，有不小于 $1-\delta$ 的概率使如下不等式关系成立：

$$\epsilon_P(h)\leqslant\epsilon_{\hat{Q}}(h)+d_{\mathcal{H}\Delta\mathcal{H}}(\hat{P}_x, \hat{Q}_x)+\lambda_{\mathcal{H}}(P, Q)+C(m, n, \delta) \tag{6-7}$$

式中，$C(m, n, \delta)=O\left(\sqrt{\dfrac{d\ln n+\ln(1/\delta)}{n}}+\sqrt{\dfrac{d\ln m+\ln(1/\delta)}{m}}\right)$。

可以看到以上上界的泛化误差界下降的速率是 $O(\sqrt{d/n})$，与标准的监督学习一致，从而该泛化误差界可以在容量有限的样本集中准确地估计，也就使得从数据集 $\hat{P}_x$ 和 $\hat{Q}$ 来估计目标领域 $\epsilon_P(h)$ 成为可能。基于此，该泛化误差界引导了一种迁移学习特征选择的算法范式，即通过在每个特征诱导的特征空间上计算 $\min\limits_h\{\epsilon_{\hat{Q}}(h)+d_{\mathcal{H}\Delta\mathcal{H}}(\hat{P}_x, \hat{Q}_x)\}$，并选择最小的特征。源领域误差和分布距离两项的计算是互相独立的，这为浅层模型的计算带来了很大便利。

以上理论是针对二分类任务中常用的 01 损失函数提出的，文献[10]将其进一步推广到更为一般的损失函数上，从而可以适用更多的任务场景。文献[10]首先归纳了 01 损失函数的一些特点，即对称性、有界性、满足三角不等式，并提出对所有满足以上 3 个条件的损失函数 $L(\cdot, \cdot)$（如在回归任务中使用的 L2 范数损失函数），均可以使用类似的方法推导泛化误差上界。基于类似于 $\mathcal{H}\Delta\mathcal{H}$ 散度的思想，文献[10]定义了基于一般的损失函数 $L(\cdot, \cdot)$ 的分布差异：

定义 6.4 分布差异[10]：给定样本空间 X 上的两个不同领域，其分布分别为 P 和 Q，令 $\mathcal{H}$ 是两个领域共享的假设空间，那么，对于任意一组假设 $h \in \mathcal{H}$，定义两个领域的分布差异：

$$d_L(P, Q) = 2 \sup_{h, h' \in \mathcal{H}} |E_P L(h'(x), h(x)) - E_Q L(h'(x), h(x))| \tag{6-8}$$

基于新定义的分布差异，文献[10]定义了领域适应问题中目标领域的泛化误差界。

定理 6.4 基于分布差异的领域适应泛化误差界[10]：假设任意分类器 h 在领域 $\mathcal{D}$ 上的误差 $\epsilon_{\mathcal{D}}(h) = E_{\mathcal{D}} L(h(x), y)$，那么，对于假设空间 $\mathcal{H}$ 中的任意分类器 h，有不小于 $1-\delta$ 的概率使如下不等式关系成立：

$$\epsilon_P(h) \leqslant \epsilon_{\hat{Q}}(h) + d_L(\hat{P}_x, \hat{Q}_x) + \lambda_{\mathcal{H}}(P, Q) + C(m, n, \delta) \tag{6-9}$$

式中，$C(m, n, \delta) = O(\mathcal{R}_{\hat{P}}(\mathcal{H}) + \mathcal{R}_{\hat{Q}}(\mathcal{H}))$；$\lambda_{\mathcal{H}}(P, Q) = \epsilon_P(h^*) + \epsilon_Q(h^*)$，$h^*$ 为假设空间中使得联合最优误差 $\epsilon_P(h^*) + \epsilon_Q(h^*)$ 达到最小的理想假设。

针对一般的任务，$\mathcal{H}$ 的复杂度难以通过 VC 维度衡量，所以文献[9]使用了更一般的拉德马赫复杂度(Rademacher complexity) $\mathcal{R}_{\hat{P}}(\mathcal{H})$ 来度量 $\mathcal{H}$ 的复杂度，并证明了泛化误差界随样本容量下降的速率与监督学习同阶。通过以上的定理，可以对损失函数满足条件的任务(包括二分类、回归等)中的迁移学习提供理论支持。

6.2.3 间隔分歧散度

在经典理论得到完善后，表示学习范式逐渐兴起，并基于之前的经典理论，确立了训练特征提取器在最小化源领域准确率 $\epsilon_{\hat{Q}}(h)$ 的同时，缩小两个领域特征分布距离 $d_{\mathcal{H}\Delta\mathcal{H}}(\hat{P}_x, \hat{Q}_x)$ 的算法模式。之前的经典理论掣肘于浅层学习表达与优化的局限性，将监督 $\epsilon_{\hat{Q}}(h)$ 和 $d_{\mathcal{H}\Delta\mathcal{H}}(\hat{P}_x, \hat{Q}_x)$ 独立开来，以免造成求解的困难。然而，表示学习范式更加灵活，可以利用随机优化等工具求解更复杂的目标函数。Zhang 等[12]指出，虽然 $d_{\mathcal{H}\Delta\mathcal{H}}(\hat{P}_x, \hat{Q}_x)$ 已经是总方差分布距离的一个下界，但依然可以进一步压缩，从而得到更优的目标领域误差上界，更好地指导表示学习算法的进行。Zhang 等[12]针对这一问题提出了分歧散度及其对应的泛化误差界。

定义 6.5 分歧散度[9]：给定样本空间 X 上的两个不同领域，其分布分别为 P 和 Q，令 $\mathcal{H}$ 是两个领域共享的假设空间，那么，对于任意一组假设 $h \in \mathcal{H}$，定义两个领域的分布差异如下：

$$d_{h,\mathcal{H}}(P, Q) = 2\sup_{h' \in \mathcal{H}}(E_P L(h'(x), h(x)) - E_Q L(h'(x), h(x))) \tag{6-10}$$

任意分类器 h 在两个领域 P 和 Q 上的分类器误差 $\epsilon(h)$ 是对称的，并且满足三角不等式，那么，对于假设空间 $\mathcal{H}$ 中的任意分类器 h，如下不等式关系成立：

$$\epsilon_P(h) \leqslant \epsilon_{\hat{Q}}(h) + d_{h,\mathcal{H}}(\hat{P}_x, \hat{Q}_x) + \lambda_{\mathcal{H}}(P, Q) + C(m, n, \delta) \tag{6-11}$$

式中，$C(m, n, \delta) = O(\mathcal{R}_{\hat{P}}(\mathcal{H}) + \mathcal{R}_{\hat{Q}}(\mathcal{H}))$；$\lambda_{\mathcal{H}}(P, Q) = \epsilon_P(h^*) + \epsilon_Q(h^*)$，$h^*$ 为假设空间中使得联合最优误差 $\epsilon_P(h^*) + \epsilon_Q(h^*)$ 达到最小的理想假设。

由于用于取上界函数类包含的函数更少了，$d_{h,\mathcal{H}}(P, Q)$ 是 $d_{\mathcal{H}\Delta\mathcal{H}}(P, Q)$ 的一个下界，减少了影响分布距离下降的冗余信息。此外，与之前 $\epsilon_{\hat{Q}}(h)$ 和 $d_{\mathcal{H}\Delta\mathcal{H}}(\hat{P}_x, \hat{Q}_x)$ 相互独立的情况不同，$d_{h,\mathcal{H}}(P, Q)$ 的定义依赖于假设 h，使得 h 除了最小化 $\epsilon_{\hat{Q}}(h)$ 之外，还必须参与到 $d_{h,\mathcal{H}}(P, Q)$ 的最小化过程中。h 的参与实际上是将任务语义加入到了分布距离的最小化中，从而取得更精准的分布对齐效果。以上面的理论为基础，可以设计训练特征提取器以及顶层假设，同时最小化 $\epsilon_{\hat{Q}}(h) + d_{h,\mathcal{H}}(P, Q)$ 的算法框架。

经典的理论已经可以满足很多任务的需要，但仍然需要损失函数满足一定的条件，因此仍有一定局限性。比如在重要的多类别分类任务中，现在的算法常使用基于打分函数的模型假设如神经网络进行训练，在这样的情况下，常使用不满足三角不等式的间隔损失函数(margin loss)作为损失函数。我们将基于打分函数的假设写为 $f: X \to \mathbf{R} \times \mathcal{Y}$，其中 $\mathcal{Y}$ 是包含所有类别的离散集合。f 在每条数据上对每一个类别输出一个分数，将分数最高的类别输出作为对该条数据类别的预测。可以看到，类别间的分数差距实际上刻画了 f 对这条数据的确信度，而经典的 01 损失函数其实忽略了这些信息。f 在分布 $\mathcal{D}$ 上的平均间隔损失函数被定义为 $\epsilon_{\mathcal{D}}^{(\rho)}(f) = E_{\mathcal{D}} \Phi_\rho \circ \rho_f(x, y)$，其中，$\rho_f(x, y) = \frac{1}{2}[f(x, y) - \max_{y' \neq y_f} f(x, y')]$，刻画了 f 在正确类别上的确信度；算符 $\circ$ 代表函数的复合；而

$$\Phi_\rho=\begin{cases}0, & \rho\leqslant x\\ 1-x/\rho, & 0\leqslant x<\rho\\ 1, & x<0\end{cases}$$

将 $\rho_f(x, y)$ 连续地映射到区间 $[0, 1]$，只有当 $\rho_f(x, y)$ 大于 ρ 的时候，才能使损失降为 0。间隔损失函数利用了 01 损失函数丢失的信息，一方面是 01 损失函数的上界，另一方面又能确保 f 在数据上的确信度，从而可以得到更好的泛化效果。但间隔损失函数并不能满足三角不等式的性质，因此不适用于经典理论。

Zhang 等[12]以实现理论与领域适应方法的完整联系为目标，将现有理论提供的泛化误差界扩展为基于打分函数和间隔损失函数的形式，提出间隔分歧散度(margin disparity discrepancy，MDD)。

定义 6.6 间隔分歧散度[9]：给定样本空间 X 上的两个不同的领域，其分布分别为 P 和 Q，令 $\mathcal{F}$ 是两个领域共享的打分函数假设空间，那么定义两个领域的分布差异：

$$d_{f,\mathcal{F}}^{(\rho)}(P, Q)\triangleq\sup_{f'\in\mathcal{F}}(disp_Q^{(\rho)}(f, f')-disp_P^{(\rho)}(f, f')) \tag{6-12}$$

式中，$disp_P^{(\rho)}(f, f')$ 和 $disp_Q^{(\rho)}(f, f')$ 分别代表了在目标领域和源领域上基于间隔函数假设上的差异，其定义分别为

$$\begin{aligned} disp_P^{(\rho)}(f, f')&\triangleq E_{x\sim P}\Phi_\rho\circ\rho_{f'}(x, y_f)\\ disp_Q^{(\rho)}(f, f')&\triangleq E_{x\sim Q}\Phi_\rho\circ\rho_{f'}(x, y_f)\end{aligned} \tag{6-13}$$

Zhang 等[12]基于此定义了基于拉德马赫复杂性的泛化误差界。

定理 6.5 基于间隔分歧散度的领域适应泛化误差界[9]：对于打分函数假设空间 $\mathcal{F}$ 中的任意假设 f，有不小于 $1-\delta$ 的概率使如下不等式关系成立：

$$\epsilon_P(h)\leqslant\epsilon_{\hat{Q}}^{(\rho)}(h)+d_{f,\mathcal{F}}^{(\rho)}(\hat{P}_x, \hat{Q}_x)+\lambda_{\mathcal{F}}^{(\rho)}(P, Q)+C(m, n, \delta) \tag{6-14}$$

式中，$C(m, n, \delta)=O\left(\frac{1}{\rho}(\mathcal{R}_{\hat{P}}(\mathcal{F})+\mathcal{R}_{\hat{Q}}(\mathcal{F}))\right)$；$\lambda_{\mathcal{F}}^{(\rho)}(P, Q)=\epsilon_P^{(\rho)}(f^*)+\epsilon_Q^{(\rho)}(f^*)$，$f^*$ 为假设空间中使得联合最优误差 $\epsilon_P^{(\rho)}(f^*)+\epsilon_Q^{(\rho)}(f^*)$ 达到最小的理想假设。

可以看到，当 ρ 变大，复杂度项会变小，即在同样多的数据下可以得到更好的泛化误差界。这一理论首次将间隔引入到误差上界中，证明了更大的间隔可以带来更好的泛化误差，从而为多类别分类领域适应提供了理论基础。基于这

一泛化误差理论，文献[12]实现了与理论无缝衔接的领域适应算法，并且从理论和实验两方面对算法的正确性和效果给出了充分的证明。

6.2.4 归纳迁移学习的经典理论

归纳迁移学习是另一种迁移学习范式，与转导迁移学习不同，它是源领域上所学习的抽象“规律”的迁移。归纳迁移学习适用于源领域与目标领域相关且源领域具有大量的有标或无标数据的情况。在目标领域有标数据量较小时，直接训练很难取得较好的效果，而归纳迁移学习致力于使用在源领域上训练得到的模型来辅助目标领域的训练。形式化地讲，归纳迁移学习定义为，已知在源领域 Q 上学习到的一个假设 $h_Q \in \mathcal{H}_Q$，目标为基于假设 $h_Q \in \mathcal{H}_Q$ 以及有标记的目标领域数据 $\hat{P} = \{(x_i, y_i)\}_{i=1}^m \sim (P)^m$，学习比只基于目标领域所得模型更优的模型。该问题也称为假设迁移学习(hypothesis transfer learning)。我们约定假设迁移学习算法为 $\mathcal{A}$: $(P)^m \times \mathcal{H}_Q \to \mathcal{H}$，其中 $\mathcal{H}$ 为目标假设空间。为形式化定义算法 $\mathcal{A}$ 应当达到的迁移效果，我们定义如下性质：

定义 6.7 可用性：如果

$$E_{\hat{P}\sim(P)^m}[\epsilon_P(\mathcal{A}(\hat{P}, h_{\mathrm{src}}))] < \min\{\epsilon_P(\mathcal{A}(\emptyset, h_{\mathrm{src}})), E_{\hat{P}\sim(P)^m}[\epsilon_P(\mathcal{A}(\hat{P}, 0))]\} \tag{6-15}$$

则称源领域假设 $h_{\mathrm{src}} \in \mathcal{H}_Q$ 以及数据 $\hat{P} \sim (P)^m$ 对于分布 P 以及算法 $\mathcal{A}$ 具有可用性。

可用性的定义对假设迁移学习算法提出了要求，基于 h_{src} 与目标领域数据 $\hat{P}$ 应当比直接使用 h_{src} 与直接在 $\hat{P}$ 上训练的假设 $\mathcal{A}(\hat{P}, 0)$ 都能得到更小的测试误差[13]。只有满足这一性质才可以避免负迁移(negative transfer)。

我们首先以线性回归器为例说明假设迁移学习的实现算法。对于数据 $\hat{P} = \{(\boldsymbol{x}_i, y_i)\}_{i=1}^m \sim (P)^m$，约定 $y_i \in [-B, B]$，其中 $B \in \mathbf{R}$，$\boldsymbol{x}_i \in \mathbf{R}^d$ 且 $\|\boldsymbol{x}_i\| \leqslant 1$。正则最小二乘法(regularized least square)是线性回归中最常用的方法，可以写成如下的最优化问题：

$$\min_{w \in \mathbf{R}^d}\left\{\frac{1}{m}\sum_{i=1}^m(\boldsymbol{w}^{\mathrm{T}}\boldsymbol{x}_i - y_i)^2 + \lambda\|\boldsymbol{w}\|^2\right\} \tag{6-16}$$

式中，除了常用的 L_2 损失函数，还添加了以 0 为中心的 L_2 正则项防止过拟合。我们约定 $h_{\mathrm{src}}(x) = \boldsymbol{x}^{\mathrm{T}}\boldsymbol{w}_0$ 为参考假设，则上述回归问题所对应的假设迁移学习算法[14]为

$$\min_{\boldsymbol{w}\in\mathbf{R}^d}\left\{\frac{1}{m}\sum_{i=1}^{m}(\boldsymbol{w}^{\mathrm{T}}\boldsymbol{x}_i-y_i)^2+\lambda\|\boldsymbol{w}-\boldsymbol{w}_0\|^2\right\} \tag{6-17}$$

式(6－17)将式(6－16)以 0 为中心的正则化改为了以参考假设 h_{src} 参数为中心的正则化，使得新的回归器尽量接近 h_{src}，利用了 h_{src} 中含有的知识。事实上，上述优化问题可以写成更一般形式：

$$h_{\hat{P}}(x)=\mathrm{tr}_C(\boldsymbol{x}^{\mathrm{T}}\hat{\boldsymbol{w}}_{\hat{P}})+h_{\mathrm{src}}(\boldsymbol{x}) \tag{6-18}$$

式中，$\mathrm{tr}_C(\boldsymbol{x})=\min[\max(x, -C), C]$；$\hat{w}_{\hat{P}}=\arg\min\limits_{w}\frac{1}{m}\sum\limits_{i=1}^{m}[\boldsymbol{w}^{\mathrm{T}}\boldsymbol{x}_i-y_i+h_{\mathrm{src}}(\boldsymbol{x}_i)]^2+\lambda\|\boldsymbol{w}\|^2$。注意到，当 $C=\infty$，$h_{\mathrm{src}}(\boldsymbol{x})=\boldsymbol{x}^{\mathrm{T}}\boldsymbol{w}_0$ 时，退化为式(6－17)。这一形式也说明，假设迁移学习算法的本质是利用新的线性学习器对参考假设 h_{src} 的输出进行修正，使其更好地适应目标领域。

下面考虑假设迁移学习算法的泛化误差界。式(6－14)所示算法的泛化误差可以使用留一误差(leave one out，LOO)来衡量。留一误差是 K 折交叉验证在 K 与数据集大小相同时的特殊情况，有如下定义：

$$\epsilon^{\mathrm{LOO}}(\mathcal{A}, \hat{P})=\frac{1}{m}\sum_{i=1}^{m}(\mathcal{A}(\hat{P}\backslash\{\boldsymbol{x}_i, y_i\}, \mathbf{0})(\boldsymbol{x}_i)-y_i)^2 \tag{6-19}$$

式中，$\mathcal{A}(\hat{P}\backslash\{\boldsymbol{x}_i, y_i\}, \mathbf{0})$ 为算法 $\mathcal{A}$ 从基于数据集 $\hat{P}\backslash\{\boldsymbol{x}_i, y_i\}$ 学习所得的模型。基于留一误差，假设迁移学习算法有如下的泛化误差界。

定理 6.6 假设迁移学习算法的泛化误差界[14]：设 $\lambda\geqslant\frac{1}{m}$，如果 $C\geqslant B+\|h_{\mathrm{src}}\|_\infty$，则对于式(6－19)所得的假设 $h_{\hat{P}}$，其中 $\hat{P}\sim(P)^m$，有不小于 $1-\delta$ 的概率使如下关系成立：

$$\epsilon_P(h_{\hat{P}})-\epsilon^{\mathrm{LOO}}(h_{\hat{P}}, \hat{P})=O\left(C\frac{\sqrt[4]{\epsilon_P(h_{\mathrm{src}})\mathrm{tr}_{C^2}\left(\frac{\epsilon_P(h_{\mathrm{src}})}{\lambda}\right)+\epsilon_P^2(h_{\mathrm{src}})}}{\sqrt{m}\delta\lambda^{3/4}}\right) \tag{6-20}$$

如果 $C=\infty$，有

$$\epsilon_P(h_{\hat{P}})-\epsilon^{\mathrm{LOO}}(h_{\hat{P}}, \hat{P})=O\left(\frac{\sqrt{\epsilon_P(h_{\mathrm{src}})}(\|h_{\mathrm{src}}\|_\infty+B)}{\sqrt{m}\delta\lambda}\right) \tag{6-21}$$

对于定理 6.6，首先考察特殊情况。当 $h_{\mathrm{src}}=0$ 时，源领域学习器不提供信息，误差界退化为标准学习问题的误差界。当 $C=0$ 时，误差界退化为只使用参考假设 h_{src} 的泛化误差界，泛化误差为 $O\left(\frac{B}{\sqrt{m}\lambda}\right)$。在这一上界中，一个核心的统计量为 $\frac{\epsilon_P(h_{\text{src}})}{\lambda}$，其中 λ 为假设迁移学习算法中的正则项系数，$\epsilon_P(h_{\text{src}})$ 表示源领域假设在目标领域的误差，当 $\frac{\epsilon_P(h_{\text{src}})}{\lambda}\to 0$ 时，表明 h_{src} 在目标领域上误差较小，目标函数 h_T 的真实误差 $\epsilon_P(h_T)$ 收敛至 LOO 误差 $\epsilon^{\text{LOO}}(h_{\hat{P}}, \hat{P})$；当 $\frac{\epsilon_P(h_{\text{src}})}{\lambda}\to\infty$ 时，表明源领域与目标领域相关性不大，或者源领域假设并没有提供有用信息，从而不能帮助迁移，甚至带来负迁移。

进一步，考虑更一般的情况。一方面，可以定义新的目标函数，推广式(6－19)到使用 H -光滑损失函数与 σ -强凸正则化项的情况。另一方面，我们允许使用多个源领域学习器 $\{h_{\text{src}}^i\}_{i=1}^n$ 来辅助训练，将参考假设设定为它们的线性组合 $h_{\text{src}}^{\mathcal{B}}=\sum_{i=1}^n\beta_i h_{\text{src}}^i$，其中权重 β_i 可以根据目标领域调整。此时的目标假设可以写作：

$$h_{\boldsymbol{w},\mathcal{B}}(\boldsymbol{x})=\langle\boldsymbol{w},\boldsymbol{x}\rangle+h_{\text{src}}^{\mathcal{B}}(\boldsymbol{x}) \tag{6-22}$$

而满足这些条件的推广假设迁移学习问题可以写作：

$$\hat{\boldsymbol{w}}=\arg\min_{\boldsymbol{w}\in\mathcal{H}}\left\{\frac{1}{m}\sum_{i=1}^m\ell(\langle\boldsymbol{w},\boldsymbol{x}_i\rangle+h_{\text{src}}^{\mathcal{B}},y_i)+\lambda\Omega(\boldsymbol{w})\right\} \tag{6-23}$$

式中，ℓ 为 H -光滑损失函数；$\Omega:\mathcal{H}\to\mathbf{R}_+$ 为 σ -强凸正则化函数，$\Omega(\mathcal{B})\leqslant\rho$。容易看出式(6－19)符合这一目标函数的形式。下面考察 $h_{\boldsymbol{w},\mathcal{B}}(\boldsymbol{x})$ 的泛化误差界。

定理 6.7 推广假设迁移学习算法的泛化误差界[15]：设 $h_{\hat{\boldsymbol{w}},\mathcal{B}}(\boldsymbol{x})$ 为式(6－22)和式(6－23)所得假设，训练集为 $\hat{P}\sim(P)^m$，n 个源领域假设 $\{h_{\text{src}}^i:\|h_{\text{src}}\|_\infty\leqslant 1\}_{i=1}^n$，$\Omega(\mathcal{B})\leqslant\rho$，且 $\lambda\in\mathbf{R}_+$。若对于 $\forall\hat{P}\sim(P)^m$，$\forall(\boldsymbol{x},y)\in\hat{P}$，$\ell(h_{\hat{\boldsymbol{w}},\mathcal{B}}(\boldsymbol{x}),y)\leqslant M$，则定义 $\kappa=\frac{H}{\sigma}$，假设 $\lambda\leqslant\kappa$，有不小于 $1-\mathrm{e}^{\eta}$，$\forall\eta\geqslant 0$ 的概率使如下不等式关系成立：

$$\epsilon_P(h_{\hat{w},\mathcal{B}})\leqslant\epsilon_{\hat{P}}(h_{\hat{w},\mathcal{B}})+O\left(\frac{\epsilon_P(h_{\text{src}}^{\mathcal{B}})\kappa}{\sqrt{m}\lambda}+\sqrt{\frac{\epsilon_P(h_{\text{src}}^{\mathcal{B}})\rho\kappa^2}{m\lambda}}+\frac{M\eta}{m\log\left(1+\sqrt{\frac{M\eta}{u_{\text{src}}}}\right)}\right)$$

$$\leqslant \epsilon_{\hat{P}}(h_{\hat{w},\mathcal{B}})+O\left(\frac{\kappa}{\sqrt{m}}\left(\frac{\epsilon_P(h_{\text{src}}^{\mathcal{B}})}{\lambda}+\sqrt{\frac{\epsilon_{\hat{P}}(h_{\text{src}}^{\mathcal{B}})\rho}{\lambda}}\right)+\frac{\kappa}{m}\left(\frac{\sqrt{\epsilon_P(h_{\text{src}}^{\mathcal{B}})M\eta}}{\lambda}+\sqrt{\frac{\rho}{\lambda}}\right)\right) \tag{6-24}$$

式中，$u_{\text{src}}=\epsilon_P(h_{\text{src}}^{\mathcal{B}})\left(m+\frac{\kappa\sqrt{m}}{\lambda}\right)+\kappa\sqrt{\frac{\epsilon_P(h_{\text{src}}^{\mathcal{B}})m\rho}{\lambda}}$。

由定理 6.7 可得，参考假设的误差 $\epsilon_P(h_{\text{src}}^{\mathcal{B}})$ 直接决定泛化误差的速率。当 $\epsilon_P(h_{\text{src}}^{\mathcal{B}})$ 很大接近 M 时，说明 $h_{\text{src}}^{\mathcal{B}}$ 对迁移作用很小，定理 6.7 退化为标准学习问题的误差界 $\epsilon_P(h_{\hat{w},\mathcal{B}})-\epsilon_{\hat{P}}(h_{\hat{w},\mathcal{B}})\leqslant O\left(\frac{1}{\sqrt{m}\lambda}\right)$；当 $\epsilon_P(h_{\text{src}}^{\mathcal{B}})=0$ 时，$\epsilon_P(h_{\hat{w},\mathcal{B}})=\epsilon_{\hat{P}}(h_{\hat{w},\mathcal{B}})$ 以概率 1 成立，泛化误差为 0；当 $m=O\left(\frac{1}{\epsilon_P(h_{\text{src}}^{\mathcal{B}})}\right)$ 时，泛化误差的收敛速率为 $O\left(\frac{\sqrt{\rho}}{m\sqrt{\lambda}}\right)$，是超越一般误差界 $O\left(\frac{1}{\sqrt{m}}\right)$ 的更快学习速率。

由于目标领域数据较少，$\epsilon_P(h_{\text{src}}^{\mathcal{B}})$ 是一个较难测量的量，于是可以利用转导迁移学习的误差界进行求取。设 $\mathcal{H}=\{\boldsymbol{x}\rightarrow\langle\mathcal{B},\ h_{\text{src}}(\boldsymbol{x})\rangle\mid\Omega(B)\leqslant\tau\}$，其中 $h_{\text{src}}(\boldsymbol{x})=[h_{\text{src}}^1(\boldsymbol{x})\ h_{\text{src}}^2(\boldsymbol{x})\ \cdots\ h_{\text{src}}^n(\boldsymbol{x})]^{\mathrm{T}}$，固定 $h=h_{\text{src}}^{\mathcal{B}}\in\mathcal{H}$，由定理 6.2 知，下述不等式成立：

$$\epsilon_P(h_{\text{src}}^{\mathcal{B}})\leqslant\epsilon_Q(h_{\text{src}}^{\mathcal{B}})+d_{\mathcal{H}\Delta\mathcal{H}}(P_x,\ Q_x)+\lambda_{\mathcal{H}}(P,\ Q) \tag{6-25}$$

从而将 $\epsilon_P(h_{\text{src}}^{\mathcal{B}})$ 的估计转化为一个领域适应问题，只需要源领域的数据和目标领域的无标数据。将式(6-25)代入式(6-24)，可得对于任意假设 h，$\lambda\leqslant 1$，$\rho\leqslant\frac{1}{\lambda}$，下述不等式成立[15]：

$$\epsilon_P(h)\leqslant\epsilon_{\hat{P}}(h)+O\left(\frac{\epsilon_Q(h_{\text{src}}^{\mathcal{B}})+d_{\mathcal{H}\Delta\mathcal{H}}(P_x,\ Q_x)+\lambda_{\mathcal{H}}(P,\ Q)}{\sqrt{m}\lambda}+\frac{1}{m\lambda}\right) \tag{6-26}$$

我们考虑 $\lambda_{\mathcal{H}}(P,\ Q)$，此项表示假设在源领域和目标领域所能实现的最优误差，因此在领域自适应问题中 $\lambda_{\mathcal{H}}(P,\ Q)$ 应该较小才能表明两个领域之间是可迁移的。但是在假设迁移学习问题中，我们可以通过增大正则约束惩罚系数 λ 来减小泛化误差，这表明即使目标领域与源领域相差较大，依然可以得到较好的学习效果。

6.3 归纳迁移学习

归纳迁移学习(inductive transfer learning)是一类重要的迁移学习方法,对应于归纳学习(inductive learning)这一机器学习的基本范式。一类直观而有效的归纳迁移学习方法是围绕模型的“预训练和微调”。其中,根据源领域上的样本是否有标注信息,预训练方法可以进一步划分为有监督预训练(supervised pretraining)和无监督预训练(unsupervised pretraining)。本节将分别对有监督预训练、无监督预训练、微调进行阐述。

定义 6.8 归纳迁移学习[1]:给定一个源领域 $\mathcal{D}_s$ 及其学习任务 $\mathcal{T}_s$,一个目标领域 $\mathcal{D}_t$ 及其学习任务 $\mathcal{T}_t$,归纳迁移学习是在 $\mathcal{T}_s \neq \mathcal{T}_t$ 的情况下,利用从源领域 $\mathcal{D}_s$ 和学习任务 $\mathcal{T}_t$ 所获得的知识,降低目标领域预测函数 $f_t(\cdot)$ 的泛化误差。

6.3.1 有监督预训练

当源领域拥有大量有标记数据时,可以在源领域上进行模型的有监督预训练,随后将模型迁移到目标领域上。

大规模数据集的构建和计算机算力的显著提升为有效训练神经网络提供了基础条件。计算机视觉顶级会议 CVPR,从 2010 年开始至 2017 年为止,每年举办一次 ImageNet 大规模视觉识别挑战赛(ImageNet large-scale visual recognition challenge)。在竞赛中,很多队伍的比赛成果,即在 ImageNet 数据集上的分类表现,已经超越了人类。在 ImageNet 上预训练的深度网络具备很强的泛化能力,因此常常作为“预训练和微调”方法中的有监督预训练模型。

有监督预训练模型的迁移性能,一直都是迁移学习研究的重点和热点。Yosinski 等[16]通过实验说明了深度神经网络不同层的迁移性:底层网络的特征具有较好的通用性,而高层网络的特征具有更强的领域相关性。基于这项实验结果,底层网络在迁移学习中的微调强度应该较弱,而高层网络在迁移学习中的微调强度应该较强。Huh 等[17]通过实验得到了一系列与直觉相反的结论。例如,预训练使用的源领域数据集的样本量、类别数并不是越多越好;相反地,预训练中过多的样本量、类别数对网络的泛化能力有负面影响。同时,预训练中类别的细粒度程度对网络的泛化能力影响较弱。Kornblith 等[18]通过 ImageNet 数据集上的“预训练-微调”实验发现,不同网络架构的预训练模型在 ImageNet 上的性能与该模型在目标领域上微调后的性能有很大关系,且随着目标领域的样本量增加,“预训练-微调”方案相对于利用目标领域样本从头训练模型的优势会逐渐减小。Liu 等[19]从泛化、优化、迁移性能多种角度对 ImageNet 上的预训练模型进行了实验探究,并得出了两个重要结论。第一,微调后的模型倾向于找到更平坦的最小值,这是因为当模型从 ImageNet 迁移到相似的目标数据集时,它们的参数矩阵被约束在了原预训练参数的平坦区域附近,这表明“预训练-微调”方法能使微调后的模型相比直接从头训练的模型,所处的优化区域更平坦,从而拥有了更强的泛化性能。第二,网络的可迁移性和数据、标签的相似度密切相关,数据、标签空间越相似,预训练网络对目标数据的迁移能力就越强。有趣的是,在训练阶段,网络的可迁移性也有先增加后下降的趋势。

6.3.2 无监督预训练

当源领域上样本没有标记信息时,可以利用无监督预训练方法从这些训练样本中学习表示,而后将这些知识迁移到目标领域上。

1. 自主学习

自主学习(self-taught learning)[20]对大规模无标记数据进行挖掘利用,以改善模型在有监督分类任务上的表现。自主学习由两个阶段构成:其一,利用无标记数据学习一种表示;其二,将这种表示应用到有标记数据的分类任务。当这种表示被学习到后,它可以反复地应用到不同的分类任务上。

我们以一种基于重建独立成分分析(reconstruction independent component analysis,RICA)的自主学习方法为例概述自主学习步骤,如图 6-3 所示。具体地,给定一个无标记数据集 $\{\boldsymbol{x}_u^1, \boldsymbol{x}_u^2, \cdots, \boldsymbol{x}_u^{m_u}\}$,其中含有 m_u 个无标记样本;给定一个有标记数据集 $\{(\boldsymbol{x}_l^1, y^1), (\boldsymbol{x}_l^2, y^2), \cdots, (\boldsymbol{x}_l^{m_l}, y^{m_l})\}$,其中含有 m_l 个有标记样本。首先,将 RICA 应用到这个无标记数据集,其参数 $\boldsymbol{W}$ 通过最小化如下目标函数进行优化:

$$\min_{\boldsymbol{W}}\{\lambda \|\boldsymbol{W}\|_1 + \frac{1}{2}\|\boldsymbol{W}^{\mathrm{T}}\boldsymbol{W}\boldsymbol{x} - \boldsymbol{x}\|_2^2\} \tag{6-27}$$

之后,将任意有标记样本 $\boldsymbol{x}_l^i$ 输入 RICA 模型,即可获得相应的隐层激活向量 $\boldsymbol{a}_l^i$。随后,可以选择以特征 $\boldsymbol{a}_l^i$ 替换原始样本 $\boldsymbol{x}_l^i$ 来构建新的样本对 $(\boldsymbol{a}_l^i, y^i)$;也可以选择将特征 $\boldsymbol{a}_l^i$ 与原始样本 $\boldsymbol{x}_l^i$ 连接构建新的样本对 $((\boldsymbol{x}_l^i, \boldsymbol{a}_l^i), y^i)$。最后,基于新构建的样本对,可以更好地实现有监督分类。

2. 基于转换器的双向编码表示

在自然语言处理任务中,数据标注成本较高,这导致可用训练数据集规模常

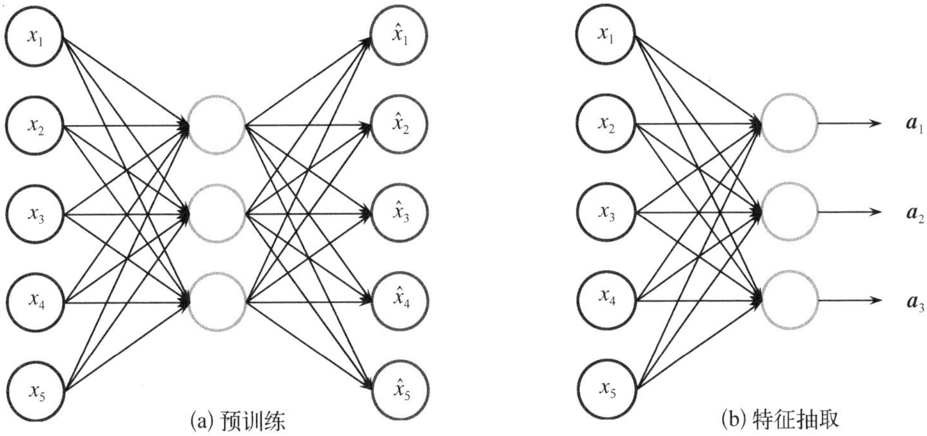

图 6-3 自 主 学 习

常较小。于是,无监督预训练方法被广泛应用。通过无监督预训练方法,在大规模易获取的无标记数据集上学习到的知识能够迁移到目标任务上。

Devlin 等[21]在 2018 年提出了备受关注的自然语言预训练方法——基于转换器的双向编码表示(bidirectional encoder representations from transformer, BERT),目前该方法已经成为自然语言处理领域应用最广泛的预训练方法。BERT 的成功有赖于注意力机制(attention)和转换器(transformer)的提出与应用。循环神经网络(recurrent neural network)是最为基础的语言模型架构,拥有强大的序列数据建模能力。但是,在自然语言处理任务中,仅仅考虑序列顺序是远远不够的。因此,注意力机制被引入到语言模型中,通过赋予不同位置的词不同的权重,对结果影响较大的词将受到更大的关注。转换器则是充分利用了注意力机制,用全注意力机制的模块替换了已有的网络架构。在注意力机制和转换器的基础上,BERT 提出了若干点创新的预训练方法。

相较于传统的语言模型,BERT 最为突出的优势在于,其整个网络的各个层都受全局双向上下文信息的影响。具体地说,BERT 的目标函数是

$$P(w_i \mid w_1, w_2, \cdots, w_{i-1}, w_{i+1}, \cdots, w_n) \tag{6-28}$$

该目标函数可以在训练语言模型时考虑全部上下文信息的影响,从而更充分地提取上下文信息。

如图 6-4 所示,BERT 的输入主要由 3 种表征(embedding)向量组成:词表征(token embedding)、段表征(segment embedding)、位置表征(position embedding)。其中,段表征用来区分两种句子,这是因为预训练的时候既要学

习语言模型又需要做以两个句子为输入的分类任务；位置表征也与之前的工作不同，其没有利用三角函数，而是通过学习得到。图中 CLS 和 SEP 分别为自然语言处理中的特定符号标记，CLS 表示该任务为分类任务，SEP 表示分句符号，用于断开输入语料中两个句子。

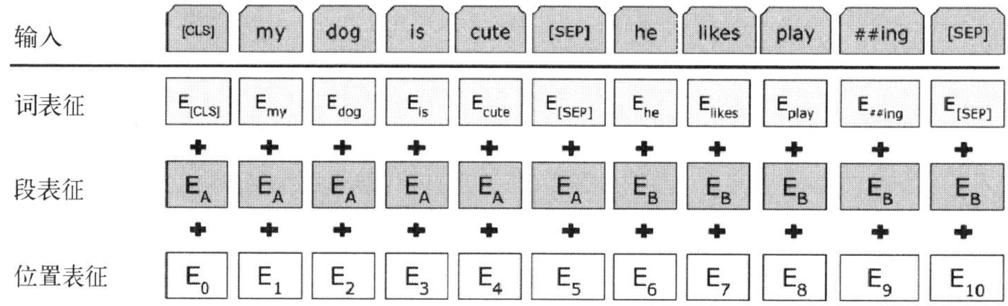

图 6 - 4　BERT 输入的 3 种表征示意图[21]

BERT 的预训练主要包含两个任务。第 1 个任务是遮盖语言模型（masked language model，MLM）。特定位置的词被掩膜（mask）遮盖，模型需要根据该位置前后的文本预测被遮盖的词。第 2 个任务是预测下一个句子。因为自然语言处理任务可能涉及自然语言推断、智能问答等问题，所以要关注句子之间的关系、模型需要具备连续长序列特征抽象的能力。为了满足这个需求，预训练语料应该是包含句间关系的文档级别数据。

6.3.3　微调

微调是最常用、最有效的迁移学习方法之一。在实际应用中，标注数据不足的情况时有发生。这使得直接从头训练网络会导致网络过拟合、泛化能力较弱。而预训练的网络往往具备很强的泛化能力，基于预训练网络进行微调，可以较大幅度提升网络表现。微调的基本思想是：以预训练网络参数作为待训练网络的初始化参数，然后移除部分专门针对预训练任务的网络参数，添加部分专门针对目标任务的网络参数，进行训练。图 6 - 5 是一个在 ImageNet 预训练、而后微调到某个分类任务上的微调方法示例。

从图 6 - 5 可以看到，当目标数据集数据量少且与预训练数据集相似时，我们往往可以直接保留预训练的网络参数，只更换新的分类器进行训练；反之，则训练整个网络。而当目标数据集数据量大且与预训练数据集相似，或目标数据集数据量少且与预训练数据集不相似时，可以更换分类器，并微调卷积层中的部分参数进行训练。基于目标数据集的有监督学习范式可以得到很好的迁移学习性能。

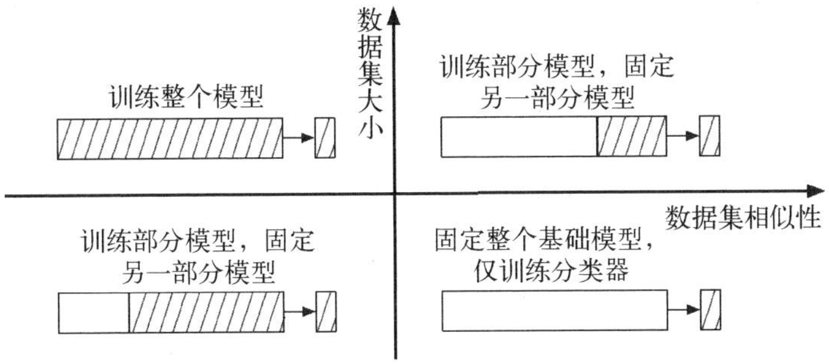

图 6-5 微调方法示例

6.4 转导迁移学习

转导迁移学习针对源领域包含标注数据而目标领域没有标注信息的迁移学习问题。这类方法通常假设源领域和目标领域之间条件概率分布相同但边缘概率分布不同，也往往会要求目标领域包含足够多的无标注数据。源领域的标注数据可以通过监督学习得到一个对源领域有效的模型，但由于边缘概率分布差异，这一模型不能用在目标领域上。这类方法的核心问题是如何建立源领域数据和无标注目标领域数据的关联，对齐数据特征的边缘概率分布，以最终将源领域通过监督学习得到的模型运用在目标领域数据上。转导迁移学习主要包括样本重要性加权方法、基于距离约束的领域适应方法和基于对抗学习的领域适应方法 3 类。

定义 6.9 转导迁移学习[1]：给定一个源领域 $\mathcal{D}_s$ 及其学习任务 $\mathcal{T}_s$，一个目标领域 $\mathcal{D}_t$ 及其学习任务 $\mathcal{T}_t$，转导迁移学习是在 $\mathcal{D}_s \neq \mathcal{D}_t$ 以及 $\mathcal{T}_s = \mathcal{T}_t$ 的情况下，利用从源领域 $\mathcal{D}_s$ 和学习任务 $\mathcal{T}_t$ 所获得的知识，降低目标领域预测函数 $f_t(\cdot)$ 的泛化误差。

6.4.1 样本重要性加权方法

样本重要性加权方法的目的是通过非参数化的跨域特征分布匹配推导出源领域样本的重采样权重。直观地，与目标领域相近的源领域样本权重应该较高，而与目标领域不相近的源领域样本权重应该较低。在理论保证下，如果权重足够接近两个分布的比，则源领域的加权优化目标等同于目标领域的直接优化目标。

1. 经典样本重要性加权方法

基于重要性加权的转导迁移学习方法通常以式(6-29)为基础[22]：

$$E_{(\boldsymbol{x},\ y)\sim P_{\mathrm{t}}}[\mathcal{L}(\boldsymbol{x},\ y;\ f)]=E_{(\boldsymbol{x},\ y)\sim P_{\mathrm{s}}}\left[\frac{P_{\mathrm{t}}(\boldsymbol{x},\ y)}{P_{\mathrm{s}}(\boldsymbol{x},\ y)}\mathcal{L}(\boldsymbol{x},\ y;\ f)\right] \tag{6-29}$$

式中，$\mathcal{L}(\boldsymbol{x},\ y;\ f)$ 代表预测函数 f 在样本 $(\boldsymbol{x},\ y)$ 上计算得到的损失函数值。式(6－29)说明，预测函数 f 在目标领域上的泛化误差，可以转变为该预测函数在源领域上损失函数值的加权期望，其中损失函数值的权重为目标领域与源领域的联合概率分布比。显然，目标领域的联合概率分布是无法得知的。当两个领域条件概率分布一致，即 $P_{\mathrm{s}}(y\mid\boldsymbol{x})=P_{\mathrm{t}}(y\mid\boldsymbol{x})$，损失函数值的权重则可以进一步简化为目标领域与源领域的边缘概率分布比：

$$\begin{aligned}E_{(\boldsymbol{x},\ y)\sim P_{\mathrm{t}}}[\mathcal{L}(\boldsymbol{x},\ y;\ f)]&=E_{(\boldsymbol{x},\ y)\sim P_{\mathrm{s}}}\left[\frac{P_{\mathrm{t}}(\boldsymbol{x},\ y)}{P_{\mathrm{s}}(\boldsymbol{x},\ y)}\mathcal{L}(\boldsymbol{x},\ y;\ f)\right]\\&=E_{(\boldsymbol{x},\ y)\sim P_{\mathrm{s}}}\left[\frac{P_{\mathrm{t}}(\boldsymbol{x})P_{\mathrm{t}}(y\mid\boldsymbol{x})}{P_{\mathrm{s}}(\boldsymbol{x})P_{\mathrm{s}}(y\mid\boldsymbol{x})}\mathcal{L}(\boldsymbol{x},\ y;\ f)\right]\\&=E_{(\boldsymbol{x},\ y)\sim P_{\mathrm{s}}}\left[\frac{P_{\mathrm{t}}(\boldsymbol{x})}{P_{\mathrm{s}}(\boldsymbol{x})}\mathcal{L}(\boldsymbol{x},\ y;\ f)\right]\end{aligned} \tag{6-30}$$

从式(6－30)可以看到，如果样本 $(\boldsymbol{x},\ y)$ 在源领域上的边缘概率分布大而在目标领域上的边缘概率分布小，则该样本给目标领域带来的影响会被弱化。相反地，如果样本 $(\boldsymbol{x},\ y)$ 在源领域上的边缘概率分布小而在目标领域上的边缘概率分布大，则该样本给目标领域带来的影响会被强化。这类迁移学习方法的核心目标就是找到 $\dfrac{P_{\mathrm{t}}(\boldsymbol{x})}{P_{\mathrm{s}}(\boldsymbol{x})}$ 的逼近值，从而在无偏条件(unbiasedness)下用源领域样本表示分类器在目标领域上的泛化误差[22]。文献[23]利用式(6－30)提出了针对协变量偏移问题的基于重要性加权的交叉验证方法，并分别在分类任务和回归任务上验证了该方法的效果。

2. Boosting *方法*

Boosting 方法是有效增强分类器泛化能力的重要方法，其主要思想是在迭代中不断调整训练样本对基分类器的影响程度，使得基分类器尽可能地关注被基分类器错误标注的样本，再通过基分类器集成手段最终得到一个强分类器。Boosting 方法的代表工作包括 AdaBoost[24] 和 Gradient boosting[25] 等。针对归纳迁移学习问题，Dai 等[26] 提出了基于 AdaBoost[24] 的迁移学习方法 TrAdaBoost。该方法假设源领域与目标领域具有相同的样本空间和标注空间，两个领域都有标注数据，但两个领域的概率分布不同。AdaBoost 方法用于增强同分布数据的分类器泛化能力，而 TrAdaBoost 方法将 AdaBoost 方法扩展到归纳迁移学习场景，利用每次迭代分类器的训练误差调整源领域与目标领域样本对分类器的影响权重，并将多次学习得到的分类器进行融合，最终产生一个在目标领域上训练误差较小的分类器。具体学习过程见算法 6－1。

算法 6－1 TrAdaBoost

输入： 大小为 n 的源领域有标注数据集 T_d，大小为 m 的目标领域有标注数据集 T_s，学习算法 A，迭代次数 N，样本 x 的真实标注函数 $c(x)$

输出： 目标领域分类器 $h(x)$

(1) 初始化权重 $W^1=(w_1^1,\ w_2^1\cdots,\ w_{n+m}^1)$

(2) **for** $t=1,\ 2\cdots,\ N$

(3) 以权重计算概率分布 $p^t=w^t/(\sum_{i=1}^{n+m}w_i^t)$

(4) 以 T_d 和 T_s 作为训练集，以 p^t 为各样本权重，利用算法 A 得到分类器 $h_t(x)$

(5) 计算分类器 $h_t(x)$ 的训练误差 $\epsilon_t=\sum_{i=n+1}^{n+m}\frac{w_i^t\mid h_t(x_i)-c(x_i)\mid}{\sum_{j=n+1}^{n+m}w_j^t}$

(6) 计算源领域样本权重变化系数 $\beta=1\bigg/\left(1+\sqrt{2\ln\frac{n}{N}}\right)$，计算目标领域样本权重变化系数 $\beta_t=\epsilon_t/(1-\epsilon_t)$

(7) 更新权重 $w_i^{t+1}=\begin{cases}w_i^t\beta^{|h_t(x_i)-c(x_i)|}, & 1\leqslant i\leqslant n\\ w_i^t\beta_t^{-|h_t(x_i)-c(x_i)|}, & n+1\leqslant i\leqslant n+m\end{cases}$

(8) **end**

(9) 生成加强后的分类器 $h(x)=\begin{cases}1, & \prod_{t=\lceil N/2\rceil}^{N}\beta_t^{-h_t(x)}\geqslant\prod_{t=\lceil N/2\rceil}^{N}\beta_t^{-\frac{1}{2}}\\ 0, & \text{其他情况}\end{cases}$

(10) 返回 $h(x)$

算法 6－1 的第 4 行根据算法 A 训练得到了当前迭代的分类器 $h_t(x)$。第 5 行计算得到分类器 $h_t(x)$ 在目标领域训练集 T_s 上的训练误差 ϵ_t。第 6 行分别计算源领域与目标领域样本权重变化系数，其中源领域权重变化系数 β 为常数，而目标领域样本权重变化系数 β_t 随着训练误差 ϵ_t 的减小而减小。第 7 行根据样本权重变化系统分别更新源领域与目标领域的样本权重。可以看到，目标领域训练误差越大，该目标领域样本的影响权重越大，即下一个迭代的训练会更加强调目标领域样本的作用(某个目标领域样本的训练误差较大也会给该样本带来加强效果)。同时，某个源领域样本的训练误差越大，该样本的影响权重就越小，即下一个迭代的训练会减弱该样本的作用。第 9 行对整个训练后半段的

$\langle N/2 \rangle$ 个分类器进行了融合，其中强调了目标领域训练误差相对小的分类器。

文献[25]根据 VC 维理论，得到目标领域的泛化误差上限：

$$\epsilon_f \leqslant \epsilon + O\left(\sqrt{\frac{Nd_{VC}}{m}}\right) \tag{6-31}$$

式中，ϵ 是分类器在目标领域训练集 T_s 上的训练误差；m 是 T_s 的样本数量；d_{VC} 是分类器假设空间的 VC 维。由此可见，参与训练的目标领域样本越多，分类器泛化能力越好。同时，迭代次数过多会导致分类器泛化误差增大。

6.4.2 基于距离约束的领域适应方法

领域适应(domain adaptation)问题通常要求源领域包含标注数据，而目标领域没有标注信息。这类方法通常假设源领域与目标领域之间条件概率分布相同，但边缘概率分布不同，也往往会假设目标领域包含足够多的无标注数据。源领域的标注数据可以通过监督学习得到一个对源领域有效的模型，但由于边缘概率分布差异，这一模型不能用在目标领域上。这类方法的核心问题是如何建立源领域数据与无标注目标领域数据的关联，对齐数据特征的边缘概率分布，以最终将源领域通过监督学习得到的模型运用在目标领域数据上。

1. 迁移成分分析法

针对源领域与目标领域间边缘概率分布不同而条件概率分布相同的领域适应场景，Pan 等[27]提出了迁移成分分析(transfer component analysis，TCA)方法。该方法以最小化最大均值差异(maximum mean discrepancy，MMD)和最大化数据方差为模型的优化目标，在保证数据特性的前提下缩小了源领域与目标领域的距离。最小化最大均值差异是在衡量两个领域差异时广泛采用的距离计算方法，其定义如下：

$$\mathrm{MMD}(X^{\mathrm{s}},\ X^{\mathrm{t}}) = \left\| \frac{1}{n_{\mathrm{s}}} \sum_{i=1}^{n_{\mathrm{s}}} \phi(\boldsymbol{x}_i^{\mathrm{s}}) - \frac{1}{n_{\mathrm{t}}} \sum_{i=1}^{n_{\mathrm{t}}} \phi(\boldsymbol{x}_i^{\mathrm{t}}) \right\|_{\mathcal{H}}^2 \tag{6-32}$$

式中，X^{s} 和 X^{t} 分别代表源领域与目标领域；$\|\cdot\|_{\mathcal{H}}^2$ 代表再生核希尔伯特空间(reproducing kernel Hilbert space，RKHS)二范数；$\phi(\cdot)$ 为用于特征变换的核函数(kernel function)。文献[27]通过核函数 $\phi(\cdot)$ 将源领域与目标领域映射到低维度的隐空间(latent space)，并定义了一个核矩阵(kernel matrix)将最小化最大均值差异和最大化数据方差两个优化目标转变为基于核矩阵的优化任务：

$$\max_{K \geqslant 0} \{\mathrm{tr}(\boldsymbol{KL}) - \lambda\, \mathrm{tr}(\boldsymbol{K})\} \tag{6-33}$$

式中，$\boldsymbol{K}=\begin{bmatrix}\boldsymbol{K}_{s,s} & \boldsymbol{K}_{s,t}\\ \boldsymbol{K}_{t,s} & \boldsymbol{K}_{t,t}\end{bmatrix}=[\phi(\boldsymbol{x}_i)^{\mathrm{T}}\phi(\boldsymbol{x}_j)]$，代表了源领域、目标领域、交叉领域数据构成的隐空间矩阵；$L_{ij}=\begin{cases}\dfrac{1}{n_s^2}, & x_i, x_j \in X_s\\ \dfrac{1}{n_t^2}, & x_i, x_j \in X_t\\ -\dfrac{1}{n_s n_t}, & \text{其他}\end{cases}$；$\mathrm{tr}(\boldsymbol{KL})$ 代表最小化最大均值差异优化目标；而 $-\mathrm{tr}(\boldsymbol{K})$ 代表最大化数据方差这个目标；λ 为最大化数据方差的权重。文献[27]还进一步通过巧妙设计的核函数将求解过程进一步简化，并将该方法扩展到半监督学习场景下的领域适应问题上。

2. 联合分布适应法

针对源领域与目标领域之间边缘概率分布不同且条件概率分布不同的领域适应场景，Long 等[28]提出了联合分布适应（joint distribution adaptation，JDA）方法。除了以 TCA 方法解决边缘概率分布不一致的问题，JDA 还针对条件概率分布不一致的情况提出了基于 MMD 的条件概率分布最小化方法。JDA 方法首先利用分类器预测目标领域的标注信息，然后将源领域与目标领域间以类别标注为前提的条件概率分布差异（class-conditional distribution discrepancy）表示为 MMD 距离，以此替代难以计算的两个领域间的后验概率分布差异（posterior distribution discrepancy）。该距离在类别 c 上的计算如下：

$$\begin{aligned}\mathrm{MMD}(\mathcal{D}_s^c, \mathcal{D}_t^c) &= \left\| \frac{1}{n_s^c}\sum_{\boldsymbol{x}_i\in\mathcal{D}_s^c}\boldsymbol{A}^{\mathrm{T}}\boldsymbol{x}_i - \frac{1}{n_t^c}\sum_{\boldsymbol{x}_j\in\mathcal{D}_t^c}\boldsymbol{A}^{\mathrm{T}}\boldsymbol{x}_j \right\|_2^2\\ &= \mathrm{tr}(\boldsymbol{A}^{\mathrm{T}}\boldsymbol{X}\boldsymbol{M}_c\boldsymbol{X}^{\mathrm{T}}\boldsymbol{A})\end{aligned} \tag{6-34}$$

式中，$\mathcal{D}_s^c$ 和 $\mathcal{D}_t^c$ 分别代表源领域与目标领域类别标注为 c 的样本集合（目标领域的样本标注由分类器估计得到）；$\boldsymbol{A}$ 是特征变换矩阵；$\boldsymbol{M}_c$ 计算方式为

$$(\boldsymbol{M}_c)_{ij}=\begin{cases}\dfrac{1}{(n_s^c)^2}, & \boldsymbol{x}_i, \boldsymbol{x}_j \in \mathcal{D}_s^c\\ \dfrac{1}{(n_t^c)^2}, & \boldsymbol{x}_i, \boldsymbol{x}_j \in \mathcal{D}_t^c\\ -\dfrac{1}{n_s n_t}, & \boldsymbol{x}_i \in \mathcal{D}_s^c, \boldsymbol{x}_j \in \mathcal{D}_t^c \text{ 或者 } \boldsymbol{x}_i \in \mathcal{D}_t^c, \boldsymbol{x}_j \in \mathcal{D}_s^c\\ 0, & \text{其他}\end{cases} \tag{6-35}$$

虽然在上述过程中分类器估计的目标领域样本标注可能存在错误，但随着源领域与目标领域的概率分布在迭代中逐渐对齐，分类器对目标领域的估计会越来越准确，从而逐渐达成最小化条件概率分布差异的优化目标。最终，在分类器优化和两种 MMD 距离最小化的迭代作用下，JDA 方法克服了边缘概率分布差异和条件概率分布差异，学习到适用于目标领域的分类器。

3. 深度适应网络

Long 等[29]将深度学习技术引入到领域适应问题中，提出了在深度网络上用多核最大均值差异(MK-MMD)缩小领域差异的方法，即深度适应网络(deep adaptation network，DAN)。为了充分利用深度网络的表征能力，DAN 首先利用 ImageNet 预训练深度卷积神经网络，然后通过标注完备的源领域样本进行微调，并从头训练与任务相关的若干全连接层。考虑到文献[16]所阐述的深度网络的迁移特性，即底层网络有较好的通用性而高层网络与任务关联性更强，DAN 方法微调 6 层卷积网络，而从头训练上面 3 层全连接网络。MK-MMD 则运用在所有与任务关系紧密的全连接层上。该网络架构如图 6-6 所示。

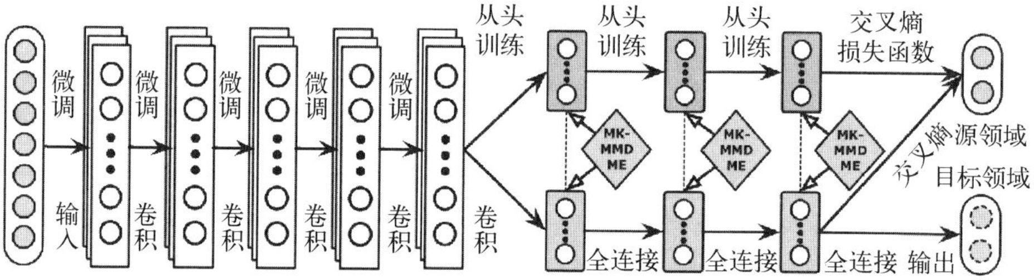

图 6-6 DAN 网络架构[29]

DAN 方法有 3 个优化目标：一是分类误差最小化，使得源领域数据被分类器正确分类；二是两个领域数据特征的分布适应，利用 MK-MMD 在多个全连接网络上衡量特征差异，并且最小化这一差异；三是 MK-MMD 的核参数优化，以此来找到特征间的最大差异。其式描述如下：

$$\min_{\Theta}\ \max_{k}\left\{\sum_{i=1}^{n^L}\mathcal{L}(f(x_i^L),\ y_i^L)+\lambda\sum_{l=6}^{8}\text{MK-MMD}(R_l^s,\ R_l^t;\ k)\right\} \tag{6-36}$$

其中，Θ 代表了 MK-MMD 核参数以外的全部网络参数；k 代表了 MK-MMD 核参数；$\mathcal{L}(f(x_i^L),\ y_i^L)$ 代表了样本 x_i^L 的分类损失函数；$\text{MK-MMD}(R_l^s,\ R_l^t;\ k)$ 代表了第 l 层上源领域与目标领域的 MK-MMD 差异；λ 为 MK-MMD 差异最小化的权重。DAN 方法之所以使用 MK-MMD 而不是原始的 MMD，是

因为 MMD 中不同的核对应了不同的再生核希尔伯特空间，而 MK - MMD 相当于采用多个不同的核来衡量距离，也就是在多个再生核希尔伯特空间上能更加充分地体现出领域间的差异。

4. 联合适应网络

Long 等[30]将特征与数据标记的联合分布考虑到深度领域适应方法中，提出了联合最大均值差异(joint maximum mean discrepancy，JMMD)，并在 DAN 基础上扩展得到联合适应网络(joint adaptation network，JAN)，进一步缩小了领域差异。JMMD 利用源领域和目标领域的各层网络特征得到联合分布的希尔伯特空间表示，其定义为

$$\begin{aligned}\hat{\mathcal{D}}_{\mathcal{L}}(P, Q) = & \frac{1}{n_{\mathrm{s}}^2}\sum_{i=1}^{n_{\mathrm{s}}}\sum_{j=1}^{n_{\mathrm{s}}}\prod_{\ell \in L} k^{\ell}(\boldsymbol{z}_i^{\mathrm{s}\ell}, \boldsymbol{z}_j^{\mathrm{s}\ell}) + \\ & \frac{1}{n_{\mathrm{t}}^2}\sum_{i=1}^{n_{\mathrm{t}}}\sum_{j=1}^{n_{\mathrm{t}}}\prod_{\ell \in L} k^{\ell}(\boldsymbol{z}_i^{\mathrm{t}\ell}, \boldsymbol{z}_j^{\mathrm{t}\ell}) - \\ & \frac{2}{n_{\mathrm{s}} n_{\mathrm{t}}}\sum_{i=1}^{n_{\mathrm{s}}}\sum_{j=1}^{n_{\mathrm{t}}}\prod_{\ell \in L} k^{\ell}(\boldsymbol{z}_i^{\mathrm{s}\ell}, \boldsymbol{z}_j^{\mathrm{t}\ell})\end{aligned} \tag{6-37}$$

式中，L 表示网络中领域差异大的高层网络；$k^{\ell}(z_i^{\ell}, z_j^{\ell})$ 代表第 ℓ 层上样本 i 特征 z_i^{ℓ} 和样本 j 特征 z_j^{ℓ} 在希尔伯特空间中的核函数表示。考虑到文献[15]所阐述的深度网络的迁移特性，与 DAN 方法类似，JAN 微调底层的 6 层卷积网络，而重新训练之上的 3 层全连接网络，以使得源领域误差损失函数最小。与此同时，JAN 通过对抗训练最小化两个领域间的联合最大均值差异。该学习过程为

$$\min_{f} \max_{\Theta}\left\{\frac{1}{n_{\mathrm{s}}}\sum_{i=1}^{n_{\mathrm{s}}}\mathcal{L}(f(\boldsymbol{x}_i^{\mathrm{s}}), y_i^{\mathrm{s}}) + \lambda\hat{\mathcal{D}}_{\mathcal{L}}(P, Q)\right\} \tag{6-38}$$

式中，$f(\boldsymbol{x}_i^{\mathrm{s}})$ 代表源领域样本 $\boldsymbol{x}_i^{\mathrm{s}}$ 的特征表示；$\mathcal{L}(f(\boldsymbol{x}_i^{\mathrm{s}}), y_i^{\mathrm{s}})$ 代表源领域分类误差损失函数；Θ 代表高层网络 $\mathcal{L}$ 的网络参数。

6.4.3 基于对抗学习的领域适应方法

1. 领域对抗神经网络

作为领域适应方法中的一个重要手段，基于对抗学习的领域适应方法已经广泛用于大量领域适应方法中。提出该方法的第一个工作是领域对抗神经网络(domain adversarial training of ,neural network，DANN)[31]。受领域适应理论[7-8]启发，DANN 以学习无法区分所属领域的数据特征为目标。DANN 需要

两组数据作为输入：一组是有标注的源领域数据，一组是无标注的目标领域数据。DANN 的学习过程主要由两方面组成：一方面，使用源领域数据和标注训练模型，使得模型在源领域数据上有较高的判别能力；另一方面，使用源领域与目标领域的数据学习领域无关的特征，即尽可能达到无法区分数据特征所属领域的效果。其中第 2 个目标利用了领域适应理论[7-8]，用 $\mathcal{H}$ 散度来衡量两个领域之间的距离。

定义 6.10 $\mathcal{H}$ 散度[7-8]：给定某数据空间上的两个领域 $\mathcal{D}_{\mathrm{s}}$ 和 $\mathcal{D}_{\mathrm{t}}$，以及分类器假设空间 $\mathcal{H}$，$\mathcal{D}_{\mathrm{s}}$ 和 $\mathcal{D}_{\mathrm{t}}$ 的 $\mathcal{H}$ 差异定义如下：

$$d_{\mathcal{H}}(\mathcal{D}_{\mathrm{s}}, \mathcal{D}_{\mathrm{t}}) = 2\sup_{h \in \mathcal{H}} \left| \Pr_{x \in \mathcal{D}_{\mathrm{s}}}[h(x)=1] - \Pr_{x \in \mathcal{D}_{\mathrm{t}}}[h(x)=1] \right| \tag{6-39}$$

$\mathcal{H}$ 散度表达了两个领域在假设空间 $\mathcal{H}$ 上的最大距离。为了表示这一个差异并将其最小化，DANN 提出了新的深度网络学习组件——梯度反转层(gradient reversal layer，GRL)。GRL 在前向传播过程中以输入作为输出，不对输入数据进行变换，但在反向传播时会将梯度反转，在输入的原始梯度上乘以一个负数作为反向传播的输出。通过 GRL 的反转，前后两部分网络在相反的学习目标下达成了学习过程的统一，简化了学习过程，增强了学习的稳定性。在该类方法中，GRL 所支持的对抗学习过程在特征提取器和领域判别器两者之间进行。通常用一个多层的全连接网络作为领域判别器来区分两个领域中的数据特征。DANN 中的特征提取器采用深度卷积网络，利用大规模图片数据集 ImageNet[32] 进行预训练，同时为源领域与目标领域提取数据特征。通过领域判别器与数据的特征提取器之间的对抗，领域判别器不断更新以提升对数据特征的领域判别能力，而同时特征提取器也不断更新以使得两个领域的数据特征不被领域判别器所辨别，最终达到最小化领域间差异的目标，其架构如图 6-7 所示。

用 $G(x)$ 表示特征提取器得到数据 x 的特征，用 $D(G(x))$ 表示领域判别器对数据 x 的领域类别预测结果，则 DANN 方法中特征提取器与领域判别器之间的博弈过程可以表示为以下优化目标：

$$\min_{G} \max_{D} \{E_{x_{\mathrm{s}} \in \mathcal{D}_{\mathrm{s}}}[\ln(D(G(x_{\mathrm{s}})))] + E_{x_{\mathrm{t}} \in \mathcal{D}_{\mathrm{t}}}[\ln(1 - D(G(x_{\mathrm{t}})))]\} \tag{6-40}$$

为了使得领域判别器 D 对特征提取器 G 有较好的引导作用并保证模型整体运行稳定，在实际训练中通常让 D 以 1 倍速度更新，而 G 以从 0 到 1 逐渐递增的权重更新。这样，D 可以在缓慢变化的特征上训练得更加充分，逐步稳定后才开始与 G 达到对抗平衡的效果。

在特征提取器与领域判别器进行对抗学习的同时，DANN 也利用源领域的有标注数据训练特征提取器和特征分类器。该更新采用交叉熵作为损失函数，更新过程如下：

$$\min_{G,f}\left\{-E_{(x_s,y_s)\in\mathcal{D}_s}\sum_{k=1}^{K}\mathbf{1}_{k=y}\ln f_k(x_s)\right\} \tag{6-41}$$

式中，$f_k(x_s)$ 表示特征分类器 f 对源领域数据 x_s 在第 k 类上的预测概率。

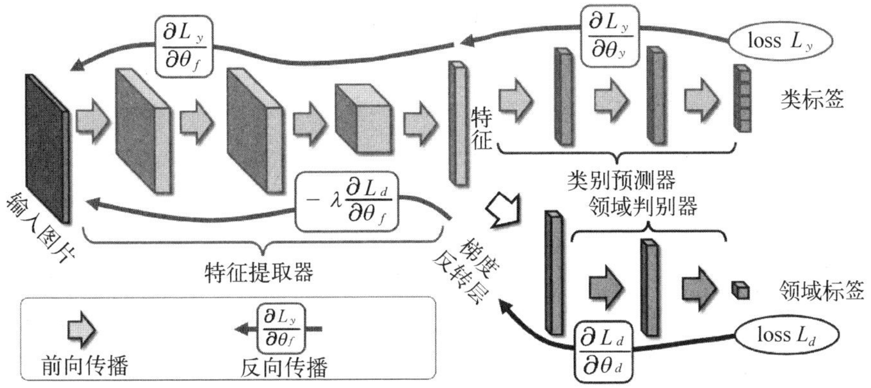

图 6-7 DANN 网络架构[30]

2. 条件对抗领域适应方法

DANN 方法以领域对抗的形式让源领域与目标领域的特征尽可能地无法被区分开，从而实现最小化领域间边缘概率分布的目的。但 DANN 方法所采用的领域对抗没有考虑数据中的类别信息，这就使得数据中普遍存在的多模式结构(multimodal structure)可能会对领域判别产生负面影响，最终减弱领域适应的效果。在文献[33]中，多模式结构特指数据样本的特性对应了多个维度的影响因素。如果数据集存在多模式结构，则数据样本的辨别方式就相对复杂，区分数据样本的领域时就需要考虑更多因素。

针对 DANN 方法对于多模式结构数据的不足，Long 等[33]提出了条件对抗领域适应方法(conditional adversarial domain adaptation，CDAN)。基于定义 6.5 的分歧散度，文献[33]将联合分布引入领域适应泛化误差界，利用联合分布作为输入的条件领域判别器最小化领域间差异。CDAN 的网络架构如图 6-8 所示。该方法采用了将分类估计与样本特征相结合的条件领域判别器，通过特征与类别信息之间的互协方差关系(cross-covariance)更准确地捕捉隐藏在多模式结构中的领域特征。该方法与 DANN 方法的不同主要体现在领域判

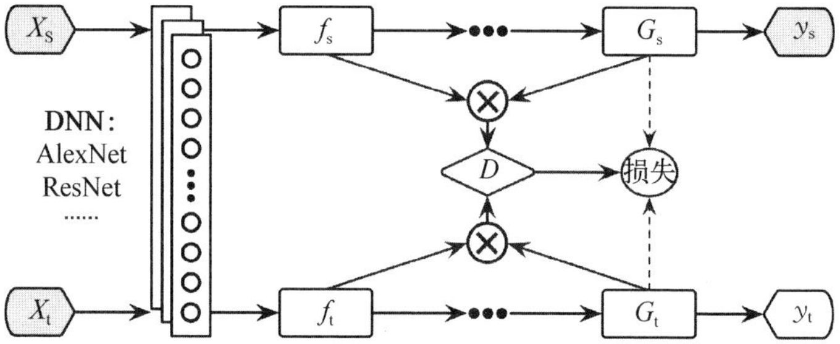

图 6-8 CDAN 网络架构[34]

别器的输入上，如式(6-42)所示：

$$\min_{G}\ \max_{D}\{E_{x_s\in\mathcal{D}_s}[\ln(D(h(x_s)))]+E_{x_t\in\mathcal{D}_t}[\ln(1-D(h(x_t)))]\}\tag{6-42}$$

式中，$h(x)=G(x)\otimes f(x)$，代表了由样本特征和样本类别估计构成的多重线性映射(multilinear map)。CDAN 方法利用 $h(x)$ 近似计算了以类别标注为前提的条件概率分布差异，以此作为减小领域间分布差异的基础，这一思路与 JDA 方法类似。但是，在特征维度较高的情况下，式(6-42)的计算量会大幅增加。为了解决这一问题，文献[33]进一步提出了式(6-42)的近似算法，用随机多重线性映射(randomized multilinear map)替换了 $h(x)$ 的计算方式，大幅缩减计算量。基于随机多重线性映射的 CDAN 网络架构如图 6-9 所示，其中 $\boldsymbol{R}_f$ 和 $\boldsymbol{R}_g$ 代表随机选择的特征矩阵。

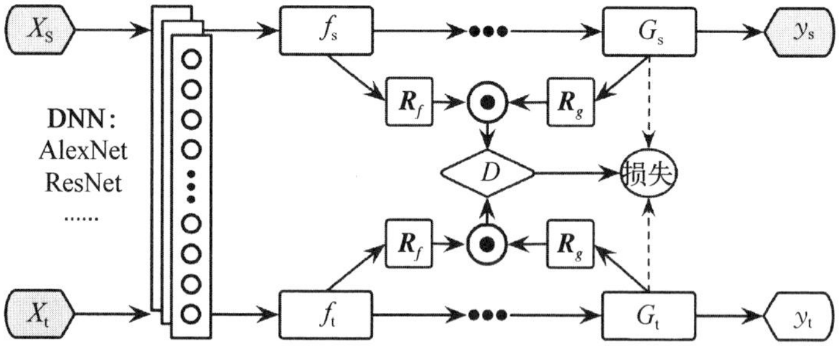

图 6-9 基于随机多重线性映射的 CDAN 网络架构[33]

3. 基于间隔分歧散度的对抗算法

6.2 节关于迁移学习理论的内容阐述了分歧散度理论和间隔分歧散度理论。分歧散度理论根植于经典的对称差散度理论，限制了用于取上界的函数族大小,得到了比经典理论更准确的估计,以及新的领域适应算法范式。间隔分歧散度理论则是基于分歧散度理论的思想,给出了间隔损失下新的分布差异度量项,并成功地将泛化误差与间隔联系起来,从而建立了迁移学习的间隔理论。根据基于分歧散度的迁移学习理论,目标领域的期望误差可以被 4 项之和控制住:源领域的间隔误差 $\varepsilon(\hat{P})$,间隔分歧散度 $D(\hat{P},\hat{Q})$,最优联合间隔误差 $\lambda^{(\rho)}$,以及复杂度项。文献[34]基于这一理论提出了基于间隔分歧散度的对抗算法(margin disparity discrepancy,MDD),并引入间隔参数 $\gamma=\exp(\rho)$ 来控制模型的泛化能力,其架构如图 6-10 所示。

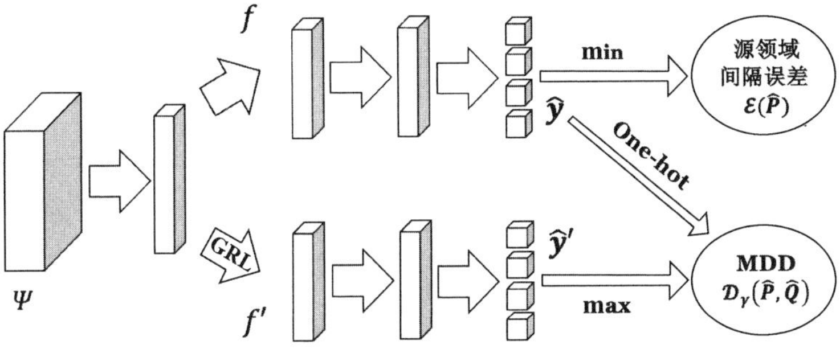

图 6-10 MDD 网络架构

MDD 将领域适应的学习任务演变为:

$$\begin{aligned}&\min_{f,\Psi}\{\varepsilon(\hat{P})+\eta\mathcal{D}_\gamma(\hat{P},\hat{Q})\}\\&\max_{f'}\{\mathcal{D}_\gamma(\hat{P},\hat{Q})\}\end{aligned}\tag{6-43}$$

式中,f 和 f' 分别是主分类器和对抗分类器;Ψ 是特征提取网络;η 是权衡间隔误差与间隔分歧散度的权重;$\mathcal{D}_\gamma(\hat{P},\hat{Q})$ 是受间隔参数 γ 影响的间隔分歧散度,定义为

$$\begin{aligned}\max_{f'}\{\gamma E_{\boldsymbol{x}_s\sim\hat{P}}\ln[\sigma_{h_f(\Psi(\boldsymbol{x}_s))}(f'(\Psi(\boldsymbol{x}_s)))]+\\E_{\boldsymbol{x}_t\sim\hat{Q}}\ln[1-\sigma_{h_f(\Psi(\boldsymbol{x}_t))}(f'(\Psi(\boldsymbol{x}_t)))]\}\end{aligned}\tag{6-44}$$

式中,$h_f(\boldsymbol{u})$ 代表特征 $\boldsymbol{u}$ 的分类结果 $f(\boldsymbol{u})$ 所估计的类标;$\sigma_j(z)=\dfrac{e^{z_j}}{\sum_{i=1}^{k}e^{z_i}}$,为经过 Softmax 函数处理后第 j 位的值。文献[34]证明,间隔参数 γ 是 MDD 算法框架中最重要的超参数,γ 越大,泛化误差会越小;但同时,一个过大的 γ 会导致训练中梯度计算不稳定,因此 γ 也需要有一个经验上界。MDD 方法基于较

传统方法更加严格的新理论，也在多项实验上取得了较好的结果。

6.5 无监督迁移学习

在无监督迁移学习方法中，源领域与目标领域的数据都是没有标记信息的。因而，无监督迁移学习方法主要应用于目标领域的无监督学习任务。

定义 6.11 无监督迁移学习[1]：给定一个源领域 $\mathcal{D}_s$ 及其学习任务 $\mathcal{T}_s$，一个目标领域 $\mathcal{D}_t$ 及其学习任务 $\mathcal{T}_t$，无监督迁移学习是在学习任务 $\mathcal{T}_s \neq \mathcal{T}_t$、样本标签 y_s 和 y_t 未知的情况下，利用从源领域 $\mathcal{D}_s$ 和学习任务 $\mathcal{T}_s$ 所获得的知识，降低目标领域预测函数 $f_t(\cdot)$ 的泛化误差。

6.5.1 双向生成式对抗网络

无监督迁移学习的一项重要应用是风格迁移，即通过无监督手段，将源领域数据转变成具有目标领域特点的数据。风格迁移能够帮助我们构造现实中难以采集到的数据，比如将交通工具的摄影图像转变为某种经典绘画风格的画作，将一幅街道图画的情景从夏天转变为冬日。

双向生成式对抗网络(CycleGAN)[35]是风格迁移领域的一项经典工作。将一个领域的样本按照另一个领域的样本分布进行转变有极大的不确定性，由此引发的一个重要挑战是如何在完成风格转移的同时保留原有的语义信息。CycleGAN 的主要思想是以生成样本的再生成样本与原始样本的一致性约束来保证语义信息的保留。CycleGAN 方法构建了从源领域到目标领域和从目标领域到源领域不同方向的两个独立生成器，以此得到两组原始样本、生成样本、生成样本的再生成样本。其核心思想如图 6-11 所示。

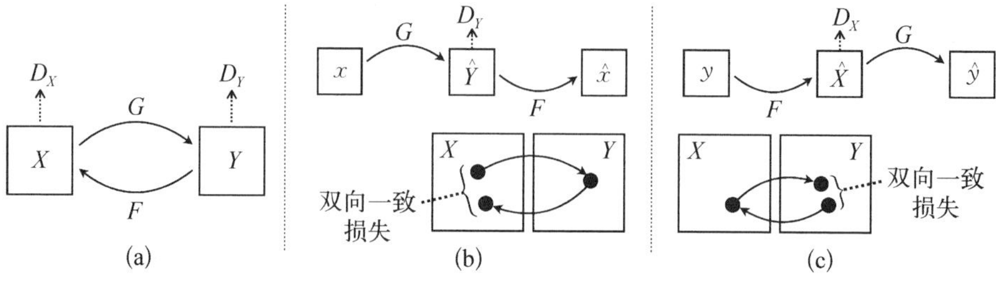

图 6-11 CycleGAN 的双向一致[35]

(a) 双向生成对抗 (b) $X-Y-X$ 双向一致损失 (c) $Y-X-Y$ 双向一致损失

利用原始样本和生成样本的对抗训练，CycleGAN 方法定义了生成式对抗损失函数：

$$\mathcal{L}_{\mathrm{GAN}}(G,\ D_{\mathrm{t}},\ X_{\mathrm{s}},\ X_{\mathrm{t}})=E_{x\sim X_{\mathrm{t}}}[\ln D_{\mathrm{t}}(x)]+E_{x\sim X_{\mathrm{s}}}[1-\ln D_{\mathrm{t}}(G(x))] \tag{6-45}$$

以及

$$\mathcal{L}_{\mathrm{GAN}}(F,\ D_{\mathrm{s}},\ X_{\mathrm{t}},\ X_{\mathrm{s}})=E_{x\sim X_{\mathrm{s}}}[\ln D_{\mathrm{s}}(x)]+E_{x\sim X_{\mathrm{t}}}[1-\ln D_{\mathrm{s}}(F(x))] \tag{6-46}$$

在上式中，G 代表从源领域到目标领域的生成模型；F 代表从目标领域到源领域的生成模型。上述损失函数与传统的生成式对抗网络的损失函数并无差别，只是从单向变成双向。另外，利用生成样本和再生成样本，CycleGAN 方法定义了双向一致损失函数：

$$\begin{aligned}\mathcal{L}_{\mathrm{cyc}}(G,\ F)=&E_{x\sim X_{\mathrm{s}}}[\|F(G(x))-x\|_1]+\\&E_{x\sim X_{\mathrm{t}}}[\|G(F(x))-x\|_1]\end{aligned} \tag{6-47}$$

在训练中，式(6－45)和式(6－46)引导 G 和 F 向混淆 D_{t} 和 D_{s} 的方向更新，式(6－47)引导 G 和 F 实现双向一致的效果。该训练过程为

$$\min_{G,\ F}\ \max_{D_{\mathrm{s}},\ D_{\mathrm{t}}}\{\mathcal{L}_{\mathrm{GAN}}(G,\ D_{\mathrm{t}},\ X_{\mathrm{s}},\ X_{\mathrm{t}})+\mathcal{L}_{\mathrm{GAN}}(F,\ D_{\mathrm{s}},\ X_{\mathrm{t}},\ X_{\mathrm{s}})+\mathcal{L}_{\mathrm{cyc}}(G,\ F)\} \tag{6-48}$$

在双向一致损失函数的保证下，由源领域生成的虚拟目标领域图像保留了较好的语义信息，同时也因为生成式对抗网络的作用获得了目标领域图像的风格，也就可以作为目标领域数据使用。

6.6 迁移学习的相关范式

6.6.1 多任务学习

迁移学习的目标是将知识在领域间、任务间泛化，与之类似的一个问题就是多任务学习(multi-task learning)。多任务学习的目标是将知识泛化到多个不同的任务上。但与其他迁移学习任务不同的是，多任务学习中源领域和目标领

域没有明确的界限，多组数据上的任务是共同学习的。在多任务学习的场景中，各个数据集往往都不足以独立支撑各自任务的训练。多任务学习方法通常利用任务之间共享的有益信息来辅助训练各个不同任务。因此，多任务学习的一个基本假设就是至少部分任务之间是有关联的。

定义 6.12 多任务学习：给定学习任务集合 $\{\mathcal{T}_i\}_{i=1}^{m}$，所有任务或者部分任务相关但不同，即当 $i \neq j$ 时，$\mathcal{T}_i \neq \mathcal{T}_j$。多任务学习就是利用从任务集合 $\{\mathcal{T}_i\}_{i=1}^{m}$ 中所获得的任务间的共享知识来改进某个或某些任务学习效果的方法。

1. 多任务特征学习

多任务特征学习(multi-task feature learning)[36]是一种多个相关任务共享的、低维表示的学习方法。其通过任务内部的正则，同时保持任务之间的耦合，来学习任务之间的一些共享特征。此外，该方法也可以用于从指定集合中选择(而不是学习)一些特征。

具体地，给定 m 个任务，某个任务 i 的输出 $\hat{y}_i$ 的计算可以形式化为

$$\hat{y}_i = \langle a_i, \boldsymbol{U}^{\mathrm{T}}\boldsymbol{x} \rangle \tag{6-49}$$

式中，$\langle \cdot \rangle$ 是内积操作；$\boldsymbol{U}^{\mathrm{T}}\boldsymbol{x}$ 是一个 d 维线性特征，$\boldsymbol{U}$ 是一个 $d \times d$ 矩阵；a_i 是任务 i 对特征 $\boldsymbol{U}^{\mathrm{T}}\boldsymbol{x}$ 的权重，全部 m 个权重构成一个 $d \times m$ 矩阵 $\boldsymbol{A}$。

那么，基于只有一少部分特征可以在任务间共享这一假设，多任务模型总体目标函数为

$$\varepsilon(\boldsymbol{A}, \boldsymbol{U}) = \sum_{i=1}^{m} L(y_i, \langle a_i, \boldsymbol{U}^{\mathrm{T}}\boldsymbol{x} \rangle) + \gamma \|\boldsymbol{A}\|_{2,1}^{2} \tag{6-50}$$

式(6-50)通过最小化权重矩阵的 $L_{2,1}$ 范数可以实现挑选共享特征的目的。

2. 共享底层多任务模型

共享底层多任务模型(shared-bottom multi-task model)[37]广泛应用于许多多任务学习领域。对于给定的 m 个任务，模型由一个共享的底层网络 f 和 m 个任务独享的塔式网络 $h_i|_{i=1}^{m}$ 构成。其中，底层网络的输出是塔式网络的输入。对于某个任务 i 而言，其输出 $\hat{y}_i$ 的计算可以形式化为

$$\hat{y}_i = h_i(f(x)) \tag{6-51}$$

共享底层多任务模型是一个典型的硬参数共享方法。与之对应地，在深度学习情景下，多任务学习也可以通过软参数共享来实现。不同于硬参数共享中直接共享部分模块，软参数共享方法通过特别的机制来实现任务间信息的共享。图 6-12 给出了多任务学习中这两种常见的共享模式。

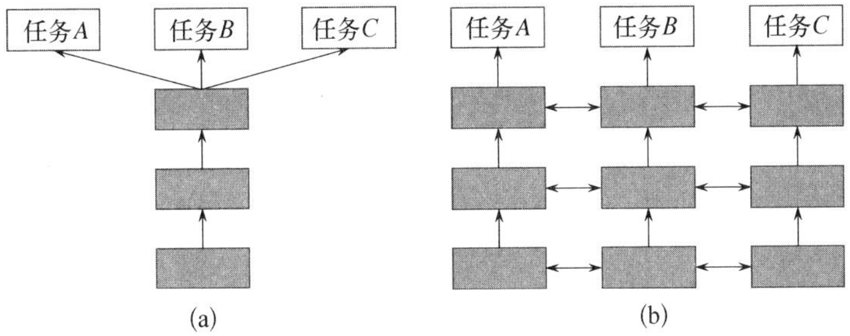

图 6-12 多任务学习中两种常见的共享模式

(a) 硬共享 (b) 软共享

6.6.2 少样本学习

机器学习方法在许多应用上取得了成功。但是,这样的成功往往建立在丰富的训练数据的基础上。机器学习模型缺乏从有限样本中学习并快速泛化到新任务上的能力。譬如,如果目标领域的样本特别少,"预训练-微调"方法可能难以奏效。于是,科研人员提出了少样本学习(few-shot learning)以应对这一问题。

定义 6.13 少样本学习:对于一个有监督的机器学习任务 $\mathcal{T}$ 而言,少样本学习能够利用有限的训练集 $D_{\text{train}}=\{(x_i, y_i)\}_{i=1}^{I}$,提升模型在评价标准 P 下的表现。常见的所谓" N 路 K 样本分类任务"指的是,训练集 D_{train} 含有 N 个类别且每个类别含有 K 个样本。显然,此时 $I=KN$。

1. 匹配网络

针对 N 路单样本问题,匹配网络(matching network)[38]可以将一个带标签的小支持集和不带标签的样本映射到它的标签上,而不需再为新出现的样本类别微调已有的网络。样本 $\hat{x}$ 的预测标签 $\hat{y}$ 为

$$\hat{y}=\sum_{i=1}^{N} a(\hat{x}, x_i) y_i \tag{6-52}$$

式中,(x_i, y_i) 来自支持集 $S=\{(x_i, y_i)\}_{i=1}^{I}$;$a$ 是一种注意力机制,可描述测试样本与支持集样本的关系。机制 a 可以取 cosine 距离上的 Softmax 函数:

$$a(\hat{x}, x_i)=\frac{\exp(\cos(f(\hat{x}), g(x_i)))}{\sum_{j=1}^{I}\exp(\cos(f(\hat{x}), g(x_j)))} \tag{6-53}$$

式中,$f(\cdot)$ 和 $g(\cdot)$ 是两个嵌入函数。匹配网络的架构图如图 6-13 所示。

2. 原型网络

原型网络(prototypical network)[39]能够学习一种度量空间。在这个度量

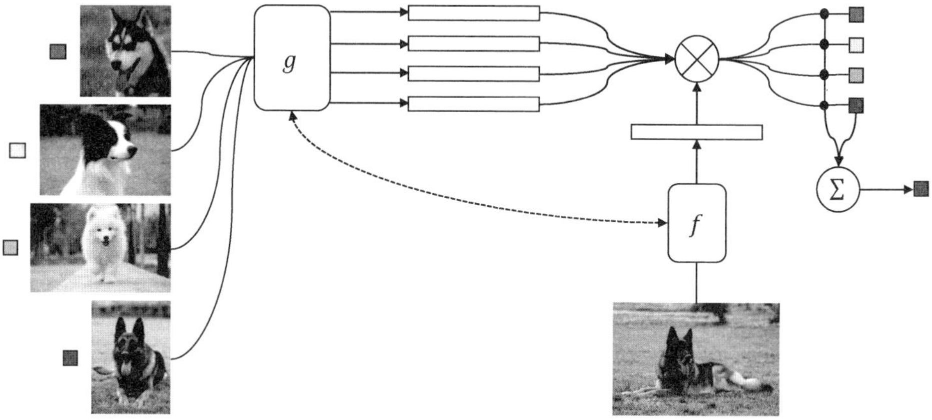

图 6-13 匹配网络架构[38]

空间中,能够通过计算样本和每个类别原型的距离来实现对样本的分类。

给定一个含有 I 个样本的支持集 $S=\{(x_i, y_i)\}_{i=1}^{I}$。相应地,$S_n|_{n=1}^{N}$ 是分属 N 个类别的样本集。每个类别的原型 c_n 为该类样本嵌入表征的均值:

$$c_n=\frac{1}{|S_n|}\sum_{i=1}^{|S_n|}f(x_i) \tag{6-54}$$

式中 $f(\cdot)$ 是嵌入函数,$|S_n|$ 是类别 n 下的样本数目。

原型网络能够根据样本与各类别原型之间的距离给出类别预测分布:

$$p(\hat{y}=n \mid \hat{x})=\frac{\exp(-\operatorname{dis}(f(\hat{x}), c_n))}{\sum_{n'=1}^{N}\exp(-\operatorname{dis}(f(\hat{x}), c_{n'}))} \tag{6-55}$$

图 6-14 是少样本学习场景下的原型网络示意图。

6.6.3 持续学习

持续学习(continuous learning)意在从无穷的流式数据中不断学习,从而对已经获得的知识进行持续的扩展。这些数据可能来自不同的领域或者任务。持续学习所面临的主要挑战是灾难性遗忘(catastrophic forgetting):当新的领域或者任务添加进来后,模型在

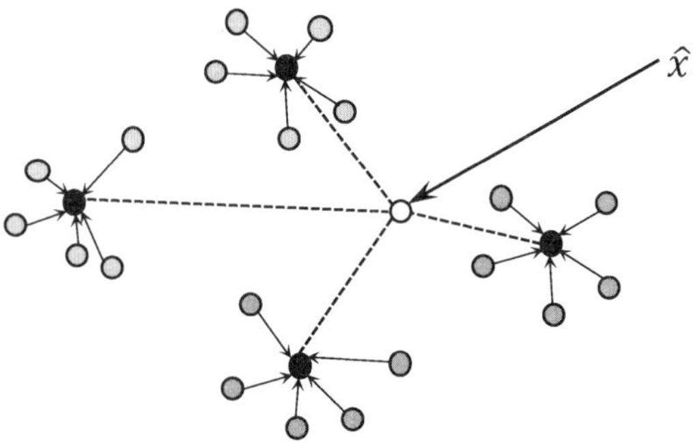

图 6-14 原型网络示意[39]

已经学习过的领域或者任务上的表现可能会急剧恶化。

定义 6.14 持续学习：对于一个任务序列，任务 $t=T$ 为新增任务，任务 $\{t \mid t=1, 2, \cdots, T-1\}$ 为已存在的任务。$\mathcal{X}^{(t)}$ 和 $\mathcal{Y}^{(t)}$ 是任务 t 的数据样本和标签。持续学习的目标是控制模型在所有任务上的风险：

$$\sum_{t=1}^{T} E_{(\mathcal{X}^{(t)}, \mathcal{Y}^{(t)})}[\ell(f_t(\mathcal{X}^{(t)}; \theta), \mathcal{Y}^{(t)})] \tag{6-56}$$

对于任务 $t<T$，数据 $(\mathcal{X}^{(t)}, \mathcal{Y}^{(t)})$ 是受限或者不可见的。

1. 弹性权重固结

灾难性遗忘是持续学习的一个不可避免的特征。弹性权重固结(elastic weight consolidation)[40]可应对神经网络中的这一问题。

具体地，弹性权重固结方法通过选取对于旧任务重要的权重，并减缓模型在这些权重上的学习，从而加强模型对于旧任务的记忆强度。假设已有旧任务 A，那么对于新任务 B 而言，模型通过最小化以下目标函数来优化参数：

$$\mathcal{L}_B(\theta)+\sum_i \frac{\lambda}{2}\boldsymbol{F}_i(\theta_i-\theta_{A,i}^*)^2 \tag{6-57}$$

式中，$\mathcal{L}_B(\theta)$ 是任务 B 单独的损失函数；$\theta_{A,i}^*$ 是模型在任务 A 上学习的参数；$\boldsymbol{F}=(\boldsymbol{F}_i)_i$ 是费雪信息矩阵(Fisher information matrix)。

2. 抑制遗忘学习方法

为抑制灾难性遗忘，Li 和 Hoiem[41]将知识蒸馏引入以巩固已经获得的知识，提出了抑制遗忘学习方法(learning without forgetting，LwF)。具体地，他们在损失函数上加入了额外的正则项以约束模型，使得在“新任务”上更新参数前后，模型在“旧任务”上的输出尽可能相似。

LwF 的目标是，对于一个由诸任务共享参数 θ_s 和旧任务特定参数 θ_o 构成的模型，增加新任务参数 θ_n，并在新数据上训练模型，使得模型在旧任务和新任务上均能获得较好的效果。首先，计算获得新任务样本在旧任务模型分支上的输出 Y_o，将其作为利用知识蒸馏损失函数训练旧任务分支的标签。之后，按照以下损失函数对模型进行训练：

$$\theta_s^*, \theta_o^*, \theta_n^* \leftarrow \arg\min_{\hat{\theta}_s, \hat{\theta}_o, \hat{\theta}_n} (\lambda_o \mathcal{L}_{\mathrm{old}}(Y_o, \hat{Y}_o)+\mathcal{L}_{\mathrm{new}}(Y_n, \hat{Y}_n)+\mathcal{R}(\hat{\theta}_s, \hat{\theta}_o, \hat{\theta}_n)) \tag{6-58}$$

式中，$\mathcal{L}_{\mathrm{old}}$ 是知识蒸馏损失函数；$\mathcal{L}_{\mathrm{new}}$ 是新任务损失函数；$\mathcal{R}$ 是权重衰减函数；Y_n 是样本的新任务真实标签；$\hat{Y}_o$ 是样本在旧任务上的输出；$\hat{Y}_n$ 是样本在新任务上的输出。

6.6.4 元学习

在学习一项新技能时,人类能够从已经掌握的技能出发或者借鉴已有经验,在付出较小代价的情况下,快速掌握新技能。类似地,在建立机器学习模型时,我们也经常有意识或者无意识地利用已有的知识帮助模型的训练,譬如相关任务的数据、研究人员训练模型的经验。为解决如何系统地、数据驱动地从已有经验中进行学习这一问题,科研人员提出了元学习(meta learning),即学习"如何学习"。

定义 6.15 元学习:在一般的机器学习问题设定中,在数据集 D_{train} 上训练模型,在数据集 D_{test} 上测试模型。在元学习问题中,若干个常规数据集 D 构成了元集合 S, S 可以划分为 $S_{\text{meta-train}}$, $S_{\text{meta-val}}$ 和 $S_{\text{meta-test}}$。元学习的目标是在 $S_{\text{meta-train}}$ 上训练获得元学习器:对给定输入 D_{train},元学习器能够产生一个在 D_{test} 上表现优异的学习器。

模型无关元学习(model-agnostic meta-learning,MAML)[42]是一种模型无关的元学习方法,能够兼容任意使用梯度下降训练的模型,能够适用于各种不同的学习问题。MAML 的优化由内外两层循环构成。在内循环中,首先利用元训练集获得模型在参数 θ 上对于任务 $\mathcal{T}_i$ 的损失 $\mathcal{L}_{\mathcal{T}_i}(f_\theta)$,在此基础上可以计算获得期望参数:

$$\theta'_i \leftarrow \theta - \alpha \nabla_\theta \mathcal{L}_{\mathcal{T}_i}(f_\theta) \tag{6-59}$$

式中 θ'_i 并未直接对模型进行更新。在外循环中,利用元训练集可以计算获得模型在参数 θ'_i 上的元损失 $\sum_{\mathcal{T}_i \sim p(\mathcal{T})} \mathcal{L}_{\mathcal{T}_i}(f_{\theta'_i})$,并完成对模型参数的更新:

$$\theta \leftarrow \theta - \beta \nabla_\theta \sum_{\mathcal{T}_i \sim p(\mathcal{T})} \mathcal{L}_{\mathcal{T}_i}(f_{\theta'_i}) \tag{6-60}$$

具体过程见算法 6-2。

算法 6-2 MAML

	输入:任务分布 $p(\mathcal{T})$,以及学习率 α 和 β
(1)	初始化参数 θ
(2)	循环:
(3)	从 $p(\mathcal{T})$ 中采样获得一个批量的任务 $\mathcal{T}_i$
(4)	对所有的任务 $\mathcal{T}_i$:
(5)	采样 K 个样本,计算期望参数:$\theta'_i \leftarrow \theta - \alpha \nabla_\theta \mathcal{L}_{\mathcal{T}_i}(f_\theta)$
(6)	更新参数 $\theta \leftarrow \theta - \beta \nabla_\theta \sum_{\mathcal{T}_i \sim p(\mathcal{T})} \mathcal{L}_{\mathcal{T}_i}(f_{\theta'_i})$
(7)	结束

6.7 迁移学习的应用

利用大量标注数据，机器学习技术可以在图像分类等视觉任务上达到超越人工分类的准确率。但在现实应用中，标注数据需要高昂的人力成本，甚至在一些场景中无法做到。迁移学习正是用以解决训练数据无法充分代表应用场景的领域差异问题。现实世界中涉及跨领域学习知识、运用知识的众多应用，往往都需要迁移学习技术，例如智慧医疗、自动驾驶、机器人控制等。

6.7.1 智慧医疗

迁移学习的一个典型应用就是医疗健康图像的识别。常识性的物体识别可以雇佣不具备专业知识的人员进行数据标注，但对于医疗图像，没有受过专业训练的人员并不能准确地完成数据标注，这极大地提高了该类应用的数据标注成本。同时，医疗图像的采集难度很大，远远不能达到互联网图像数据的级别。正是由于这些差异，迁移学习在医疗健康领域获得了大量的关注和应用。

在医疗图像的分类问题上，一种广泛采用的迁移学习手段就是“预训练和微调”[43-47]。深度网络需要大量数据训练，为了弥补医疗健康数据不足的问题，一些研究工作考虑如何利用非医疗图像数据完成模型的训练。在众多机器学习方法中，ImageNet 作为广泛使用的大规模物体分类图像数据集常用于模型预训练。尽管普通物体与医疗图像中的对象相差甚远，但研究者们还是通过基于 ImageNet 数据集的“预训练-微调”方法在视网膜疾病[48]、肺炎[49]和皮肤癌[50]等医疗问题上取得了非常好的成果。在发表于著名医学期刊《细胞》的文献[48]中，研究者们将 ImageNet 数据集训练得到的深度网络模型作为基础，利用迁移学习手段训练得到了帮助识别视网膜病变的深度网络模型，其效果已经可以与职业医生相比，其原理如图 6－15 所示。深度网络一般由特征提取网络和特定任务网络组成，其中特定任务网络参数量相对较少，通常需要根据不同的任务场景重新训练；而特征提取网络参数量大，对于标注数据不足的情况就需要使用迁移学习技术完成训练。可以看到，尽管“预训练”所采用的 ImageNet 数据集与最终要使用的医疗图像存在巨大差异，但“预训练”得到的深度网络给后续的“微调”提供了重要的基础，降低了深度网络训练对标注医疗图像的要求。

同样为了解决缺少标注图像的问题，一些研究工作还针对基于无监督学习的预训练模型进行微调[46-47]。为了对阿尔茨海默病进行更快速地诊断，Suk

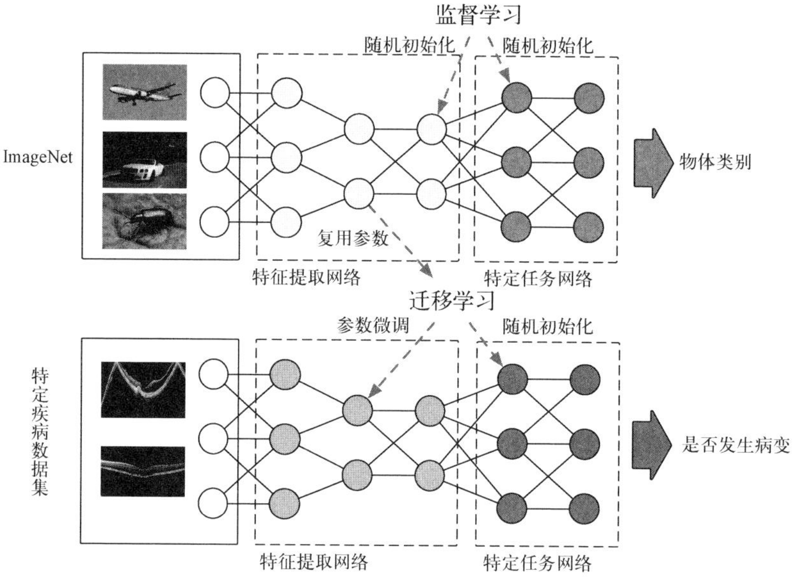

图 6-15 “预训练-微调”训练病变识别模型

等[46]提出以无监督学习生成数据特征的预训练手段。文献[46]利用深度置信网络以无监督方式学习核磁共振图像(magnetic resonance imaging,MRI)和正电子发射断层成像(positron emission tomography,PET)的融合特征,并在该网络上利用有标注数据进行微调,用共同的类别信息捕捉两种模式数据之间的联系,最终得到性能较好的特征生成器和特征分类器。

6.7.2 自动驾驶

另一个典型的应用迁移学习的例子就是自动驾驶,如图 6-16 所示。机器学习需要大量数据,通过真实场景演练来学习如何驾驶汽车,其成本过于高昂,且无法演练危险场景。为了解决这一问题,人们自然地想到利用模拟数据和监督学习技术来训练用于自动驾驶的机器学习模型。尽管模拟数据通常由物理引擎产生,符合物理常识,但是现实情况往往复杂多变,难以充分模拟。这时,模拟数据和真实数据之间的领域差异就可能严重影响学习效果,也就需要迁移学习的支持。

迁移学习的另一个重要意义在于使模型的适应性更强,能够应对复杂多变的实际环境。文献[51]利用迁移学习方法实现了一种可以排除复杂环境干扰的道路边界识别方法。道路边界识别是自动驾驶技术中非常重要的一个部分,仅用图形识别手段难以应对复杂的道路环境。文献[51]将道路边界识别问题定义为区域检测问题,在语义分割模型的基础上,利用迁移学习方法完成了道路边界所在区域的检测，将环境信息的知识融合保留在模型之中，其原理如图 6－17 所示。

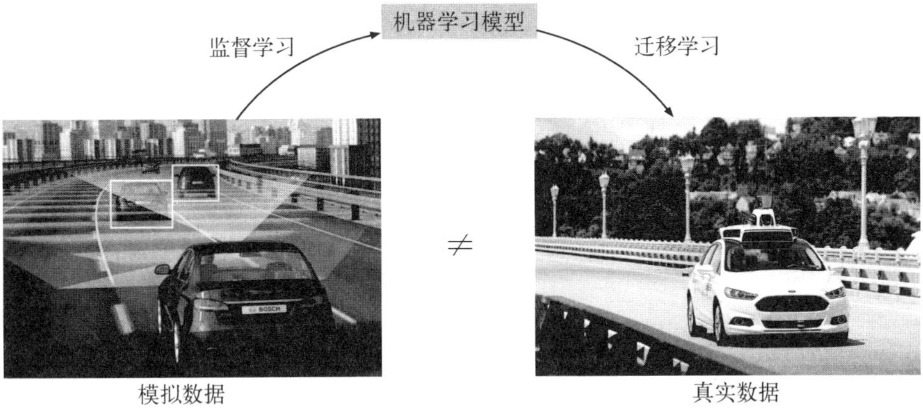

图 6－16　自动驾驶中的迁移学习

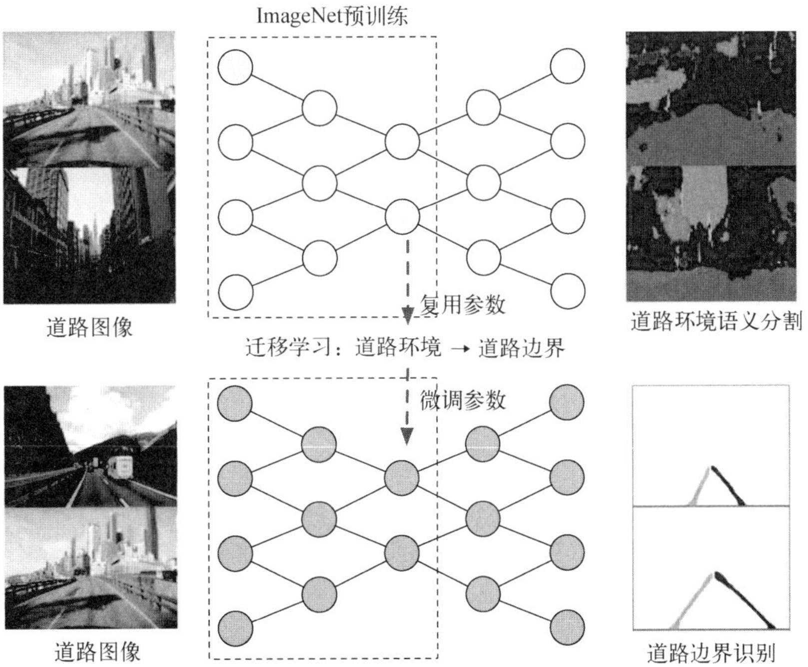

图 6－17　迁移学习用于捕捉环境语义

6.7.3　机器人控制

机器人控制也是一个典型的迁移学习应用场景。机器人控制面临着与自动驾驶等应用类似的状况——真实环境训练成本高，因此利用模拟环境数据进行训练成为一种广泛采用的手段。但模拟环境与真实环境之间存在着巨大的领域差异，这就导致模拟环境训练得到的模型不能在真实环境中取得理想的效果。文献[52]将领域适应方法应用到机器人抓取系统上，利用随机模拟环境训练，在领域适应方法的帮助下让系统具备抓取新物体的能力。该方法采用了像素级、特征级两个层次的领域适应方法，如图 6－18 所示。

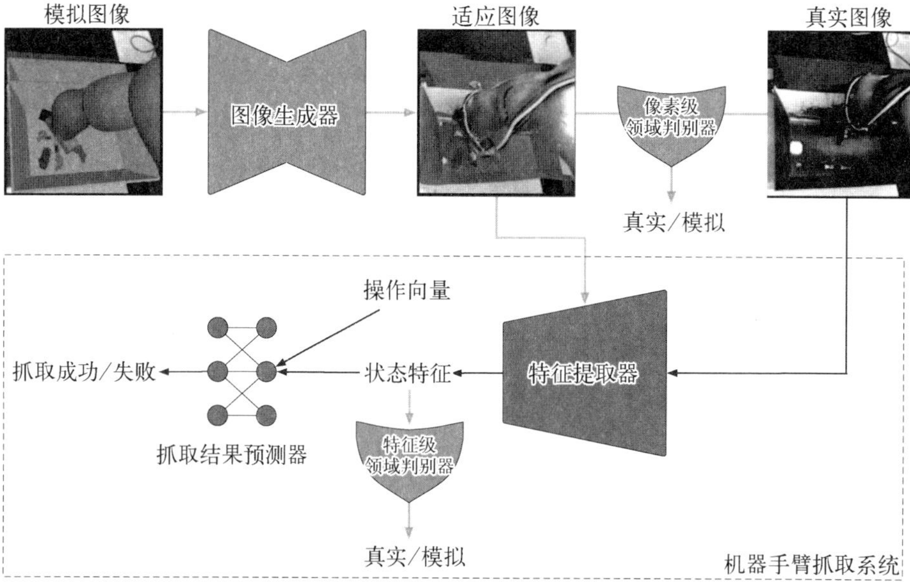

图 6－18　利用迁移学习训练机器手臂抓取系统

模拟图像首先通过图像生成器和像素级领域判别器转变成与真实图像接近的适应图像(adapted image)。这些适应图像与真实图像共同作为机器手臂抓取系统的输入图像，并且对两类图像提取的特征进行特征级领域判别训练，使得适应图像得到的特征更加接近真实图像得到的特征，最终全部特征用以训练抓取结果预测器。该方法可以将达到给定性能水平所需的真实样本数量减少 50 倍，显著降低了系统的训练成本。

参考文献

[1] Pan S J, Yang Q. A survey on transfer learning[J]. IEEE Transactions on Knowledge and Data Engineering, 2010, 22(10): 1345－1359.

[2] Curry B. An introduction to transfer learning and meta-learning in machine learning and artificial intelligence[EB/OL]. (2018－06－27)[2020－01－14]. https://

medium. com/kansas-city-machine-learning-artificial-intelligen/an-introduction-to-transfer-learning-in-machine-learning-7efd104b6026.

[3] Miró-Padilla A, Bueichekú E, Ávila C. Locating neural transfer effects of n-back training on the central executive: a longitudinal fMRi study[J]. Scientific Reports, 2020, 10(1): 1 - 11.

[4] Thrun S, Pratt L. Learning to learn[M]. Berlin: Springer, 2012.

[5] Jeremy H, Sebastian R. Universal language model fine-tuning for text classification [C]//Association for Computational Linguistics. [s. l.]: [s. n.], 2018.

[6] He K, Fan H, Wu Y, et al. Momentum contrast for unsupervised visual representation learning[C]//Proceedings of the IEEE/CVF conference on Computer Vision and Pattern Recognition. [s. l.]: [s. n.], 2020.

[7] Quionero-Candela J, Sugiyama M, Schwaighofer A, et al. Dataset shift in machine learning[M]. Cambridge: MIT Press, 2009.

[8] Ben-David S, Blitzer J, Crammer K, et al. Analysis of representations for domain adaptation [C]//Advances in Neural Information Processing Systems. [s. l.]: [s. n.], 2007.

[9] Ben-David S, Blitzer J, Crammer K, et al. A theory of learning from different domains [J]. Machine Learning, 2010, 79(1/2): 151 - 175.

[10] Mansour Y, Mohri M, Rostamizadeh A. Domain adaptation: learning bounds and algorithms[EB/OL]. (2009 - 02 - 23)[2020 - 01 - 05]. https: //arxiv. org/abs/0902. 3430.

[11] Li B, Yang Q, Xue X. Transfer learning for collaborative filtering via a rating-matrix generative model [C]//International Conference on Machine Learning. [s. l.]: [s. n.], 2009.

[12] Zhang Y, Liu T, Long M, et al. Bridging theory and algorithm for domain adaptation [C]//International Conference on Machine Learning. [s. l.]: [s. n.], 2019.

[13] Kuzborskij I. Theory and algorithms for hypothesis transfer learning[D]. Lausanne: EPFL, 2018.

[14] Kuzborskij I, Orabona F. Stability and hypothesis transfer learning[C]//International Conference on Machine Learning. [s. l.]: [s. n.], 2013.

[15] Kuzborskij I, Orabona F. Fast rates by transferring from auxiliary hypotheses[J]. Machine Learning, 2017, 106(2): 171 - 195.

[16] Yosinski J, Clune J, Bengio Y, et al. How transferable are features in deep neural networks? [C]//Advances in Neural Information Processing Systems. [s. l.]: [s. n.], 2014.

[17] Huh M, Agrawal P, Efros A A. What makes ImageNet good for transfer learning?

[EB/OL]. (2016-12-10)[2020-01-07]. https://arxiv.org/abs/1608.08614.

[18] Kornblith S, Shlens J, Le Q V. Do better imagenet models transfer better? [C]//Proceedings of the IEEE/CVF Conference on Computer Vision and Pattern Recognition. [s. l.]: [s. n.], 2019.

[19] Liu H, Long M, Wang J, et al. Towards understanding the transferability of deep representations[EB/OL]. (2019-09-26)[2019-12-10]. https://arxiv.org/abs/1909.12031.

[20] Raina R, Battle A, Lee H, et al. Self-taught learning: transfer learning from unlabeled data[C]//International Conference on Machine Learning. [s. l.]: [s. n.], 2007.

[21] Devlin J, Chang Mw, Lee K, et al. BERT: pre-training of deep bidirectional Transformers for Language Understanding[C]//Proceedings of the 2019 Conference of the North American Chapter of the Association for Computational Linguistics: Human Language Technologies. [s. l.]: [s. n.], 2019.

[22] Pan S J, Yang Q. A survey on transfer learning[J]. IEEE Transactions on Knowledge and Data Engineering, 2010, 22(10): 1345-1359.

[23] Sugiyama M, Krauledat M, Mãžller K-R. Covariate shift adaptation by importance weighted cross validation[J]. Journal of Machine Learning Research, 2007(8): 985-1005.

[24] Freund Y, Schapire R E. A decision-theoretic generalization of on-line learning and an application to boosting[J]. Journal of Computer and System Sciences, 1997, 55(1): 119-139.

[25] Friedman J H. Greedy function approximation: a gradient boosting machine[J]. Annals of Statistics, 2001, 29(5): 1189-1232.

[26] Dai W, Yang Q, Xue G R, et al. Boosting for transfer learning[C]//International Conference on Machine learning. [s. l.]: [s. n.], 2007.

[27] Pan S J, Tsang I W, Kwok J T, et al. Domain Adaptation via Transfer Component Analysis[J]. IEEE Transactions on Neural Networks, 2011, 22(2): 199-210.

[28] Long M, Zhu H, Wang J, et al. Deep transfer learning with joint adaptation networks [C]//Proceedings of the 34th International Conference on Machine Learning. [s. l.]: JMLR, 2017.

[29] Long M, Cao Y, Wang J, et al. Learning transferable features with deep adaptation networks [C]//International Conference on Machine Learning. [s. l.]: [s. n.], 2015.

[30] Long M, Wang J, Ding G, et al. Transfer feature learning with joint distribution adaptation[C]//2013 IEEE International Conference on Computer Vision. [s. l.]:

[s. n.], 2013.

[31] Ganin Y, Ustinova E, Ajakan H, et al. Domain-adversarial training of neural networks[J]. The Journal of Machine Learning Research, 2016, 17(1): 2096 - 2030.

[32] Russakovsky O, Deng J, Su H, et al. ImageNet large scale visual recognition challenge[J]. International Journal of Computer Vision, 2015, 115(3): 211 - 252.

[33] Long M, Cao Z, Wang J, et al. Conditional adversarial domain adaptation[C]// Advances in Neural Information Processing Systems. [s. l.]: [s. n.], 2018.

[34] Zhang Y, Liu T, Long M, et al. Bridging theory and algorithm for domain adaptation [C]//International Conference on Machine Learning. [s. l.]: [s. n.], 2019.

[35] Zhu J Y, Park T, Isol A P, et al. Unpaired image-to-image translation using cycle-consistent adversarial networks[C]//2017 IEEE International Conference on Computer Vision. [s. l.]: [s. n.], 2017.

[36] Argyriou A, Evgeniou T, Pontil M. Multi-task feature learning[C]// Advances in Neural Information Processing Systems. [s. l.]: [s. n.], 2007.

[37] Caruana R. Multitask learning[J]. Machine learning, 1997, 28(1): 41 - 75.

[38] Vinyals O, Blundell C, Lillicrap T, et al. Matching networks for one shot learning [C]//Advances in Neural Information Processing Systems. [s. l.]: [s. n.], 2016.

[39] Snell J, Swersky K, Zemel R. Prototypical networks for few-shot learning[C]// Advances in neural information processing systems. [s. l.]: [s. n.], 2017.

[40] Kirkpatrick J, Pascanu R, Rabinowitz N, et al. Overcoming catastrophic forgetting in neural networks[J]. Proceedings of the National Academy of Sciences, 2017, 114 (13): 3521 - 3526.

[41] Li Z, Hoiem D. Learning without forgetting[J]. IEEE Transactions on Pattern Analysis and Machine Intelligence, 2017, 40(12): 2935 - 2947.

[42] Finn C, Abbeel P, Levine S. Model-agnostic meta-learning for fast adaptation of deep networks[C]//International Conference on Machine Learning. [s. l.]: [s. n.], 2017.

[43] Brosch T, Tam R, Initiative A D N. Manifold learning of brain MRIs by deep learning [C]//International Conference on Medical Image Computing and Computer-Assisted Intervention. Berlin: Springer, 2013.

[44] Kim E, Corte-Real M, Baloch Z. A deep semantic mobile application for thyroid cytopathology[C]//Medical Imaging 2016: PACS and Imaging Informatics: Next Generation and Innovations. [s. l.]: International Society for Optics and Photonics, 2016.

[45] Antony J, Mcguinness K, O'connor N E, et al. Quantifying radiographic knee osteoarthritis severity using deep convolutional neural networks[C]//2016 23rd

International Conference on Pattern Recognition (ICPR). New York: IEEE, 2016.

[46] Suk H I, Lee S W, Shen D, et al. Hierarchical feature representation and multimodal fusion with deep learning for AD/MCI diagnosis [J]. NeuroImage, 2014, 101: 569 - 582.

[47] Suk H I, Shen D. Deep learning-based feature representation for AD/MCI classification [C]//International Conference on Medical Image Computing and Computer-Assisted Intervention. Berlin: Springer, 2013.

[48] Kermany D S, Goldbaum M, Cai W, et al. Identifying medical diagnoses and treatable diseases by image-based deep learning[J]. Cell, 2018, 172(5): 1122 - 1131.

[49] Rajpurkar P, Irvin J, Zhu K, et al. Chexnet: radiologist-level pneumonia detection on chest X-rays with deep learning[EB/OL]. (2017 - 12 - 25)[2019 - 12 - 15]. https://arxiv.org/abs/1711.05225.

[50] Esteva A, Kuprel B, Novoa R A, et al. Dermatologist-level classification of skin cancer with deep neural networks[J]. Nature, 2017, 542(7639): 115.

[51] Kim J, Park C. End-to-end ego lane estimation based on sequential transfer learning for self-driving cars [C]//Proceedings of the IEEE/CVF Conference on Computer Vision and Pattern Recognition Workshops. [s. l.]: [s. n.], 2017.

[52] Bousmalis K, Irpan A, Wohlhart P, et al. Using simulation and domain adaptation to improve efficiency of deep robotic grasping[C]//2018 IEEE International Conference on Robotics and Automation (ICRA). New York: IEEE, 2018.

7 演化智能

姚 新 唐 珂

姚新，南方科技大学工学院计算机科学与工程系，电子邮箱：xiny_AT_sustech.edu.cn
唐珂，南方科技大学工学院计算机科学与工程系，电子邮箱：tangk3@sustech.edu.cn

演化，一般是指某一类对象在与外部环境相互作用的过程中，为适应环境而发生的主动或被动调节的过程。从宏观角度看，亿万年的演化是产生人类智能的重要原因。因此，以计算的手段模拟演化过程可能是形成人工智能的重要手段之一。近年来，关于演化智能的研究大多集中于如何设计有效的演化算法(evolutionary algorithm，EA)，以达成获得类脑智能模型的目的。在这一背景下，演化可以视为一种问题求解的方法，即设计演化算法解决类脑智能建模中常见的难解优化问题，这些问题由于具有不连续、不可导、目标函数不精确等特点，往往难以用经典的数学规划方法加以解决。

绝大多数演化算法遵循一个共同的抽象框架(见图 7-1)，即同时维护多个演化对象(个体)，根据预定义的演化算子，迭代式地对个体进行改动(调整)，令其不断适应外部环境(选择)。从本质上看，演化算法是一种基于种群的随机算法。实际上，从问题求解的角度来看，演化算法的算子并非必须来源于现实世界中的演化过程，而可以是任何形式的数学映射，因此具有很大的灵活性。许多广为人知的演化算法，如遗传算法[1]、演化策略[2]、演化规划[3]、遗传编程[4]、粒子群优化[5]、蚁群优化[6]、协同演化[7]、免疫算法[8]等，都可视为从不同演化现象中抽象出不同的算子，是对演化算法通用框架的具体实现。

1. Generate the initial population $G(0)$ at random, and set $i = 0$;
2. REPEAT
   (a) Evaluate each individual in the population;
   (b) Select parents from $G(i)$ based on their fitness in $G(i)$;
   (c) Apply search operators to parents and produce offspring which form $G(i+1)$;
   (d) $i = i + 1$;
3. UNTIL 'termination criterion' is satisfied

图 7-1 演化算法的通用框架

由于算法的设计依赖于类脑智能模型的表示、评价方式(目标函数)，而这两者在不同场景又具有不同的形式，难以统一描述，因此本章将以人工神经网络为具体的模型，通过介绍演化智能在神经网络训练方面的进展，探讨演化智能发展的趋势。

7.1 演化人工神经网络

人工神经网络(artificial neural network，ANN)是一种模仿神经网络行为特征的数学模型。一个 ANN 由一系列相互连接的处理单元(也称为神经元或节点)组成,可以描述为一个有向图,其中每个节点 i 实现一个激活函数 f_i,形式如下:

$$y_i = f_i\left(\sum_{j=1}^{n}(w_{ij}x_j - \theta_i)\right) \tag{7-1}$$

式中,y_i 是节点 i 的输出;x_j 是第 j 个输入;w_{ij} 是节点 i 和节点 j 之间的连接权值;θ_i 是阈值。在通常情况下,f_i 是非线性的,例如 heaviside 函数、Sigmoid 函数和 Gauss 函数。

由上述定义可见,一个 ANN 的性能取决于多个因素,包括网络的拓扑结构、激活函数、连接权值的取值等。在理想情况下,给定一组训练数据和 ANN 性能的评价指标,计算机应能通过训练自动获得这些要素的最佳取值。然而这实际上涉及非常复杂问题的求解。具体地说,网络的拓扑结构设计和激活函数的选取本质上是一种组合优化问题,而权值的调整又是连续优化问题,因此神经网络的训练实际上是一个混合变量的非确定性多项式(nondeterministic polynomial,NP)难题。由于这类问题无法计算梯度,所以以反向传播算法(back propagation,BP)[9]为代表的神经网络训练算法实际上只适用于优化给定拓扑结构的网络权值。即使仅仅考虑网络权值的优化,由于式(7-1)对应了一个高度非线性、非凸的函数,因此基于梯度的算法在训练时也可能由于陷入局部最优而难以取得满意的效果。相比之下,演化算法不局限于基于梯度的算子,因此适用于网络结构到权值的联合训练;又由于其采用了种群,所以能部分缓解局部最优带来的挑战。

目前,利用演化算法训练神经网络(简称演化神经网络)最常见的思路是将训练过程形式化为在给定学习任务目标函数前提下对神经网络的寻优。以有监督学习为例,常将神经网络实际输出与目标输出的误差(如平方误差)作为目标函数。但由于 EA 不要求目标函数可导,所以其也适用于一些也许更合理的其他目标函数,同时也允许神经元采用一些不连续、不可导的激活函数[10]。图 7-2 给出了演化神经网络的一般性步骤。不同的演化神经网络方法主要在网络的表示和算法的优化两个方面有所区别。从待优化的决策变量角度来划分,演化神经网络又包括权值演化、网络结构演化、学习规则演化 3 个层面。

7.1.1 权值演化

权值演化是演化神经网络最为直观的方式,其思路是人为给定网络结构和

1. Decode each individual (genotype) in the current generation into a set of connection weights and construct a corresponding ANN with the weights.

2. Evaluate each ANN by computing its total mean square error between actual and target outputs. (Other error functions can also be used.) The fitness of an individual is determined by the error. The higher the error, the lower the fitness. The optimal mapping from the error to the fitness is problem dependent. A regularization term may be included in the fitness function to penalize large weights.

3. Select parents for reproduction based on their fitness.

4. Apply search operators, such as crossover and/or mutation, to parents to generate offspring, which form the next generation.

图 7-2　一个典型的连接权值的演化过程

学习任务的目标函数,借助演化算法的全局寻优能力,搜索最优的网络权值。一个 ANN 权值的演化算法包含两个要素,即权值的表示(编码)机制(一般有二进制串和实数向量两种)和搜索算子。目前,对于采用哪种编码机制更好尚无严格定论,而搜索算子一般要根据个体编码机制来决定。

早期关于权值演化的工作[11-12]大多采用二值编码(见图 7-3),其优势在于简单性和一般性,在演化过程中可直接应用经典的交叉(例如单点交叉和均匀交叉)和变异算子,基本上不需要设计复杂、定制的搜索算子。同时,二值表示也有助于 ANN 的硬件实现,这是因为在硬件中权值必须以有限精度比特的形式表示。在二值表示机制下,每个权值都由若干个确定长度的比特位表示,串联所有权值对应的二进制串即可获得整个 ANN 的编码。一般来说,若采用了经典的

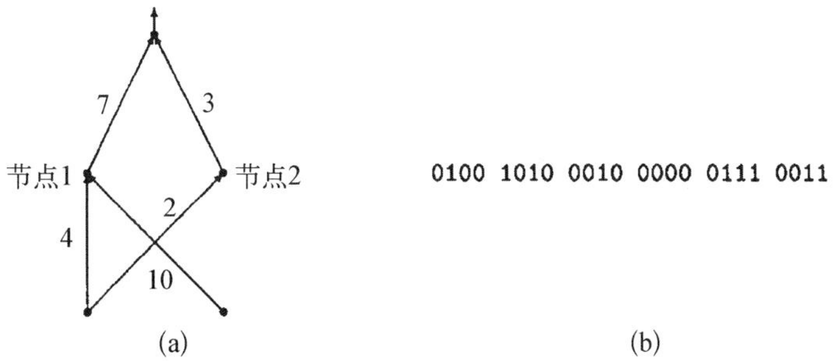

图 7-3　神经网络的二值化表示示例

(a) 带有连接权值的 ANN 结构　(b) 对应的二值表示(每个权值由 4 个比特表示,整个 ANN 则由 24 个比特表示,权值 0000 表示在两个节点之间没有连接)

交叉算子，则其在每轮演化中主要改变整个 ANN 编码的局部取值，因此在串联时需将(从输入层)指向同一个隐层节点或(从隐层)指向同一个输出节点的权值编码放在相邻位置，避免交叉算子破坏网络其他部分。

二值编码的一个主要缺点是表示 ANN 的二进制串与实际 ANN(权值为连续值)之间是多对一的映射关系，这可能导致排列问题[13]，即隐层节点的任何排列都会产生功能相同但二值表示不同的 ANN(见图 7-4)，这可能使得演化过程产生大量无效(等价)的 ANN，使得搜索过早停滞。此外，表示精度与二进制串长度之间的冲突也会带来难点。若用很少的比特位来表示每个连接权值，可能会因权值允许取值的精度太低导致训练失败；而若用过多的比特位，则会导致整个 ANN 对应的二进制串太长，演化效率低。

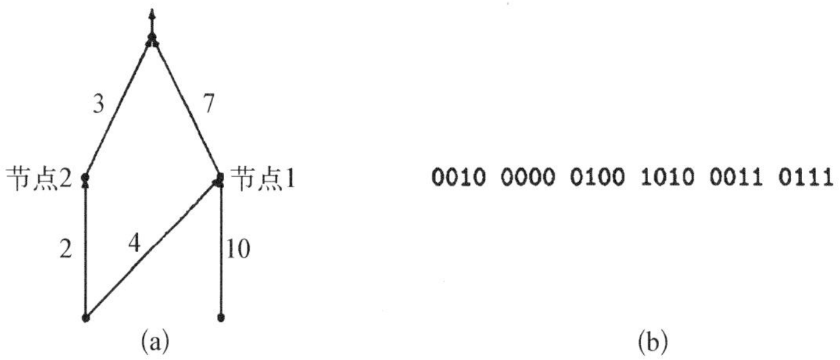

图 7-4　与图 7-3 所示神经网络等效的另一个神经网络示例

(a) 与图 7-3(a)等价的 ANN 结构　(b) 对应的二值表示

相比于二进制编码，实数编码可能是更为直观的一种权值表示方式。例如，图 7-3(a)中的 ANN 可以表示为一个实数向量(4.0，10.0，2.0，0.0，7.0，3.0)。若在训练中采用这种实数编码，等同于将神经网络的训练建模为了一个连续优化问题，目前已有大量演化算法可以解决这类问题，如演化规划(evolutionary programming，EP)、演化策略(evolution strategy，ES)[14-16]等。此外，由于神经网络复杂的结构，其权值训练实际上是一个多峰连续优化问题。因此，若采用针对多峰连续优化问题特别设计的演化算法，能取得更好的效果。近年来，这方面的演化计算领域已有许多成果，下面以负相关搜索(negatively correlated search，NCS)为例详细介绍。

负相关搜索使用多个独立的个体并行搜索解空间，其最大的特点在于使用了一种新颖的多样性加强机制来促进个体之间的合作。在处理多峰连续优化问题时，一种直接的策略是让不同个体搜索解空间的不同部分，使得整体有效搜索范围增大，从而能定位到更多好的搜索区域。在 NCS 之前，演化算法中所采用的多样性促进机制侧重于解的多样性，即基于不同个体在解空间中所处的位置差异来定义个体之间的差异程度。这种做法忽略了一个事实：即使两个解在搜索空间中相距非常远，它们所产生的新解也可能有较大的重合。本质上，要使得不同个体搜索解空间的不同部分，需要不同个体的搜索行为具有差异性。换言之，基于不同个体产生的新解要尽可能的不一样。NCS将个体的搜索行为建模成概率分布，然后基于概率分布之间的距离来度量不同个体搜索行为之间的差异。具体而言，假设现在有个体 i 和个体 j，$p_i(X)$ 和 $p_j(X)$ 分别表示基于它们所能产生的新解的概率分布（搜索行为），那么两个个体搜索行为之间的差异为两个概率分布之间的 Bhattacharyya 距离。式(7－2)和式(7－3)分别给出了在连续和离散情况下的 Bhattacharyya 距离定义：

$$D_{\mathrm{B}}(p_i,\ p_j)=-\ln\int\sqrt{p_i(x)p_j(x)}\,\mathrm{d}x \tag{7-2}$$

$$D_{\mathrm{B}}(p_i,\ p_j)=-\ln\sum_{x\in X}\sqrt{p_i(x)p_j(x)} \tag{7-3}$$

NCS中每个个体的搜索策略是随机局部搜索（randomized local search，RLS）。假设在第 i 个 RLS 的迭代过程中，当前个体 x_i 将会产生一个新解 $x_i{}'$，NCS需要决定保留哪一个解。NCS采用了两个指标来评价解，一个指标是这个解和种群中其他个体在搜索行为上的差异：

$$Corr(p_i)=\min_j\{D_{\mathrm{B}}(p_i,\ p_j)\mid j\neq i\} \tag{7-4}$$

另一个指标是解本身质量的好坏，即 $f(x)$。对以上两个指标的平衡本质上是对在算法行为层面上的探索-开采之间的平衡，NCS引入了一个参数 λ 来控制：

$$\begin{cases}\text{保留 } x_i', & \text{当}\dfrac{f(x_i')}{\mathrm{Corr}(p)}<\lambda\\ \text{保留 } x_i, & \text{其他}\end{cases} \tag{7-5}$$

进一步地，NCS对 λ 进行了自适应调整以使得在搜索早期更侧重于探索，而在搜索后期更侧重于开采。由于其对搜索个体之间多样性的创新性定义和运用，NCS已经成为目前最好的多峰连续优化算法之一。

7.1.2 网络结构和学习规则的演化

除权值外，神经网络的性能也会受到神经网络的结构、学习规则（如BP算法中的梯度下降步长）的巨大影响，然而这些要素无法通过解析的方法预先获得最佳取值。目前，已有大量研究成果表明演化是自动调节网络结构、学习规则的有效手段。更具体地说，这些工作是将演化的机制（以及相应的算法）作用在神经网络的不同抽象层。例如，给定网络隐层节点数，基于简单的二值编码（具体形式为一个连通性矩阵，见图 7－5），演化网络的连通结构[17-18]；直接演化网络结构的部分特性或参数（如隐层节点数、总连接权的数目等），根据人为给定的发展规则，基于这些参数生成神经网络结构的结构细节[19-22]；演化某个已有学习算法的参数，而仍以该学习算法来训练神经网络（如演化 BP 算法的参数以及神经网络结构，而用 BP 算法训练神经网络权值[23]）。

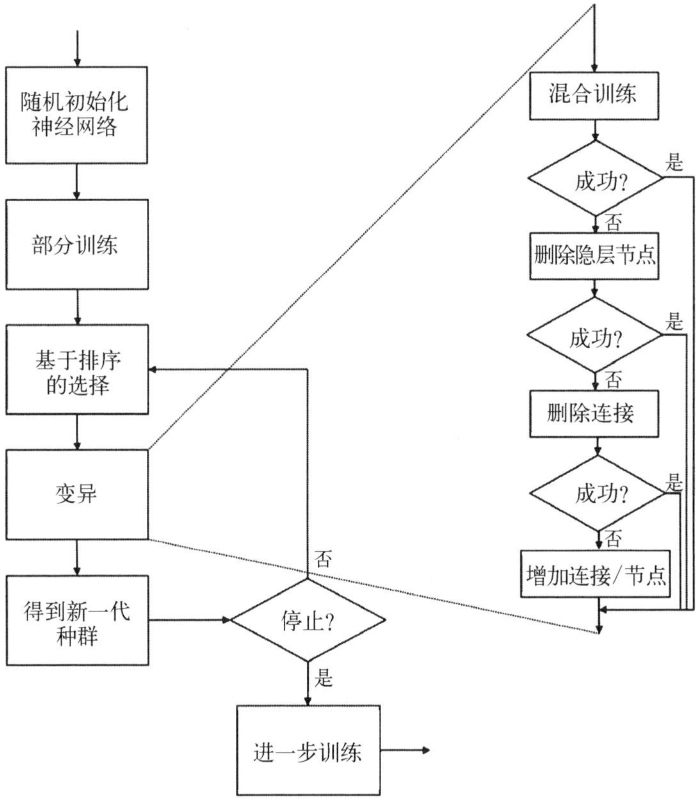

图 7－5　EPNet 算法流程图

上述方法尽管为神经网络训练提供了更丰富的工具，但由于演化的结果实际上不直接对应唯一的神经网络（如同一个结构可以对应无穷个权值取值不同的神经网络），所以在演化过程中如何准确评估一个解的质量是它们面临的共性难题。此外，由于在网络结构或学习规则层面的演化往往涉及更复杂的优化问题（如 0－1 非线性规划、整数非线性规划等），所以也难以直接利用已有的演化算法，而需要做有针对性的改进或设计。

7.1.3 EPNet：一种混合型演化神经网络方法

EPNet[24-25]是一个基于演化算法、能同时高效演化网络结构和连接权值的神经网络训练系统。对于网络连接权值，EPNet 采用实值编码，并将神经元之间的连接以 0－1 矩阵的形式同时编码在个体中，其具体算法流程如图 7－5 所示。与同类方法相比，EPNet 最显著的一个特点是没有使用交叉算子，而依赖于变异算子对神经网络进行逐步(增量/减量)调整。由于神经网络本质上可以看作是一种分布式的知识表示(具体表现在不同的连接权值之中)，仅采用变异算子的策略就能够在演化过程中从整体上保持网络较好的稳定性，使子代个体与父代个体之间在功能(或行为)上保持较好的一致性，从而能够避免知识的突然大量丢失。针对演化权值和演化结构的不同需求，EPNet 分别采用了不同的变异算子，即用于演化权值的混合训练算子，以及用于演化结构的隐层节点删除算子、连接删除算子、连接增加算子和节点增加算子。此外，为了避免网络过于复杂而陷入过拟合，EPNet 在对父代个体进行变异时会按照“仅修改权值而保持结构不变”(第 1 个算子)—“对神经网络进行剪枝”(第 2、3 个算子)—“对神经网络增添节点或连接”(第 4、5 个算子)的顺序使用变异算子，并且一旦某一个算子成功生成了一个好的后代个体，整个变异过程将会立即终止。值得注意的是，在混合训练算子中 EPNet 结合了后向传播和模拟退火算法以避免网络权值陷入局部最优，而在整个演化过程结束之后，EPNet 会对整个种群中的个体进行进一步的训练，以获得更好的性能。从整体上来看，EPNet 使用了多种算子在不同的层面上对网络进行高效的优化，并且始终试图将网络结构的复杂程度控制在较低水平，因此 EPNet 最终演化出的神经网络具有泛化性能好、结构简洁的特点。

7.2 多目标演化

从上一小节可以看出，类脑智能的演化大体可视为一个复杂优化问题的求解。进一步来看，类脑智能模型的构建具有明显的多目标优化问题特点。例如，在一个图像识别的应用场景中，一个好的类脑智能模型(如神经网络)需要兼顾识别的准确性和鲁棒性；若考虑硬件部署的需求，还需考虑其复杂性(稀疏性)。这些要素(目标)相互之间存在一定冲突，原则上不可能存在一个对所有要素均为最优的模型。而只能在不同目标之间寻求合理的折中。因此，近年来多目标演化算法(multi-objective evolutionary algorithm，MOEA)也已逐渐应用于类脑智能的演化。

7.2.1 演化多目标优化

通常，一个具有 n 个决策变量，M 个目标变量的多目标优化问题可以定义为如下形式(以最小化问题为例)[26-27]：

$$
\begin{aligned}
&\min\{f_m(\boldsymbol{x})\}, \quad m=1, 2, \cdots, M \\
&\text{s.t. } g_i(\boldsymbol{x}) \leqslant 0, \quad i=1, 2, \cdots, I \\
&h_j(\boldsymbol{x})=0, \quad j=1, 2, \cdots, J
\end{aligned}
\tag{7-6}
$$

式中，$f_m(\boldsymbol{x})$ 为问题的目标函数，$\boldsymbol{x}=(x_1, x_2, \cdots, x_n) \in \boldsymbol{X} \subset \mathbf{R}^n$ 为问题的决策向量；$g_i(\boldsymbol{x})$ 为其不等式约束；$h_j(\boldsymbol{x})$ 为其等式约束。对于这样的多目标优化问题，如果某个解 $\boldsymbol{x}$ 满足式(7-6)中的等式及不等式约束条件，则称解 $\boldsymbol{x}$ 为问题的可行解。如果某个可行解 $\boldsymbol{x}^{(1)}$ 在任意一个目标函数上的值都不大于(即不差于)某个可行解 $\boldsymbol{x}^{(2)}$，且在一个目标上优于 $\boldsymbol{x}^{(2)}$，也就是如式(7-7)所示，则称解 $\boldsymbol{x}^{(1)}$ 支配(dominate)解 $\boldsymbol{x}^{(2)}$。如果两个解互不支配，则称这两个解是非支配的(non-dominated)。如果某个可行解 $\boldsymbol{x}^*$ 不被任意一个可行解所支配，那么我们认为解 $\boldsymbol{x}^*$ 为问题的一个最优解，并称其为帕累托最优解(Pareto-optimal solution)。图 7-6 给出了一个两目标最小化问题上各个解在目标空间分布的示意。图中，解 B、解 C 支配解 D，且解 B 与解 C 之间互相非支配；解 A 支配解 B、解 C、解 D，为帕累托最优解。

$$
\begin{aligned}
&\forall m \in \{1, 2, \cdots, M\}, f_m(\boldsymbol{x}^{(1)}) \leqslant f_m(\boldsymbol{x}^{(2)}) \\
&\wedge \ \exists j \in \{1, 2, \cdots, M\}, f_j(\boldsymbol{x}^{(1)}) < f_j(\boldsymbol{x}^{(2)})
\end{aligned}
\tag{7-7}
$$

在求解多目标优化问题时，通常有两类方法。一类是将多个考虑的目标通过一定的方式聚集为某个单目标，然后求解转换后的单目标优化问题。然而，由于各个目标之间相互冲突且单位又往往不一致，这类方法经常会面临如何将多个目标进行聚集的难题。此外，这类方法最终只能给出多个目标在某个指定折中下的一个解，当目标之间的折中难以事先给定，或当需求发生变化时，难以适应任务的需求。另一类是寻找在多个目标之间给出不同折中的一组帕累托最优解。由于多个目标之间通常是相互冲突的，某个目标的改进会带来其他目标的退化，多个目标难以同时达到最优，所以，当同时考虑多个目标时，其解与解之间可能不可比，从而得到一组相互之间非支配的解。如果这组解集中的解都是帕

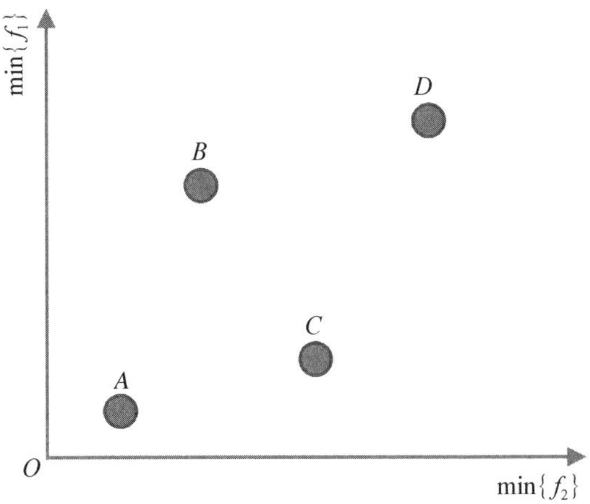

图 7 - 6　两目标最小化问题的目标空间中解之间的关系示意图

累托最优解,那么这组解称为帕累托最优解集(Pareto-optimal set),帕累托最优解集在目标空间上的映射称为帕累托前沿(Pareto front)。不同于转化为单目标优化问题后寻找唯一的解,第二类方法致力于寻找帕累托最优解集,从而避免了转换为单目标优化问题时会碰到的一系列难题。此外,帕累托最优解集或帕累托前沿还为进一步分析问题的性质、获取领域知识以更好地求解问题提供了条件。例如,帕累托前沿的形状可以为问题提供更多的领域信息,例如提供在各个目标上分别达到极值的解(extreme solution)、拐点解(knee solution)以及凸包(convex hull)等重要信息,从而帮助智能系统更好地在多个目标之间选择折中方式并做出决策。如图 7 - 7 所示,D 为拐点解,改进它的任一目标都是以其

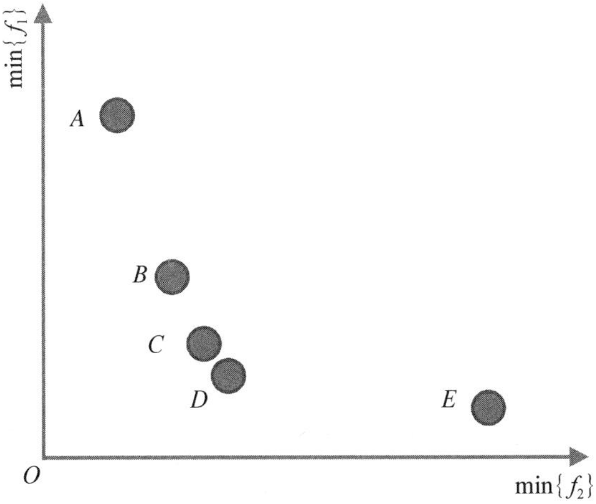

图 7 - 7　两目标优化问题的帕累托前沿

他某个目标发生巨大退化为代价的，解 A 和解 E 为极值解，分别在目标 f_1 和目标 f_2 上达到最优。再者，当对不同目标的需求发生改变时，在帕累托最优解集中其他的解可以为智能系统挑选合适的解提供选择，如图 7-7 所示，解 A、解 B、解 C、解 D 和解 E 均为帕累托最优解，其不同在于它们在多个目标之间做出了不同的折中。

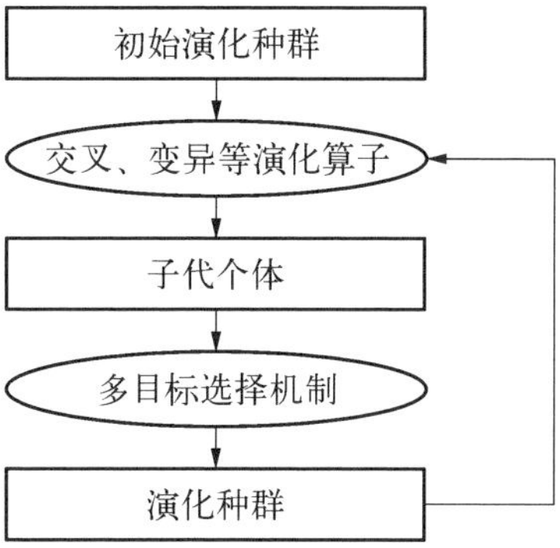

图 7-8 演化多目标优化算法的基本框架

演化多目标优化采用演化计算的方式来求解多目标优化问题。总的来说，其遵循演化算法的基本框架，如图 7-8 所示，即同时维护包含多个个体的种群，根据预定义的演化算子迭代地对个体进行改动，使个体适应度不断提高[28]。但与单目标演化算法不同的是，多目标演化算法不是简单寻找一个全局最优解，而是致力于寻找一个帕累托最优解集，其目的是使种群快速收敛，且使种群中的个体均匀地分布于问题的帕累托前沿上，即关注其收敛性和多样性。因此，演化多目标优化通常采用基于多目标的选择机制来评估个体的适应能力，并据此来决定个体是否参与后代的生成以及能否保留到下一代。目前主要的多目标选择机制包括基于帕累托支配关系的选择机制、基于目标分解（将多目标优化问题分解为一系列单目标优化问题或简单的多目标优化问题）的选择机制和基于评价指标的选择机制。例如，经典的演化多目标优化算法——第二代非支配排序遗传算法（nondominated sorting genetic algorithm Ⅱ，NSGA-Ⅱ）[29]，采用基于帕累托支配关系和拥挤距离的多目标选择机制，并结合精英选择机制使得种群快速收敛并尽可能均匀分布。具体地，该多目标选择机制首先将种群中不被任何个体支配的个体划分为首层，赋予它们最高的适应能力并从种群中移出，以此类推，将所有个体划分为多层，同一层的个体之间非支配，不同层的个体之间可能存在支配关系；其次，对于处于同一层的个体，采用拥挤距离来评估每个个体所在目标空间区域的解集拥挤程度，并赋予较为稀疏的解更高的适应能力。此外，基于分解的多目标演化优化算法（decomposition-based multi-objective evolutionary algorithm，MOEA/D）[30]和基于超体积选择的演化多目标优化算法（S metric selection evolutionary multi-objective optimization algorithm，SMS-EMOA）[31]分别采用了基于契比雪夫加权函数等聚集函数的多目标选择机制和基于超体积等指标的多目标选择机制。

7.2.2 演化多目标机器学习

机器学习领域有许多问题是天然的多目标优化问题。类别不平衡学习是这方面的一个典型例子，即某些类别数据的数据量往往远低于或高于其他类别，如银行交易数据中只有极少量属于欺诈数据。以最常见的二分类问题为例，当类别分布不平衡时，一个好的模型需要同时具有较高真阳率(true positive rate, TPR)和较低假阳率(false positive rate, FPR)。因此可以将模型的训练问题构造为以下多目标优化问题：

$$\min_{x}\{F(x)\}=\min_{x}\{1-tpr(x),\ fpr(x)\} \tag{7-8}$$

式中，x 为待优化/训练的模型参数(如神经网络的权值)。

然而，对类别不平衡问题的研究表明，如果将每一个模型(分类器)映射为二维受试者工作特征(receiver operating characteristic, ROC)空间①的一个点，则最优的分类器永远处于 ROC 曲线的凸包上[32]，ROC 曲线凸包下的面积越大，其对应的分类器性能越好。由于一个非支配的解集中的所有点不一定均在其凸包上，所以式(7-8)给出的多目标优化问题，并不能简单地套用非支配关系和现有的 MOEA 加以解决，而是应针对 ROC 曲线凸包的特点修正算法的选择机制，在演化过程中直接搜索令 ROC 曲线凸包最大的解[33]。

具体地说，文献[33]中提出的基于凸包的多目标遗传规则(convex hull-based multi-objective genetic programming, CH-MOGP)算法采用了两个基于 ROC 曲线凸包的多目标选择机制，如图 7-9 所示，分别为基于凸包的无冗余排序机制(convex hull-based sorting without redundancy)和基于面积的选择机制(area-based selection scheme)。首先，计算当前种群的凸包，基于最优分类器仅分布在 ROC 曲线凸包上这一性质，将凸包顶点对应的个体划分为首层，赋予它们最高的适应度并从种群中移出，然后以此类推将所有个体划分为多层，以鼓励算法向着最优 ROC 曲线凸包收敛；其次，ROC 曲线凸包下的面积越大，这组分类器的性能越好。因此，其利用个体对 ROC 曲线凸包下面积的贡献来评估同一层个体的优劣。贡献越大的，适应度越高。实验结果表明，CH-MOGP 受数据的不平衡程度影响不大，在不同的不平衡数据集上总能给出不错的解，并且相对于传统的学习方法可以得到更好的分类器。此外，其在演化的过程中，通过利用问题的领域知识直接搜索凸包，也进一步加快了算法的收敛。

① 在 ROC 空间中，横轴为假阳率，纵轴为真阳率。

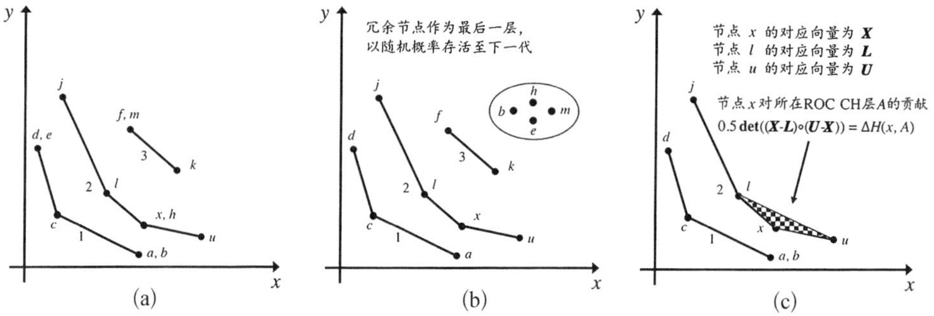

图 7 - 9　CH - MOGP 算法中的多目标选择机制

(a) 基于凸包的有冗余排序　(b) 基于凸包的无冗余排序　(c) 基于凸包面积贡献的选择

除类别不平衡问题外，机器学习还存在两类典型的多目标问题。第一类问题要求在模型的精度和稀疏性之间求折中[34]，如稀疏回归[35]、选择性集成(从一个模型池中选出一个子集，构成分类器集成)[36]等问题，最新的成果表明，多目标演化算法在这些问题上能获得比贪心算法等经典算法更优的理论解[37]。第二类问题则是将分类误差和正则化项作为两个目标，利用演化算法进行训练，解决了两者之间超参数难以设置的问题，同时在实验中也取得了显著优于传统训练方法的效果。除此之外，多目标演化算法在特征选择[38-39]、强化学习[40]等问题中也已得到了成功应用。

7.3　协同演化

类脑智能的演化离不开其与载体以及外部环境的互动[41-45]，换言之，类脑系统的设计与其所搭配的物理系统具有密切的关系。例如，在设计机器人的时候，需要同时考虑机器人的体态/结构以及机器控制，才能保证整个系统运转正常。此外，当需要多个类脑系统共同完成任务时，例如多机器人编队问题[46]，每个类脑系统不仅要控制自身，还需要考虑其他类脑系统所处的状态。对于这样的整体性设计问题，我们可以以模块化的视角[47]来考虑，即将整个系统分为不同的独立模块，模块之间又以某种方式相互影响。

作为演化计算的一个分支，协同演化(coevolution)源自生物界中两个或者两个以上的物种在演化的过程中相互影响的现象[48]。协同演化算法[47-48]适用于对复杂系统中的各个模块以及它们的相互关系同时进行建模，其模拟结果对系统的设计可以提供多方面的指导。近年来，协同演化算法在类脑系统设计领域已经取得了一定的成果，我们将首先介绍协同演化算法，然后具体介绍协同演化算法在类脑智能领域的应用，最后对本节内容做小结。

7.3.1 协同演化算法

竞争与合作是在生物界个体之间或者种群之间普遍存在的现象。协同演化算法也分为合作型协同演化算法和竞争型协同演化算法。在合作型协同演化算法中，种群中的个体（或多个种群中的个体）相互协作，共同求解问题；在竞争型协同演化算法中，种群中的个体（或多个种群中的个体）相互竞争以求各自得到增强来求解问题。与演化算法不同的是，协同演化算法中各个种群中个体的适应度值计算没有客观的目标函数做参考，而是依赖于种群中的其他个体（或者与该个体互动的其他各个种群中的个体）。

1. 合作型协同演化算法

在求解问题时，合作型协同演化算法的做法是将复杂的原始问题分解为多个容易求解的子问题，并同时对多个子问题进行求解。因此，合作型协同演化算法适用于高维优化问题。在以往的文献中，合作型协同演化算法的框架主要有两种类型：单层型和两层型[49]。下面将分别对这两种类型的框架进行介绍。

在单层型的合作型协同演化算法中，一个优化问题的决策变量分成几组，然后对每组决策变量使用一个种群和特定的演化算法进行演化。对于每个种群中的个体，通过将它和从其他种群中选出的代表个体结合、形成一个完整的候选解来进行评估。个体的适应度值即该候选解的适应度值。算法 7-1 给出了求解最小化问题（最小化 f）的单层型合作型协同演化算法的框架。在算法 7-1 中，决策变量 $\boldsymbol{x}$ 分成了 m 组，每组变量使用一个种群 $\boldsymbol{P}_i\,(i=1,\ 2,\ \cdots,\ m)$ 和特定的演化算法进行演化，每个种群中的个体和上一次互动中其他种群中表现最好的个体 $x_i^{\text{best}}\,(i=1,\ 2,\ \cdots,\ m)$ 进行结合来计算适应度值。

单层型的合作型协同演化算法的性能依赖于问题的分解以及个体的评估。有关单层型的合作型协同演化算法最早的研究工作见于文献[50]。在该工作中，研究人员将每个决策变量分成一组，对每个变量都使用一个种群和一个特定的演化算法进行演化。随后，在文献[51]中，其作者将决策变量等分为两组。然而，在问题不可分的情况下，对于以上这种直接分组的方法，由于分组间变量仍然相互关联，演化过程很容易被从各个种群中选出的代表个体误导而陷入次优稳态[52]。为了避免这个问题，目前的研究工作主要集中于如何更好地对问题进行分解以及如何更好地对个体进行适应度评估这两方面。在问题分解方面，研究人员先后提出了随机分组（random grouping）[53-54]、自适应的变量分组（adaptive variable partitioning）[55]以及 Delta 分组[56]等方法，目的是尽可能地将相互关联的变量找出来，并将它们分到一组进行演化。在个体评估方面，除了算法 7－1 中使用的将上一次互动中各个种群表现最好的个体作为代表个体的方法外，还有从各个种群中选择多个表现最好的个体以及随机选择一个或者多个个体作为代表个体。当使用多个代表个体同时进行评估时，一般选择表现最好的那个组合的适应度值作为最终的适应度值。相关研究表明为了阻止协同演化陷入次优稳态，各个种群中的个体需要使用大量的代表个体进行评估，而这要耗费大量的计算资源[52]。基于此，文献[52]使用新颖搜索(novelty search)的思想，在对个体进行选择的时候，不仅考虑它的适应度值，还考虑它的 novelty。其中，个体的 novelty 根据它到种群中其他个体的距离得出，距离越大，则个体的 novelty 越高；反之，个体的 novelty 越低。

算法 7－1　单层型的合作型协同演化算法框架

初始化种群 $\boldsymbol{P}_{1,0}$，$\boldsymbol{P}_{2,0}$，⋯，$\boldsymbol{P}_{m,0}$；
评估初始种群并找出每个种群中表现最好的个体组成向量
$\boldsymbol{C}=(\boldsymbol{x}_1^{\text{best}}, \boldsymbol{x}_2^{\text{best}}, \cdots, \boldsymbol{x}_m^{\text{best}})$；
设置演化代数 $G=0$；
while $G<$ 最大进化代数 **do**
　for each $\boldsymbol{P}_{t,G}$ **do**
　　从 $\boldsymbol{P}_{t,G}$ 选出父代群体：$\boldsymbol{P}_{\text{par}}$；
　　对 $\boldsymbol{P}_{\text{par}}$ 进行交叉变异等操作生成新的种群：$\boldsymbol{P}_{t,G+1}$；
　　设置 $f_{\text{best}}=f(\boldsymbol{C})$；
　　for each $x_{t,G+1}^j$ in $\boldsymbol{P}_{t,G+1}$ **do**
　　　设置 $\boldsymbol{C}_t=(\boldsymbol{x}_1^{\text{best}}, \boldsymbol{x}_2^{\text{best}}, \cdots, \boldsymbol{x}_{t,G+1}^j, \boldsymbol{x}_{t+1}^{\text{best}}\cdots, \boldsymbol{x}_m^{\text{best}})$；
　　　if $f(\boldsymbol{C}_t)<f_{\text{best}}$ **then**
　　　　$f_{\text{best}}=f(\boldsymbol{C}_t)$；
　　　　$\boldsymbol{x}_t^{\text{best}}=\boldsymbol{x}_{t,G+1}^j$；
　　　end
　　end
　　设置 $\boldsymbol{C}=(\boldsymbol{x}_1^{\text{best}}, \boldsymbol{x}_2^{\text{best}}, \cdots, \boldsymbol{x}_m^{\text{best}})$；
　　设置 $G=G+1$；
　end
end

两层型的合作型协同演化算法针对的问题为具有模块化结构的系统。在该类型的研究工作中，模块(也称为子问题的解)和系统(也称为完整的解)在两个不同的子种群中使用演化算法进行演化[49]。在模块种群中，每个个体代表一个模块，即一个可能的子问题的候选解;在系统种群中,每个个体会指向模块种群中的多个模块个体,代表着由这些模块个体组成的系统。在进行个体适应度评估时,每个模块个体的适应度值由那些包含它的系统种群中的个体的适应度值来决定,通常参考较好的那部分系统个体的适应度值;系统种群中的个体则由它本身的适应度值决定。

图 7-10 给出了两层型的合作型协同演化算法的示意。模块种群的大小为5,系统种群的大小为 2。系统种群中个体的编码指向模块种群中的模块,表示该个体由这些模块组成。通过模块种群和系统种群的协同演化,最终算法将找到好的系统解和其相应的模块。同时,该过程也完成了问题的自动分解。

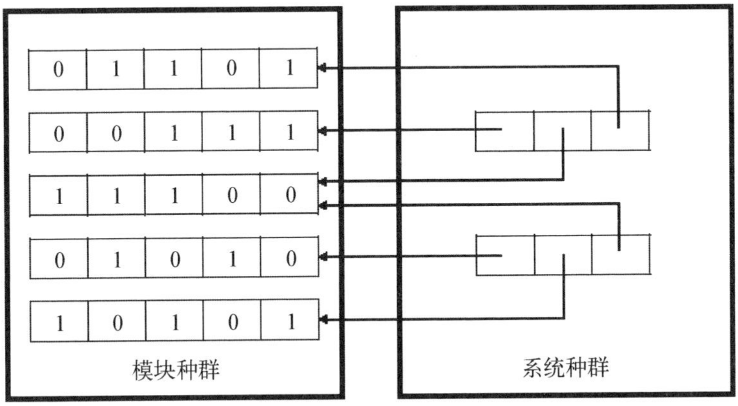

图 7-10　两层型的合作型协同演化算法示意图

2. 竞争型协同演化算法

不同于合作型协同演化算法,竞争型协同演化算法根据种群内部(或种群之间)个体之间的竞争赋予个体适应度值。根据竞争发生在种群内部还是种群之间,可将竞争型协同演化算法分为单种群型和双种群型。值得注意的是,双种群型也可以看作单种群型的特殊形式,后面将会具体说明。

单种群型方法主要用于策略的演化。在单种群型的竞争型协同演化算法中,每个个体代表一个策略,个体的适应度值取决于该个体与种群中的其他个体进行竞争的结果,赢的次数越多,个体就被赋予较高的适应度值。经过这样不断演化,种群中每个个体的竞争力在竞争与选择中得到不断增强,从而演化出好的策略。由于协同演化算法不需要明确的目标函数对种群中的个体进行评估,所以在棋盘类游戏以及专家知识很难获得的问题中有着广泛的应用。

在单种群型方法中,每个竞争的个体可以选择种群中的其他所有个体,也可以是某些个体,如图 7-11 所示。在图 7-11(a)中,个体与种群中其他所有个体竞争;在图 7-11(b)中,种群中个体间采用一对一的竞争机制;在图 7-11(c)

中，种群中的个体采用锦标赛的方式进行竞争，即刚开始在底层两两随机组合竞争，只有赢的个体进入上一层的竞争，个体的适应度值是其所在层的高度值。除了图 7－2 给出的竞争模式外，常用的竞争模式还有随机选择某些个体以及选择上一代中表现比较好的个体作为竞争个体[48,57]。

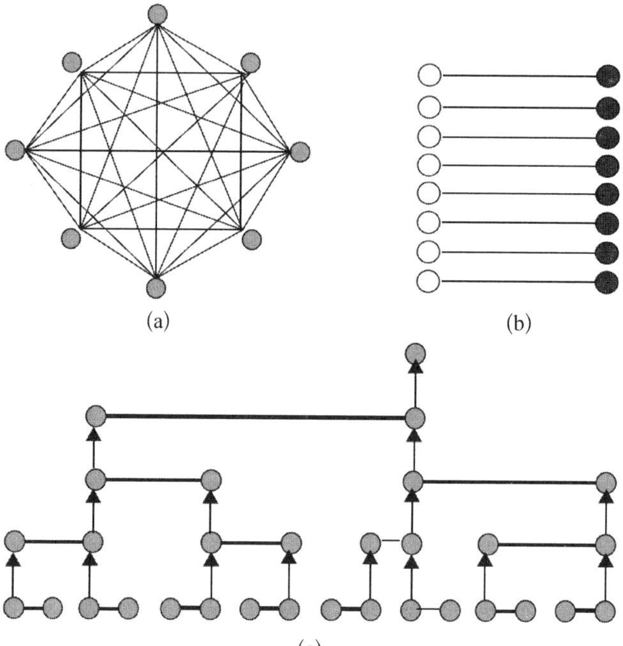

图 7－11 竞 争 模 型[59]

(a) 一对多 (b) 一对一 (c) 锦标赛式

双种群型方法可以看作使用了一种特殊竞争形式的单种群方法，即将一个单种群分为两个子种群，每个子种群的个体只与另一个子种群中的个体进行竞争，子种群内的个体不进行竞争。

双种群型的竞争型协同演化算法适合于演化问题的求解方案以及用来对该求解方案进行评估的测试样例集。将双种群型的竞争型协同演化算法作为元启发式方法的工作最早见于文献[58]。在该工作中，为了获得正确的排序网络(sorting networks)，学者 Hillis[22]仿照寄生虫与宿主(或者捕食者与猎物)之间的竞争关系，分别使用一个种群对排序网络和测试样例集进行演化。在排序网络种群中，一个个体代表一个排序网络；在测试样例集种群中，一个个体代表一组测试样例。每一个排序网络个体，都从测试样例集种群中选择多个个体进行评估，然后根据它对每一个测试样例集种群中的个体排序情况来决定它的适应度值；测试样例集种群中的个体则根据排序网络种群中没有对它进行正确排序的个体个数进行评估。两者在相互竞争又同时进行演化的过程中，不断地改进、加强。

算法 7-2 给出了双种群型的竞争型协同演化算法的框架。在该算法中，P_h 和 P_s 分别代表宿主种群和寄生种群，两个种群分别使用特定的演化算法进行演化。f 代表适应度评估函数。在算法 7-2 中，宿主种群中的个体根据它打败了多少寄生种群中的个体进行评估，寄生种群中的个体根据它没有被多少宿主种群中的个体打败进行评估。

算法 7-2 双种群型的竞争型协同演化算法框架

(1) 初始化宿主种群 $P_{h,G}$ 和寄生种群 $P_{s,G}$；

(2) 设置演化代数 $G = 0$；

(3) **while** $G <$ 最大进化代数 **do**

(4)   **for** each x_t^h in $P_{h,G}$ **do**

(5)   设置 count $= 0$；

(6)   **for** each x_t^s in $P_{s,G}$ **do**

(7)   **if** x_t^h 打败了 x_t^s **then**

(8)   count $=$ count $+1$；

(9)   **end**

(10)   **end**

(11)   设置 $f(x_t^h) =$ count；

(12)   **end**

(13)   根据个体的适应度值从 $P_{h,G}$ 选出父代群体：$P_{h,par}$；

(14)   对 $P_{h,par}$ 进行交叉变异等操作生成新的种群：$P_{h,G+1}$；

(15)   **for** each x_t^s in $P_{s,G}$ **do**

(16)   设置 count $= 0$；

(17)   **for** each x_t^h in $P_{h,G}$ **do**

(18)   **if** x_t^s 没有被 x_t^h 打败 **then**

(19)   count $=$ count $+1$；

(20)   **end**

(21)   **end**

(22)   设置 $f(x_t^s) =$ count；

(23)   **end**

(24)   根据个体的适应度值从 $P_{s,G}$ 选出父代群体：$P_{s,par}$；

(25)   对 $P_{s,par}$ 进行交叉变异等操作生成新的种群：$P_{s,G+1}$；

(26)   设置 $G = G+1$；

(27) **end**

在双种群型的竞争型协同演化算法中,常用的竞争个体选择方法有一对一[58]、随机选择某些个体,以及选择上一代中表现比较好的个体[48,57]。在个体适应度值评估方面,不论对于单种群型还是双种群型,研究人员一般认为应该对那些在与一些特殊的对手竞争中获胜的个体赋予更高的适应度值,这里特殊的对手指被很少个个体打败的那些个体[48,57]。

竞争型协同演化算法主要有三大优势:其一是通过使用个体间的竞争来赋予个体适应度值,不要求专家知识或者问题具有明确的目标函数;其二是竞争型协同演化算法在演化策略/问题求解方案的同时,也演化出一组竞争对手/测试样例,不需要人为地选出一组竞争对手/测试样例;其三是在竞争模式下,竞争双方都得到增强,而且这种增强是开放式的,竞争型协同演化算法总是有潜力演化出比当前策略更好的竞争对手或对当前解决方案更有挑战的测试样例,从而促使种群演化出更好的策略/解决方案。

7.3.2　合作型协同演化算法在类脑智能中的具体应用

我们仍以演化神经网络的权重为例,当使用单层型的合作型协同演化算法来演化人工神经网络时,首要的工作是对权重进行分组。根据对权重的分组方式不同,现有的研究工作主要有两大类:突触层(synapse level)和神经元层(neuron level)[60]。

在突触层类的分组中,神经网络的权重被进行了最底层的分组,每个连接权重被分为一组,并使用一个种群和一个特定的演化算法对其进行演化,即连接权重的个数决定了分组的组数。例如,在文献[61]中,作者提出了合作突触神经进化(cooperative synapse neuro-evolution,CoSyNE)的方法来训练递归神经网络,以使其在状态空间很大的情况下进行有效的强化学习。图 7-12 为 CoSyNE 方

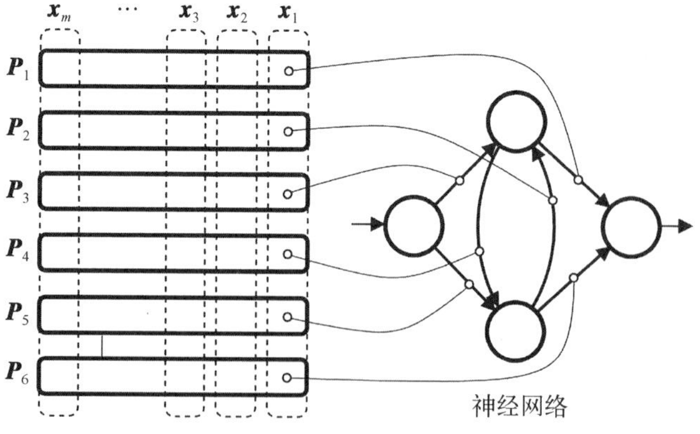

图 7-12　CoSyNE 方法示意图[61]

法示意图。在该图中，一共有 6 个连接权值，每个连接权值都使用一个种群 $\boldsymbol{P}_i(i=1, 2, \cdots, 6)$ 进行演化，在评估种群中的每个个体时，都从其他种群中取特定位置的个体组成 $\boldsymbol{x}_i(i=1, 2, \cdots, 6)$ 来进行评估。文献[61]使用遗传算法来对每个种群进行演化。

在神经元层的分组中，对权重的分组主要以神经元为参照物[62-64]。在文献[62 - 63]中，研究人员将每个隐层节点的输入输出权重分为一组。因此，隐层节点的个数也决定了决策变量分组的个数。图 7 - 13 给出了该分组方法的示意，图中虚线部分圈住的一个隐层节点的所有输入输出权重代表一个分组。在文献[64]中，针对前向型神经网络中一个神经元的输出只与其输入有关而与其输出无关的特征，研究人员为其提出了基于神经元的子种群(neuron based subpopulation，NSP)分组方法。在 NSP 方法中，一个权重分组包含一个隐层节点(或者输出层节点)的所有输入权重。因此，隐层节点以及输出层节点的总个数等于总的分组个数。图 7 - 14 给出了该分组方法的示意，图中两处虚线部分分别代表两个不同的权重分组，一个分组包含一个隐层节点的所有输入权重，另一个分组包含一个输出层节点来自所有隐层节点的输入权重。

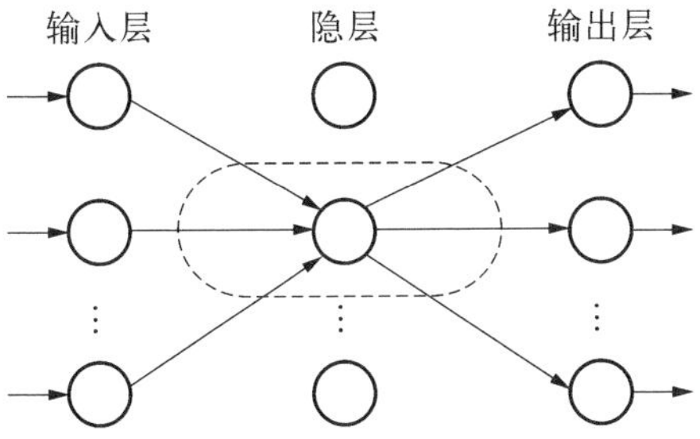

图 7 - 13　神经元层的分组方法- 1

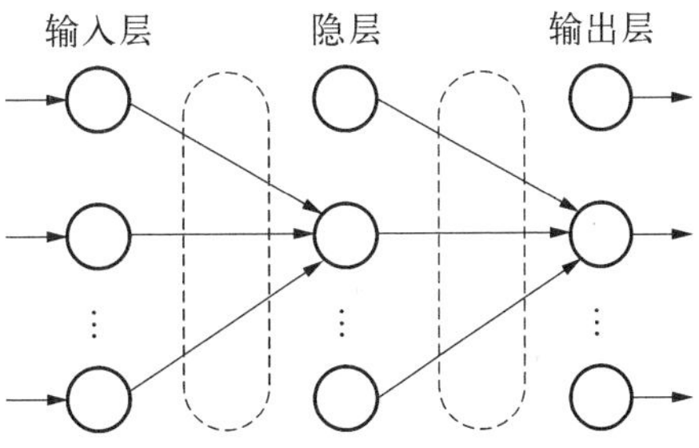

图 7 - 14　神经元层的分组方法- 2

对于以上两类神经网络权重的分组方法，有研究表明突触层和神经元层的分组在不同的问题以及神经网络结构上有不同的表现。比如，突触层分组更适合于控制和时间序列预测问题，而神经元层的分组更适合于模式分类问题[60]。因此，有研究人员将两者结合起来使用，在演化的过程中对分组方式进行自适应地调整[65]，或者同时使用两种分组方式但根据其表现给予不同的侧重[60]。

使用两层型的合作型协同演化算法来训练神经网络的最早的研究工作见于文献[66]，其使用了自适应共生神经演化(symbiotic adaptive neuro-evolution，SANE)系统来获得一个两层型(只有一个隐层)的前向型神经网络。SANE 系统使用图 7 - 10 所示的结构对组成神经网络的神经元进行演化。在 SANE 系统中，模块种群中的每一个个体表示一个神经元的所有输入节点到该节点的连接权重以及该神经元到所有输出节点的连接权重，其表示为输入层（或者输出层）的节点序号和该输入节点到该神经元（或者该神经元到该输出节点）的相应权重。图 7-15 给出了神经元个体的表示及其所定义的隐层节点图例。系统种群中的每一个个体则指向神经元种群中的多个个体，表示为神经元个体的序号列表，其意义为由其所指向的神经元个体作为隐层节点而组成的一个神经网络。

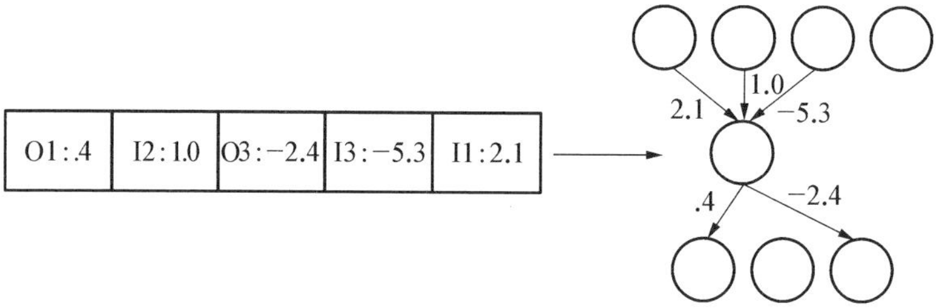

图 7-15　SANE 系统中神经元个体的表示及其所定义的隐层节点[66]

当评估系统种群中的个体时，将它指向的所有神经元个体作为隐层节点并和输入输出组成一个完整的神经网络，以该神经网络的适应度值作为系统种群中个体的适应度值。神经元种群中个体的适应度值则根据它所参与的系统种群中的个体的适应度值来评估，文献[66]选择它所参与的、最好的 5 个系统种群中的个体适应度值总和作为相应的神经元个体的适应度值。

算法 7-3 给出了 SANE 的演化过程。在该算法中，神经元种群和系统种群分别使用特定的演化算法进行演化，直至满足终止条件。SANE 旨在通过神经元种群和系统种群的演化，找到好的神经元以及将这些神经元组合起来的、好的方式。在文献[66]中的计算实验证明 SANE 使用的协同演化算法比直接使用一个演化算法演化整个神经网络更高效。由于 SANE 中神经元个体的表示形式和上述单层型协同演化算法中神经元层的分组类似，该方法也常称为使用了预定义子种群（enforced subpopulation）分组方法的神经网络的协同演化[64]。

两层型的合作型协同演化算法也可用于径向基网络（radius basis function network，RBF network）的优化[13]。该工作使用的方法与文献[66]中提出的 SANE 方法类似，不同的是该工作考虑的高斯神经元以及径向基网络。与文献[66]所考虑的多层感知器（multi-layer perceptron，MLP）不同，径向基网络中高斯核函数的使用使得每个高斯神经元具有局部性，相比于多层感知器中的神经元，可能具有更强的独立性，更适合于协同演化的应用。文献[49]同样使用图 7-10 所示的结构，保持两个种群：一个是高斯神经元种群，其中的每个个体代表一个高斯神经元；另一个是径向基网络种群，每一个都指向高斯神经元种群

算法 7-3 SANE 的算法框架

```
初始化神经元种群和系统种群；
while 不满足终止条件 do
    for each 系统种群中的个体 s do
        从神经元种群中挑选出它所指向的多个神经元；
        将挑选出的神经元组成一个神经网络 nn；
        对神经网络 nn 进行评估；
        将 s 的适应度值设置为 nn 的适应度值；
    end
    for each 神经元种群中的个体 n do
        找到指向它的系统种群中的个体；
        取这些个体中最好的 5 个个体的适应度值求和后赋给 n 作为适应度值；
    end
    分别对神经元种群和系统种群进行选择、交叉以及变异生成下一代种群；
end
```

中的多个神经元，代表由这些神经元组成的径向基网络。高斯神经元种群中的每个个体都由 μ_j、$\delta_j(j=1, 2, \cdots, d)$ 和 $w_k(k=1, 2, \cdots, n)$ 组成。其中 d 和 n 分别代表径向基网络的输入和输出的个数，$\boldsymbol{\mu}=(\mu_1, \mu_2, \cdots, \mu_d)$ 和 $\boldsymbol{\delta}=(\delta_1, \delta_2, \cdots, \delta_d)$ 分别代表高斯神经元的中心和宽度，$w_k(k=1, 2, \cdots, n)$ 代表该神经元到每一个输出节点的权重。在算法初始化时，每个神经元个体的 $\boldsymbol{\mu}$ 从训练样本点中随机地选出，$\boldsymbol{\delta}$ 和 $w_k(k=1, 2, \cdots, n)$ 被随机地设置，每个网络种群中的个体则随机地指向神经元种群中的多个个体。

算法 7-4 给出了该径向基网络的协同演化算法框架。在该算法中，网络种群中的每个径向基网络个体的适应度值取决于它在验证样本集上的表现，即设置为其在验证样本集上均方差的倒数：

$$fitness^i=\frac{1}{MSE_{\text{validation\_data}}^{\text{net}^i}+\epsilon}$$

其中，ϵ 代表一个很小的常量，以防止当均方差接近 0 时适应度值无限大的情况出现。在使用验证样本集对每个径向基网络个体进行适应度评估前，可以使用训练样本对其训练一段时间，以帮助演化算法在很少的代数里找到好的径向基网络。经过训练，该网络中涉及的神经元权重发生改变，该算法会根据使用的是 Larmarck 演化方式还是 Baldwin 演化方式选择将该改变写回到神经元种群中的相应个体或者不写回。由于一个神经元个体会参与到多个网络个体，所以当采用 Larmarck 演化方式时，会将多个网络个体训练后的平均改变值写回到该神经元个体。对于神经元个体的适应度值分配，文献[49]根据它所参与的网络个数、网络的适应度值以及它对这些网络的贡献也给出了不同的分配方式。

算法 7-4 径向基网络的协同演化算法框架

```
初始化神经元种群和网络种群；
while 不满足终止条件 do
  for each 网络种群中的个体 do
    从神经元种群中挑选出它所指向的多个神经元；
    将挑选出的神经元组成一个径向基网络 rbf；
    if LEARNING then
      随机初始化 rbf 中的所有权重；
      使用训练样本训练 rbf；
      在验证样本集上对 rbf 进行评估；
      if LAMARCKIAN LEANING then
        对相应神经元的参数变化进行叠加；
      end
    else
      在验证样本集上对 rbf 进行评估；
    end
  end
  对网络个体按照适应度值进行由好到差排序；
  if LAMARCKIAN LEANING then
    将神经元的参数变化值的平均值写回到相应的神经元个体；
  end
  根据神经元适应度值赋值策略对神经元种群中的所有个体进行适应度评估；
  对神经元个体按照适应度值进行由好到差排序；
  使用选择、交叉以及变异策略分别对神经元种群以及网络种群进行演化生成下一代种群；
end
```

在对神经元种群个体根据适应度值由好到差排序后，对于排在前 25%的每一个个体，从排在前 25%的个体中随机选择一个个体与其组合使用演化操作生成一个子代个体。然后在生成该子代个体的两个父代个体间随机选择一个并和子代个体一起替换种群中最差的两个个体。因此，在每一代中都有 25%的个体被新生成的子代个体替换。在对神经元个体进行变异操作时，给神经元个体涉及的参数加上随机产生的高斯扰动。对于网络种群中的个体，每个个体表示多个神经元种群中个体的标号，因此采用单点交叉。另外，对排在后面的75%的网络个体，以一定概率采用变异策略，对每个标号进行随机赋值。

除了以上用于演化单个神经网络的工作，两层型的合作型协同演化算法还用于演化模块化的神经网络[47,67]和集成神经网络[68]。在模块化的神经网络演化中，一个种群用于找到好的模块网络，一个种群用于找到将模块网络组合起来的好的方式。在该工作中，不同的模块网络可通过使用不同的输入节点获得，可以认为对应了原问题的不同子问题。在演化的过程中，模块网络的结构可以通过增加或者减少一个输入来获得。通过找到好的模块网络以及相应的组合方式，该工作希望可以找到一种复杂问题的自然分解方式。在集成神经网络的演化中，文献[68]使用不同的种群来演化不同类型的神经网络，同时还使用一个种群来演化将这些神经网络进行加权的权重。

7.3.3 竞争型协同演化算法在类脑智能中的具体应用

竞争型协同演化算法最常用于学习玩棋盘类游戏，比如西洋跳棋、西洋双陆棋等。对于这类游戏，往往没有专家知识，无法对一个策略进行准确的评价，因此普通的演化算法不适合。相比于普通的演化算法，竞争型协同演化算法不需要专家知识，而是通过每个个体与种群中其他个体（或者另一个种群中的个体）的竞争来对个体进行评估，然后通过一系列演化操作，逐渐学习出越来越强的策略。因此竞争型协同演化又称为协同学习。本小节将以竞争型协同演化算法在囚徒困境(iterated prisoner's dilemma)游戏以及黑白棋游戏中的应用为例来讲述如何利用竞争型协同演化算法获得类脑模型。

很长时间以来，囚徒困境问题用于对社会上的、经济上的以及生物上的个体之间的相互关系进行建模，以研究在何种条件下一群自私的个体会选择相互合作[69]。在经典的囚徒困境游戏中，两个玩家(player)不停地进行交互，在每次交互中每个玩家有两种选择：合作(cooperation)和背叛(defection)。每个玩家选择合作还是背叛所获得的报酬由一个报酬矩阵决定。图7-16给出了两个玩家的囚徒困境问题的报酬矩阵。在图7-16中，如果两个玩家都选择合作的话，那么每个人的报酬是R；如果一个玩家选择合作，一个玩家选择背叛的话，那么选择合作的玩家获得的报酬是S，选择背叛的玩家获得报酬是T；如果两个玩家都选择背叛的话，那么每个人的报酬是P。在囚徒困境问题中，R、S、T和P的关系需满足以下条件：

(1) $T > R$ 而且 $P > S$。

(2) $R > P$。

(3) $R > (S+T)/2$。

这些条件说明，选择背叛的一方会获得更多的报酬，且互相合作会获得最大的报酬和。在文献[69]和[70]中，作者都选择了这样的设置：$R=4$，$T=5$，$S=0$ 和 $P=1$。除了经典的囚徒困境问题，还存在着多个合作级别的复杂囚徒困境问题，即每个玩家每次都有多个合作级别可以选择。图 7－17 给出了一个具有 4 个合作级别的囚徒困境问题的报酬矩阵示例。在囚徒困境游戏中，游戏不只玩一次，每个玩家都会玩很多次，并且会记得之前玩过的情景，从而使得每个玩家有选择报复或者互相合作的可能。

	合作	背叛
合作	R R	T S
背叛	S T	P P

图 7－16　SANE 中经典囚徒困境问题的报酬矩阵[69]

		玩家 **B**			
		$+1$	$+\frac{1}{3}$	$-\frac{1}{3}$	-1
	$+1$	4	$2\frac{2}{3}$	$1\frac{1}{3}$	0
玩家	$+\frac{1}{3}$	$4\frac{1}{3}$	3	$1\frac{2}{3}$	$\frac{1}{3}$
A	$-\frac{1}{3}$	$4\frac{2}{3}$	$3\frac{1}{3}$	2	$\frac{2}{3}$
	-1	5	$3\frac{2}{3}$	$2\frac{1}{3}$	1

图 7－17　具有多个选择的囚徒困境问题的报酬矩阵[69]

在文献[69]和[70]中，作者都使用竞争型的协同演化算法来学习好的玩囚徒困境游戏的策略。该方法维持一个种群，种群中的每个个体都代表一个（玩家的）策略，然后使用遗传算法去演化它。在遗传算法的每一代，每个策略都和种群中的其他策略（包括它自己）分别代表不同的玩家来玩囚徒困境的游戏。一个策略（玩家）的适应度值设置为它在该代中玩的所有的游戏中获得的报酬的平均值。如果一个策略（玩家）不经过任何改变就进入下一代，那么它的适应度值会根据其下一代玩游戏的情况进行重新赋值。

在每一次游戏中，两个玩家会玩很多局，每个玩家都可以看到在之前的局中对手采取的动作以及它们自己采取的动作。在之前的研究工作中，每个玩家能看到多久之前的纪录通常被设置为一个常数，比如文献[70]中每个玩家只记得上一局中双方采取的动作。一般的假设是每个玩家会根据纪录来决定下一局采取的动作，因此，搜索的对象为当前局依据历史局纪录所采取的最佳动作，并决定种群中个体的表示及编码。

文献[69]和[70]使用前向型神经网络来表示策略，种群中的每个个体表示为由神经网络的权重组成的向量。神经网络的输入代表之前玩的局中两个玩家采取的动作，其输出代表当前玩家在当前局应该采取的动作。如果每个玩家只记得上一局中双方的动作，那么神经网络总共有4个输入，分别是上一局中：① 玩家自身的合作级别；② 对手玩家的合作级别；③ 如果对手玩家被自己利用，那么输入为1，否则为0；④ 如果自己被对手玩家利用，那么输入为1，否则为0。这里的利用指的是因双方的合作级别不一致而导致合作级别低的玩家获得的报酬更大，即合作级别高的个体被利用。神经网络只有一个输出，每个隐层节点和输出节点都是Sigmoid函数，使得每个输出节点的取值范围为[−1, 1]。由于神经网络的输出是连续的，这个输出会被映射到一个动作(合作级别)。比如，如果一个玩家有4种级别的合作行为可供选择，那么输出的值会被映射到离(−1, −1/3, +1/3, +1)最近的那个值上，即表示要选择的合作级别。值得一提的是，每个神经网络的输入是历史上双方玩游戏的情景，输出是当前局、当前玩家应该采取的动作(合作级别)。

在演化的过程中，种群中的每个个体都被解码为一个神经网络，而每一个神经网络代表玩游戏的策略，不同神经网络的权重代表不同的策略，通过策略间的竞争对每一个策略进行评估，从而完成对每一个神经网络也即每一个个体的评估。在不断的演化中，个体的竞争力越来越高，从而获得越来越强的策略。

与囚徒困境游戏相似，当把竞争型协同演化算法应用到黑白棋游戏上时，每个个体仍然代表一个神经网络，不同的是该神经网络的输入代表的是棋盘上的摆棋状态，其输出则代表着对该棋盘状态的一个评估函数，用以评估该棋盘状态中最后一步棋的好坏程度[71]。因此，在黑白棋游戏中，每个神经网络并不代表一个玩家的策略，而是代表一种启发式函数，协同演化的目的是找到最佳的启发式函数，这是因为在最佳的启发式函数下寻优所找到的策略即是最佳的游戏策略。具体的神经网络结构形式可参考文献[71]。

在使用竞争型协同演化算法学习黑白棋游戏策略时，种群中的每个个体被解码成一个神经网络，也即相应的启发式函数。在评估这个个体的时候，这个个体会和种群中的其他个体一起玩黑白棋游戏，并根据游戏结果对该个体进行评估。在玩游戏的过程中，玩家双方的策略是对不同的落棋情况使用各自的启发式函数进行评估，然后每次找到启发式函数值最好的位置进行落棋。在不断对整个种群的演化过程中，个体的竞争力越来越强，即启发式函数值越来越好，从而得到越来越好的玩黑白棋的策略。

7.4 动态优化

在现实场景中，类脑智能模型的构建往往还需要考虑到环境的动态变化。例如，在垃圾邮件分类任务中，垃圾邮件的特征比如发信地址、邮件标题、邮件内容关键字等会随着时间逐渐变化，一个实用的垃圾邮件分类模型，应能够实时准确地识别出具有最新特征的垃圾邮件。一般而言，若一个系统在动态环境中能始终保持正常的功能性，我们称其具有鲁棒性。在动态环境下建立鲁棒的智能系统有一种一般性思路——始终使系统适应于当前的环境。这种“适应”，意味着一旦外部环境发生变化，智能系统须根据这种变化迅速对自身进行调整，输出符合新环境下的需求。本质上，这种“适应”策略正是动态优化（dynamic optimization）的研究重点，即如何在动态变化的环境中维持最优的决策。

7.4.1 问题描述与定义

优化问题的一般性定义如下：

$$\min_{z} G(z),\ z \in D$$

式中，z 是变量；D 是可行域。动态优化问题[72-73]指的是 G 的形式会随着时间而改变，定义为

$$\min_{z_t} G_t(z_t),\ z_t \in D_t,\ t=1,\ 2,\ \cdots \tag{7-9}$$

针对动态优化问题而设计的算法（动态优化算法）既要能对一个给定的问题（如 G_1）找到最优解，也要能在问题发生变化时（如 G_2，G_3，…）快速追踪到新的最优解。换言之，动态优化算法注重的是算法一次运行，避免重启。

目前，主流的动态优化算法是基于种群（population-based）的方法[72-73]，即演化算法（evolutionary algorithm）和群体智能算法（swarm intelligence algorithm）。自然界生物群体的演化和自组织行为不可避免地会遭遇自然环境的变化，因此这两类算法的起源和核心机制天然地适合解决动态优化问题。此外，在以上两类算法基础之上，动态优化算法还引入了很多专门设计的机制，我们在这里对这些机制做简要的介绍。

与传统“静态”优化希望尽可能快速找到全局最优不同，动态优化的目标是实时追踪全局最优，在其设定中有一个一般性的假设，即在变化发生之后的问题

与变化发生之前的问题存在一定的关联性，因此动态优化算法需要尽可能地利用之前的搜索经验来加速当前的搜索。一般来说，绝大多数的动态优化算法都会显式地对问题的变化做出反应，如果问题的变化对于算法是不可见的，那么就会需要使用变化检测模块来显式检测目标函数是否发生了变化。具有代表性的检测方法分为两类：① 重新评估解(re-evaluating solution)[74-75]，这类方法会定期评估特定的解(如当前种群中的解或是存储器中的解等)，以这些解的适应度是否发生变化来判断目标函数是否发生了变化；② 基于算法行为的检测(detection based on algorithm behavior)，这类方法通过检测算法行为的某个指标(如一段时间内找到的最好解的平均适应度[76])来判断是否发生了变化。一旦检测到变化发生，很多动态优化算法会采用提高种群多样性的策略，以扩大算法在搜索空间中的有效搜索范围，从而提高找到新的最优解的可能性。增加多样性的方法包括重新初始化种群[74]、提高变异概率[76]等。

除了在变化发生之后显著提高种群的多样性，另外一种广泛使用的策略是一直使种群维持较高的多样性，并同时使用其他机制来保证种群的局部搜索能力。这一类动态优化算法并不需要显式地检测目标函数的变化。维持多样性的方式包括引入随机性较高的个体[77]，使用排斥机制防止个体之间距离太近[77]，将多样性看作新的目标而采用多目标方法[78]等。

若目标函数的变化是周期性的或者有规律的，使用之前找到的高质量解可能有助于求解当前的问题。为了复用之前的解，很多动态优化算法会使用某种存储机制将其保存起来，这种存储方式可以是显式的，比如直接储存[79]，也可以是隐式的，比如使用冗余编码[79]。

多种群方法(multi-population)[74,77]可以看作是“一直维持高多样性”和“存储机制”的结合，其维护了多个种群，这些种群的功能互不相同，并具有一定的互补性，比如不同的种群负责搜索不同的区域(在这种情况下需要有机制来保证不同的种群不会重合)，或者一些种群负责搜索，而另一些种群负责维持较高的多样性等。

7.4.2 类脑智能系统中的动态自适应

类脑智能系统所应用的场景涉及动态环境的有很多，一个典型的例子就是在线场景。在离线场景中，假设训练集(training set) D 包含 N 条数据，即 $D = \{(x_1, y_1), (x_2, y_2), \cdots, (x_N, y_N)\}$，其中 x_i 和 y_i 分别是第 i 条数据的特征和标签(label)，且这些数据都是独立地从同一个概率分布 $P(X, Y)$ 中采样得到(独立同分布假设)。假设我们的学习模型为 f，离线学习的目标是最小化 f 在

P 上的期望误差：

$$\min\{R(f)\}=E[L(Y, f(X))]=\int L(y, f(x))P(x, y)\mathrm{d}x\mathrm{d}y \tag{7-10}$$

式中，$R(f)$ 又称泛化误差；$L(y, f(x))$ 为损失函数，用来度量模型的预测值与样本真实标签之间的距离。在实际应用中分布 P 的形式未知，因此 $R(f)$ 不可直接计算。在实际训练时往往采用经验误差：

$$\min\left\{\sum_{i=1}^{N}L(y_i, f(x_i))\right\} \tag{7-11}$$

与离线场景不同的是，在线场景的数据是以串行的方式依次到来的。对于到来的每一批数据，学习模型都要对其做出处理（预测），然后根据反馈进行更新，等待下一批数据的到来。我们依然以 $t=1, 2, 3, \cdots$ 表示不同的时刻，其中在每个时间点上都有一些数据到来，表示为 $(x_1, y_1), (x_2, y_2), \cdots$；相应地，模型 f 也会在每个时间节点上进行更新，表示为 $f_1, f_2, \cdots$，具体如图 7-18 伪代码所示。

```
For t=1, 2, …
    接收新数据 x_t
    对新数据进行预测得到 f_t(x_t)
    接收 x_t 真实的类标 y_t
    更新模型 f_t 到 f_{t+1}
End For
```

图 7-18 在线场景下的学习过程

与离线场景另一个不同是，在线场景下并没有独立同分布假设，也就是说 $(x_1, y_1), (x_2, y_2), \cdots$ 可能来自不同的分布，相互之间也可能并不独立。因此，在线学习的目标着眼于所有实际接收到的数据，希望模型在这些数据上的总误差尽可能地小，即最小化累积误差（accumulative error）（假设过程时长为 T）：

$$\min_{f_1, f_2, \cdots}\left\{\sum_{t=1}^{T}L(y_t, f_t(x_t))\right\} \tag{7-12}$$

或者写成：

$$\min_{f_t}\{L(y_t, f_t(x_t))\}, \quad t=1, 2, \cdots \tag{7-13}$$

即在每一个数据上的误差都尽可能地小。

在线场景下典型的学习方法分为在线学习（online learning）[80] 和增量学习（incremental learning）[80]。在线学习的侧重点在于场景的需求，比如高速流式数据、实时响应、计算资源限制等；而增量学习的侧重点则是串行的分批次的数据处理方式。换言之，增量学习关注的是如何合理地对学习模型以增量的方式施加训练数据以使得模型的性能得到提升，而并不限制此种方式应用在何种场景之下。在线学习和增量学习研究的对象都是持续从外部环境学习的智能系统，其学习过程有着明显的时间跨度，而环境的不确定性从根本上使得学习过程从静态转向了动态。具体而言，这种不确定性表现为数据分布（$P(x, y)$）的变化，又称为概念漂移(concept drift)。我们在这里就概念漂移及其处理方法，以及其与动态优化算法的关系进行详细介绍。

概念漂移指的是在线场景下的数据分布会随着时间的推进而发生变化，其形式化定义如下：令 (x_1, y_1)，(x_2, y_2)，⋯ 依次表示不同批次的数据，P_i 表示第 i 批次数据的输入变量 X（特征值）和目标变量 Y（标签）的联合概率密度分布；假设在第 i 时间点和第 $(i+1)$ 时间点之间发生了概念漂移，那么

$$\exists x: P_i(x, y) \neq P_{i+1}(x, y) \tag{7-14}$$

根据条件概率公式，联合概率密度可以写成

$$P(x, y) = P(y \mid x)P(x) \tag{7-15}$$

因此导致概念漂移的原因又可以分为两类：一类是仅输入变量分布 $P(x)$ 发生了变化，而后验概率密度分布 $P(y \mid x)$ 保持不变；另一类是后验概率密度分布 $P(y \mid x)$ 发生了变化。在学习任务中，我们实际上希望用模型表达出后验概率密度分布 $P(y \mid x)$，即给定输入变量 X，模型预测出 Y。因此上述第一种情况导致的概念漂移并不会真正影响模型做出正确预测，这一类概念漂移称为假概念漂移(virtual drift)。相应地，由第二种情况导致的概念漂移称为真概念漂移(real concept drift)，也就是说只有在这种情况下才需要对学习模型做出调整。

我们以一个例子来说明这两种漂移的区别。考虑一个在线的商品推荐系统，其任务是针对一个给定的用户将商品分为“相关”和“不相关”。假设现在某个用户正准备购买电饭煲并在购物网站上进行了搜索，那么系统会将电饭煲商品归为“相关”，而将其他商品比如跑步机归为“不相关”。假设商城正在对电饭煲进行促销，导致电饭煲库存迅速降低，但是该用户的需求仍是电饭煲，那么系统的分类策略也不会变，这种情况便是假概念漂移。假设用户已经购买了电饭煲，现在想购买跑步机，那么电饭煲就变成了“不相关”，而跑步机变成了“相关”，此时系统需改变分类策略，这种情况便是真概念漂移。

就时间维度而言，概念漂移也有不同的表现形式：突发性漂移(abrupt drift)，指数据分布的突然变化，即从原分布突变为另一个分布(比如上文中用户需求从电饭煲转向跑步机的例子)；增量式漂移(incremental shift)，指的是从一

个分布逐渐演化成另一个分布并稳定下来;渐进式漂移(gradual drift),指数据分布随着时间持续变化。进一步地,变化可以以严重程度(severity)、可预测性(predictability)以及频率(frequency)等指标来刻画[81]。

在本质上,处理概念漂移的核心在于如何使模型的输出满足新的数据分布下的要求,而达到这一目的的方法,笼统地说,是利用满足新分布的数据对模型进行调整。这又涉及两个问题:使用哪些数据以及如何利用这些数据来对模型进行调整。在在线场景下,我们往往会采取一个基本假设,即最近接收的数据最能反映当前的数据分布。换言之,处理概念漂移的系统需要一个存储系统来保存一定量的最新数据以调整模型,而这个存储系统的容量大小,则在一定程度上反映了不同算法的偏好。在线学习算法 Winnow[82]和 VFDT[83]往往只使用一条最新的数据,并且使用误差驱动(error-driven)的方式对模型进行更新,即模型更新的方向总是使得当前数据的误差减小。这种方式使得模型对缓慢的数据分布变化有着天然的适应性,一旦足量的、满足新分布的数据出现并稀释了旧数据对于模型的影响,模型的输出便能满足新数据分布下的需求。然而,对于突然性概念漂移或者漂移发生频率较快的场景,这种方式的缺点(即适应速度缓慢)则会被放大。一种可能的解决办法是提高模型对新样本的敏感度(即新样本的权重),但高敏感性又会使得模型的稳定性降低,从而降低对于环境噪声的抵抗力,因此在设置模型敏感度的时候需要针对具体场景平衡敏感性和稳定性[84]。

另一方面,保存并使用更多的数据虽然在设计上引入了复杂性,但也使得概念漂移的处理变得更加灵活。基于滑动窗(sliding window)的方法比如FLORA[85]是这类方法中的典型。顾名思义,这种方法维护着一定长度的队列,其以先进先出的方式(first-in-first-out,FIFO)储存着最新的数据。在每一个时间节点上,FLORA 使用窗口中的数据重建一个新模型。显然,这类方法的关键难点在于选取合适的窗口大小。小窗口可以准确地反映当前的数据分布,而使得系统能快速地适应概念漂移,但同时也会降低系统的稳定性;大窗口可以提升系统的稳定性,但对于数据分布变化的反应则会变得迟钝。一种解决方法是采取变长的窗口大小 FLORA2[85],在数据分布稳定时期采取较大的窗口以提升稳定性,而在概念漂移期选择小窗口以提升反应速度。这种策略依赖于变化检测(change detection)。一般而言,对于概念漂移的显式检测可以以量化的方式给出漂移发生的时间点或时间段。变化检测的方法[80]可以分为基于序列分析(sequential analysis)的方法、基于统计过程控制(statistical process control)的方法、基于概率分布差异性的方法和基于启发式(heuristics)的方法。

主流的调整模型的策略分为两种:重训练(retraining)和增量更新(incremental

update)。重训练方法定期丢弃旧模型而重建新模型，这对于突然性概念漂移能有较快的反应。增量更新的方式是在原有模型的基础上进行修改，典型的例子就是在线学习算法，其总是基于最新的一条数据对模型进行误差驱动式的更新。值得一提的是，在增量对模型进行更新的情况下会出现一种现象(尤其当采用的模型是神经网络时)，即随着时间推进，使用新数据会使得学习模型完全忘记旧数据中的模式(pattern)，这一现象称为灾难性遗忘(catastrophic forgetting)[86]。让模型在从流式数据中持续学习新知识的同时保留已学到的知识，称为稳定性-可塑性困境(stability-plasticity dilemma)，其稳定性指的是模型能应对环境中的噪声，其可塑性指的是模型能学习新的模式。

除了以上学习算法，另外一类典型的增量更新的方法是基于集成模型(ensemble)的方法。集成学习使用一系列模型进行学习，并使用某种规则把各模型的结果进行整合从而获得比单个模型更好的学习效果，其在处理概念漂移上有两方面的优势：一是集成模型本身往往能在学习任务上取得很好的效果；二是集成模型的分层结构允许增量修改以各种形式进行，在设计上具有很高的自由度。在动态环境下处理概念漂移的集成方法主要有以下几类[87]：第 1 种是动态组合事先训练好的一组模型，组合的规则往往采用加权多数算法(weighted majority algorithm)；第 2 种是使用新数据持续调整基础模型(采用重训练或者增量更新的方法)并组合它们；第 3 种是对集成模型进行结构性的调整，比如使用基础新模型代替效率低下的旧模型。总的来说，集成方法既能够以较小的存储代价保留一定量的模型(相当于能保留历史信息)，也能够以较为灵活的方式利用新数据对模型进行调整，因此其并不受漂移种类、频率、强度等的限制，具有很好的应用前景。

下面我们将以 ARTMAP[84] 和选择性负相关学习[88] 为例具体介绍如何构建动态环境下的自适应类脑系统。

ARTMAP[84] 是一个经典的、能够处理流式数据的监督式神经网络，它的基础是自适应共振神经理论(adaptive resonance theory，ART)。ART 是对人脑处理信息方式的一种假说，它认为人类对物体识别是人脑“从上到下”传递“期望”(即物体的原型或者模式)信息与感觉器官(比如眼睛、耳朵)“从下到上”传递的感觉信息相交互的结果。最初提出 ART 是为了解决神经网络中的稳定性-可塑性困境，其描述了一系列用于目标识别的人工神经网络结构，其中基础结构 ART1 网络如图 7 - 19 所

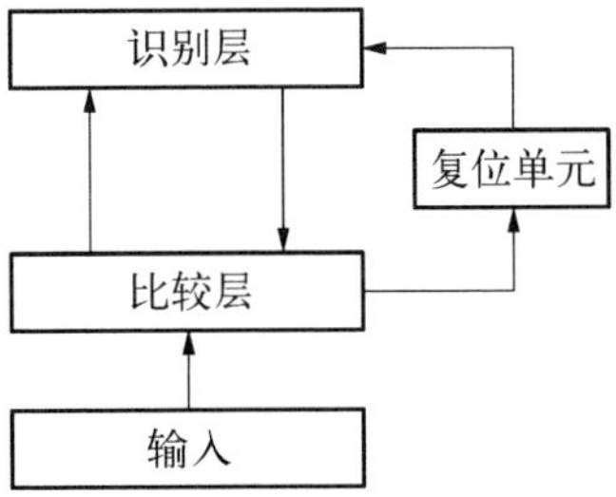

图 7 - 19　ART1 网络结构

示。ART 网络是一个无监督网络，包含两层神经元，分别是比较层(C 层)和识别层(R 层)。R 层中每一个神经元代表已学到一个模式，其权值是该模式的代表性向量。给定一个 0－1 输入向量，R 层中与该模式最相似的模式被返回到 C 层，C 层将会判断该模式与输入向量的相似程度。如果两者足够相似，那么该模式对应的 R 层神经元的权值向量会向输入向量偏移；如果两者相似度不大，那么复位单元(reset)将会抑制 R 层中的该模式，进而使得 R 层中与输入向量第二匹配的模式返回给 C 层并做比较，循环往复；如果 R 层中所有模式与输入向量均达不到相似性要求，那么 R 层将会以输入向量新建一个神经元，代表一个新的模式。可以看到，ART1 网络可以处理流式数据，并且能够在持续学习新模式的情况下，保留旧的模式。

ARTMAP 是一个监督式神经网络，其用一个映射域模块(相当于一个中间层)将两个 ART1 网络(假设分别为 ARTa 和 ARTb)连接起来。ARTa 和 ARTb 依然以 ART1 网络的方式分别处理输入向量和输出向量，ARTa 网络的 R 层神经元可以使用 ARTb 网络 R 层中的模式，由此可以得到基于输入向量的预测值与目标值之间的距离。基于此距离，ARTMAP 修改 ARTa 网络中的判别阈值以使得 ARTa 中的 R 层与监督信号之间的距离足够得小。FuzzyARTMAP[89] 在 ARTMAP 的基础上使用了模糊集理论，可以进一步处理模拟数据。本质上，ART 系列的算法都是在线学习算法，每处理一条数据便要更新模型，对于与旧数据足够不同的数据会生成新的数据簇(表现为 R 层中的模式)，而判断数据相似度所依据的阈值，则可以看作是前文中提到的在线学习算法中对于新样本的敏感度。

选择性负相关学习(selective negative correlation learning, SNCL)[88] 是一个具有代表性的、在动态环境下集成神经网络的方法，它可以看作是负相关学习(negative correlation learning，NCL)[90] 在动态环境下的扩展。NCL 是离线学习下的一种神经网络集成方法，其核心思想是希望不同的神经网络的表现有所差异，共同完成复杂的学习任务。假设数据集为 $D=\{(x_1, y_1), (x_2, y_2), \cdots, (x_N, y_N)\}$，集成模型中一共有 M 个神经网络，分别为 NN_1，NN_2，…，NN_M，集成模型的输出为各个子模型输出的均值：

$$f(x)=\frac{1}{M}\sum_{i=1}^{M} NN_i(x) \tag{7-16}$$

NCL 采用后向传播方式同时训练所有的神经网络，对于每一条训练数据，负相关学习采用如下的公式计算第 i 个神经网络的误差：

$$L_i(x)=\frac{1}{2}[NN_i(x)-y]^2+\lambda p_i(x) \tag{7-17}$$

式中，λ 是一个参数，用来平衡均方误差（即第一项）和多样性惩罚项 $p_i(x)$；$p_i(x)$ 衡量了 NN_i 与其他神经网络在 (x, y) 上的表现的差异：

$$p_i(x)=[NN_i(x)-f(x)]\sum_{j\neq i}[NN_j(x)-f(x)] \tag{7-18}$$

可以看到，NCL 通过式(7－17)和式(7－18)显式地促使集成模型中每个神经网络都与其他的网络表现有所差异。由于 NCL 训练出来的神经网络在保证准确性的前提下还具有很高的多样性，在动态环境下，当新的训练数据到来的时候，这种多样性可以保证集成模型更有可能适应新的数据分布。具体而言，每当一个批次的新数据到来，首先将现有的集成模型（假设含有 M 个神经网络）克隆，基于新的训练数据在克隆得到的集成模型上采用 NCL 进行训练，然后利用训练好的集成模型和原集成模型组成候选池（含有 $2M$ 个神经网络），最后从候选池中选取 M 个神经网络以保持规模不变。SNCL 流程如图 7－20 所示：

初始化集成模型 ens_1，其包含 M 个神经网络
接收新批次数据(x_1, y_1)
使用(x_1, y_1)和 NCL 训练 ens_1
For $t=2, 3, \cdots$
　　接收新批次数据(x_t, y_t)
　　克隆 ens_{t-1}，得到 ens_{cl}
　　使用(x_1, y_1)和 NCL 训练 ens_{cl}
　　将 ens_{cl} 和 ens_{t-1} 组合在一起得到 ens_{cb}
　　使用选择模块从 ens_{cb} 中选择 M 个神经网
络得到 ens_t
End for
输出 ens_t

图 7－20　SNCL 流程

在动态环境下维持模型规模不变具有实际意义，否则模型规模将会持续线性增长，因此 SNCL 中的选择模块有很重要的地位。从 $2M$ 个神经网络中选取含有 M 个网络本质上是一个子集选择问题，其关键在于如何定义目标函数。SNCL 考虑了两种目标函数，第 1 种是 NCL 采取的误差函数，即式(7－17)；第 2 种则是训练误差（均方差）。在处理按批次到来的数据时，采用这两种目标函数的 SNCL 均能取得不错的效果。结合之前介绍的处理概念漂移的集成模型方法，SNCL 实际上结合了继承模型类方法中的第 2 类（使用新数据持续调整基础模型，对应于 SNCL 中的 NCL 训练模块）和第 3 类（使用基础新模型代替效率低下的旧模型，对应于 SNCL 中的选择模块）。

通用的构建动态环境下自适应系统的框架性算法同样也适用于构建自适应类脑系统，这其中具有代表性的例子是 Learn++.NSE[91] 和 DDD[92]，这两种方法都是集成模型方法。在 Learn++.NSE 中，集成模型的输出是各模型的加权投票结果，对于每一个批次的新数据，Learn++.NSE 都重训练一个分类器，并根据在当前数据上的表现动态调整各分类器的权值。DDD 维护了两个拥有不同多样性等级的集成模型，并且使用了变化检测技术来加速自适应。在数据分布稳定期间，DDD 采用低多样性的模型来预测，而当检测到数据分布处于持续变化时，DDD 则采用高多样性的模型来预测。

如果从优化的角度来重新看待动态环境下的学习目标，那么处理概念漂移本质上可以看作是一个动态优化问题。假设 θ 表示学习模型中所有的可变参数，(x_t, y_t) 表示第 t 批次的数据，P_t 表示第 t 批次数据所服从的数据分布，在线学习/增量学习的学习目标(式(7-11))可以进一步写成

$$\min_{\theta_t}\{L(y_t, f_t(x_t, \theta_t))\}, t=1, 2, \cdots \tag{7-19}$$

对比式(7-19)和式(7-13)，θ 对应优化中的变量，动态优化的目标为追踪决策面(decision boundary)。我们以 A 表示一个动态优化算法，A_t 表示该算法在 t 时刻的状态，那么采用动态优化算法来处理在线场景中概念漂移的流程如图 7-21 所示。

For $t := 1, 2, \cdots$
  接收新批次的数据 (x_t, y_t)
  算法 A 基于 A_t 和 (x_t, y_t)，优化 θ_t
  根据得到的 θ_t 更新模型 f_t 到 f_{t+1}
End For

图 7-21 采用动态优化算法来处理在线场景中的概念漂移流程

需要注意的是，以上过程并不限制模型的具体形式，即 f 和 θ，因此采用动态优化算法来处理概念漂移同样也是一种实现自适应类脑系统的方法。目前，采用动态优化算法来处理概念漂移已有了一些初步结果[93]，相比于传统的后向传播算法，动态优化算法能使模型更好、更快地适应变化后的数据分布。

7.5 演化算法理论

7.5.1 基本介绍

演化算法在很多实际问题中获得了成功的应用，然而对其理论性质的研究却相对较少。主要原因在于：一方面，演化算法是随机算法，这意味着即使每次

输入相同,输出也可能不同;另一方面,演化算法的设计有时候很复杂,这会大大增加分析难度。早期人们的分析关注于演化算法的收敛性,即给定无穷大的时间,算法是否一定能够找到最优解。对于许多演化算法来说,回答是肯定的[94]。

然而在实际中,资源是有限的(如时间、存储空间);又因为演化算法消耗的资源主要集中于时间,所以我们更加关注随着问题规模 n 的增加,算法需要多久可以找到最优解(或者近似最优解)。在演化算法消耗的时间中,适应度的评估又占据了主要部分,因此我们往往将演化算法的适应度评估次数作为衡量运行时间的标准。

值得注意的是,算法的随机性使得它每次运行找到最优解的时间可能都是不一样的,因此我们一般会求出运行时间的均值,即期望运行时间。不过求出精确的期望运行时间的表达式难度很大,我们转而只需要了解它的上下界。为此,本节会使用如下的渐进复杂度记号来表示运行时间的上下界。

假设 $f=f(n)$, $g=g(n)$ 是问题规模 n 的正函数,我们有如下约定:

(1) $f=O(g)\Leftrightarrow\exists$ 常数 $n_0\in\mathbf{N}$, $c\in\mathbf{R}^+$ 使得 $\forall n\geqslant n_0$, $f(n)\leqslant cg(n)$。

(2) $f=\Omega(g)\Leftrightarrow g=O(f)$。

(3) $f=\Theta(g)\Leftrightarrow f=O(g)$ 且 $f=\Omega(g)$。

(4) $f=o(g)\Leftrightarrow \lim\limits_{n\to\infty}f(n)/g(n)=0$。

(5) $f=\omega(g)\Leftrightarrow g=o(f)$。

把上述记号联系到两个实数之间的大小对比,我们可以认为: O 对应于 $\leqslant$, Ω 对应于 $\geqslant$, Θ 对应于 $=$, o 对应于 $<$, ω 对应于 $>$。对于一个算法来说,如果它能够在多项式时间内(关于 n)找到问题的最优解,那么我们认为这个算法针对这个问题是有效的;假如它找到一个问题的期望运行时间是超多项式的,那么可以认为这个算法针对这个问题是无效的,这是因为在实际应用中,超多项式的运行时间往往是难以接受的。

根据问题的解空间的不同,可以把优化分为离散优化和连续优化两大类。离散优化问题的变量取值是离散的(比如整数),而连续优化问题的变量取值是连续的。

针对离散和连续问题的不同,算法也会相应改变。例如离散优化中的变异算子是对原个体中的某些位进行翻转;而连续优化中的变异算子则是在原个体的基础上加上某个随机变量。另外,在离散优化中,如果解决的是 P 问题,则一般分析找到最优解的运行时间;如果是 NP 难题,则一般分析找到近似最优解的运行时间。而对于连续优化,由于变量的取值是连续的,很多问题的最优解又只是解空间中的一个点,所以很难找到最优解,我们只需找到问题的近似最优解。

在理论分析方面，现有研究大多是针对离散问题的，而连续优化的理论结果相比于离散优化要少得多。因此我们后面会着重关注离散优化的相关结果。

7.5.2 理论分析的工具

演化算法和它解决的问题往往千差万别，如果对每一个实例都进行专门分析，可能会非常麻烦。因此我们有必要利用一些已有的分析工具来为具体实例的分析提供指导，从而简化分析过程，甚至提供更加紧致的时间复杂度的上下界。

我们用一些符号来表示演化算法的一些基本要素。用 S 表示某个问题的解空间，m 表示演化算法的种群大小，则演化算法的搜索空间为 $X \subseteq S^m$。用 X^* 表示目标区域，即至少包含一个最优解的所有种群构成的集合，那么时间复杂度分析的主要目标就是求出种群需要多久可以落入 X^* 中。

在任意时刻，大部分演化算法的后续运行过程只与当前时刻有关，与之前时刻的状态无关，因此演化算法的运行过程可以建模为一个状态空间为 X 的马尔可夫链(简称马氏链) $\{\xi_t\}_{t=0}^{\infty}$，简记为 ξ。然后我们可以定义该马氏链的首次到达时间(first hitting time)为 $\tau = \min\{t \mid \xi_{t_0+t} \in X^*, t \geqslant 0\}$，它表示 ξ 从 $\xi_{t_0} = x$ 开始，到达目标状态的时间。由于 τ 是一个随机变量，因此在理论研究中，我们往往希望能了解它的均值，即 $E(\tau \mid \xi_{t_0} = x) = \sum_{i=0}^{+\infty} iP(\tau = i)$，称为从 $\xi_{t_0} = x$ 开始的期望首次到达时间。假如 ξ_0 服从某个分布 π_0(比如均匀分布)，那么用 $E(\tau \mid \xi_0 \sim \pi_0) = \sum_{x \in X} \pi_0(x) E(\tau \mid \xi_0 = x)$ 表示 ξ 关于初始分布 π_0 的期望首次到达时间。因此，与 ξ 相应的演化算法从 $\xi_0 \sim \pi_0$ 开始的期望运行时间为 $N_1 + N_2 E(\tau \mid \xi_0 \sim \pi_0)$，这里 N_1 和 N_2 分别表示初始种群和每一轮的适应度评估次数。

下面我们来介绍演化算法理论分析中常用的分析工具。

1. *适应度分层法*

适应度分层法是理论分析中常见的方法，它最先由 Wegener[95] 提出。该方法首先把问题的输入空间按照适应度分成互不相交的集合；然后计算每个集合间的跳转概率；最后根据跳转概率得到期望运行时间。这些集合按照适应度存在一个全序的关系，因此可以把这些集合看成不同的“层”，目标状态空间在最高层，函数值越靠近目标状态的值，层级越高。具体可以参见如下的定义。

定义 7.1 $<_f$ **-分割**：给定一个目标函数 $f: S \to \mathbf{R}$，S 是问题的解空间，

S^* 表示问题的目标空间。对于任意 S_1、$S_2 \subseteq S$，若 $f(a) < f(b)$ 对所有 $a \in S_1$、$b \in S_2$ 都成立，那么就称 $S_1 <_f S_2$。把 S 分割为若干非空集合 S_1，S_2，…，S_m，且满足 $S_1 <_f S_2 <_f \cdots <_f S_m = S^*$，则称该分割是 S 的一个 $<_f$ -分割。

对于一个采用精英策略的演化算法，种群在每一层都有一定的向上层跳转的概率，而不会向下层跳，因此可以得到种群离开这一层的期望时间的上界和下界。从初始种群所在层开始，逐层累加，就能得到整个算法的期望运行时间的上界；而种群离开初始层所需的期望时间就是整个算法的期望运行时间的下界。

定理 7.1　适应度分层法： 用一个采用精英策略的演化算法去优化一个函数 f，相应的随机过程为 $\{\xi_t\}_{t=0}^{+\infty}$。$S_1$，$S_2$，…，$S_m$ 是 S 的一个 $<_f$ -分割，并且对于任意 $x \in S_i$，$P(\xi_{t+1} \in \bigcup_{j=i+1}^{m} S_j \mid \xi_t = x) \geqslant v_i$，那么

$$E(\tau \mid \xi_{t_0} \sim \pi_0) \leqslant \sum_{i=1}^{m-1} \pi_0(S_i) \sum_{j=i}^{m-1} \frac{1}{v_j} \leqslant \sum_{i=1}^{m-1} \frac{1}{v_i}$$

若对于任意 $x \in S_i$，$P(\xi_{t+1} \in \bigcup_{j=i+1}^{m} S_j \mid \xi_t = x) \leqslant u_i$，那么

$$E(\tau \mid \xi_{t_0} \sim \pi_0) \geqslant \sum_{i=1}^{m-1} \pi_0(S_i) \frac{1}{u_i}$$

其中，种群 $x \in S_i$ 表示 x 中的最好解在 S_i 中。

除了上面介绍的基本的适应度分层法，Sudholt[96] 又提出了一种更加精细的适应度分层法，虽然该方法可以看作原方法的扩展，能得出更紧致的界，但其条件也更复杂，应用难度较大。

2. *漂移分析法*

下面介绍另一种广泛应用的分析方法：漂移分析（drift analysis）。漂移分析由 He 和 Yao[97] 提出，该方法首先需要定义一个距离函数来测量当前种群和目标状态之间的距离，即 V：$X \rightarrow \mathbf{R}$ 满足 $\forall x \in X^*$，$V(x) = 0$ 且 $\forall x \in X / X^*$，$V(x) > 0$；然后计算每一步距离的期望减少量 $E(V(\xi_t) - V(\xi_{t+1}) \mid \xi_t)$；最后用总距离除以每一步的减少量，就能得到期望的运行时间。

定理 7.2　漂移分析： 给定一个马尔可夫链 $\{\xi_t\}_{t=0}^{+\infty}$ 以及一个距离函数 $V(x)$。如果对于任意 $t > 0$，ξ_t 满足 $V(\xi_t) > 0$，存在 $c_{\text{low}} > 0$ 使得

$$E(V(\xi_t - \xi_{t+1}) \mid \xi_t) \geqslant c_{\text{low}}$$

那么

$$E(\tau \mid \xi_0 \sim \pi_0) \leqslant \sum_{x \in X} \pi_0(x) V(\xi_0) / c_{\text{low}}$$

如果对于任意 $t > 0$，ξ_t 满足 $V(\xi_t) > 0$，存在 $c_{\text{up}} > 0$ 使得

$$E(V(\xi_t - \xi_{t+1}) \mid \xi_t) \leqslant c_{\text{up}}$$

那么

$$E(\tau \mid \xi_0 \sim \pi_0) \geqslant \sum_{x \in X} \pi_0(x) V(\xi_0) / c_{\text{up}}$$

也就是说，只要每一步距离减少的期望大于等于某个正数，我们就可以很容易得到期望运行时间的上界；相反地，可以得到下界。下面我们通过用(1+1)－EA求解 LeadingOnes 问题来介绍如何使用漂移分析。

(1+1)－EA 是理论分析中常用的一个演化算法，因为它能反映演化算法最一般的流程。(1+1)－EA 的种群中只有一个解，然后不断进行变异(第 3 步)和选择(第 4、5 步)，直到满足终止条件(第 2 步)。在理论分析中，终止条件往往是种群到达目标区域 X^*。

算法 7－5 (1+1)－EA

(1) 给定一个需要最大化的函数 $f: \{0, 1\}^n \to \mathbf{R}$
(2) $\{0, 1\}^n$ 中均匀地随机挑选一个解 x
(3) 重复以下步骤直到满足终止条件
(4) 将 x 中的每一位独立地以 $1/n$ 的概率进行翻转，得到的解记为 x'
(5) 若 $f(x') \geqslant f(x)$
(6) $x \leftarrow x'$

LeadingOnes 问题旨在找到一个 n 位的 01 串，使得该串从左开始连续 1 的个数最多。

定义 7.2 LeadingOnes： 一个规模为 n 的 LeadingOnes 问题是要找到 $x^* \in \{0, 1\}^n$，使得

$$x^* = \arg \max_{x \in \{0, 1\}^n} \left(f(x) = \sum_{i=1}^{n} \prod_{j=1}^{i} x_j \right)$$

易知它的最优解为 1^n。以下简记目标函数值为 $\mathrm{LO}(x)$。

对于任意一个解 x，定义它的距离 $V(x) = n - \mathrm{LO}(x)$。对任意 $\xi_t = x$，$\mathrm{LO}(x) = i < n$，我们考虑由 x 生成的子代解 x'。若 $\mathrm{LO}(x) \leqslant i-1$，那么它不会被接受，即 $\xi_{t+1} = x$。若 x 翻转第 $i+1$ 位(一定为 0)，而保持其他位不变，则

翻转的概率 $\geqslant \frac{1}{n}\left(1-\frac{1}{n}\right)^{n-1} \geqslant 1/\frac{1}{\mathrm{e}n}$。这样生成的 x' 一定会被接受,同时 $V(x)-V(x') \geqslant 1$,所以我们有 $E(V(\xi_t-\xi_{t+1}) \mid \xi_t) \geqslant \frac{1}{\mathrm{e}n}$。从而得到 $\sum_{x\in X}\pi_0(x)V(\xi_0)\mathrm{e}n \leqslant \mathrm{e}n^2$。

尽管漂移分析非常强大,但是有时候它使用起来并不是很容易。主要的难点在于距离函数 $V(x)$ 的设计可能比较复杂。有时候简单的距离函数得到的界可能比较松;换言之,想要得到比较紧的界,可能要设计一个不太符合直觉的距离函数。而乘法漂移(multiplicative drift)[98] 则能够在一定程度上缓和这个矛盾。

3. 乘法漂移

与漂移分析类似,使用乘法漂移仍然需要设计一个距离函数,并且需要计算每一步距离的期望减少量,只是这里的期望减少量是当前距离的倍数。为了区分漂移分析和乘法漂移,经典的漂移分析又称为加法漂移(additive drift)。

定理 7.3　乘法漂移: 给定一个马尔可夫链 $\{\xi_t\}_{t=0}^{+\infty}$ 以及一个距离函数 $V(x)$。如果对于任意 $t>0$, ξ_t 满足 $V(\xi_t)>0$,存在 $c>0$ 使得

$$E(V(\xi_t-\xi_{t+1}) \mid \xi_t) \geqslant cV(\xi_t)$$

那么

$$E(\tau \mid \xi_0 \sim \pi_0) \leqslant \sum_{x\in X}\pi_0(x)\frac{1+\ln[V(x)/V_{\min}]}{c}$$

这里 $V_{\min}=\min\{V(x) \mid V(x)>0\}$。

举一个简单的例子来说明乘法漂移的好处。考虑 $(1+1)-\mathrm{EA}$ 求解 OneMax 问题。OneMax 问题旨在找到一个 n 位的 01 串,使得该串中 1 的个数最多。

定义 7.3　OneMax: 一个规模为 n 的 OneMax 问题是要找到 $x^* \in \{0,1\}^n$,使得

$$x^*=\arg\max_{x\in\{0,1\}^n}\left(f(x)=\sum_{i=1}^{n}x_i\right)$$

对于任意一个解 x,一种自然的距离函数就是令 $V(x)=n-|x|_1$。对任意 $\xi_t=x$, $|x|_1=k<n$,我们需要考虑 x 产生的子代解 x'。若 $|x'|_1 \leqslant k-1$,那么它不会被接受,即 $\xi_{t+1}=x$。若 x 翻转 $n-k$ 个 0 中的一个,而保持

其他位不变，它的概率 $\geqslant \frac{n-k}{n}\left(1-\frac{1}{n}\right)^{n-1}$，这样生成的 x' 一定会被接受，同时 $V(x)-V(x')\geqslant 1$。因此我们有 $E(V(\xi_t-\xi_{t+1})\mid \xi_t)\geqslant (n-k)/(\mathrm{e}n)=V(x)/(\mathrm{e}n)$。如果利用加法漂移，只能得到一个比较松的 $\mathrm{e}n^2$ 的上界；如果用乘法漂移 $\left(c=\frac{1}{\mathrm{e}n}, V_{\min}=1\right)$，则可以得到 $\mathrm{e}n(1+\ln n)$ 的上界。

值得注意的是，乘法漂移的证明是在加法漂移的基础上完成的，因此乘法漂移的分析能力不会比加法漂移更强，其只是在某些分析中更加便于使用。除了上述两种漂移分析之外，还有自适应漂移分析(adaptive drift analysis)[99]以及可变漂移(variable drift)[100]等，它们都可以看作是在加法漂移基础上进行的改进，这里不再赘述。

4. 简化漂移

上面介绍的两种漂移分析主要是用来得到多项式的期望运行时间，也就是说算法在一个问题上是有效的。然而为了从理论上说明一个算法针对某个问题无效，即期望运行时间是超多项的，我们通常会使用简化漂移定理(simplified drift theorem)[101-102]。

简化漂移同样需要设计一个距离函数，把种群映射为一个实数来表示当前种群与目标状态的距离，不过这里直接用 X_t 来表示 t 时刻的距离，而不是 $V(\xi_t)$。使用它需要两个条件：每一步距离增量的期望不小于某个正常数(需要注意，在加法漂移和乘法漂移中没有常数的限制)，即种群在期望情况下离最优解越来越远；距离变化一定量的概率是指数级减小(关于变化量)的。

定理 7.4　简化漂移： $\{X_t\}_{t\geqslant 0}$ 表示一列取值为实数的随机变量。假设存在 $[a, b]\subseteq \mathbf{R}$，两个常数 δ、$\epsilon>0$，以及一个函数 $r(l)$，$l=b-a$ 满足 $1\leqslant r(l)=o(l/\log_2 l)$，使得如下两个条件满足：

$$E(X_t-X_{t+1}\mid a<X_t<b)\leqslant -\epsilon$$

$$P(\mid X_{t+1}-X_t\mid \geqslant j\mid X_t>a)\leqslant \frac{r(l)}{(1+\delta)^j},\quad j\geqslant 1$$

那么存在一个常数 $c>0$ 使得 $P\left(T\leqslant 2^{\frac{cl}{r(l)}}\right)=2^{-\Omega\left(\frac{l}{r(l)}\right)}$，其中 $T=\min\{t\geqslant 0: X_t\leqslant a\mid X_0\geqslant b\}$。

例如在 $l=\Omega(n)$，$r(l)=2$，$\delta=1$ 时上述条件满足，即 $P(T\leqslant 2^{\Omega(n)})=2^{-\Omega(n)}$；同时 $P(X_0\geqslant b)=\Omega(1)$，那么这一列随机变量到达目标状态的期望时间

就是指数级的。为了放松漂移中正常数的要求，Rowe 和 Sudholt[100] 又提出了带自环的简化漂移(simplified drift theorem with self-loop)，也就是说把下一时刻距离保持不变的情况也考虑进来。这里不再详述。

上面的几种方法仅仅是针对演化算法自身的运行过程进行分析，进而得出该过程的时间复杂度。Yu 等[102] 则提出了一种思路完全不同的转换分析(switch analysis)。转换分析首先需要引入一条很容易分析或者已经准确分析过的马尔可夫链(参考链)；然后比较待分析的马尔可夫链(原始链)与参考链每一时刻的差异，并将每一时刻的差异累加，就能得到两条链总的差异；最后根据参考链的期望运行时间以及总的差异，就能得到原始链的期望运行时间。值得注意的是，参考链中的问题、算法都可以与原始链不相同，那么两条链的状态空间自然可能是不同的，因此转换分析会引入从原始链状态空间到参考链状态空间的映射，以此进行两条链的差异比较。

我们可以参考图 7－22。图中蓝色的链表示原始链，绿色的链表示参考链，橙色箭头表示两条链之间的映射。红色的方块链、圆圈链分别表示在 $t+1$、t 时刻由 ξ 转移到 ξ' 的两条链；在都转移到 ξ' 之后，从 $t+1$ 时刻开始它们的期望运行时间的差异就是原始链与参考链在时刻 t 的差异。

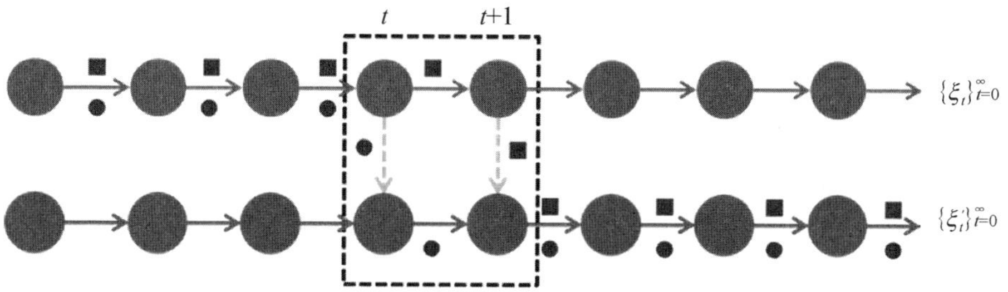

图 7－22　转换分析原理示意图

除了获得原始链的具体期望运行时间外，转换分析同样可以在不了解参考链期望运行时间的情况下，直接比较两条链的差异。这样就可以比较不同算法在同一个问题上或者同一个算法在不同问题上的时间复杂度的优劣，而不必分析具体的期望运行时间(可能会很难分析)。

7.5.3　离散优化理论分析的相关结果

1. 单目标优化

演化算法的理论分析一般是从(1＋1)－EA 求解人工构造的简单问题开始。He 和 Yao[97] 首先证明了(1＋1)－EA 在 LeadingOnes 问题上的期望运行

时间为 $O(n^2)$。另一个常被研究的问题则是最大化线性函数(linear function)。线性函数的具体形式如下:

$$f: \{0, 1\}^n \to \mathbf{R}, (x_1, x_2, \cdots, x_n) \mapsto \tau + \sum_{i=1}^{n} w_i x_i$$

其中 $\tau, w_1, w_2, \cdots, w_n \in \mathbf{R}$。不失一般性,我们可以假设 $\tau = 0$, $0 < w_1 \leqslant w_2 \leqslant \cdots \leqslant w_n$。于是 OneMax 就可以看作是线性函数的特例。Droste 等[103]首先证明了,$(1+1)-\text{EA}$ 最大化任何一个线性函数的期望运行时间为 $O(n\log_2 n)$。

跳跃函数(jump function)则可以用来辅助了解一个算法跳出局部最优的能力。跳跃函数有两个参数:n 表示问题规模,$m \in \{1, 2, \cdots, n\}$ 则是一个参数。它的定义如下。

定义 7.4　$Jump_{m,n}$:　给定 $n > 1$ 以及 $m \in \{1, 2, \cdots, n\}$,

$$Jump_{m,n}(x) = \begin{cases} m + \sum_{i=1}^{n} x_i, & \sum_{i=1}^{n} x_i \leqslant n - m \vee \sum_{i=1}^{n} x_i = n \\ n - \sum_{i=1}^{n} x_i, & \text{其他} \end{cases}$$

在 $n = 20$, $m = 5$ 时,跳跃函数的函数图像如图 7-23 所示。

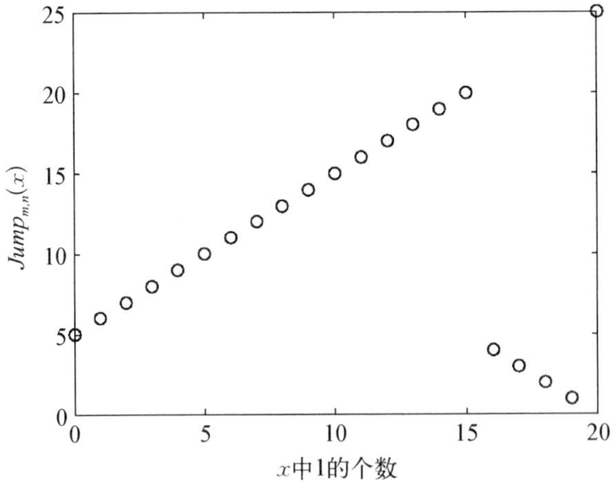

图 7-23　跳跃函数的图像

考虑最大化跳跃函数,可以发现算法很容易停留在局部最优值 n,而想要离开这个局部最优点,种群中的解必须跳过一个长度为 $m-1$ 的"低谷"。Droste

等[103]证明了(1+1)−EA求解跳跃函数的期望运行时间为$\Theta(n^m+n\log_2 n)$。

除了上述的人造问题，演化算法求解一些经典组合优化问题也同样获得了一系列的理论分析结果，比如最小生成树问题(minimum spanning tree)、最大匹配问题(maximum matching)以及最短路径问题(shortest path)等。

最小生成树问题是从一个给定的无向连通图$G=(V, E)$中找到无回路的子集$T\subseteq E$，它连接了所有的顶点，并且权值之和$w(T)=\sum_{e\in T}w(e)$最小。其中V表示顶点集，E表示边集，$w(e)$表示每条边的权值，$e\in E$。这个问题可以由两个著名的算法来解决：Kruskal算法和Prim算法。它们都是贪心算法，并且最坏情况的运行时间分别为$O(m\log_2 n)$和$O(m+n\log_2 n)$，其中m和n分别表示图G的顶点数和边数。而(1+1)−EA求解最小生成树的分析由Neumann[104]给出。

不同于之前形式明确的伪布尔函数，用演化算法来求解最小生成树首先需要把问题进行转化。问题的解空间表示为$S=\{0, 1\}^m$。S中的每个解s表示T的构成：若$s_j=1$，则边$e_j\in T$；反之，$e_j\notin T$。边e_j的权重简记为w^j且$w_{\max}=\max_{1\leqslant j\leqslant m}w^j$表示边的权重的最大值。目标函数定义为

$$f(s)=[c(s)-1]w_{ub}^2+[e(s)-(n-1)]w_{ub}+\sum_{j=1}^{m}w^j s_j$$

其中，$c(s)$是图G删掉$\{e_j \mid s_j=0, 1\leqslant j\leqslant m\}$后的连通分支数；$w_{ub}=n^2 w_{\max}$；$e(s)=\sum_{j=1}^{m}s_j$，是图中的边的个数。这样一来，整个求解最小生成树的过程就可以分为3个阶段：首先演化算法会找到一个连通图，期望运行时间为$O(m\log_2 n)$；然后再找到一个生成树，期望运行时间为$O(m\log_2 n)$；最后构建一个最小生成树，期望运行时间为$O(m^2(\log_2 n+\log_2 w_{\max}))$。因此总的期望运行时间为$O(m^2(\log_2 n+\log_2 w_{\max}))$。

将上述结果与经典的贪心算法进行比较，可以发现其时间代价反而变大了，但是研究这个问题并不是没有意义的。演化算法主要是用来解决结构不清晰的问题，但是理论分析却必须从一些已经充分研究过的问题开始，因此与为每个问题特别设计的算法相比，我们不能期望它可以得到更好的时间复杂度。但是这些理论结果仍然可以为演化算法在实际问题中的应用提供指导。

除了最小生成树问题，Giel和Wegener[105]针对最大匹配(maximum matching)问题也给出了相应的理论分析结果。给定一个无向图$G=(V, E)$。若E的某个子集E'中的任意两条边均不相邻，则称E'是G的匹配；最大匹配

问题则是要找一个边数最多的匹配。需要注意的是，最大匹配要与极大匹配问题区分开来，后者仅要求找到一个匹配 E'，使得向 E' 中添加任意一条边后，所得的集合都不匹配。一个最大匹配一定是极大匹配，反之不一定成立。

与最小生成树问题相同，我们仍然需要将问题进行转化。令解空间 $S=\{0,1\}^m$，S 中的每个解 s 表示图中的每条边是否被选取：若 $s_i=1$，则边 e_i 被选取；反之不选。为了使最终找到的解表示一个匹配，我们需要引入一个惩罚项 $p(s)=\sum_{v\in V_s}p(v)$，其中 V_s 表示 s 包含的所有端点构成的集合；$p(v)=r\max\{0,d(v)-1\}$，$d(v)$ 表示 s 中与 v 相邻边的个数，$r\geqslant m+1$。这样，最大匹配问题就转化成了最大化 $f(s)=\sum_{i=1}^{m}s_i-p(s)$。容易发现，这个惩罚项有如下效果：若当前解不是一个匹配，那么它的函数值一定比任何匹配都要小。Giel 和 Wegener[105]证明了(1+1)－EA 找到 $1+\epsilon$ 近似最优解的期望运行时间为 $O(m^{2\lceil\frac{1}{\epsilon}\rceil})$。

最短路径(shortest path)问题是另一类重要的组合优化问题。给定一个有向或者无向图 $G=(V,E)$，$|V|=n$，$|E|=m$，每条边 e 有一个权重 $\boldsymbol{w}(e)$，我们需要找到两个顶点之间权重最小的路径。根据出发点是否固定，该问题可以分为两大类：单源最短路径(single-source shortest-path，SSSP)和多源最短路径(all-pairs shortest-path，APSP)。前者是找到一个给定点到所有其他点的最短路径；后者则是找到任意一个点到其他点的最短路径。这两个问题分别可以用 Dijkstra 算法和 Floyd－Warshall 算法求解，时间复杂度分别为 $O(m+n\log_2 n)$，$O(nm+n^2\log_2 n)$[106]。

而在演化算法方面，Baswana 等[107]证明了(1+1)－EA 求解 SSSP 的期望运行时间为 $O(n^3\log_2(n+w_{\max}))$，其中 $w_{\max}$ 表示所有边的权值的最大值。对于 APSP 问题，Doerr 等[108]证明了($\leqslant\mu+1$)－EA 的期望运行时间为 $O(n^4)$，这里($\leqslant\mu+1$)－EA 是指种群大小动态变化(但是始终不超过 μ)，每次从种群中随机选一个解进行变异操作的演化算法。而在($\leqslant\mu+1$)－EA 基础上引入了交叉算子的($\leqslant\mu+1$)－GA 的期望运行时间减少到 $O(n^{3.5}(\log_2 n)^{0.5})$。

前面介绍的大部分都是(1+1)－EA 的理论分析结果，然而就像刚刚介绍的($\leqslant\mu+1$)－EA 和($\leqslant\mu+1$)－GA 一样，越来越多的分析开始关注带种群或者交叉算子的演化算法的分析结果。($\mu+\lambda$)－EA 是指种群中包含 μ 个解，每一轮通过变异产生 λ 个子代解，并从 $\mu+\lambda$ 个解中选择 μ 个解作为下一代种群的演化算法。Doerr 和 Künnemann[109]证明了(1+λ)－EA 最小化线性函数的期

望运行时间为 $O(n\log_2 n+\lambda n)$。Jansen 和 Wegener[110]、Storch[111]、Witt[112]以及 Witt[113]证明了，在一些人造问题上，较大的 μ 可以使 $(\mu+1)-\text{EA}$ 的期望运行时间由指数级降到多项式。Qian 等[114]则证明了 $(\mu+\lambda)-\text{EA}$ 求解任意一个具有唯一全局最优解的伪布尔函数的期望运行时间下界为 $\Omega(n\ln n+\mu+\lambda n\ln(\ln n)/\ln n)$。同时也说明，当 μ 或者 λ 过大时，$(\mu+\lambda)-\text{EA}$ 求解 OneMax 问题和 LeadingOnes 问题比 $(1+1)-\text{EA}$ 更慢。

对于使用交叉算子的演化算法，Dang 等[115]证明了 $(\mu+1)-\text{GA}$ 求解跳跃函数的期望运行时间缩短至 $(1+1)-\text{EA}$ 的 $O(\log_2 n/n)$ 倍。Doerr[116]证明了在某种参数配置下，$(1+(\lambda,\lambda))$ 求解 OneMax 的效率可以达到 $(1+1)-\text{EA}$ 的 $\sqrt{\log_2 n}$ 倍以上；Doerr[117]又从理论上证明上述参数配置确实是最优的。

2. 多目标优化

近年来，演化算法在求解多目标优化问题上已经获得了广泛的应用，然而多目标演化算法的理论分析工作还相当少。与单目标优化问题不同，多目标优化问题的最优目标值可能不止一个，因此衡量一个多目标演化算法的时间复杂度的标准是看它需要多久能够找到帕累托前沿中的所有点。多目标演化算法理论方面的第一个工作是 Laumanns 等[118]的研究，其研究的问题之一就是首一尾零(leading ones trailing zeroes，LOTZ)问题。

LOTZ 问题旨在找一个 n 位的 01 串 x，使得如下两个目标最大化：① x 中从左开始连续 1 的个数，即“leading ones”；② x 从右端开始连续 0 的个数，即“trailing zeroes”。它的形式化定义如下：

定义 7.5 LOTZ： 一个规模为 n 的 LOTZ 问题是要找到 $x^*\in\{0,1\}^n$，使得

$$x^*=\arg\max\left\{\sum_{i=1}^{n}\prod_{j=1}^{i}x_j,\ \sum_{i=1}^{n}\prod_{j=i}^{n}(1-x_j)\right\}$$

容易发现，它的帕累托前沿为 $\{(i,n-i)\mid 0\leqslant i\leqslant n\}$。

Laumanns 等[118]针对 LOTZ 问题分别使用了简单多目标演化算法(simple evolutionary multiobjective optimizer，SEMO)和公平多目标演化算法(fair evolutionary multiobjective optimizer，FEMO)。但是因为这两个算法接受新解的条件比较苛刻，所以之后理论工作研究的大部分算法都与这两个算法有微小的不同。为了简单起见，我们把改进后的算法简称为 SEMO 和 FEMO，而 Laumanns 等[118]分析的算法简称为 $\text{SEMO}_{\neq}$ 和 $\text{FEMO}_{\neq}$。

SEMO 算法与随机局部搜索类似。它的种群 P 一开始仅包含一个随机均

匀生成的01串(第1步)。每一轮从 P 中随机选一个解 x，并且随机翻转 x 中的一位得到 x'(第5步)；若 P 中不存在解支配 x'，那么 x' 会加入种群，并且 P 中被 x' 弱支配的解会被删去(第6、7步)。

$SEMO_{\neq}$ 则把第6步中的"$>$"和第7步中的"$\geqslant$"互换了一下。$SEMO_{\neq}$ 在 LOTZ 上的期望运行时间为 $\Theta(n^3)$。FEMO 是在 SEMO 的基础上，为种群中的每个解引入了计数机制：每次从种群中挑选计数最小的一个解进行变异(若有多个，则随机选一个)，并且它的计数加1。这个机制可以让算法在找到 LOTZ 的一个帕累托最优解后，更高效地探索整个帕累托前沿。理论分析也证明，$FEMO_{\neq}$ 在 LOTZ 问题上的期望运行时间为 $\Theta(n^2\log_2 n)$。

算法 7-6 SEMO

(1) 从 $\{0, 1\}^n$ 中均匀地随机挑选一个解 x
(2) 种群 $P \leftarrow \{x\}$
(3) 重复以下步骤直到满足终止条件
(4) 均匀、随机从 P 中挑选一个解 x
(5) 将 x 中的 n 位随机选一位进行翻转，得到的解记为 x'
(6) 若 $\nexists z \in P$，使得 $z > x'$
(7) $P \leftarrow (P/\{z \in P \mid x' \geqslant z\}) \cup \{x'\}$

除了 LOTZ 问题，同样还有 OneMinMax 问题(最大化 x 中0的个数和1的个数)，COCZ 问题(最大化 x 中1的个数，以及前半部分1的个数加上后半部分0的个数)等简单的人造问题。而 SEMO 也有很多不同的版本，比如全局 SEMO(global SEMO)，每一次会把 x 中的每一位独立地以 $1/n$ 的概率进行翻转。

除了上面的人造问题，我们下面再介绍多目标最小生成树(multi-objective minimum spanning tree)。

多目标最小生成树在现实中有着广泛的应用。比如铺设电话线路除了要考虑站点之间连接的代价，同时还要考虑通信时间、稳定性等因素。单目标最小生成树在多项式时间内是可解的，然而多目标最小生成树(目标数$\geqslant$2)却是一个 NP 难问题。给定一个无向连通图 $G=(V, E)$，它的每条边 e 对应一个权值向量 $\boldsymbol{w}(e)=(w_1(e), w_2(e), \cdots, w_d(e))$，$d \geqslant 2$ 且 $d \in \mathbf{N}$，并且将边 e^j 的第 i 种权值简记为 w_i^j。多目标最小生成树问题旨在从图 G 中找到一个生成树 T，使得 $(w_1(T), w_2(T), \cdots, w_d(T))$ 最小。这里 $w_i(T)=\sum_{j,\, e^j \in T} w_i^j$，表示 T 的第 i 种权值。对于每种权值的最大值构成的集合，$w_{\max}$ 和 $w_{\min}$ 分别表示该集合中的最大值和最小值，且令 $w_{ub}=n^2w_{\max}$。与单目标最小生成树类似，我们可以给出对应于第 i 种权值的目标函数：

$$f_i(s)=[c(s)-1]w_{ub}^2+[e(s)-(n-1)]w_{ub}+\sum_{j=1}^{m}w_i^j s_j$$

因为多目标最小生成树问题本身是 NP 难的，所以我们只要得到该问题的近似解即可。在目标数为 2 的情况下，Neumann[119]证明了全局 SEMO 找到帕累托前沿的 2 -近似解的期望运行时间为

$$O(m^2nw_{\min}(|\operatorname{conv}(F^*)|+\log_2 n+\log_2 w_{\max}))$$

其中，m 和 n 分别表示图中边和点的数目；F^* 和 $|conv(F^*)|$ 分别表示帕累托前沿和其凸包的大小。Qian 等[120]则证明出使用交叉算子后，多目标演化算法找到帕累托前沿的 2 -近似解的期望运行时间为

$$O\left(m^2nw_{\min}\left(|conv(F^*)|+\frac{\log_2 n+\log_2 w_{\max}}{nw_{\min}}-N_{\mathrm{gc}}\left(C_{\min}-\frac{1}{m}\right)\right)\right)$$

其中，$N_{\mathrm{gc}}\geqslant 0$；$C_{\min}\geqslant 1$。通过对比，我们发现使用交叉算子大大提高了算法的效率。

求解多目标优化问题，除了使用前面介绍的 SEMO 等经典的算法，还有另外一种思路就是把多目标优化问题转化成单目标优化问题，然后用单目标的算法（比如(1+1)−EA）来解决。这里的转化通常有两种办法：把原始的多个目标进行加权和；每次优化其中的一个目标，同时把别的目标作为约束（又称为 ϵ - constraint）。因为每次转化都只能求得帕累托前沿中的一个点，所以整个转化过程需要执行多次，并且每次要调整权重或者约束。Laumanns 等[121-122]以及 Giel 和 Lehre[123]都对这些方法做过介绍，这里不再详述。

既然多目标优化问题可以转化成单目标优化问题来求解，那么能否把单目标优化问题转化成多目标优化问题来求解？答案是肯定的，并且有时候这种转化还能更高效地求解原始的单目标优化问题。Neumann 和 Wegener[124]证明了，把单目标最小生成树问题转化成一个二目标问题以后，时间复杂度为 $O(mn(n+\log_2 w_{\max}))$。与单目标最小生成树 $O(m^2(\log_2 n+\log_2 w_{\max}))$ 的期望运行时间对比，可以发现当 $m=\Theta(n^2)$ 时，二目标问题的时间复杂度更优。

另一类重要的问题就是子集选择（subset selection）。子集选择问题是从一个全集 S 中，选择不超过 k 个元素（k 给定）构成集合 X，使得某个目标函数值 $f(X)$ 最大。子集选择在实际问题中拥有着广泛的应用，比如属性选择、影响力

最大化、稀疏回归等。子集选择的具体定义如下。

定义 7.6 子集选择： 给定一个集合 $S=\{s_1, s_2, \cdots, s_n\}$，优化目标 f 以及正整数 k，子集选择旨在找到一个子集 $X^* \subseteq S$ 满足：

$$X^* = \arg \min_{X \subseteq S,\ |X| \leqslant k} f(X)$$

子集选择问题是 NP 难的，目前可采用贪婪算法和放松方法来找到近似最优解。

Qian 等[36]提出了基于帕累托优化的子集选择算法（Pareto optimization for subset selection，POSS），该算法首先将原始问题转化成一个二目标问题：最优化给定目标、最小化子集大小；然后用一个简单的多目标演化算法去求解；最后从种群中挑选一个满足原约束的最优解。稀疏回归问题是子集选择问题的一个子类，它旨在为线性回归问题找到一个稀疏近似解。理论分析显示在稀疏回归问题上，POSS 在不超过 $2ek^2n$ 的期望运行时间下可以获得当前已知最佳近似比（之前由贪婪算法获得）；并且对于稀疏回归问题的指数衰减子类，POSS 可以在多项式时间内找到最优解，而贪婪算法无法找到。实验也显示出 POSS 的优越性。

为什么有时候这种转化能够提高算法的效率？一个可能的原因就是：在单目标转化成多目标的过程中，每个解会包含新增目标的适应度值，从而提供了关于这个解更多的信息。

7.5.4 连续优化相关工作

用随机算法来求解连续优化问题在工程应用中非常普遍，但是连续优化的理论分析仍然非常薄弱。Jägersküpper[125]对使用高斯分布变异算子的（1＋1）－ES 在超椭圆函数上的期望运行时间进行了探索，证明了把初始误差减半所需的期望运行时间为 $\theta(\xi n)$，这里 ξ 是目标函数的一个参数。之后，Jägersküpper[126]分析了使用等向同性变异算子的（1＋1）－ES 在定义于 $\mathbf{R}^n$ 的单峰单调函数上的时间复杂度下界为 $\Omega(n)$，并证明了采用高斯分布变异算子和 1/5 - rule 之后的时间复杂度上界为 $O(n)$。Agapie 等[127]给出了使用均匀分布变异算子的（1＋1）－ES 最小化超球函数 $f(x)=\sum_{i=1}^{n} x_i^2$ 的时间复杂度下界为 $\Omega(n)$，上界为 $O(e^{cn})$，c 是一个常数。Agapie 等[128]证明了使用均匀分布变异算子的（1＋1）－ES 在定义于 $\mathbf{R}^2$ 上的倾斜平面问题上具有线性的时间复杂度 $\theta(n)$。

7.6 人工生命

除了作为问题求解的手段之外，在生命研究领域，计算模拟演化过程还可以用来构造人工生命系统，这一分支称作人工生命(artificial life, AL)。人工生命的概念包括两个方面内容：① 属于计算机科学领域的虚拟生命系统，涉及计算机软件工程与人工智能技术[129-132]；② 基因工程技术人工改造生物的工程生物系统，涉及合成生物学技术。AL 首先由计算机科学家 Christopher Langton 于 1987 年在 Los Alamos National Laboratory 召开的生成以及模拟生命系统的国际会议上提出。本节给出一个属于计算机科学领域的虚拟生命的例子：演化细长有机体(elongated organism)的运动模型[131]。

7.6.1 波形运动模型

波形运动是定向运动的双侧对称生物(例如鳗鱼)通常采用的一种运动类型。该模型通常基于弹簧质量阻尼系统，通过引入摩擦模型模拟有机体在其模拟世界中的实际移动。此外还包括控制机制，例如连续时间递归神经网络(continous-time recurrent nerual network，CTRNN)。CTRNN 能够展现对协调运动至关重要的中心模式生成(central pattern generating)的动态性。中心模式生成是一种无须任何外部输入就可以通过其固有动力学本质产生活动模式的神经网络。

在基于胡克定律与阻尼动力学建立的弹簧控制方程中，给定一个弹簧，端点为质点 p_1 和 p_2，通过迫使 p_1 向 p_2 移动来压缩弹簧，反之亦然。以 p_1 为例，弹簧的内部动力对其施加的力计算如下：

$$\boldsymbol{F}_{p_1} = -r\mathbf{V}_{p_1} + k\boldsymbol{d}$$

式中，r 是阻尼因子；$\mathbf{V}_{p_1}$ 是 p_1 的速度；k 是定义弹簧扭矩的弹簧常数；$\boldsymbol{d}$ 是弹簧从静态长度开始的位移。质点速度 $\mathbf{V}_{p_1}$ 的变化，取决于它的加速度 $\boldsymbol{A}_{p_1}$ 的改变：

$$\boldsymbol{A}_{p_1}(t+\Delta t) = \boldsymbol{A}_{p_1}(t) + (\boldsymbol{F}_{p_1} + \boldsymbol{F}_{p_1}^{\mathrm{E}} + \boldsymbol{F}_{p_1}^{\mathrm{W}})/m_{p_1}$$

$$\mathbf{V}_{p_1}(t+\Delta t) = \mathbf{V}_{p_1}(t) + \boldsymbol{A}_{p_1}(t+\Delta t)\mathrm{d}t$$

式中，m_{p_1} 是 p_1 的质量；$\mathrm{d}t$ 是时间步长；$\boldsymbol{F}_{p_1}^{\mathrm{E}}$ 是当输出神经元控制其相关弹簧时施加到质点 p_1 的外力；$\boldsymbol{F}_{p_1}^{\mathrm{W}}$ 代表当前环境中由“水”产生的力。最后，质点位

置以及弹簧长度的更新如下：

$$\boldsymbol{P}_{p_1}(t+\Delta t)=\boldsymbol{P}_{p_1}(t)+\boldsymbol{V}_{p_1}(t+\Delta t)\mathrm{d}t$$

上述方程式提供了一种流体和仿生的表示。

对于所有立方体的表面，水的力 $\boldsymbol{F}_{\mathrm{W}}$，通过迭代计算并应用于每个构成质点：

$$\boldsymbol{F}_{\mathrm{W}}=-\frac{1}{2}\nu\delta\alpha\boldsymbol{V}(\boldsymbol{V})^2$$

其中，$\boldsymbol{V}$ 表示速度；ν 表示黏度；δ 表示阻力；α 是表面积。

7.6.2 神经网络实现和演化

CTRNN 神经元膜电位的计算是根据其输入的突触前激励来进行的。在离散的时间步长中，神经元 i 的激励 μ_i 可以表示为

$$\mu_i(n+1)=\mu_i(n)+\left[-\mu_i(n)+\sum_{j=1}^{n}w_{ij}A_j(n)+I\right]\Big/\tau_i$$

式中，n 是离散时间步长；τ^i 是神经元 i 的时间常数；A_j 是突触前神经元 j 的当前输出激励；I 表示外部输入电流。

从神经元 i 到神经元 j 的权重值可根据它们之间的欧氏距离计算，其影响由参数 ξ 控制。

此外，将权重限制在 $w^{\max}$ 和 $w^{\min}$ 之间，有

$$\lambda_{ij}=\xi/d_{ij}$$

$$w_{ij}=\begin{cases}w^{\max}, & \lambda_{ij}\geqslant w^{\max}\\ w^{\min}, & \lambda_{ij}\leqslant w^{\min}\\ \lambda_{ij}, & \text{其他}\end{cases}$$

根据最小距离要求建立神经元之间的连接。因此，可以采用 3 个阈值参数。第 1 个决定中间神经元-中间神经元连接；第 2 个决定中间神经元-效应子连接，第 3 个决定来自连续的子结构的神经元之间的连通性。连接可以由下式确定：

$$C_{ij}=\begin{cases}1, & d_{ij}\leqslant\Gamma_q\\ 0, & \text{其他}\end{cases}$$

其中，Γ_q 是我们需要演化的阈值参数。

我们可以采用进化算法优化 CTRNN 网络的结构参数，这些参数构成了个体的基因型。例如，采用混合实值和二值表示，并变异参数的自适应演化算法，有助于在早期演化阶段更好的探索以及在后期更好的细粒度搜索。适应度可以定义为在给定时间步长下，有机体向前移动的距离。关于算法设计更多的细节可参考文献[131]。

参考文献

[1] Mitchell M. An Introduction to Genetic Algorithms[M]. Cambridge: MIT press, 1996.

[2] Bäck T. Evolutionary algorithms in theory and practice: evolution strategies, evolutionary programming, genetic algorithms[M]. Oxford: Oxford University Press, 1996.

[3] Eiben A E, Smith J E. Introduction to evolutionary computing[M]. Berlin: Springer, 2003.

[4] Langdon W B, Poli R. The genetic programming search space[M]//Foundations of Genetic Programming. Berlin: Springer, 2002.

[5] Kennedy J, Eberhart R C. Swarm intelligence[M]. San Mateo: Morgan Kaufmann, 2001.

[6] Dorigo M, Stützle T. Ant colony optimization[M]. Cambridge: MIT Press, 2004.

[7] 焦李成，刘静，钟伟才. 协同进化计算与多智能体系统[M]. 北京：科学出版社，2006.

[8] De Castro L N, Timmis J. Artificial immune systems: a new computational intelligence approach[M]. Berlin: Springer, 2002.

[9] Hinton G E. Connectionist learning procedures[J]. Artificial Intelligence, 1989, 40(1/2/3): 185 - 234.

[10] Whitley D, Starkweather T, Bogart C. Genetic algorithms and neural networks: optimizing connections and connectivity[J]. Parallel Computing, 1990, 14(3): 347 - 361.

[11] Srinivas M, Patnaik L M. Learning neural network weights using genetic algorithms — improving performance by search-space reduction[C]//Proceedings of 1991 IEEE International Joint Conference on Neural Networks. Singapore: IEEE, 1991.

[12] De Garis H. GenNets: Genetically programmed neural nets — using the genetic algorithm to train neural nets whose inputs and/or outputs vary in time[C]//Proceedings of 1991 IEEE International Joint Conference on Neural Networks. Singapore: IEEE, 1991.

[13] Hancock P J B. Genetic algorithms and permutation problems: a comparison of recombination operators for neural net structure specification[C]//Proceedings of International Workshop Combinations of Genetic Algorithms and Neural Networks (COGANN - 92). Los Alamitos: IEEE Computer Society, 1992.

[14] Greenwood G W. Training partially recurrent neural networks using evolutionary strategies[J]. IEEE Transactions on Speech and Audio Processing, 1997, 5(2): 192 - 194.

[15] Fogel D B, Wasson E C, Boughton E M, et al. A step toward computer-assisted mammography using evolutionary programming and neural networks[J]. Cancer Letters, 1997, 119(1): 93 - 97.

[16] Saravanan N, Fogel D B. Evolving neural control systems[J]. IEEE Expert, 1995, 10: 23 - 27.

[17] Marín F J, Sandoval F. Genetic synthesis of discrete-time recurrent neural network [M]//New Trends in Neural Computation. Berlin: Springer, 1993.

[18] Alba E, Aldana J F, Troya J M. Full automatic ANN design: a genetic approach [M]//New Trends in Neural Computation. Berlin: Springer, 1993.

[19] Harp S A, Samad T, Guha A. Designing application- specific neural networks using the genetic algorithm[M]//Advances in Neural Information Processing Systems 2. San Mateo: Morgan Kaufmann, 1990.

[20] Vonk E, Jain L C, Johnson R. Using genetic algorithms with grammar encoding to generate neural networks[C]//Proceedings of 1995 IEEE International Conference on Neural Networks, Part 4 (of 6). New York: IEEE, 1995.

[21] Ragg T, Gutjahr S. Automatic determination of optimal network topologies based on information theory and evolution[C]//Proceedings of 1997 23rd EUROMICRO Conference. Los Alamitos: IEEE Computer Society, 1997.

[22] Merrill J W L, Port R F. Fractally configured neural networks[J]. Neural Networks, 1991, 4(1): 53 - 60.

[23] Harp S A, Samad T, Guha A. Toward the genetic synthesis of neural networks[M]// Proceedings of 3rd International Conferences on Genetic Algorithms and Their Applications. San Mateo: Morgan Kaufmann.

[24] Yao X, Liu Y. Making use of population information in evolutionary artificial neural networks[J]. IEEE Transactions on Systems, Man, and Cybernetics, Part B, Cybernetics, 1998, 28(3): 417 - 425.

[25] Yao X, Liu Y. A new evolutionary system for evolving artificial neural networks [J]. IEEE Transactions on Neural Networks, 1997, 8(3): 694 - 713.

[26] Coello C A. Evolutionary multi-objective optimization: a historical view of the field

[J]. IEEE Computational Intelligence Magazine, 2006, 1(1): 28 - 36.

[27] 公茂果,焦李成,杨咚咚,等. 进化多目标优化算法研究[J]. 软件学报,2009, 20(2): 271 - 289.

[28] 唐珂. 从演化计算到演化智能[J]. 中国人工智能学会通讯,2017 年,7(5): .

[29] Deb K, Agrawal S, Pratap A, et al. A fast elitist non-dominated sorting genetic algorithm for multi-objective optimization: NSGA - II[C]//International Conference on Parallel Problem Solving from Nature. Berlin: Springer, 2000.

[30] Zhang Q F, Li H. MOEA/D: A multiobjective evolutionary algorithm based on decomposition[J]. IEEE Transactions on Evolutionary Computation, 2007, 11(6): 712 - 731.

[31] Beume N, Naujoks B, Emmerich M. SMS - EMOA: multiobjective selection based on dominated hypervolume[J]. European Journal of Operational Research, 2007, 181(3): 1653 - 1669.

[32] Fawcett T. An introduction to ROC analysis[J]. Pattern Recognition Letters, 2006, 27(8): 861 - 874.

[33] Wang P, Emmerich M, Li R, et al. Convex hull-based multiobjective genetic programming for maximizing receiver operating characteristic performance[J]. IEEE Transactions on Evolutionary Computation, 2015, 19(2): 188 - 200.

[34] Li L, Yao X, Stolkin R, et al. An evolutionary multiobjective approach to sparse reconstruction[J]. IEEE Transactions on Evolutionary Computation, 2014, 18(6): 827 - 845.

[35] Gong M G, Liu J, Li H, et al. A multiobjective sparse feature learning model for deep neural networks[J]. IEEE Transactions on Neural Networks and Learning Systems, 2015, 26(12): 3263 - 3277.

[36] Chao Q, Yu Y, Zhou Z H. Subset selection by Pareto optimization[C]//Advances in Neural Information Processing Systems. [s. l.]: [s. n.], 2015.

[37] Chandra A, Yao X. Ensemble learning using multi-objective evolutionary algorithms [J]. Journal of Mathematical Modelling and Algorithms, 2006, 5(4): 417 - 445.

[38] Chao Q, Yu Y, Zhou Z H. Pareto ensemble pruning[C]//Proceedings of the 29th AAAI Conference on Artificial Intelligence. [s. l.]: [s. n.], 2015.

[39] Chen H, Yao X. Evolutionary multiobjective ensemble learning based on Bayesian feature selection [C]//Proceedings of the 2006 IEEE Congress on Evolutionary Computation (CEC'06). New York: IEEE, 2006.

[40] Van Moffaert K, Nowé A. Multi-objective reinforcement learning using sets of Pareto dominating policies[J]. The Journal of Machine Learning Research, 2014, 15(1): 3483 - 3512.

[41] Guettas C, Cherif F, Breton T, et al. Cooperative co-evolution of configuration and control for modular robots [C]//The 2014 IEEE International Conference on Multimedia Computing and Systems (ICMCS). New York: IEEE, 2014.

[42] Jones B, Soltoggio A, Sendhoff B, et al. Evolution of neural symmetry and its coupled alignment to body plan morphology[C]//Proceedings of the 13th annual conference on Genetic and evolutionary computation — GECCO '11. New York: ACM Press, 2011.

[43] Jones B, Jin Y C, Sendhoff B, et al. Emergent distribution of computational workload in the evolution of an undulatory animat[M]//From Animals to Animats 11. Berlin: Springer, 2010.

[44] Jones B, Jin Y, Sendhoff B, et al. Evolving functional symmetry in a three dimensional model of an elongated organism[C]//Artificial Life. [s. l.]: [s. n.], 2008.

[45] Jones B, Jin Y C, Yao X, et al. Evolution of neural organization in a hydra-like animat [M]//Advances in Neuro-Information Processing. Berlin: Springer, 2009: 216 - 223.

[46] Lee S M, Kim H, Myung H, et al. Cooperative coevolutionary algorithm-based model predictive control guaranteeing stability of multirobot formation [J]. IEEE Transactions on Control Systems Technology, 2015, 23(1): 37 - 51.

[47] Khare V R, Yao X, Sendhoff B. Multi-network evolutionary systems and automatic decomposition of complex problems[J]. International Journal of General Systems, 2006, 35(3): 259 - 274.

[48] Rosin C D, Belew R K. New methods for competitive coevolution[J]. Evolutionary Computation, 1997, 5(1): 1 - 29.

[49] Khare V R, Yao X, Sendhoff B. Credit assignment among neurons in Co-evolving populations[M]//Lecture Notes in Computer Science. Berlin: Springer, 2004.

[50] Potter M A, Jong K A. A cooperative coevolutionary approach to function optimization [M]//Parallel Problem Solving from Nature — PPSN III. Berlin: Springer, 1994.

[51] Shi Y J, Teng H F, Li Z Q. Cooperative co-evolutionary differential evolution for function optimization[M]//Lecture Notes in Computer Science. Berlin: Springer, 2005: 1080 - 1088.

[52] Gomes J, Mariano P, Christensen A L. Novelty-driven cooperative coevolution [J]. Evolutionary Computation, 2017, 25(2): 275 - 307.

[53] Yang Z Y, Tang K, Yao X. Differential evolution for high-dimensional function optimization[C]//IEEE Congress on Evolutionary Computation. New York: IEEE, 2007.

[54] Yang Z Y, Tang K, Yao X. Large scale evolutionary optimization using cooperative

coevolution[J]. Information Sciences, 2008, 178(15): 2985 - 2999.

[55] Ray T, Yao X. A cooperative coevolutionary algorithm with correlation based adaptive variable partitioning[C]//IEEE Congress on Evolutionary Computation. New York: IEEE, 2009.

[56] Omidvar M N, Li X, Yao X. Cooperative co-evolution with delta grouping for large scale nonseparable function optimization [C]//IEEE Congress on Evolutionary Computation. New York: IEEE, 2010.

[57] Rosin C, Belew R. Finding opponents worth beating: methods for competitive coevolution [C]//Proceedings of the Sixth International Conference on Genetic Algorithms. San Mateo: Morgan Kaufmann, 1995.

[58] Hillis W D. Co-evolving parasites improve simulated evolution as an optimization procedure[J]. Physica D: Nonlinear Phenomena, 1990, 42(1/2/3): 228 - 234.

[59] Angeline P J, Pollack J B. Competitive environments evolve better solutions for complex tasks [C]//Proceedings of the Fifth International Conference on Genetic Algorithms. [s. l.]: [s. n.], 1993.

[60] Chandra R. Competition and collaboration in cooperative coevolution of Elman recurrent neural networks for time-series prediction[J]. IEEE Transactions on Neural Networks and Learning Systems, 2015, 26(12): 3123 - 3136.

[61] Gomez F, Schmidhuber J, Miikkulainen R. Accelerated neural evolution through cooperatively coevolved synapses[J]. Journal of Machine Learning Research, 2008, 9: 937 - 965.

[62] Garcia-Pedrajas N, Hervas-Martinez C, Munoz-Perez J. COVNET: a cooperative coevolutionary model for evolving artificial neural networks[J]. IEEE Transactions on Neural Networks, 2003, 14(3): 575 - 596.

[63] García-Pedrajas N, Hervás-Martínez C, Muñoz-Pérez J. Multi-objective cooperative coevolution of artificial neural networks (multi-objective cooperative networks) [J]. Neural Networks, 2002, 15(10): 1259 - 1278.

[64] Chandra R, Frean M, Zhang M J. An encoding scheme for cooperative coevolutionary feedforward neural networks [M]//AI 2010: Advances in Artificial Intelligence. Berlin: Springer, 2010.

[65] Chandra R, Frean M, Zhang M J. Adapting modularity during learning in cooperative co-evolutionary recurrent neural networks [J]. Soft Computing, 2012, 16 (6): 1009 - 1020.

[66] Moriarty D E, Miikkulainen R. Forming neural networks through efficient and adaptive coevolution[J]. Evolutionary Computation, 1997, 5(4): 373 - 399.

[67] Khare V R, Yao X, Sendhoff B, et al. Co-evolutionary modular neural networks for

automatic problem decomposition[J]. Evolutionary Computation, 2005, 3: 2691 - 2698.

[68] Garcia-Pedrajas N, Hervas-Martinez C, Ortiz-Boyer D. Cooperative coevolution of artificial neural network ensembles for pattern classification[J]. IEEE Transactions on Evolutionary Computation, 2005, 9(3): 271 - 302.

[69] Chong S Y, Yao X. Behavioral diversity, choices and noise in the iterated prisoner's dilemma [J]. IEEE Transactions on Evolutionary Computation, 2005, 9 (6): 540 - 551.

[70] Darwen P J, Yao X. Does extra genetic diversity maintain escalation in a co-evolutionary arms race? [J]. International Journal of Knowledge-Based Intelligent Engineering Systems, 2000, 4: 191 - 200.

[71] Chong S Y, Tan M K, White J D. Observing the evolution of neural networks learning to play the game of Othello[J]. IEEE Transactions on Evolutionary Computation, 2005, 9(3): 240 - 251.

[72] Nguyen T T, Yang, Branke J. Evolutionary dynamic optimization: a survey of the state of the art[J]. Swarm and Evolutionary Computation, 2012, 6: 1 - 24.

[73] Yang S X. Evolutionary computation for dynamic optimization problems [C]// Proceedings of the Companion Publication of the 2015 on Genetic and Evolutionary Computation Conference. New York: ACM Press, 2015.

[74] Hu X, Eberhart R C. Adaptive particle swarm optimization: detection and response to dynamic systems[J]. Evolutionary Computation, 2002, 2: 1666 - 1670.

[75] Li X D, Branke J, Blackwell T. Particle swarm with speciation and adaptation in a dynamic environment[C]//Proceedings of the 8th Annual Conference on Genetic and Evolutionary Computation. New York: ACM Press, 2006.

[76] Cobb H G. An investigation into the use of hypermutation as an adaptive operator in genetic algorithms having continuous, time-dependent nonstationary environments [R]. [s. l.]: Defense Technical Information Center, 1990.

[77] Blackwell T, Branke J. Multiswarms, exclusion, and anti-convergence in dynamic environments[J]. IEEE Transactions on Evolutionary Computation, 2006, 10(4): 459 - 472.

[78] Bui L T, Abbass H A, Branke J. Multiobjective optimization for dynamic environments[J]. Evolutionary Computation, 2005, 3: 2349 - 2356.

[79] Branke J. Memory enhanced evolutionary algorithms for changing optimization problems[J]. Evolutionary Computation, 1999, 3: 1875 - 1882.

[80] Gama J, Liobaite I Z, Bifet A, et al. A survey on concept drift adaptation[J]. ACM Computing Surveys (CSUR), 2014, 46(4): 44.

[81] Minku L L, White A P, Yao X. The impact of diversity on online ensemble learning in the presence of concept drift [J]. IEEE Transactions on Knowledge and Data Engineering, 2010, 22(5): 730 - 742.

[82] Littlestone N. Learning quickly when irrelevant attributes abound: A new linear-threshold algorithm[J]. Machine Learning, 1988, 2(4): 285 - 318.

[83] Domingos P, Hulten G. Mining high-speed data streams[C]//Proceedings of the sixth ACM SIGKDD international conference on Knowledge discovery and data mining — KDD '00. New York: ACM Press, 2000.

[84] Carpenter G A, Grossberg S, Reynolds J H. ARTMAP: supervised real-time learning and classification of nonstationary data by a self-organizing neural network[J]. Neural Networks, 1991, 4(5): 565 - 588.

[85] Widmer G, Kubat M. Learning in the presence of concept drift and hidden contexts [J]. Machine Learning, 1996, 23(1): 69 - 101.

[86] French R. Catastrophic forgetting in connectionist networks[J]. Trends in Cognitive Sciences, 1999, 3(4): 128 - 135.

[87] Kuncheva L I. Classifier ensembles for changing environments [M]//Multiple Classifier Systems. Berlin: Springer, 2004.

[88] Tang K, Lin M L, Minku F L, et al. Selective negative correlation learning approach to incremental learning[J]. Neurocomputing, 2009, 72(13/14/15): 2796 - 2805.

[89] Carpenter G A, Grossberg S, Markuzon N, et al. Fuzzy ARTMAP: A neural network architecture for incremental supervised learning of analog multidimensional maps [J]. IEEE Transactions on Neural Networks, 1992, 3(5): 698 - 713.

[90] Liu Y, Yao X. Ensemble learning via negative correlation[J]. Neural Networks, 1999, 12(10): 1399 - 1404.

[91] Elwell R, Polikar R. Incremental learning of concept drift in nonstationary environments[J]. IEEE Transactions on Neural Networks, 2011, 22(10): 1517 - 1531.

[92] Minku L L, Yao X. DDD: A new ensemble approach for dealing with concept drift [J]. IEEE Transactions on Knowledge and Data Engineering, 2012, 24(4): 619 - 633.

[93] Rakitianskaia A S, Engelbrecht A P. Training feedforward neural networks with dynamic particle swarm optimisation[J]. Swarm Intelligence, 2012, 6(3): 233 - 270.

[94] Rudolph G. Finite Markov chain results in evolutionary computation: a tour d'Horizon [J]. Fundamenta Informaticae, 1998, 35(1/2/3/4): 67 - 89.

[95] Wegener I. Methods for the analysis of evolutionary algorithms on pseudo-Boolean functions [M]//International Series in Operations Research & Management

Science. Boston: Kluwer Academic Publishers, 2002.

[96] Sudholt D. A new method for lower bounds on the running time of evolutionary algorithms[J]. IEEE Transactions on Evolutionary Computation, 2013, 17(3): 418 - 435.

[97] He J, Yao X. Drift analysis and average time complexity of evolutionary algorithms [J]. Artificial Intelligence, 2001, 127(1): 57 - 85.

[98] Doerr B, Johannsen D, Winzen C. Multiplicative drift analysis[J]. Algorithmica, 2012, 64(4): 673 - 697.

[99] Doerr B, Goldberg L A. Adaptive drift analysis[J]. Algorithmica, 2013, 65(1): 224 - 250.

[100] Rowe J E, Sudholt D. The choice of the offspring population size in the (1, λ) evolutionary algorithm[J]. Theoretical Computer Science, 2014, 545: 20 - 38.

[101] Oliveto P S, Witt C. Simplified drift analysis for proving lower bounds in evolutionary computation[J]. Algorithmica, 2011, 59(3): 369 - 386.

[102] Yu Y, Qian C, Zhou Z H. Switch analysis for running time analysis of evolutionary algorithms[J]. IEEE Transactions on Evolutionary Computation, 2015, 19(6): 777 - 792.

[103] Droste S, Jansen T, Wegener I. On the analysis of the (1+1) evolutionary algorithm [J]. Theoretical Computer Science, 2002, 276(1/2): 51 - 81.

[104] Neumann F, Wegener I. Randomized local search, evolutionary algorithms, and the minimum spanning tree problem[J]. Theoretical Computer Science, 2007, 378(1): 32 - 40.

[105] Giel O, Wegener I. Searching randomly for maximum matchings[R]. [s. l.]: Electronic Colloquium on Computational Complexity, 2004.

[106] Mehlhorn K, Sanders P. Algorithms and data structures: the Basic toolbox[M]. Berlin: Springer, 2008.

[107] Baswana S, Biswas S, Doerr B, et al. Computing single source shortest paths using single-objective fitness[C]//Proceedings of the tenth ACM SIGEVO workshop on Foundations of genetic algorithms. New York: ACM Press, 2009.

[108] Doerr B, Happ E, Klein C. Crossover can provably be useful in evolutionary computation[J]. Theoretical Computer Science, 2012, 425: 17 - 33.

[109] Doerr B, Künnemann M. Optimizing linear functions with the (1+λ) evolutionary algorithm: Different asymptotic runtimes for different instances[J]. Theoretical Computer Science, 2015, 561: 3 - 23.

[110] Jansen T, Wegener I. On the utility of populations in evolutionary algorithms[C]// Proceedings of GECCO'01. New York: ACM Press, 2001.

[111] Storch T. On the choice of the parent population size[J]. Evolutionary Computation, 2008, 16(4): 557 - 578.

[112] Witt C. Runtime analysis of the (μ + 1) EA on simple pseudo-Boolean functions [J]. Evolutionary Computation, 2006, 14(1): 65 - 86.

[113] Witt C. Population size versus runtime of a simple evolutionary algorithm [J]. Theoretical Computer Science, 2008, 403(1): 104 - 120.

[114] Qian C, Yu Y, Zhou Z H. A lower bound analysis of population-based evolutionary algorithms for pseudo-Boolean functions [M]//Lecture Notes in Computer Science. Cham: Springer International Publishing, 2016.

[115] Dang D C, Friedrich T, Kötzing T, et al. Emergence of diversity and its benefits for crossover in genetic algorithms[M]//Parallel Problem Solving from Nature — PPSN XIV. Cham: Springer International Publishing, 2016.

[116] Doerr B, Doerr C. A tight runtime analysis of the (1+(λ, λ)) genetic algorithm on OneMax[C]//Proceedings of the 2015 on Genetic and Evolutionary Computation Conference — GECCO '15. New York: ACM Press, 2015.

[117] Doerr B. Optimal parameter settings for the (1 + λ, λ) genetic algorithm[C]// Proceedings of the 2016 on Genetic and Evolutionary Computation Conference. New York: ACM Press, 2016.

[118] Laumanns M, Thiele L, Zitzler E. Running time analysis of multiobjective evolutionary algorithms on pseudo-Boolean functions [J]. IEEE Transactions on Evolutionary Computation, 2004, 8(2): 170 - 182.

[119] Neumann F. Expected runtimes of a simple evolutionary algorithm for the multi-objective minimum spanning tree problem [J]. European Journal of Operational Research, 2007, 181(3): 1620 - 1629.

[120] Qian C, Yu Y, Zhou Z H. An analysis on recombination in multi-objective evolutionary optimization[J]. Artificial Intelligence, 2013, 204: 99 - 119.

[121] Laumanns M, Thiele L, Zitzler E, et al. Running time analysis of multi-objective evolutionary algorithms on a simple discrete optimization problem [M]//Parallel Problem Solving from Nature - PPSN VII. Berlin: Springer, 2002.

[122] Laumanns M, Thiele L, Zitzler E. Running time analysis of multiobjective evolutionary algorithms on pseudo-Boolean functions [J]. IEEE Transactions on Evolutionary Computation, 2004, 8(2): 170 - 182.

[123] Giel O, Lehre P K. On the effect of populations in evolutionary multi-objective optimisation[J]. Evolutionary Computation, 2010, 18(3): 335 - 356.

[124] Neumann F, Wegener I. Minimum spanning trees made easier via multi-objective optimization[J]. Natural Computing, 2006, 5(3): 305 - 319.

[125] Jägersküpper J. Rigorous runtime analysis of the (1+1) ES: 1/5-rule and ellipsoidal fitness landscapes[M]//Foundations of Genetic Algorithms. Berlin: Springer, 2005.

[126] Jägersküpper J. Algorithmic analysis of a basic evolutionary algorithm for continuous optimization[J]. Theoretical Computer Science, 2007, 379(3): 329-347.

[127] Agapie A, Agapie M, Rudolph G, et al. Convergence of evolutionary algorithms on the n-dimensional continuous space[J]. IEEE Transactions on Cybernetics, 2013, 43(5): 1462-1472.

[128] Agapie A, Agapie M, Zbaganu G. Evolutionary algorithms for continuous-space optimisation[J]. International Journal of Systems Science, 2013, 44(3): 502-512.

[129] Jones B, Soltoggio A, Sendhoff B, et al. Evolution of neural symmetry and its coupled alignment to body plan morphology[C]//Proceedings of the 13th Annual Conference on Genetic and Evolutionary Computation — GECCO '11. New York: ACM Press, 2011.

[130] Jones B, Jin Y C, Sendhoff B, et al. Emergent distribution of computational workload in the evolution of an undulatory animat[M]//From Animals to Animats 11. Berlin: Springer, 2010.

[131] Jones B, Jin Y C, Sendhoff B, et al. Evolving functional symmetry in a three dimensional model of an elongated organism[M]//Artificial Life XI: Proceedings of the Eleventh International Conference on the Simulation and Synthesis of Living Systems. Cambridge: MIT Press, 2008.

[132] Jones B, Jin Y C, Yao X, et al. Evolution of neural organization in a hydra-like animat[M]//Advances in Neuro-Information Processing. Berlin: Springer, 2009.

索　　引